基礎工程數學
Basic Engineering Mathematics

黃學亮 編著

$(s)=1/[S(S+2)(S+3)]$

Laplace

Fourier

五南圖書出版公司 印行

序

　　市面上之中文工程數學書之多，差可用汗牛充棟四個字來形容，這些書各有它的特色，有些書過於厚實，巴不得涵蓋工程數學各個領域；有的書特別強調數學之理論面；有的書特別強調考古題等等，各有其優缺點，但能站在老師教學與學生學習立場來寫的工程數學入門書卻少之又少，這是本書寫作動機之所在。

　　大專院校工程數學多為一學年 6 學分的課（即一學期 3 學分的課），扣除考試、放假後上課時數並不多，一般老師實在不易對課程內容作一清楚的交代，因此很多同學認為工程數學是公式繁瑣又難掌握重點的一門課程，在學習上輒有挫折感甚至視為畏途，老師在教學時也時生困擾。因此如何從人性化的觀點設計出一套最精簡、最有效的教材，能讓老師便於教學同時學生不畏懼，甚至樂於學習工程數學基本觀念與運算技巧便是本書寫作原則。在此原則下，本書讀者只需微積分即已足夠因應（可參考拙著基礎微積分，五南出版）；同時我相信能解 $x^2 - 3x + 4 = 0$ 的人便能解 $6.235x^2 - 7.131x + 9.23 = 0$，例題與習題的計算多加以簡化，以增加本書之親和性。

　　本書在選材上力求精要，它為有修過本課程的大學生提供必須具備之數學知識，同時對有意修習進一步課程的同學能奠定堅實的基礎，因此書名為基礎工程數學。

　　本書在編排上每節都有相關定義、定理，多數的定理都有證明，後面有些例題來說明這些定義、定理的應用。每節後的習題應是本書另一精華之所在，除了一般計算題外，也穿插了一些簡單的證明題與較為變化性的計算題，這些也僅需基本微積分技巧即可，我覺得這些例題、習題之設計，對同學在工程數學的學習往往有畫龍點睛的效果。本書另編有習題解答，可供任課教師索閱參考。

　　本書在取材上自然見仁見智，除希望學者先進不吝提供意見作為爾後改進之參考外，同時作者有感自身學養淺短，更希望對本書任何錯誤或不妥之處加以評斷賜正，不勝感激。

黃學亮

目 錄

第一章　　　一階常微分方程式 1

1.1　　微分方程式簡介 2

1.2　　分離變數法 6

1.3　　正合方程式 9

1.4　　齊次方程式 17

1.5　　一些簡易視察法 23

1.6　　積分因子 26

1.7　　一階線性微分方程式與 Bernoulli 方程式 33

1.8　　一階常微分方程式之補充解法 37

第二章　　　線性微分方程式 43

2.1　　線性微分方程式 44

2.2　　D 算子之進一步性質 49

2.3　　高階常係數齊性微分方程式 60

2.4　　未定係數法 65

2.5　　參數變動法 70

2.6　　尤拉線性方程式 74

2.7　　高階線性微分子方程式之其它解法 80

第三章　　　拉氏轉換...91

　3.1　　Gamma 函數...92

　3.2　　拉氏轉換之定義...99

　3.3　　拉氏轉換之性質（一）...103

　3.4　　拉氏轉換之性質（二）...115

　3.5　　反拉氏轉換...127

　3.6　　拉氏轉換在微分方程式及積分方程式上之應用............134

第四章　　　冪級數法...141

　4.1　　引　子..142

　4.2　　常點下冪級數求法...145

　4.3　　Frobenius 法...154

　4.4　　★ Bessel 方程式與 Bessel 函數............................166

第五章　　　富利葉分析...183

　5.1　　預備知識...184

　5.2　　富利葉級數...188

　5.3　　★富利葉積分、富利葉轉換簡介............................203

第六章　　　矩　陣...209

　6.1　　線性聯立方程組...210

　6.2　　矩陣之基本運算...215

　6.3　　行列式..223

6.4 方陣特徵值之意義 233

6.5 對角化 242

6.6 聯立微分方程組 250

第七章 向量分析 259

7.1 向量之基本概念 260

7.2 向量點積與叉積 264

7.3 空間之平面與直線 273

7.4 向量函數之微分與積分 285

7.5 梯度、散度與旋度 289

7.6 向量導數之幾何意義 297

7.7 線積分 309

7.8 平面上的格林定理 318

7.9 面積分 327

7.10 向量函數之面積分與散度定理 333

第八章 複變數分析 345

8.1 複數系 346

8.2 複變數函數 361

8.3 複變函數之解析性 367

8.4 基本解析函數 383

8.5 複變函數積分與 Gauchy 積分定理 395

8.6　　羅倫展開式 407

8.7　　留數定理 414

8.8　　留數定理在實特殊函數定積分上之應用 423

習題解答　　434

第一章
一階常微分方程式

1.1 微分方程式簡介

1.2 分離變數法

1.3 正合方程式

1.4 齊次方程式

1.5 一些簡易視察法

1.6 積分因子

1.7 一階線性微分方程式與 Bernoulli
方程式

1.8 一階常微分方程式之補充解法

1.1　微分方程式簡介

微分方程式（Differential equations）顧名思義是含有導函數、偏導函數的方程式，只含 1 個自變數之微分方程式稱為**常微分方程式**（Ordinary differential equations，簡稱 ODE），有 2 個或 2 個以上自變數之微分方程式稱為**偏微分方程式**（Partial differential equations，簡稱 PDE）。

微分方程式之最高階導函數對應之階數即為微分方程式之**階數**（Order），而最高階導函數之次數即為微分方程式之**次數**（Degree），例如：

- $\dfrac{d^2 y}{dx^2} = \dfrac{dy}{dx} + y = 3$ 為二階一次常微分方程式

- $\left(\dfrac{d^2 y}{dx^2}\right)^4 + x\left(\dfrac{d}{dx} y\right) + y = 3$ 為二階四次常微分方程式

- $\left(\dfrac{\partial^2 U}{\partial x^2}\right)^2 + \left(\dfrac{\partial^2 U}{\partial y^2}\right) = c$ 為二階二次偏微分方程式

微分方程式的解

在初等代數學中，我們知道 $2x + 1 = 3$ 的解為 $x = 1$，這是因 $x = 1$ 時 $2x + 1 = 3$，同理，以 $y' = x^2$ 為例：因為 $y = \dfrac{x^3}{3} + c$，c 為一任意常數時，滿足 $y' = x^2$，因而 $y = \dfrac{x^3}{3} + c$ 是 $y' = x^2$ 之一個解。如果我們又對一自變數給出特定值，如 $y(0) = 1$，$y(0) = 1$ 稱為**初始條件**（Initial condition）。這表示 $x = 0$ 時 $y = 1$，由初始條件便可決定 $y = \dfrac{x^3}{3} + c$ 之常數 c：$\because 1 = 0 + c$，$\therefore c = 1$，因而 $y = \dfrac{x^3}{3} + 1$。在本例，$y = \dfrac{x^3}{3} + c$ 稱為**通解**（General solution），而 $y = \dfrac{x^3}{3} + 1$ 稱為**特解**（Particular solution）。簡單地說，通解是微分方程式之**原函數**（Primitive），換言之，ODE 通解所含之「任意常數」個數與階數相等，通解中賦予任意常數以某些值者稱為特解，有時存在一些解是無法由通解

中求出，但仍滿足 ODE，這種解稱為**奇異解**（Singular solution）。就幾何而言，通解是一個曲線族，特解就是曲線族中之某一條曲線。若對自變數給出 1 個以上之值時特稱為**邊界條件**（Boundary conditions），而該微分方程式特稱為**邊界值問題**（Boundary value problem）。

在此，我們應了解到，微分方程式的解是一個函數，這個函數可能是隱函數，也可能是顯函數，它也可能無解，恰有 1 個解或無限多組解。

範例 1 驗證 $y = (x + c)e^x$ 微分方程式 $y' - y = e^x$ 的一個解。

解：$y = (x + c)e^x$

$y' = 1 \cdot e^x + xe^x + ce^x = (1 + x + c)e^x$

$\quad = (x + c)e^x + e^x = y + e^x$

$\therefore y' - y = e^x$

即 $y = (x + c)e^x$ 是 $y' - y = e^x$ 的一個解。

範例 2 考慮 ODE $xy'' + y' = 0$：若 x 之定義域為 $(0, \infty)$，則顯然 $y = \ln x + c$ 是一解，但若將定義域放寬到 $(-\infty, \infty)$，因為 $y = \ln x$ 在 $(-\infty, 0)$ 中無意義，故不為 $xy'' + y' = 0$ 之解。

範例 3 若 $y = (c_1 + c_2 x)e^x$ 為某 ODE 之解，試依下列給定條件求 c_1, c_2 值，又它們是初始條件還是邊界條件？

(a) $y(0) = 0$，$y'(0) = 1$

(b) $y(0) = 0$，$y'(1) = 1$

解：(a) $y(0) = (c_1 + c_2 \cdot x)e^x]_{x=0} = c_1 = 0$ ························· (1)

$$y'(0) = c_2 e^x + (c_1 + c_2 x)e^x]_{x=0} = c_2 + c_1 = 1 \cdots\cdots (2)$$

解 (1), (2) $c_1 = 0$，$c_2 = 1$，即 $y = xe^x$

因本例之條件，x 都為 0，故為初始條件。

(b) $y(0) = (c_1 + c_2 x)e^x]_{x=0} = c_1 = 0 \cdots\cdots (3)$

$$y'(1) = c_2 e^x + (c_1 + c_2 x)e^x]_{x=1} = c_2 e + (c_1 + c_2)e = 1 \cdots\cdots (4)$$

解 (3), (4) $c_1 = 0$，$c_2 = \dfrac{1}{2e}$

$\therefore y = \dfrac{1}{2e} xe^x$ 是為所求

本例之條件，x 有 2 個值 $0, 1$，故為邊界條件。

　　微分方程式除來自物理或幾何問題外，我們可藉由消去函數之係數以得到對應之微分方程式。

範例 4　試消去指定常數以得對應之 ODE。

(a) $y = ae^{2x}$　　　　[a]

(b) $y = \sin(x + b)$　　[b]

(c) $y = a \sin(x + b)$　　[a, b]

解：(a) $y' = 2ae^{2x} = 2y$　$\therefore y' = 2y$

(b) $y' = \cos(x + b)$　$\therefore y^2 + (y')^2 = [\sin(x+b)]^2 + [\cos(x+b)]^2 = 1$

(c) $y' = a\cos(x+b)$，$y'' = -a\sin(x+b)$　$\therefore y'' + y = 0$

範例 5　求圓心在 x 軸且半徑為 2 之微分方程式。

解：設圓心為 $(a, 0)$ 則

$(x - a)^2 + y^2 = 4$ ················· (1)

$2(x - a) + 2yy' = 0$

$\therefore x - a = -yy'$ ················· (2)

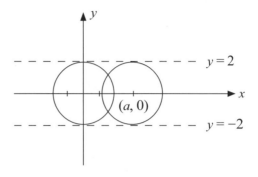

代 (2) 入 (1)

$(-yy')^2 + y^2 = 4$

即 $y^2[(y')^2 + 1] = 4$

◆ **習　題**

1. 若一曲線之斜率函數 $y' = 3x^2$，且過 $(-1, 1)$，求此曲線方程式，又此曲線過 $(-2, k)$，求 k。

2. 驗證 $y = ce^{x^2}$ 為方程式 $y' = 2xy$ 之解。

3. 驗證 $y = e^{-x}(c_1 \cos x + c_2 \sin x)$ 為方程式 $y'' + 2y' + 2y = 0$ 之一個解。

4. 問 $(y')^2 + y^2 = -1$ 是否有解？

5. $y = c_1 \sin x + c_2 \cos x$ 為 $y'' + y = 0$ 之一個通解，若給定條件(a) $y(0) = 0$，$y'(0) = 1$，求 y；(b) $y(\pi) = -1$，$y'\left(\dfrac{\pi}{2}\right) = 1$，求 y；(c)上述 (a)，(b)何者是初始條件，何者為邊界條件？

6. 試消去下列指定常數以得到一微分方程式：

　(a) $y = ae^x + b$　　　　　　[a, b]

　(b) $y = (a + bx)e^x$　　　　　[a, b]

1.2　分離變數法

設一微分方程式 $M(x, y)\,dx + N(x, y)\,dy = 0$ 能寫成 $f_1(x)\,g_1(y)\,dx + f_2(x)\,g_2(y)\,dy = 0$ 之形式，則我們可用 $g_1(y)\,f_2(x)$ 遍除上式之兩邊而得

$$\frac{f_1(x)\,g_1(y)}{g_1(y)\,f_2(x)}\,dx + \frac{f_2(x)\,g_2(y)}{g_1(y)\,f_2(x)}\,dy = 0$$

即 $\dfrac{f_1(x)}{f_2(x)}\,dx + \dfrac{g_2(y)}{g_1(y)}\,dy = 0$

經逐項積分從而得到方程式之解答。這種解法稱之為**分離變數法**（Seperate variable method）。

範例 1　求 $y\,dx + x^2\,dy = 0$；初始條件 $y(1) = 2$。

解：$y\,dx + x^2\,dy = 0$，兩邊同除 $x^2 y$：

得　$\dfrac{y}{x^2 y}\,dx + \dfrac{x^2}{x^2 y}\,dy = 0$

得　$\dfrac{dx}{x^2} + \dfrac{1}{y}\,dy = 0$

$\therefore \displaystyle\int \frac{dx}{x^2} + \int \frac{1}{y}\,dy = c$

即 $-\dfrac{1}{x} + \ln|y| = c$

代 $x = 1$、$y = 2$ 入上式得

$-1 + \ln 2 = c$

$\therefore -\dfrac{1}{x} + \ln|y| = -1 + \ln 2$ 是為所求。

讀者可驗證：

(1) $\dfrac{dx}{x^2} + \dfrac{dy}{y} = 0$

$\quad \therefore y\,dx + x^2\,dy = 0$

(2) $x = 1$ 時 $y = 2$

因此上述的解答是正確的。

範例 2　解 $y\,(y') = xe^{x^2 + y^2}$

解：$y\left(\dfrac{dy}{dx}\right) = xe^{x^2} \cdot e^{y^2}$

$\quad \therefore ye^{-y^2}\,dy = xe^{x^2}\,dx$

$\quad \displaystyle\int ye^{-y^2}\,dy = \int xe^{x^2}\,dx$

$\quad \therefore -\dfrac{1}{2}e^{-y^2} = \dfrac{1}{2}e^{x^2} + c$

即 $e^{-y^2} + e^{x^2} = c'$，（$c' = -2c$）

範例 3　設一曲線之軌跡滿足 $\dfrac{dy}{dx} = -\dfrac{x}{y}$ ，且已知此曲線過點 $(1, 2)$，試求此曲線方程式。

解：$\because \dfrac{dy}{dx} = -\dfrac{x}{y}$

$\quad \therefore y\,dy = -x\,dx$，則 $y\,dy + x\,dx = 0$

兩邊同時積分

$\quad \displaystyle\int y\,dy + \int x\,dx = c$

$$\therefore \frac{y^2}{2} + \frac{x^2}{2} = c$$

即 $x^2 + y^2 = c'$

又上述曲線方程式過 $(1, 2)$，則我們可求出 $c' = 1^2 + 2^2 = 5$

$\therefore x^2 + y^2 = 5$ 是為所求（這是以 $(0, 0)$ 為圓心，$\sqrt{5}$ 為半徑之圓）。

範例 4 試證 ODE $y' = f\left(\dfrac{y}{x}\right)$ 可藉由 $y = vx$ 之變數變換而由分離變數法解出。

解：令 $y = vx$，則 $y' = v'x + v$

$\therefore y' = f\left(\dfrac{y}{x}\right)$

可寫成 $v'x + v = f(v)$

即 $x\dfrac{dv}{dx} + v = f(v)$

$x\,dv + (v - f(v))\,dx = 0$

$\therefore$ 直交軌跡可用分離變數法解出。

直交軌跡

任一曲線若與給定曲線族之任一曲線均直交（即二切線交角為 $90°$）則稱此曲線族為另一曲線族之**直交軌跡**（Orthogonal trajectory）。

範例 5 求與直線族 $y = cx$ 之直交軌跡。

解：$y = cx$ $\therefore y' = c$，代 $c = y'$ 入 $y = cx$ 得滿足此直線族之微分方程式

$y = y'x$ 或 $y' = \dfrac{y}{x}$ 對應之直交軌跡應滿足 $y' = -\dfrac{x}{y}$，

即 $x\,dx + y\,dy = 0$

解之 $x^2 + y^2 = c$，$c > 0$

範例 6　求與圓曲線族 $x^2 + y^2 = a$，$a > 0$ 之直交軌跡。

解：$x^2 + y^2 = a$，$2x + 2yy' = 0$，得 $y' = -\dfrac{x}{y}$

∴對應之直交軌跡 $y' = \dfrac{y}{x}$，

即 $\dfrac{dy}{dx} = \dfrac{y}{x}$

∴ $y = cx$ 是為所求。

◆ 習　題

1. 解 $2y(x^2 + 1)\,dy + (y^2 + 1)\,dx = 0$
2. 解 $y' = xe^{x-y}$，$y(0) = \ln 2$
3. 解 $y(1 + x)\,dx + x(1 + y)\,dy = 0$
4. 求 $y = cx^2$ 之直交軌跡。
5. 解設一曲線之斜率函數為 $-\dfrac{x}{y^2}$，且過 $(1, 2)$ 點，試求此曲線方程式。
6. 解 $\sqrt{1 - x^2}\,y' + \sqrt{1 - y^2} = 0$
7. 解 $y' = x|y|$
8. 求 $y = ce^x$ 之直交軌跡。

1.3　正合方程式

$M(x, y)\,dx + N(x, y)\,dy = 0$ 為一階 ODE，若存在一個函數 $u(x, y)$，使得 $du = M(x, y)\,dx + N(x, y)\,dy$，則 $u(x, y) = c$ 滿足原方程式，而稱 $M(x, y)\,dx + N(x, y)$

$dy = 0$ 為正合方程式（Exact equation）$u(x, y)$ 為該方程式之位勢函數（Potential function）。

我們很難用上述定義來判斷 ODE $M(x, y)\,dx + N(x, y)\,dy = 0$ 是否為正合，因此必需透過下列定理進行判斷：

定理：ODE $M(x, y)dx + N(x, y)dy = 0$ 為正合之充要條件為 $\dfrac{\partial}{\partial y}M = \dfrac{\partial}{\partial x}N$ （即 $M_y = N_x$）

證明：「⇒」（若 $M(x, y)dx + N(x, y)dy = 0$ 為正合則 $M_y = N_x$）：

∵ $M(x, y)dx + N(x, y)dy = 0$ 為正合

∴存在一個函數 $u(x, y)$

使得

$$du = M(x, y)\,dx + N(x, y)\,dy \cdots\cdots\cdots\cdots\cdots\cdots\cdots\cdots\cdots (1)$$

又

$$du = u_x\,dx + u_y\,dy \cdots\cdots\cdots\cdots\cdots\cdots\cdots\cdots\cdots\cdots\cdots (2)$$

由 (1)，(2)

$$M(x, y) = u_x，N(x, y) = u_y \cdots\cdots\cdots\cdots\cdots\cdots\cdots\cdots (3)$$

u 為二階連續函數，∴ $u_{xy} = u_{yx}$

由 (3)

$$M_y = u_{xy}，N_x = u_{yx}$$

∵ $u_{xy} = u_{yx}$　∴ $M_y = N_x$

「⇐」（若 $M_y = N_x$，則 $u(x, y) = c$ 為 $M(x, y)\,dx + N(x, y)\,dy = 0$ 之解）：

令 $u(x, y) = \int_a^x M(x, y)\, dx + \rho(y)$ ⋯⋯⋯⋯⋯⋯⋯⋯⋯⋯⋯⋯ (4)

（(4) 之 $\rho(y)$ 為任意函數）

$\therefore u_x = M(x, y)$ ⋯⋯⋯⋯⋯⋯⋯⋯⋯⋯⋯⋯⋯⋯⋯⋯⋯⋯⋯ (5)

又

$u_y = \int_a^x M_y(x, y)\, dx + \rho'(y)$

$\quad = \int_a^y N_x(x, y)\, dx + \rho'(y) \quad (\because 假設\ M_y = N_x)$

$\quad = N(x, y) - N(a, y) + \rho'(y)$ ⋯⋯⋯⋯⋯⋯⋯⋯⋯⋯⋯⋯ (6)

若取 $\rho(y)$，$\rho(y)$ 滿足

$\rho'(y) = N(a, y)$

代 (7) 入 (6) 得

$u_y = N(x, y)$ ⋯⋯⋯⋯⋯⋯⋯⋯⋯⋯⋯⋯⋯⋯⋯⋯⋯⋯⋯⋯ (7)

又

$du = u_x dx + u_y dy$ $\qquad\qquad\qquad\qquad$（由 (4)）

$\quad = M(x, y)\, dx + N(x, y)\, dy$ $\qquad$（由 (5)，(7)）

$\quad = 0$

$\therefore u(x, y) = c$

因此 $M_y = N_x$ 時，$M(x, y)\, dx + N(x, y)\, dy = 0$ 可用下列步驟解出：

1. 取 $u(x, y) = \int^x M(x, y)\, dx + \rho(y)$；$\int^x M(x, y)\, dx$ 是將 $M(x, y)$ 對 x 做積分，不考慮常數項。

2. 令 $u_y = N(x, y)$，解出 $\rho(y)$

3. 由 1.，2. 得 $u(x, y) = c$

或

1. 取 $u\,(x, y) = \int^y N\,(x, y)\,dy + \rho(x)$

2. 令 $u_x = M(x, y)$，解出 $\rho(x)$

3. 由 1. , 2. 得 $u(x, y) = c$。

　　另一種較為簡易之方法是所謂之集項法此種方法有點像爾後之觀察法，通常可先將 $M(x, y)$ 之純粹 x 項，$N(x, y)$ 之純粹 y 項提出可直接積分。

範例 1　　解 $(2x + y)\,dx + (x + y)\,dy = 0$

解：$M(x, y) = 2x + y$，$N(x, y) = x + y$

∵ $M_y = 1$，$N_x = 1$，$M_y = N_x$

∴ $(2x + y)dx + (x + y)dy = 0$ 為正合

因此我們用三種方法解此方程式。

方法一：（集項法）

$(2x + y)dx + (x + y)dy = 2xdx + (ydx + xdy) + y\,dy = 2xdx + d(xy) + y\,dy = 0$

∴ $x^2 + xy + \dfrac{y^2}{2} = c$

方法二：

取 $u\,(x, y) = \int^x (2x + y)\,dx + \rho(y)$

　　　　　　$= x^2 + xy + \rho(y)$ ···································· (1)

$u_y = \dfrac{\partial}{\partial y}\,[x^2 + xy + \rho(y)]$

　　$= x + \rho'(y) = N(x, y) = x + y$

∴ $\rho'(y) = y$

即 $\rho(y) = \dfrac{y^2}{2}$ （暫不考慮常數）$\cdots\cdots\cdots\cdots\cdots\cdots\cdots\cdots\cdots\cdots\cdots$ (2)

代 (2) 入 (1) 得 $u(x,y) = x^2 + xy + \dfrac{y^2}{2} = c$

即 $x^2 + xy + \dfrac{y^2}{2} = c$　是為所求

方法三：

取 $u(x,y) = \displaystyle\int^y (x+y)dy + \rho(x)$

$\qquad\qquad = xy + \dfrac{y^2}{2} + \rho(x) \cdots\cdots\cdots\cdots\cdots\cdots\cdots\cdots\cdots\cdots\cdots\cdots$ (3)

$\quad u_x = \dfrac{\partial}{\partial x}\left[xy + \dfrac{y^2}{2} + \rho(x)\right]$

$\qquad = y + \rho'(x) = 2x + y \cdots\cdots\cdots\cdots\cdots\cdots\cdots\cdots\cdots\cdots\cdots\cdots\cdots$ (4)

$\therefore \rho'(x) = 2x$，即 $\rho(x) = x^2$

代 (4) 入 (3) 得

$u(x,y) = xy + \dfrac{y^2}{2} + x^2$

即 $x^2 + xy + \dfrac{y^2}{2} = c$ 是為所求。

範例 2　解 $(2y+3)dx + (2x+1)dy = 0$。

解：本例之目的，在說明一個 ODE 可能有兩種以上不同之解法，以本例而言，它可用分離變數法，也可用正合方程式解之：

方法一：（分離變數法）

$(2y+3)\,dx + (2x+1)\,dy = 0$

$$\therefore \frac{dx}{2x+1} + \frac{dy}{2y+3} = 0$$

解之 $\frac{1}{2}\ln|2x+1| + \frac{1}{2}\ln|2y+3| = c$

$$\therefore (2x+1)(2y+3) = c$$

方法二：（正合方程式法）

$M(x, y) = 2y+3$，$N(x, y) = 2x+1$，

$\because M_y = N_x = 2$

$\therefore (2y+3)\,dx + (2x+1)\,dy = 0$ 為正合

$3dx + 2(ydx + xdy) + dy = 3dx + 2d(xy) + dy$

得 $3x + 2xy + y = c$

二個結果是一樣的。

範例 3　解 $(x\sin y + e^x)\,dx + \left(\dfrac{x^2}{2}\cos y + y\right)dy = 0$。

解：$M(x, y) = x\sin y + e^x$

$N(x, y) = \dfrac{x^2}{2}\cos y + y$

$M_y = x\cos y$，$N_x = x\cos y$

$\because M_y = N_x$

$\therefore (x\sin y + e^x)dx + \left(\dfrac{x^2}{2}\cos y + y\right)dy = 0$ 為正合。

方法一：（集項法）

$(x\sin y + e^x)dx + \left(\dfrac{x^2}{2}\cos y + y\right)dy$

$= \left(x\sin y\,dx + \dfrac{x^2}{2}\cos y\,dy\right) + e^x\,dx + y\,dxy$

$$= d\left(\frac{x^2}{2}\sin y\right) + e^x\, dx + y\, dxy = 0$$

$$\therefore \frac{x^2}{2}\sin y + e^x + \frac{y^2}{2} = c$$

方法二：

取　$u(x,y) = \int^x (x\sin y + e^x)\, dx + \rho(y)$

$$= \frac{x^2}{2}\sin y + e^x + \rho(y) \quad \cdots\cdots\cdots\cdots\cdots\cdots\cdots\cdots\cdots\cdots\cdots\cdots\cdots\cdots\cdots\cdots (1)$$

$$u_y = \frac{\partial}{\partial y} = \left[\frac{x^2}{2}\sin y + e^x + \rho(y)\right]$$

$$= \frac{x^2}{2}\cos y + \rho'(y) = N(x,y) = \frac{x^2}{2}\cos y + y$$

$$\therefore \rho'(y) = y$$

得 $\rho(y) = \dfrac{y^2}{2}$ $\cdots\cdots\cdots\cdots\cdots\cdots\cdots\cdots\cdots\cdots\cdots\cdots\cdots\cdots\cdots\cdots\cdots\cdots\cdots\cdots\cdots\cdots\cdots\cdots (2)$

代 (2) 入 (1) 得

$$u(x,y) = \frac{x^2}{2}\sin y + e^x + \frac{y^2}{2}$$

即 $\dfrac{x^2}{2}\sin y + e^x + \dfrac{y^2}{2} = c$ 是為所求

方法三：

取　$u(x,y) = \int^y \left(\frac{x^2}{2}\cos y + y\right) dy + \rho(x)$ $\cdots\cdots\cdots\cdots\cdots\cdots\cdots\cdots\cdots\cdots (3)$

$$= \frac{x^2}{2}\sin y + \frac{y^2}{2} + \rho(x)$$

$$u_x = \frac{\partial}{\partial x}\, u(x,y)$$

$$= \frac{\partial}{\partial x}\left[\frac{x^2}{2}\sin y + \frac{y^2}{2} + \rho(x)\right]$$

$$= x \sin y + \rho'(x) = x \sin y + e^x$$

$$\rho'(x) = e^x$$

$$\therefore \rho(x) = e^x \quad \cdots\cdots\cdots\cdots\cdots\cdots\cdots\cdots\cdots\cdots\cdots\cdots\cdots\cdots\cdots\cdots\cdots\cdots\cdots\cdots\cdots\cdots \text{(4)}$$

代 (4) 入 (3) 得

$$u(x, y) = \frac{x^2}{2} \sin y + \frac{y^2}{2} + e^x$$

即 $\dfrac{x^2}{2} \sin y + \dfrac{y^2}{2} + e^x = c$ 是為所求。

範例 4 ODE $f_1(x)\, dx + f_2(x)\, f_3(y)\, dy = 0$，$f_3(y) \neq 0$ 為正合之充要條件為何？

解：$M(x, y)dx + N(x, y)dy = 0$ 為正合之充要條件為

$$\frac{\partial M}{\partial y} = \frac{\partial N}{\partial x}$$

在本範例中，$M = f_1(x)$，$N = f_2(x) f_3(y)$

$$\frac{\partial M}{\partial y} = \frac{\partial}{\partial y}\, f_1(x) = 0 \ , \ \frac{\partial N}{\partial x} = f_2'(x)\, f_3(y)$$

$$\frac{\partial}{\partial y} M = \frac{\partial N}{\partial x} \Rightarrow f_2'(x)\, f_3(y) = 0$$

$$f_3(y) \neq 0$$

$$\therefore f_2'(x) = 0$$

由微積分知 $f_2(x)$ 為常數函數

即 $f_2(x) = c$ 是為所求之充要條件。

◆ **習 題**

1. 解 $(e^x + y^2)\,dx + (2xy + e^y)\,dy = 0$

2. 解 $(x^2 + y\sin x)\,dx + (y - \cos x)\,dy = 0$

3. 解 $(x + y\cos x)\,dx + (\sin x)\,dy = 0$，$y\left(\dfrac{\pi}{2}\right) = 0$

4. 解 $(x + 2y)\,dx + (y + 2x + 3)\,dy = 0$

5. 解 $(2xy + 4x)\,dx + (x^2 + 2y)\,dy = 0$

6. 解 $(2xy + 4x^3)\,dx + x^2\,dy = 0$

7. 解 $(2x + \sin y)\,dx + (x\cos y - 2y)\,dy = 0$

8. 解 $y = (y^2 - x)\,y'$

1.4 齊次方程式

在評論齊次方程式前，應了解什麼是齊次函數，我們以二變數函數為例，讀者可自行推廣到 n 個變數之情形。

齊次函數

若一函數 $f(x, y)$ 滿足 $f(\lambda x, \lambda y) = \lambda^t(x, y)$，$t$ 為任一實數，則稱函數 f 為 t 階齊次函數（Homogeneous function of order t）。

1. $f(x, y) = \sqrt[3]{x+y}$；$f(\lambda x, \lambda y) = \sqrt[3]{(\lambda x) + (\lambda y)} = \lambda^{\frac{1}{3}}\sqrt[3]{x+y}$；為齊次函數。

2. $f(x, y) = \tan^{-1}\dfrac{y}{x}$；$f(\lambda x, \lambda y) = \tan^{-1}\dfrac{\lambda y}{\lambda x} = \tan^{-1}\dfrac{y}{x}$ 為齊次函數

3. $f(x, y) = e^{\frac{x}{x+y}}$；$f(\lambda x, \lambda y) = e^{\frac{\lambda x}{\lambda x + \lambda y}} = e^{\frac{x}{x+y}}$；為齊次函數

4. $f(x, y) = \dfrac{\sin y}{x}$；$f(\lambda x, \lambda y) = \dfrac{\sin \lambda y}{\lambda x}$；不存在一個 t 使得 $f(\lambda x, \lambda y) = \lambda^t f(x, y)$，故不為齊次函數

零階齊次方程式

設微分方程式 $\dfrac{dy}{dx} = f(x, y)$ 中之 $f(x, y)$ 為零階齊次函數，則我們可令 $y = \lambda x$ 代入原方程式，消去 y，則 $\dfrac{dy}{dx} = \lambda \dfrac{dx}{dx} + x \dfrac{d\lambda}{dx} = \lambda + x \dfrac{d\lambda}{dx}$，而可寫成 $\dfrac{d\lambda}{dx} = g(\lambda, x) = h_1(\lambda)\, h_2(x)$ 之型式，如此便可用變數分離法解之。

範例 1　解 $\dfrac{dy}{dx} = \dfrac{y - x}{x + y}$

解：$f(x, y) = \dfrac{y - x}{x + y}$，則 $f(\lambda x, \lambda y) = \dfrac{\lambda y - \lambda x}{\lambda x + \lambda y} = \dfrac{y - x}{x + y}$ 為零階齊次函數，

令 $y = \lambda x$，則 $\dfrac{dy}{dx} = \lambda + x \dfrac{d\lambda}{dx}$，代入原方程式得

$$\lambda + x\frac{d\lambda}{dx} = \frac{\lambda x - x}{\lambda x + x} = \frac{x(\lambda - 1)}{x(\lambda + 1)} = \frac{\lambda - 1}{\lambda + 1}$$

$$\therefore x\frac{d\lambda}{dx} = \frac{\lambda - 1}{\lambda + 1} - \lambda = -\left(\frac{\lambda^2 + 1}{\lambda + 1}\right)$$

$$\frac{dx}{x} + \frac{\lambda + 1}{\lambda^2 + 1}\, d\lambda = 0$$

兩邊同時積分：

$$\int \frac{dx}{x} + \int \frac{\lambda + 1}{\lambda^2 + 1}\, d\lambda = 0$$

$$\int \frac{dx}{x} + \int \frac{\lambda}{\lambda^2 + 1}\, d\lambda + \int \frac{1}{\lambda^2 + 1}\, d\lambda = 0$$

$$\therefore \ln |x| + \frac{1}{2}\ln(1 + \lambda^2) + \tan^{-1}\lambda = c$$

又 $y = \lambda x$，即 $\lambda = \dfrac{y}{x}$ 代入上式得

$$\ln x + \frac{1}{2} \ln \left[1 + \left(\frac{y}{x} \right)^2 \right] + \tan^{-1} \frac{y}{x} = c$$

$$或 \frac{1}{2} \ln (x^2 + y^2) + \tan^{-1} \frac{y}{x} = c$$

範例 **2** 　解 $xy \dfrac{dy}{dx} = x^2 + y^2$

解：$xy \dfrac{dy}{dx} = x^2 + y^2$

$$\therefore \frac{dy}{dx} = \frac{x^2 + y^2}{xy}$$

又 $f(x, y) = \dfrac{x^2 + y^2}{xy}$ 為零階齊次函數

令 $y = \lambda x$，則 $\dfrac{dy}{dx} = \lambda + x \dfrac{d\lambda}{dx}$ ，代入原方程式得

$$\lambda + x \frac{d\lambda}{dx} = \frac{x^2 + \lambda^2 x^2}{x(\lambda x)} = \frac{1 + \lambda^2}{\lambda}$$

$$\therefore x \frac{d\lambda}{dx} = \frac{1 + \lambda^2}{\lambda} - \lambda = \frac{1}{\lambda}$$

$$\lambda \, d\lambda = \frac{dx}{x}$$

兩邊同時積分：

$$\int \lambda \, d\lambda = \int \frac{dx}{x}$$

$$\frac{\lambda^2}{2} = \ln x + c$$

$$\frac{1}{2} \left(\frac{y}{x} \right)^2 = \ln x + c \text{ ，是為所求}$$

$y' = F\left(\dfrac{ax + by + \alpha}{cx + dy + \beta}\right)$ 之解法

$y' = F\left(\dfrac{ax + by + \alpha}{cx + dy + \beta}\right)$ 因行列式 $\begin{vmatrix} a & b \\ c & d \end{vmatrix}$ 是否為 0 而有不同之解法：

$\begin{vmatrix} a & b \\ c & d \end{vmatrix} = 0$ 時可令 $u = ax + by$ 行變數變換，然後用分離變數法求解。

範例 3　解 $\dfrac{dy}{dx} = \dfrac{x - y}{x - y - 1}$

解：(1) $\because \begin{vmatrix} a & b \\ c & d \end{vmatrix} = \begin{vmatrix} 1 & -1 \\ 1 & -1 \end{vmatrix} = 0$

令 $u = x - y$,

$du = dx - dy$，$\dfrac{du}{dx} = \dfrac{dx}{dx} - \dfrac{dy}{dx} = 1 - \dfrac{dy}{dx}$ ，

即 $\dfrac{dy}{dx} = 1 - \dfrac{du}{dx}$

代入原方程式

$1 - \dfrac{du}{dx} = \dfrac{u}{u - 1}$

$\dfrac{du}{dx} = 1 - \dfrac{u}{u - 1} = \dfrac{-1}{u - 1}$

$(u - 1)du + dx = 0$

$\displaystyle\int (u - 1)du + \int dx = c$

$\therefore \dfrac{u^2}{2} - u + x = c$

$\dfrac{(x - y)^2}{2} - (x - y) + x = c$

即 $(x-y)^2 + 2y = c'$

(2) $\begin{vmatrix} a & b \\ c & d \end{vmatrix} \neq 0$ 時，可令 $x = u+h$，$y = v+k$，代入原方程式消去 h，k 後

可化成齊次方程式，再按齊次方程式解法求解。

範例 4　解 $(1+x+y)dx - (x-y+3)dy = 0$

解：$\because \begin{vmatrix} a & b \\ c & d \end{vmatrix} = \begin{vmatrix} 1 & 1 \\ 1 & -3 \end{vmatrix} \neq 0$

$\therefore$ 取 $x = u+h$，$y = v+k$，則

$$y' = \frac{x+y+1}{x-y+3} = \frac{(u+v)+(h+k+1)}{(u-v)+(h-k+3)} \quad\text{.............................} (1)$$

若要消去上式之 h、k，就必須 $h+k+1 = 0$ 及 $h-k+3 = 0$

$$\therefore \begin{cases} h+k = -1 \\ h-k = -3 \end{cases}$$

得 $h = -2$，$k = 1$

代 $x = u-2$，$y = v+1$ 入 (1) 得

$$\frac{dv}{du} = \frac{u+v}{u-v} \quad\text{...} (2)$$

為一齊次方程式

令 $v = \lambda u$，$dv = u\,d\lambda + \lambda\,du$

$$\frac{dv}{du} = u\frac{d\lambda}{du} + \lambda$$

$\therefore$ (2) 為 $u\dfrac{d\lambda}{du} + \lambda = \dfrac{u + \lambda u}{u - \lambda u} = \dfrac{1+\lambda}{1-\lambda}$

$$u\frac{d\lambda}{du} + \lambda = \frac{u + \lambda u}{u - \lambda u} = \frac{1+\lambda}{1-\lambda}$$

$$\frac{du}{u} = \frac{1-\lambda}{1+\lambda^2}\,d\lambda$$

$$\int \frac{du}{u} = \int \frac{1-\lambda}{1+\lambda^2}\,d\lambda = \int \frac{d\lambda}{1+\lambda^2} - \int \frac{\lambda}{1+\lambda^2}\,d\lambda$$

$\therefore \ln|u| = \tan^{-1}\lambda - \dfrac{1}{2}\ln(1+\lambda^2) + c$

但 $u = x+2$，$v = y-1$，$\lambda = \dfrac{v}{u} = \dfrac{y-1}{x+2}$

$\therefore \ln|x+2| = \tan^{-1}\dfrac{y-1}{x+2} - \dfrac{1}{2}\ln\left[1 + \left(\dfrac{y-1}{x+2}\right)^2\right] + c$

或 $\ln[(x+2)^2 + (y-1)^2] = 2\tan^{-1}\dfrac{y-1}{x+2} + c'$

◆ **習　題**

1. 解 $y' = \left(\dfrac{y}{x}\right)^2 + \left(\dfrac{y}{x}\right)$

2. 解 $y' = \dfrac{x+y}{x}$

3. 解 $y' = \dfrac{x-y}{x+y}$

4. 解 $\dfrac{dy}{dx} = \dfrac{x+2y}{2x-y}$

5. 解 $\left(1 - \sqrt{\dfrac{y}{x}}\right)\dfrac{dy}{dx} = \dfrac{y}{x}$

6. 解 $y' = \dfrac{2xy}{x^2 - y^2}$

7. 解 $xy' = \dfrac{y^2}{x} + y$

8. $y' = \dfrac{y+2}{x+y+1}$

1.5　一些簡易視察法

Euler 之**積分因子**（Integration factor; IF）之概念始終在 ODE 之解法上佔有重要地位，積分因子會因 ODE 形式不同，同時一個 ODE 所用之積分因子未必惟一，因此，初學者在初學時往往需要經驗與試誤，在未正式討論什麼是積分因子前，我們可藉**觀察法**（Method of inspection）來暖身一下。

下面有 6 個常見之基本公式，每個式子都可容易地由微分法得證，因此，判斷要用那個公式及「如何用」這些公式，將是本節重心。

表 1　常見之視察法公式

1. $\dfrac{xdy - ydx}{x^2} = d\left(\dfrac{y}{x}\right)$

2. $\dfrac{xdy - ydx}{y^2} = d\left(-\dfrac{x}{y}\right)$

3. $\dfrac{xdy - ydx}{x^2 + y^2} = d\left[\tan^{-1}\left(\dfrac{y}{x}\right)\right]$

4. $\dfrac{xdx + ydy}{x^2 + y^2} = \dfrac{1}{2}d[\ln(x^2 + y^2)]$

5. $\dfrac{xdx + ydy}{\sqrt{x^2 + y^2}} = d(\sqrt{x^2 + y^2})$

6. $\dfrac{xdx - ydy}{\sqrt{x^2 - y^2}} = d(\sqrt{x^2 - y^2})$

範例 1　解 $ydx + (x^2y^3 - x)dy = 0$

解：$\dfrac{ydx + (x^2y^3 - x)dy}{x^2} = \dfrac{(y\,dx - x\,dy) + x^2y^3\,dy}{x^2} = \dfrac{(y\,dx - x\,dy)}{x^2} + y^3\,dy$

$$= d\left(\dfrac{-y}{x}\right) + y^3\,dy = 0$$

$\therefore \dfrac{-y}{x} + \dfrac{y^4}{4} = c$

若範例 1 用 $\dfrac{y\,dx + (x^2y^3 - x)\,dy}{y^2} = \dfrac{(y\,dx - x\,dy) + x^2y^3\,dy}{y^2} = d\left(\dfrac{x}{y}\right) + x^2y\,dy$

便無法繼續做下去。

範例 2　解 $(x^2 + y^2 - y)\,dx + (x^2 + y^2 + x)\,dy = 0$

解：$\because \dfrac{(x^2 + y^2 - y)\,dx + (x^2 + y^2 + x)\,dy}{x^2 + y^2} = dx + \dfrac{-y\,dx + x\,dy}{x^2 + y^2} + dy$

$$= dx + d\left(\tan^{-1}\left(\dfrac{y}{x}\right)\right) + dy = 0$$

$\therefore x + \tan^{-1}\dfrac{y}{x} + y = c$

範例 3　解 $(2x - x^2 - y^2)\,dx + (2y + x^2 + y^2)\,dy = 0$

解：$\because \dfrac{(2x - (x^2 + y^2))dx + (2y + (x^2 + y^2))\,dy}{x^2 + y^2}$

$$= \dfrac{2(x\,dx + y\,dy) - (x^2 + y^2)\,dx + (x^2 + y^2)\,dy}{x^2 + y^2}$$

$$= d\ln(x^2 + y^2) - dx + dy = 0$$

$\therefore \ln(x^2 + y^2) - x + y = c$

視察法進一步技巧

在上面 3 個範例，我們大致有下列視察通則：

1. $xdx + ydy = \dfrac{1}{2}d(x^2 + y^2)$，故有 $x\,dx + y\,dy$ 時可考慮 $x^2 + y^2$ 之因子（包括 $\ln(x^2 + y^2)$）。

2. $x\,dy + y\,dx = d(xy)$，故有 $x\,dy + y\,dx$ 時可考慮 xy 之因子。

3. $x\,dy - y\,dx$ 時考慮 $\dfrac{1}{x^2}$ 或 $\dfrac{1}{y^2}$ 當做乘數，也可能要試 $\tan^{-1}\dfrac{y}{x}$。

但有相當多的情形是上述規則隱藏在 ODE 中，除非多做練習，否則還真不容易發現。

範例 4 解 $xdx + (y + 4x^2y^3 + 4y^5)\,dy = 0$

解：$x\,dx + (y + 4x^2y^3 + 4y^5)\,dy = 0 = (x\,dx + y\,dy) + 4y^3(x^2 + y^2)\,dy$

$$= \frac{1}{2}\,d(x^2 + y^2) + 4y^3(x^2 + y^2)\,dy = 0$$

$$\therefore \frac{d(x^2 + y^2)}{2(x^2 + y^2)} + 4y^3\,dy = 0$$

即 $\dfrac{1}{2}\ln(x^2 + y^2) + y^4 = c$

範例 5 解 $(y + x(x^2 + y^2)^2)\,dx + (-x + y(x^2 + y^2)^2)\,dy = 0$

解：$(y + x(x^2 + y^2)^2)dx + (-x + y(x^2 + y^2)^2)dy$

$= (ydx - xdy) + (x(x^2 + y^2)^2 dx + y(x^2 + y^2)^2 dy) = 0$

兩邊同除 $x^2 + y^2$：

$$\frac{ydx - xdy}{x^2 + y^2} + (x(x^2+y^2)dx + y(x^2+y^2)dy)$$

$$= d\tan^{-1}\frac{x}{y} + \frac{1}{4}d(x^2+y^2)^2 = 0$$

$$\therefore \tan^{-1}\frac{x}{y} + \frac{1}{4}(x^2+y^2)^2 = c$$

◆ 習　題

1. $xdx + (y+x^2+y^2)dy = 0$

2. $(x^2+y^2+2y)dx + (x^2+y^2-2x)dy = 0$

3. $(x^3+2y)dx + (x^2y-2x)dy = 0$

4. $(x+\sqrt{x^2+y^2})dx + (y+\sqrt{x^2+y^2})dy = 0$

5. $xdy - ydx = x^2e^x dx$

6. $ydx + (y^2-x)dy = 0$

7. $xdy - ydx = (1-x^2)dx$

8. $ydx + (y^2-x)dy = 0$

9. $xdx - (y+\sqrt{x^2-y^2})dy = 0$

1.6　積分因子

$M(x, y)\,dx + N(x, y)\,dy = 0$ 不為正合時，如果我們可找到一個函數 $h(x, y)$ 使得 $h(x, y)\,M(x, y)\,dx + h(x, y)\,N(x, y)\,dy = 0$ 為正合，則稱 $h(x, y)$ 為積分因子。

積分因子之找法通常無定則可循，即便存在也非唯一。

範例 1　解 $y\,dx - x\,dy = 0$

解：我們可用分離變數法，甚至下一節之線性方程式法而得到解答，在此我們試用幾種積分因子（IF）來看看解法過程與結果。

(1) 令 $\text{IF} = \dfrac{1}{y^2}$

$$\frac{y\,dx - x\,dy}{y^2} = 0$$

$$\therefore \left(\frac{x}{y}\right)' = 0$$

得 $\dfrac{x}{y} = c$ 或 $y = c'x$

(2) 令 $\text{IF} = \dfrac{1}{x^2}$

$$\frac{y\,dx - x\,dy}{x^2} = -\frac{x\,dy - y\,dx}{x^2} = 0$$

$$\therefore -\left(\frac{x}{y}\right)' = 0 \,,\; y = -cx = c''x$$

範例 2　（論例）說明何以 $y\,dx - x\,dy = 0$ 之積分因子除了 $-\dfrac{1}{x^2}$，$\dfrac{1}{y^2}$ 外還有 $\dfrac{1}{xy}$，$-\dfrac{1}{x^2 + y^2}$ ？

解：(1) $\text{IF} = \dfrac{1}{xy}$ ：以 $\text{IF} = \dfrac{1}{xy}$ 遍乘 $y\,dx - x\,dy = 0$ 之兩邊：

$$\frac{y\,dx - x\,dy}{xy} = \frac{1}{xy} \cdot 0 = 0$$

即 $\dfrac{dx}{x} - \dfrac{dy}{y} = 0$ ，$M(x,y) = \dfrac{1}{x}$，$N(x,y) = -\dfrac{1}{y}$，$M_y = N_x = 0$

$\therefore \dfrac{1}{xy}$ 為 IF

(2) $\text{IF} = \dfrac{-1}{x^2+y^2}$ ：以 $\text{IF} = \dfrac{-1}{x^2+y^2}$ 遍乘 $y\,dx - x\,dy = 0$ 之兩邊：

$$\dfrac{-1}{x^2+y^2}(y\,dx - x\,dy) = 0$$

$$\dfrac{x\,dy - y\,dx}{x^2+y^2} = 0 \,,\; M(x,y) = \dfrac{-y}{x^2+y^2} \,,\; N(x,y) = \dfrac{x}{x^2+y^2}$$

$$M_y = \dfrac{(x^2+y^2)(-1) - (-y)\,2y}{(x^2+y^2)^2} = \dfrac{y^2-x^2}{(x^2+y^2)^2}$$

$$N_x = \dfrac{(x^2+y^2)\cdot 1 - x\,(2x)}{(x^2+y^2)^2} = \dfrac{y^2-x^2}{(x^2+y^2)^2}$$

$\because M_y = N_x$

$\therefore \dfrac{1}{x^2+y^2}$ 為一個 IF。

讀者可看出不同之 IF 解出之結果可能會不同：

以 $\dfrac{1}{xy}$ 為 IF，解出 $\ln\dfrac{x}{y} = c$

以 $\dfrac{1}{x^2+y^2}$ 為 IF，解出 $\tan^{-1}\dfrac{y}{x} = c$

IF 之決定通常與微分方程式之形式有關，我們在此將列舉一個最常見之基本規則。

定理：ODE $\quad M\,dx + N\,dy = 0$ 有積分因子 IF

$$\text{若}\begin{cases} \left(\dfrac{\partial M}{\partial y} - \dfrac{\partial N}{\partial x}\right)\Big/ N = \phi(x) \,,\; \text{則取 } \text{IF} = e^{\int \phi(x)dx} \\[2mm] \left(\dfrac{\partial M}{\partial y} - \dfrac{\partial N}{\partial x}\right)\Big/ M = \phi(y) \,,\; \text{則取 } \text{IF} = e^{-\int \phi(y)dy} \end{cases}$$

證明：(1) 設 $\text{IF} = \mu = \phi(x)$ 為積分因子，則

$\mu(M dx + N dy) = 0$ 為正合，（注意 μ 為 x 之函數）

$$\therefore \frac{\partial}{\partial y}\mu M = \frac{\partial}{\partial x}\mu N$$

$$\mu \frac{\partial}{\partial y}M = \mu \frac{\partial}{\partial x}N + N\frac{d}{dx}\mu$$

移項

$$N\frac{d}{dx}\mu = \mu\left(\frac{\partial}{\partial y}M - \frac{\partial}{\partial x}N\right)$$

$$\frac{d\mu}{\mu} = \frac{1}{N}\left(\frac{\partial}{\partial y}M - \frac{\partial}{\partial x}N\right)dx$$

$$\ln\mu = \int \phi(x)\,dx$$

$$\therefore \mu = e^{\int \phi(x)dx}$$

(2) 同法可證從略。

範例 3 解 $(1-x^2+y)dx-xdy=0$

解：$M = 1-x^2+y$，$N = -x$

$$\frac{\partial M}{\partial y} - \frac{\partial N}{\partial x} = 1 - (-1) = 2$$

$$\therefore \frac{\left(\frac{\partial M}{\partial y} - \frac{\partial N}{\partial x}\right)}{N} = \frac{2}{-x} = \phi(x)$$

取 $\text{IF} = e^{\int -\frac{2}{x}dx} = e^{-2\ln x} = \frac{1}{x^2}$

以 $\text{IF} = \frac{1}{x^2}$ 遍乘原方程式兩邊得：

$\frac{1-x^2+y}{x^2}dx - \frac{x}{x^2}dy = 0$ 為正合（讀者自行驗證之）

$$\frac{1-x^2}{x^2}dx + \frac{y\,dx - x\,dy}{x^2} = 0$$

或 $\quad \dfrac{x^2-1}{x^2}dx - \dfrac{xdy-ydx}{x^2} = 0$

$\left(-\dfrac{1}{x^2}+1\right)dx - d\left(\dfrac{y}{x}\right) = 0$

$\therefore \dfrac{1}{x}+x-\dfrac{y}{x} = c$ 或 $1+x^2-y = cx$

範例 4　解 $2ydx + xdy = 0$

解：除了用分離變數法外，亦可用本節方法：

$M = 2y，N = x$

$\dfrac{\partial M}{\partial y} - \dfrac{\partial N}{\partial x} = 2-1 = 1$

$\therefore \dfrac{\left(\dfrac{\partial M}{\partial y} - \dfrac{\partial N}{\partial x}\right)}{N} = \dfrac{1}{x}$ ，

取　$\text{IF} = e^{\int \frac{1}{x}dx} = e^{\ln x} = x$

以 x 乘原方程式兩邊

$x2ydx + x^2dy = 0$

又 $2xydx + x^2dy = 0$ 為正合

$d(x^2y) = 0$

$\therefore x^2y = c$ 是為其解

範例 5　解 $3\sin y\, dx + \cos y\, dy = 0$

解：$M = 3 \sin y$，$N = \cos y$

$$\frac{\partial M}{\partial y} = 3 \cos y，\frac{\partial N}{\partial x} = 0$$

$$\frac{\partial M}{\partial y} - \frac{\partial N}{\partial x} = 3\cos y = \phi(y)$$

$$\therefore \text{IF} = e^{-\int \frac{\left(\frac{\partial M}{\partial y} - \frac{\partial N}{\partial x}\right)}{M} dy} = e^{-\int \frac{3 \cos y}{3 \sin y} dy} = e^{-\ln \sin y} = \frac{1}{\sin y}$$

以 $\text{IF} = \dfrac{1}{\sin y}$ 乘原方程式兩邊得：

$$3\, dx + \frac{\cos y}{\sin y} dy = 0$$

$$\therefore 3x + \ln |\sin y| = c$$

範例 6　若 ODE $(4x + 3y^2)dx + 2xy\,dy = 0$ 有一個積分因子 x^n，n 為正整數，求 n，並據此結果解上述方程式。

解：(a) 以 $\mu = x^n$ 乘方程式兩邊：

$$x^n(4x + 3y^2)dx + x^n 2xy\,dy = (4x^{n+1} + 3x^n y^2)dx + 2x^{n+1}y\,dy$$
$$= 0 \cdots\cdots\cdots\cdots\cdots\cdots\cdots\cdots\cdots (1)$$

$$M = 4x^{n+1} + 3x^n y^2，N = 2x^{n+1}y$$

$$\frac{\partial}{\partial y}M = \frac{\partial}{\partial y}(4x^{n+1} + 3x^n y^2) = 6x^n y$$

$$\frac{\partial}{\partial x}N = \frac{\partial}{\partial x}(2x^{n+1}y) = 2\,(n+1)x^n y$$

∵ (1) 為正合，$\dfrac{\partial}{\partial y}M = \dfrac{\partial}{\partial x}N$

∴ $6x^n y = 2(n+1)x^n y$ 即 $2(n+1) = 6$　解之 $n = 2$

(b) 以 $\mu = x^2$ 乘方程式兩邊：

$$x^2(4x + 3y^2)dx + x^2 \cdot 2xy\,dy$$

$$= (4x^3 + 3x^2y^2)dx + 2x^3ydy = 0 \quad \text{為正合,}$$

用集項法解上述方程式:

$$(4x^3 + 3x^2y^2)dx + 2x^3ydy = 0$$
$$\Rightarrow 4x^3dx + (3x^2y^2dx + 2x^3ydy) = dx^4 + d(x^3y^2) = 0$$
$$\therefore x^4 + x^3y^2 = c$$

◆ 習 題

1. 解 $(4x + 3y^2)dx + 2xydy = 0$

2. 解 $(3xy^2 + 2y)\,dx + (2x^2y + x)\,dy = 0$

3. 解 $(4x + 3y^2)dx - 2xydy = 0$

4. 解 $\dfrac{dy}{dx} + \dfrac{y^2 - y}{x} = 0$

5. 解 $y^2dx + xydy = 0$

6. $y' = 2xy - x$

7. $(x + 2y^2)\,dx + xy\,dy = 0$

8. $(2x^3 + 2y)\,dx + x\,dy = 0$

9. $(2x + y + 2x^2y)\,dx + x\,dy = 0$

10. $(x^2 + y^2 + 2x)\,dx + yx\,dy = 0$

1.7　一階線性微分方程式與 Bernoulli 方程式

一階線性微分方程式

本節之一階線性微分方程式之標準形式為 $y' + p(x)y = q(x)$。

$y' + p(x)y = q(x)$ 可寫成

$\dfrac{dy}{dx} + p(x)y = q(x)$，$dy + p(x)ydx = q(x)dx$

$\therefore (p(x)y - q(x))dx + dy = 0$

$M = p(x)y - q(x)$，$N = 1$

$\dfrac{\partial M}{\partial y} - \dfrac{\partial N}{\partial x} = p(x)$　；

$\left(\dfrac{\partial M}{\partial y} - \dfrac{\partial N}{\partial x}\right) \Big/ N = p(x)$

$\therefore y' + p(x)y = q(x)$ 之積分因子 IF 為 $\text{IF} = e^{\int p(x)dx}$

以 IF 遍乘原方程式兩邊便可用正合方程式之求法解之。

範例 1　解 $y' - 2xy = e^{x^2}$

解：以 $\text{IF} = e^{-\int 2xdx} = e^{-x^2}$ 遍乘方程式兩邊：

$e^{-x^2}y' - 2xye^{-x^2} = e^{x^2} \cdot e^{-x^2} = 1$

$(e^{-x^2}y)' = 1$

$\therefore ye^{-x^2} = x + c$　，即 $y = (x + c)e^{x^2}$

範例 2　解 $y' + \dfrac{1}{x}y = \dfrac{\cos x}{x}$

解：以 $\text{IF} = e^{\int \frac{1}{x}dx} = e^{\ln x} = x$ 遍乘方程式兩邊：

$$xy' + x\left(\frac{1}{x}y\right) = x \cdot \frac{\cos x}{x}$$

$$(xy)' = \cos x$$

$$\therefore xy = \sin x + c$$

範例 3　$xy' + y = e^x$

解：先化 $xy' + y = e^x$ 為標準式：

$$y' + \frac{1}{x}y = e^x/x$$

以 $\text{IF} = e^{\int \frac{1}{x}dx} = x$ 遍乘方程式兩邊：

$$xy' + x\left(\frac{1}{x}y\right) = x(e^x/x) = e^x$$

即　$(xy)' = e^x$

$$\therefore xy = e^x + c$$

Bernoulli 方程式

Bernoulli 方程式之標準式為

$$y' + p(x)y = q(x)y^n \text{，} n \neq 0 \text{ 或 } 1$$

（當 $n = 0$，Bernoulli 方程式即為一階線性微分方程式，$n = 1$ 時可以變數分離法解之）

$$\because y' + p(x)y = q(x)y^n$$

$$y^{-n}y' + p(x)y^{1-n} = q(x) \quad\text{...}\quad (1)$$

取 $u = y^{1-n}$ 行變數變換，則

$$u' = (1-n)y^{-n}y'$$

$$\therefore y^{-n}y' = \frac{1}{1-n}u'$$

是 (1) 變為

$$\frac{1}{1-n}u' + p(x)u = q(x)$$

如此便可用一階線性微分方程式解之。

範例 4 　解 $xy' + y = y^2$

解：原方程式相當於 $y^{-2}y' + \frac{1}{x}y^{-1} = \frac{1}{x}$ 　... (1)

令 $u = y^{1-2} = \frac{1}{y}$ ，則 $u' = -y^{-2}y'$

$\therefore$ (1) 又可變為

$$-u' + \frac{u}{x} = \frac{1}{x} \quad\text{或}\quad u' - \frac{u}{x} = -\frac{1}{x}$$

此為一線性微分方程式

取　$\text{IF} = e^{-\int \frac{1}{x}dx} = \frac{1}{x}$

$$\therefore \frac{1}{x}u' - \frac{u}{x^2} = -\frac{1}{x^2}$$

$$\left(\frac{u}{x}\right)' = -\frac{1}{x^2}$$

$$\therefore \frac{u}{x} = \frac{1}{x} + c \ , \ 即 \ u = 1 + cx$$

但 $u = \dfrac{1}{y}$

$$\therefore y = \frac{1}{1+cx} \ \text{是為所求}$$

範例 5　解 $y' + y\cot x = \dfrac{1}{y}\csc^2 x$

解：取　$u = y^{1-(-1)} = y^2$ ，$u' = 2yy'$

　　$\therefore 令 \ u = y^2$ 則原方程式 $yy' + y^2\cot x = \csc^2 x$ 可化為

$$\frac{1}{2}u' + (\cot x)u = \csc^2 x$$

$$u' + 2(\cot x)u = 2\csc^2 x \ \text{..} \ (1)$$

$$\therefore \text{IF} = e^{\int 2\cot x\,dx} = \sin^2 x$$

以 $\sin^2 x$ 乘 (1) 兩邊得：

$$\sin^2 x \cdot u' + u \cdot 2\sin x\cos x = (u\sin^2 x)' = 2$$

$$u\sin^2 x = 2x + c$$

$$\therefore u = (2x+c)\csc^2 x \ 即 \ y^2 = (2x+c)\csc^2 x$$

◆ 習　題

1. 解 $y' + xy = 2x$

2. 解 $y' + y = e^{-x}$

3. 解 $y' + \dfrac{y}{x} = 3x$

4. 解 $y' - \dfrac{2}{x}y = x^2\cos 3x$

5. 解 $\dfrac{dy}{dx} = x + y$

6. 解 $y' + xy = xy^2$

7. 解 $y' + y = e^{-x}\sin x$

8. 解 $y' + y = y^2$

9. 解 $y' + y = \sin x$

1.8 一階常微分方程式之補充解法

Clairaut 方程式

Clairaut 方程式是紀念法國數學家 A. C. Clairaut（1713-1765）。其標準形式為 $y = xy' + f(y')$ 或 $y = xp + f(p)$，其中 $p = y'$。

定理：ODE $y = xp + f(p)$，$p = y'$ 之解為

$$y = cx + f(c)，c 為任意常數$$

證明：$y = xp + f(p)$ 兩邊同時對 x 微分得：

$p = p + xp' + f'(p) \cdot p'$

$\therefore p'(x + f'(p)) = 0$

得 $p' = 0$

即 $y'' = 0$

$\therefore y' = p = c$

即 $y = cx + f(c)$ 是為所求

範例 1　解 $y = xy' + y' - (y')^2$（或 $y = xp + p - p^2$）

解：由視察易知 y 之通解為 $y = cx + c - c^2$（$f(p) = p - p^2$ 且 y' 用 c 代之）

範例 1，我們可進一步求奇異解：

$$-c^2 + (x+1)c - y = 0$$

對 c 作偏微分：

$$-2c + (x+1) = 0$$

$$\therefore c = \frac{1}{2}(x+1) \quad ,$$

代 $c = \frac{1}{2}(x+1)$ 入通解

$$y = cx + c - c^2 = \frac{1}{2}(x+1)x + \frac{1}{2}(x+1) - \left[\frac{1}{2}(x+1)\right]^2$$

$$= \frac{1}{4}(x+1)^2$$

範例 2　解 $y = xp - p^2$

解：由視察易知 $y = cx - c^2$。

範例 3　解 $y = y^2 p^2 + 3px$

解：本例雖不是 Clairaut 方程式之標準式，但我們可轉換成 Clairaut 方程式之標準式：

在原方程式兩邊同乘 y^2

則 $y^3 = y^4 p^2 + 3pxy^2$，

取 $v = y^3$，

則 $v' = 3y^2 \cdot \dfrac{dy}{dx} = 3y^2 p$，$y^4 p^2 = \dfrac{1}{9} (v')^2$

則原方程式變為 $v = v'x + \dfrac{1}{9} (v')^2$

$\therefore$ 由定理知 $v = kx + \dfrac{1}{9} k^2$，即 $y^3 = kx + \dfrac{1}{9} k^2$ 或 $y^3 = 3cx + c^2$，取 $\left(C = \dfrac{1}{3} k\right)$

Riccati 方程式

Riccati 方程式之標準形為

$$y' = P(x)y^2 + Q(x)y + R(x)$$

性質：若 y_1 為 $y' = P(x)y^2 + Q(x)y + R(x)$ 之一個解，則 $y = y_1 + \dfrac{1}{u}$（u 為未知函數）

可轉換成線性函數

證明：y_1 為 $y' = P(x)y^2 + Q(x)y + R(x)$ 之解

$\therefore y_1' = P(x)y_1^2 + Q(x)y_1 + R(x)$

$y = y_1 + \dfrac{1}{u}$

得 $\dfrac{dy}{dx} = y_1' - \dfrac{1}{u^2} \dfrac{du}{dx} = y_1' - \dfrac{1}{u^2} u'$ 代入

$y' = P(x)y^2 + Q(x)y + R(x)$

得 $y_1' - \dfrac{1}{u^2} u' = P\left(y_1 + \dfrac{1}{u}\right)^2 + Q\left(y_1 + \dfrac{1}{u}\right) + R$

$\qquad = P\left(y_1^2 + \dfrac{2}{u}y_1 + \dfrac{1}{u^2}\right) + Q\left(y_1 + \dfrac{1}{u}\right) + R$

$\qquad = \underbrace{(Py_1^2 + Qy_1 + R)}_{y_1'} + \left(\dfrac{2P}{u}y_1 + \dfrac{P}{u^2} + \dfrac{Q}{u}\right)$

$\therefore -\dfrac{1}{u_2} u' = \dfrac{2P}{u}y_1 + \dfrac{P}{u^2} + \dfrac{Q}{u}$

$$u' = -2Py_1u - P - Qu$$

$$= (-2Py_1 - Q)u - P$$

上式為線性方程式，解出 u 後代入 $y = y_1 + \dfrac{1}{u}$ 即得。

範例 4　解 $y' = \dfrac{y^2}{x} + \dfrac{2y}{x} - \dfrac{3}{x}$

解：由視察法易知：$y_1 = 1$ 是一個解

令 $y = 1 + \dfrac{1}{u}$

$\therefore y' = -\dfrac{1}{u^2}u' = \dfrac{1}{x}\left(1 + \dfrac{1}{u}\right)^2 + \dfrac{2}{x}\left(1 + \dfrac{1}{u}\right) - \dfrac{3}{x}$

$\quad = \dfrac{1}{x}\left(\dfrac{4}{u} + \dfrac{1}{u^2}\right)$

$u' = -\dfrac{4}{x}u - \dfrac{1}{x}$

或 $u' + \dfrac{4}{x}u = -\dfrac{1}{x}$

$IF = e^{\int \frac{4}{x}dx} = x^4$

$\therefore x^4 u' + 4x^3 u = -x^3$

$d(x^4 u) = -x^3$

$\therefore x^4 u = -\dfrac{1}{4}x^4 + c$

$u = -\dfrac{1}{4} + cx^{-4}$

$\therefore y = 1 + \dfrac{1}{-\dfrac{1}{4} + \dfrac{c}{x^4}} = 1 + \dfrac{4x^4}{4c - x^4} = \dfrac{4c + 3x^4}{4c - x^4}$

範例 5　解 $y'-1-x^2+y^2=0$

解：由視察法易知 $y=x$ 是為一解。

$\left.\begin{array}{l}\text{令 } y=x+\dfrac{1}{u}\\[2mm] y'=-\dfrac{1}{u^2}u'+1\end{array}\right\}$　代入 $y'-1=x^2-y^2$

$-\dfrac{1}{u^2}u'=x^2-\left(x+\dfrac{1}{u}\right)^2=\dfrac{-2x}{u}-\dfrac{1}{u^2}$

$u'=2ux+1$

$u'-2ux=1$

$\therefore \ \text{IF}=e^{\int -2xdx}=e^{-x^2}$

$(e^{-x^2}u)'=e^{-x^2}$

$e^{-x^2}u=\int e^{-x^2}dx+c$

$\therefore u=e^{x^2}\int e^{-x^2}dx+ce^{x^2}$

$y=x+\dfrac{1}{u}=x+e^{-x^2}(c+\int e^{-x^2}dx)^{-1}$

◆ 習　題

1. 解 $p^2+(y-1)p-y=0$，$p=y'$
2. $y'=e^{-3x}y^2-y+3e^{3x}$
3. $y'=(y-2)(y+1)$
4. $y'=\cos x-y\sin x+y^2$
5. 已知 $y=1$ 為 $y'=\dfrac{1}{x}y^2+\dfrac{1}{x}y-\dfrac{2}{x}$ 之一解，求另一解
6. $y'=x-y(1+2x)+y^2(1+x)$
7. $y=px+\sqrt[3]{1+p+p^2}$

第二章
線性微分方程式

2.1　線性微分方程式

2.2　D 算子之進一步性質

2.3　高階常係數齊性微分方程式

2.4　未定係數法

2.5　參數變動法

2.6　尤拉線性方程式

2.1 線性微分方程式

凡形如下列之微分方程式,我們稱之為**線性常微分方程式**(Linear differential equations)

$$a_0(x)\frac{d^n}{dx^n}y + a_1(x)\frac{d^{n-1}}{dx^{n-1}}y + a_2(x)\frac{d^{n-2}}{dx^{n-2}}y$$
$$+ \cdots + a_{n-1}(x)\frac{dy}{dx} + a_n(x)y = b(x) \tag{2.1}$$

當 $a_0(x)$, $a_1(x)$, $\cdots$, $a_{n-1}(x)$, $a_n(x)$ 均為固定實數時,則式(2.1)稱為常係數微分方程式。

(2.1)之 $b(x) = 0$ 時稱為**齊性方程式**(Homogeneous equations)。

D 算子

若我們用 D 來表示 $\frac{d}{dx}$,則 $\frac{d}{dx}y = D_y$, $\frac{d^2}{dx^2}y = D^2_y \cdots \frac{d^n}{dx^n}y = D^n_y$,同時規定 $D^0y = y$ 則(2.1)式可表為

$$L(D)y = b(x) ;$$

其中

$$L(D) = a_0(x)D^n + a_1(x)D^{n-1} + \cdots + a_n(x)D^0$$

例如:

- $y'' - 2y' + 3y = e^x$ 可寫成

  $(D^2 - 2D + 3)y = e^x$ 或 $L(D)y = e^x$;其中 $L(D) = D^2 - 2D + 3$

- $y''' - y' = 0$ 可寫成

  $(D^3 - D)y = 0$ 或 $L(D)y = 0$;其中 $L(D) = D^3 - D$

- $x^2y'' - 3xy' + \dfrac{1}{x}y = 0$ 可寫成

$$\left(x^2D^2 - 3xD + \dfrac{1}{x}\right)y = 0 \ \text{或} \ L(D)y = 0 \ ; \ L(D) = x^2D^2 - 3xD + \dfrac{1}{x}$$

齊性微分方程式解之基本性質

若 $y = y(x)$ 是

$$a_0(x)y^{(n)} + a_1(x)y^{(n-1)} + \cdots + a_{n-1}(x)y' + a_n(x)y = 0 \qquad (2.2)$$

之解，則它有以下性質：

定理：若 $y = y_1(x)$ 與 $y = y_2(x)$ 均為（2.2）之解，則

$y = c_1y_1(x) + c_2y_2(x)$（$c_1$，$c_2$ 為任意常數）亦為其解

證明：$L(D)[c_1y_1(x) + c_2y_2(x)]$

$= a_0(x)[c_1y_1(x) + c_2y_2(x)]^{(n)} + a_1(x)[c_1y_1(x) + c_2y_2(x)]^{(n-1)}$

$\quad + a_2(x)[c_1y_1(x) + c_2y_2(x)]^{(n-2)} + \cdots + a_n(x)[c_1y_1(x) + c_2y_2(x)]$

$= c_1\left[a_0(x)y_1^{(n)}(x) + a_1(x)y_1^{(n-1)}(x) + \cdots + a_n(x)y_1(x)\right]$

$\quad + c_2\left[a_0(x)y_2^{(n)}(x) + a_1(x)y_2^{(n-1)}(x) + \cdots + a_n(x)y_2(x)\right]$

$= c_1 \cdot 0 + c_2 \cdot 0 = 0$

即 $y = c_1y_1(x) + c_2y_2(x)$ 為（2.2）之一個解

由本定理可推知：

1. 若 $y = y(x)$ 為（2.2）之解則 $y = cy(x)$ 亦為（2.2）之一個解，在此 c 為任意常數。

2. 若 $y = y_i(x)$，$i = 1, 2, \cdots n$ 為（2.2）之解則 $y = \sum\limits_{i=1}^{n} y_i(x)$ 亦為（2.2）之解。

定理：若 $y = y_1(x)$ 為（2.1）之解且 $y = y_2(x)$ 為（2.2）之解則 $y = y_1(x) + y_2(x)$ 為（2.2）之解。

證明：$(y_1(x) + y_2(x)) = [a_0(x)y_1^{(n)}(x) + a_1(x)y_1^{(n-1)}(x) + \cdots + a_n(x)y_1(x)] + [a_0(x)y_2^{(n)}(x) + a_1(x)y_2^{(n-1)}(x) + \cdots + a_n(x)y_2(x)] = b(x) + 0 = b(x)$

這個定理為本章往後之解題奠定了一個基礎，即求微分方程式時先求齊性解，此相當於求（2.2）之解，再求一特解，此相當於求滿足（2.1）之一個解，兩者之和即為方程式（2.1）之通解。

根據上面之討論，我們可歸納出下列重要結果：若 y_p 為一線性常係數微分方程式（2.1）之一個特解，y_h 為（2.2）之一齊性解，則通解 y_g 為 $y_g = y_p + y_h$。

線性獨立、線性相依與 Wronskian

$f(x)$，$g(x)$ 為定義於 (a, b) 之二個函數，若存在二個常數 c_1，c_2（c_1 與 c_2 至少有一個不為 0）使得 $c_1 f(x) + c_2 g(x) \equiv 0$，對 (a, b) 中之所有 x 均成立時，我們稱 $f(x)$，$g(x)$ 為**線性相依**（Linear dependent），否則為**線性獨立**（Linear independent）。為了判斷二個函數是否線性獨立，我們將引入一個極為便利之方法 —— Wronskian，簡記 W，W 是一個行列式。

定理：$y_1(x)$，$y_2(x)$ 在 (a, b) 為連續之可微分函數，若且唯若

$$W = \begin{vmatrix} y_1(x) & y_2(x) \\ y_1{}'(x) & y_2{}'(x) \end{vmatrix} \equiv 0$$

則 $y_1(x)$，$y_2(x)$ 為線性相依。

證明：「⇒」若 $y_1(x)$，$y_2(x)$ 在 (a, b) 中為線性相依，則存在二個不同時為 0 之常數 c_1，c_2 使得

$$c_1 y_1(x) + c_2 y_2(x) \equiv 0$$

因 $y_1(x)$，$y_2(x)$ 在 (a, b) 區間為連續可微分，對上式微分得

$$c_1 y_1'(x) + c_2 y_2'(x) \equiv 0$$

$$\therefore \begin{cases} c_1 y_1(x) + c_2 y_2(x) = 0 \\ c_1 y_1'(x) + c_2 y_2'(x) = 0 \end{cases}$$

因 c_1，c_2 不同時為 0，

$$\therefore W = \begin{vmatrix} y_1(x) & y_2(x) \\ y_1'(x) & y_2'(x) \end{vmatrix} \equiv 0$$

「⇐」若 W 為 0，則 $y_1(x)$，$y_2(x)$ 為線性相依：

若 $\quad W = \begin{vmatrix} y_1(x) & y_2(x) \\ y_1'(x) & y_2'(x) \end{vmatrix} = y_1(x)y_2'(x) - y_1'(x)y_2(x) = 0$

則

$$\frac{W}{y_1^2(x)} = \frac{y_1(x)y_2'(x) - y_1'(x)y_2(x)}{y_1^2(x)} = 0$$

$$\Rightarrow \frac{d}{dx}\left(\frac{y_2(x)}{y_1(x)}\right) = 0$$

$$\therefore \frac{y_2(x)}{y_1(x)} = k$$

即 $\quad y_2(x) = ky_1(x)$

$\therefore y_1(x)$，$y_2(x)$ 為線性相依

上述定理之結果對 n 個函數情形仍然成立。

讀者應注意的是像 x 與 x^2 的 $W = \begin{vmatrix} x & x^2 \\ 1 & 2x \end{vmatrix} = x^2$，雖然 $x = 0$ 時 $W = 0$，但它仍是線性獨立。

範例 1　問 e^x，e^{2x} 是否為線性相依？

解：$W = \begin{vmatrix} e^x & e^{2x} \\ e^x & 2e^{2x} \end{vmatrix} = e^x \cdot 2e^{2x} - e^{2x} \cdot e^x = e^{3x} \neq 0$

∴ e^x，$e^2 x$ 為線性獨立

範例 2　問 $\sin x$，$\cos x$ 是否為線性相依？

解：$W = \begin{vmatrix} \sin x & \cos x \\ \cos x & -\sin x \end{vmatrix} = -1 \ (\neq 0)$

∴ $\sin x$，$\cos x$ 為線性獨立

範例 3　（論例）設 $y_1(x)$，$y_2(x)$ 為 $y'' + p(x)y' + q(x)y = 0$ 之兩個解。試證 $W = ce^{-\int p dx}$，此即 **Abel** 等式（Abel's identity）

解：∵ y_1，y_2 為 $y'' + py' + qy = 0$ 之解

∴ $\begin{cases} y_1'' + py_1' + qy_1 = 0 \\ y_2'' + py_2' + qy_2 = 0 \end{cases}$ ·· (1)

(2)×y_1−(1)×y_2

$y_1 y_2'' - y_2 y_1'' + p\,(y_1 y_2' - y_2 y_1') = 0$ ···································· (3)

但　$W = \begin{vmatrix} y_1 & y_2 \\ y_1' & y_2' \end{vmatrix} = y_1 y_2' - y_2 y_1'$ ······························· (4)

$W' = y_1' y_2' + y_1 y_2'' - y_2' y_1' - y_2 y_1'' = y_1 y_2'' - y_2 y_1''$ ······················· (5)

∴ 代 (4)，(5) 入 (3) 得 $W' + pW = 0$

解之 $W = ce^{-\int p dx}$

◆ 習 題

1. 判斷 $x^2 e^x$ 與 x 是否為線性相依？

2. 若 $y_1(x)$，$y_2(x)$ 均為（2.1）之解，問 $p(x) = k_1 y_1(x) + k_2 y_2(x)$ 是否為（2.1）之解？

3. 驗證 $y_1 = e^{-3x}$，$y_2 = e^x$ 均為 $y'' + 2y' - 3y = 0$ 之解，又 $y_1 = e^{-3x}$ 與 $y_2 = e^x$ 是否線性相依？並據此試證 $\varphi(x) = 2e^{-3x} - 3e^x$ 亦為 $y'' + 2y' - 3y = 0$ 之解。

4. 方程式 $y'' + Py' + Qy = 0$，P，Q 均為 x 之函數，試證：

   (1) 若 $P + xQ = 0$ 則 $y = x$ 為方程式之特解

   (2) 若 $1 + P + Q = 0$ 則 $y = e^x$ 為方程式之特解

5. 設 $y_1(x)$，$y_2(x)$ 為 ODE $y' + p(x)y = q_i(x)$，$i = 1, 2$ 之解。試證 $c_1 y_1(x) + c_2 y_2(x)$ 為 $y' + p(x)y = c_1 q_1(x) + c_2 q_2(x)$ 之解。

6. 問 x，$|x|$ 是否線性獨立？

2.2　D 算子之進一步性質

　　本節我們將對 D 算子之性質與運算作進一步之討論。茲考慮下列常係數微分方程式：

$$L(D)y = a_0 D^n y + a_1 D^{n-1}y + a_2 D^{n-2}y + \cdots + a_n y，a_i 為常數，i = 1, 2, \cdots n$$

則我們可定義算子 D 多項式 $L(D)$：

$$L(D) = a_0 D^n + a_1 D^{n-1} + \cdots + a_n$$

範例 1　若 $L(D) = D^2 + D - 2$，$y(x) = (x^3 - x + e^x)$，求 $L(D)y$。

解：$L(D)y = (D^2 + D - 2)(x^3 - x + e^x)$

$$= D^2(x^3 - x + e^x) + D(x^3 - x + e^x) - 2(x^3 - x + e^x)$$

$$= D(3x^2 - 1 + e^x) + (3x^2 - 1 + e^x) - 2(x^3 - 1 + e^x)$$

$$= 6x + e^x + 3x^2 - 1 + e^x - 2x^3 + 2 - 2e^x$$

$$= -2x^3 + 3x^2 + 6x + 1$$

若$L_1(D)$、$L_2(D)$為二個D算子之常係數多項式則我們易知它有下列諸性質:

1. $L_1(D) + L_2(D) = L_2(D) + L_1(D)$

2. $L_1(D) + [L_2(D) + L_3(D)] = [L_1(D) + L_2(D)] + L_3(D)$

3. $L_1(D)L_2(D) = L_2(D)L_1(D)$

4. $L_1(D)[L_2(D)L_3(D)] = [L_1(D)L_2(D)]L_3(D)$

5. $L_1(D)[L_2(D) + L_3(D)] = L_1(D)L_2(D) + L_1(D)L_3(D)$

以一些例子說明之:

範例 2　$(D + 2)(D + 1)y = (D + 2)[(D + 1)y]$

$$= (D + 2)(y' + y)$$

$$= (D + 2)y' + (D + 2)y$$

$$= y'' + 2y' + y' + 2y = y'' + 3y' + 2y$$

可驗證　$(D + 1)(D + 2)y = y'' + 3y' + 2y$

$\therefore (D + 2)(D + 1)y = (D + 1)(D + 2)y$

範例 3 $(D+2)(xD+1)y = (D+2)(xy'+y)$

$$= (D+2)xy' + (D+2)y$$

$$= y' + xy'' + 2xy' + y' + 2y$$

$$= xy'' + 2(y' + xy' + y)$$

$(xD+1)(D+2)y = (xD+1)(y'+2y)$

$$= (xD+1)y' + (y'+2y)$$

$$= xy'' + y' + y' + 2y = xy'' + 2y' + 2y$$

顯然：$(D+2)(xD+1)y \neq (xD+1)(D+2)y$

要注意的是，$L_1(D)L_2(D) = L_2(D)L_1(D)$ 在常數係數之常微分方程式中才成立，若非常係數或 $L(D)$ 不為 D 之多項式則上述關係不恆成立。

$\dfrac{1}{L(D)}y$

若 $L(D)y = T(x)$，則 $y = \dfrac{1}{L(D)}T(x)$ ，$\dfrac{1}{L(D)}$ 是反算子（Inverse operator），

$\dfrac{1}{D}T(x) = \int T(x)dx$ 。

例如：$Dy = x^2$，顯然 $y = \int x^2 dx = \dfrac{x^3}{3} + c$ ，依反算子定義，$y = \dfrac{1}{D}x^2$

$\therefore y = \int x^2 dx = \dfrac{x^3}{3}$（通常不考慮積分常數 c），而 $\dfrac{1}{D^m}T(x) = \underbrace{\int \cdots \int}_{m\ 次積分} T(x)(dx)^m$

若 $L(D)y = (D+1)y = x^2$，$y = \dfrac{1}{D+1}x^2$ ，此時我們可用 Maclaurine 展開式 $\dfrac{1}{D+1} = 1 - D + D^2 \cdots$（事實上，若 $T(x)$ 為 n 次多項式，則對 D 之無窮級數取到 $a_n D^n$ 即可，以本例而言，$y = \dfrac{1}{D+1}x^2 = (1 - D + D^2)x^2 = x^2 - Dx^2 + D^2x^2$

$= x^2 - 2x + D(2x) = x^2 - 2x + 2$ 。

下面是 D 算子之一些有用之性質，利用這些性質可大大簡化運算程序：

性質 1： $\dfrac{1}{L(D)}e^{px} = \dfrac{e^{px}}{L(p)}$ ， $L(p) \neq 0$

證明：設 $L(D) = a_0 D^n + a_1 D^{n-1} + \cdots + a_{n-1}D + a_n$

則 $L(D)e^{px} = (a_0 D^n + a_1 D^{n-1} + \cdots + a_{n-1}D + a_n)e^{px}$

$\qquad = a_0 D^n e^{px} + a_1 D^{n-1} e^{px} + \cdots + a_{n-1}D e^{px} + a_n e^{px}$

$\qquad = a_0 p^n e^{px} + a_1 p^{n-1} e^{px} + \cdots + a_{n-1}p e^{px} + a_n e^{px}$

$\qquad = (a_0 p^n + a_1 p^{n-1} + \cdots + a_{n-1}p + a_n)e^{px}$

$\qquad = L(p)e^{px}$

兩邊同除 $L(D)L(p)$ 得

$$\frac{e^{px}}{L(D)} = \frac{e^{px}}{L(p)}$$

範例 **4** 求 $\dfrac{1}{D^2 - 3D + 5}e^{-x}$

解： $\dfrac{1}{D^2 - 3D + 5}e^{-x} = \dfrac{1}{(-1)^2 - 3(-1) + 5}e^{-x}$

$\qquad = \dfrac{1}{9}e^{-x}$

範例 **5** 求 $\dfrac{1}{D(D^2 + 1)}e^{-3x}$

解： $\dfrac{1}{D(D^2 + 1)}e^{-3x} = \dfrac{1}{(-3)[(-3)^2 + 1]}e^{-3x} = -\dfrac{1}{30}e^{-3x}$

性質 2：$\dfrac{1}{(D-a)^m}e^{ax} = \dfrac{1}{m!}x^m e^{ax}, m \in N$。

證明：以 $m = 1, 2$ 驗證之

(1) $m = 1$ 時，

　　$\dfrac{1}{D-a}e^{ax} = y$ 相當於解 $(D-a)y = e^{ax}$，即 $y'-ay = e^{ax}$，

　　此為線性方程式，取 $IF = e^{-\int a\,dx} = e^{-ax}$

　　$e^{-ax}y'-ae^{-ax}y = e^{-ax} \cdot e^{ax}$

　　$\therefore (e^{-ax}y)' = 1$

　　得 $e^{-ax}y = x$（積分常數略之）

　　$\therefore y = xe^{ax}$

(2) $m = 2$ 時，

　　$\dfrac{1}{(D-a)^2}e^{ax} = \dfrac{1}{D-a}\left(\dfrac{1}{D-a}e^{ax}\right) = \dfrac{1}{D-a}xe^{ax} = y$

　　此相當解 $(D-a)y = xe^{ax}$，即 $y'-ay = xe^{ax}$，取

　　$IF = e^{-\int a\,dx} = e^{-ax}$

　　$e^{-ax}y'-e^{-ax}ay = e^{-ax}xe^{ax} = x$

　　$\therefore (e^{-ax}y)' = x$

　　解之 $e^{-ax}y = \dfrac{x^2}{2}$，$y = \dfrac{x^2}{2}e^{ax}$（積分常數略之），反覆演證即得。

性質 3：$\dfrac{1}{D-m}T(x) = e^{mx}\int e^{-mx}T(x)dx$

證明：$y = \dfrac{1}{D-m}T(x)$ 相當於 $(D-m)y = T(x)$，即 $y'-my = T(x)$

　　取 $IF = e^{\int(-m)dx} = e^{-mx}$

$$\therefore e^{-mx}y' - e^{-mx}my = e^{-mx}T(x)$$

$$(e^{-mx}y)' = e^{-mx}T(x)$$

$$e^{-mx}y = \int e^{-mx}T(x)dx$$

$$\therefore y = e^{mx}\int e^{-mx}T(x)dx$$

範例 **6**　解 $\dfrac{1}{D-1}e^{2x}$

解：方法一：$\dfrac{1}{D-1}e^{2x} = e^x\int e^{-x}e^{2x}dx = e^x\int e^x dx = e^{2x}$

　　　方法二：$\dfrac{1}{D-1}e^{2x} = \dfrac{1}{2-1}e^{2x} = e^{2x}$

性質 4（性質 3 之推廣）：

$$\frac{1}{(D-a)(D-b)}T(x) = e^{ax}\int e^{(b-a)x}\int e^{-bx}T(x)(dx)^2$$

證明：令 $\dfrac{1}{D-b}T(x) = u(x)$ 則由性質 3 得

$$u(x) = e^{bx}\int e^{-bx}T(x)dx$$

　　又　$y = \dfrac{1}{D-a}u$

$$\therefore y = \frac{1}{D-a}\Big[e^{bx}\int e^{-bx}T(x)dx\Big]$$

$$= e^{ax}\int e^{-ax} \cdot e^{bx}\int e^{-bx}T(x)(dx)^2$$

$$= e^{ax}\int e^{(b-a)x}\int e^{-bx}T(x)(dx)^2$$

範例 7　求 $\dfrac{1}{D^2 + 2D + 1}e^{-x}$

解：方法一：

$$\frac{1}{(D+1)^2}e^{-x} = \frac{x^2}{2}e^{-x}$$

方法二：

$$\frac{1}{D^2 + 2D + 1}e^{-x} = \frac{1}{(D+1)^2}e^{-x} = e^x \int e^x e^{-x} \int e^x e^{-x}\,(dx)^2$$

$$= e^x \iint 1\,(dx)^2 = e^x \int x\,dx = \frac{x^2}{2}e^x$$

範例 8　比較 $\dfrac{1}{D(D-2)^3}e^{2x}$ 與 $\dfrac{1}{(D-2)^3 D}e^{2x}$

解：$\dfrac{1}{D(D-2)^3}e^{2x} = \dfrac{1}{D}\left[\dfrac{1}{(D-2)^3}e^{2x}\right]$

$$= \frac{1}{D}\left[e^{2x}\int e^{-2x}e^{2x}\int e^{-2x}e^{2x}\int e^{-2x}e^{2x}(dx)^3\right]$$

$$= \frac{1}{D}\left[e^{2x}\int 1\int 1\int 1\,(dx)^3\right] = \frac{1}{D}\left(e^{2x}\cdot\frac{x^3}{6}\right)$$

$$= \int \frac{x^3}{6}e^{2x}dx$$

$$= \frac{1}{6}\left[\frac{1}{2}x^3 - \frac{3}{4}x^2 + \frac{3}{4}x - \frac{3}{8}\right]e^{2x}$$

$$\frac{1}{(D-2)^3 D}e^{2x} = \frac{1}{(D-2)^3}\frac{1}{D}(e^{2x}) = \frac{1}{(D-2)^3}\left(\frac{1}{2}e^{2x}\right)$$

$$= \frac{1}{2}\frac{1}{(D-2)^3}(e^{2x})$$

$$= \frac{1}{2}e^{2x}\int e^{-2x}e^{2x}\int e^{-2x}e^{2x}\int e^{-2x}e^{2x}\,(dx)^3$$

$$= \frac{1}{2}\cdot\frac{x^3}{3!}e^{2x}$$

二者結果不同，其原因在於：

當 $L(D)$ 為分式形式時，$L_1(D)L_2(D) = L_2(D)L_1(D)$ 不恆成立。

範例 9　求 $\dfrac{1}{(D-1)D}x$

解：$\dfrac{1}{(D-1)D}x = e^x \int e^{-x} e^{-0x} \int e^{0x} x \, (dx)^2$

$$= e^x \int e^{-x} \left(\int x \, dx \right) dx$$

$$= e^x \int \frac{x^2}{2} e^{-x} dx$$

$$= \frac{1}{2} e^x \int x^2 e^{-x} dx$$

$$= \frac{1}{2} e^x \left(-x^2 e^{-x} - 2x e^{-x} - 2e^{-x} \right)$$

$$= \frac{-1}{2} (x^2 + 2x + 2)$$

$$y = \frac{1}{L(D)} Q(x) \, T(\cos bx, \sin, bx)$$

在解 $L(D)y = Q(x) \cos bx$ 或 $L(D)y = Q(x) \sin bx$ 時，我們可利用有名的 Euler 公式

$e^{ibx} = \cos bx + i \sin bx,$

$L(D)y = Q(x) \cos bx + iQ(x) \sin bx = Q(x) \, e^{ibx}$ ⋯⋯⋯⋯⋯⋯⋯⋯⋯⋯⋯⋯⋯⋯ (1)

(1) $L(D)y = Q(x) \cos bx$ 時：可取 (1) 之實部

(2) $L(D)y = Q(x) \sin bx$ 時：可取 (1) 之虛部

範例 **10** 解 $\dfrac{1}{D(D-1)}\cos x$

解：$\dfrac{1}{D(D-1)}\cos x = \mathrm{Re}\left\{\dfrac{1}{D(D-1)}e^{ix}\right\}$

$= \mathrm{Re}\left\{\dfrac{1}{i(i-1)}e^{ix}\right\} = -\mathrm{Re}\left\{\dfrac{1}{1+i}e^{ix}\right\}$

$= -\mathrm{Re}\left\{\dfrac{1-i}{2}e^{ix}\right\} = -\mathrm{Re}\left\{\dfrac{1-i}{2}(\cos x + i\sin x)\right\}$

$= -\dfrac{1}{2}\cos x - \dfrac{1}{2}\sin x$

範例 **11** 求 $\dfrac{1}{(D^2+1)^2}\cos 3x$

解：$\dfrac{1}{(D^2+1)^2}\cos 3x = \mathrm{Re}\left\{\dfrac{1}{(D^2+1)^2}e^{i3x}\right\}$

$= \mathrm{Re}\left\{\dfrac{1}{[(3i)^2+1]^2}e^{i3x}\right\}$

$= \mathrm{Re}\left\{\dfrac{1}{64}(\cos 3x + i\sin 3x)\right\} = \dfrac{1}{64}\cos 3x$

性質 5：$\dfrac{1}{\phi(D^2)}\cos(ax+b) = \dfrac{1}{\phi(-a^2)}\cos(ax+b)$，$\phi(-a^2)\neq 0$

$\dfrac{1}{\phi(D^2)}\sin(ax+b) = \dfrac{1}{\phi(-a^2)}\sin(ax+b)$，$\phi(-a^2)\neq 0$

證明：$\phi(D^2) = a_0(D^2)^n + a_1(D^2)^{n-1} + a_2(D^2)^{n-2} + \cdots + a_n$

$\therefore \phi(D^2)(\cos(ax+b)) = [a_0(D^2)^n + a_1(D^2)^{n-1} + \cdots + a_n]\cos(ax+b)$

$= [a_0(-a^2)^n + a_1(-a^2)^{n-1} + \cdots + a_n]\cos(ax+b)$

$$= \phi(-a^2)\cos(ax+b)$$

$$\therefore \quad \frac{1}{\phi(D^2)}\cos(ax+b) = \phi(-a^2)\cos(ax+b)$$

同法可證

$$\frac{1}{\phi(D^2)}\sin(ax+b) = \frac{1}{\phi(-a^2)}\sin(ax+b)$$

若 $\phi(-a^2) = 0$ 時，我們可利用性質 3 或 2.4 節未定係數法解之。

範例 12 （承範例 11 及 10）解 $\dfrac{1}{(D^2+1)^2}\cos 3x$ 及 $\dfrac{1}{D(D-1)}\cos x$

解：(1) $\dfrac{1}{(D^2+1)^2}\cos 3x = \dfrac{1}{[-(3)^2+1]^2}\cos 3x = \dfrac{1}{64}\cos 3x$

(2) $\dfrac{1}{D(D-1)}\cos x = \dfrac{1}{D^2-D}\cos x = \dfrac{1}{(-(1)^2-D)}\cos x$

$\qquad = -\dfrac{1}{1+D}\cos x = -\dfrac{1-D}{1-D^2}\cos x$

$\qquad = -\dfrac{1-D}{1-(-1^2)}\cos x = -\dfrac{1}{2}(1-D)\cos x$

$\qquad = -\dfrac{1}{2}\cos x - \dfrac{1}{2}\sin x$

範例 13 解 $\dfrac{D-1}{D^4+D^2+1}\sin x$

解：$\dfrac{D-1}{D^4+D^2+1}\sin x = \dfrac{D-1}{[-(1)^2]^2+[-(1)^2]+1}\sin x$

$$= (D-1)\sin x = \cos x - \sin x$$

◆ 習　題

1. 解 $\dfrac{1}{D^2-D-1}e^{2x}$

2. 解 $\dfrac{1}{D^3-3D^2+3D-1}e^x$

3. 解 $\dfrac{1}{(D-2)^2}e^{3x}\sin x$

4. 解 $\dfrac{1}{D^2-4}(e^{-2x}\cos 2x)$

5. 解 $\dfrac{1}{(2-D)(1-D)}x$

6. 解 $\dfrac{1}{(D-1)^2}x$

7. 解 $\dfrac{1}{1+D}\cos x$

8. 解 $\dfrac{1}{D^2(D+1)}(x+5)$

9. 解 $\dfrac{1}{D(D-1)}\cdot 1$

10. 解 $\dfrac{1}{D^2-D-2}e^{-2x}$

11. 試用數學歸納法證明：$D^n(e^{px}T(x)) = e^{px}(D+p)^nT(x)$

12. 求 $\dfrac{1}{D^2-1}e^x$

2.3 高階常係數齊性微分方程式

為了簡單入門起見，我們可從二階常係數齊性線性微分方程式解法著手，其過程可推至 n 階常係數齊性微分方程式之情況。

$$a_0 y'' + a_1 y' + a_2 y = 0$$

令 $y = e^{mx}$ 為其中一個解則將 $y = e^{mx}$ 代入上式

$$y = e^{mx}, y' = me^{mx}, y'' = m^2 e^{mx}$$

$$\therefore a_0 y'' + a_1 y' + a_2 y = a_0 m^2 e^{mx} + a_1 m e^{mx} + a_2 e^{mx}$$
$$= e^{mx}(a_2 + a_1 m + a_0 m^2) = 0$$

$$\because e^{mx} \neq 0$$

$$\therefore a_2 + a_1 m + a_0 m^2 = 0$$

這稱為微分方程式之**特徵方程式**（Characteristic equations），它的解為：

$$m = \frac{-a_1 \pm \sqrt{a_1^2 - 4a_0 a_2}}{2a_0}$$

1. 判別式 $D = a_1^2 - 4a_0 a_2 > 0$ 時：m 有二相異實根 m_1, m_2：

$$m_1 = \frac{-a_1 + \sqrt{a_1^2 - 4a_0 a_2}}{2a_0} \quad 及 \quad m_2 = \frac{-a_1 - \sqrt{a_1^2 - 4a_0 a_2}}{2a_0}$$

此時微分方程式有兩個線性獨立解

$$y_1 = e^{m_1 x} 及 y_2 = e^{m_2 x}（見 2.1 節）$$

$$\therefore 解為 y_h = c_1 e^{m_1 x} + c_2 e^{m_2 x}$$

2. 判別式 $D = a_1{}^2 - 4a_0a_2 = 0$ 時：m 為同根，則 $y_h = (a + bx)e^{mx}$，a，b 為任

意常數且 $m = -\dfrac{a_1}{2a_2}$

3. 判別式 $D = a_1{}^2 - 4a_0a_2 < 0$ 時：m 有二共軛複根，$m_1 = p + qi$，$m_2 = p - qi$

其中，$p, q \in R$

則　　$y_h = e^{px}(c_1\cos qx + c_2\sin qx)$

請同學自行證明之。

範例 1　解 $y'' - 3y' - 4y = 0$

解：$y'' - 3y' - 4y = 0$ 之特徵方程式為

$m^2 - 3m - 4 = (m - 4)(m + 1) = 0$

$\therefore m = 4$ 或 -1

故 $y = ae^{4x} + be^{-x}$

範例 2　解 $y'' - 3y' + y = 0$

解：$y'' - 3y' + y = 0$ 之特徵方程式為

$m^2 - 3m + 1 = 0$

$m = \dfrac{3 \pm \sqrt{5}}{2}$

$\therefore y = ae^{m_1x} + be^{m_2x}$，$m_1 = \dfrac{3 + \sqrt{5}}{2}$，$m_2 = \dfrac{3 - \sqrt{5}}{2}$

範例 3　解 $y''-y'+y=0$

解：$y''-y'+y=0$ 之特徵方程式為

$$m^2-m+1=0$$

$$m=\frac{1\pm\sqrt{3}i}{2}\text{，}p=\frac{1}{2}\text{，}q=\frac{\sqrt{3}}{2}$$

$$\therefore y=e^{\frac{x}{2}}\left(a\cos\frac{\sqrt{3}}{2}x+b\sin\frac{\sqrt{3}}{2}x\right)$$

高階齊性方程式

我們討論

$$a_0y^{(n)}+a_1y^{(n-1)}+a_2y^{(n-2)}+\cdots+a_{n-1}y'+a_n=0$$

之解形式：

$$L(D)=a_0D^n+a_1D^{n-1}+a_2D^{n-2}+\cdots+a_{n-1}D+a_n$$

則　$L(D)y=a_0D^ny+a_1D^{n-1}y+a_2D^{n-2}y+\cdots+a_{n-1}Dy+a_ny$ ················ (1)

令　$L(m)=a_0m^n+a_1m^{n-1}+\cdots+a_{n-1}m+a_n=0$ ················ (2)

則　$y=e^{mx}$ 滿足 $L(D)y=0$，茲證明如下：

$\because y^{(k)}=m^ke^{mx}$，即 $D^ky=m^ke^{mx}$ 代之入 (1) 得

$$a_0m^ne^{mx}+a_1m^{n-1}e^{mx}+\cdots+a_{n-1}me^{mx}+a_ne^{mx}$$

$$=e^{mx}\times\underbrace{(a_0m^n+a_1m^{n-1}+\cdots+a_{n-1}m+a_n)}_{=0}=0$$

$\therefore y=e^{mx}$ 為 (1) 之一個根

若 (2) 之 $m = \lambda$ 有 r 個重根，則

$$y = e^{mx}(c_0 + c_1 x + c_2 x^2 + \cdots + c_r x^r) \text{ 為 (1) 之一個解。}$$

證明：（略）

範例 4　求 $D(D-1)(D+2)y = 0$ 之解

解：原方程之特徵方程式為 $m(m-1)(m+2) = 0$ 有三個相異根 0，1，-2

$$\therefore y = c_1 e^{0x} + c_2 e^{1x} + c_3 e^{-2x}$$
$$= c_1 + c_2 e^x + c_3 e^{-2x}$$

範例 5　解 $D(D+1)^2(D-2)^3 y = 0$

解：原方程式之特徵方程式為

$$m(m+1)^2(m-2)^3 = 0$$

解之 $m = 0$（一根），-1（二重根），2（三重根）

$$\therefore y = c_1 e^{0x} + (c_2 + c_3 x)e^{-x} + (c_4 + c_5 x + c_6 x^2)e^{2x}$$
$$= c_1 + (c_2 + c_3 x)e^{-x} + (c_4 + c_5 x + c_6 x^2)e^{2x}$$

$a \pm bi$ 為特徵方程式之根時

因為 $a + bi$ 為實係數常微分方程式之一個特徵根時，$a - bi$ 亦必為特徵方程式之另一根。為一般化起見，設 $a + bi$ 為特徵方程式之 r 個重根，則由前之討論可得：

$$y = e^{ax}[(a_0 + a_1 x + \cdots + a_{r-1}x^{r-1})\cos bx + (b_0 + b_1 x + \cdots + b_{r-1}x^{r-1})\sin bx]$$

範例 6　解 $(D^4 + 6D^2 + 9)y = 0$

解：原方程式之特徵方程式

$m^4 + 6m^2 + 9 = 0$

$(m^2 + 3)^2 = 0$

$\therefore m = \pm \sqrt{3}i$　（重根）

$y = (a_0 + a_1x) \cos\sqrt{3}x + (b_0 + b_1x) \sin\sqrt{3}x$

範例 7　解 $(D^2 + 4)(D^2 + D + 1)(D-2)y = 0$

解：原方程式之特徵方程式

$(m^2 + 4)(m^2 + m + 1)(m-2) = 0$

$m = \pm 2i$，$\dfrac{-1 \pm \sqrt{3}i}{2}$，$m = 2$

$\therefore y = (a_0\cos 2x + a_1\sin 2x) + e^{-\frac{x}{2}}\left(b_0\cos\dfrac{\sqrt{3}}{2}x + b_1\sin\dfrac{\sqrt{3}}{2}x\right) + c_0e^{2x}$

範例 8　解 $D^2(D^2 + 4)^2y = 0$

解：原方程式之特徵方程式 $m^2(m^2 + 4)^2 = 0$ 之根為 $m = 0$（重根），$\pm 2i$（重根）

$\therefore y = (a_0 + a_1x) + [(b_0 + b_1x)\cos 2x + (c_0 + c_1x)\sin 2x]$

◆ 習　題

1. 解 $y'' + 4y' + 4y = 0$, $y(0) = 1$, $y'(0) = 2$

2. 解 $D^2(D + 1)y = 0$

3. 解 $D^2(D^2 + 9)^3 y = 0$

4. 解 $D^2(D^2 + 1)y = 0$

5. 解 $(D^4 - 16)y = 0$

6. 解 $(D^2 + 4D + 5)y = 0$

7. 解 $\dfrac{d^3y}{dx^3} + 4\dfrac{d^2y}{dx^2} - 3\dfrac{d}{dx}y - 18y = 0$

8. 解 $(D^4 + 2D^2 + 1)y = 0$

9. 解 $y'' + 2y' + 3y = 0$，$y(0) = 2$，$y'(0) = -3$

2.4　未定係數法

　　在求常係數微分方程式 $L(D)y = Q(x)$ 特解，未定係數法是一個直覺簡便的方法，當 $Q(x)$ 是多項式，指數函數或三角函數時尤然。簡言之，未定係數法是求 ODE 特解 y_p 之一種方法。

　　雖然有人稱未定係數法是「明智的猜測法」（Method of judicious guessing），但仍有下列規則可循：為簡便計，我們以二階常係數微分方程式 $ay'' + by' + cy = Q(x)$ 為例說明：

　　首先求出 $ay'' + by' + cy = 0$ 之齊性解。若求出之線性獨立的齊性解 y_1，y_2 均不為 $Q(x)$ 之某個項時可依下表：

$Q(x)$ 之形式	y_h 可能函數集合
常數	$\{1\}$
x^p	$\{x^p, x^{p-1}, x^{p-2}, \cdots, x, 1\}$
e^{px}	$\{e^{px}\}$
$\sin px$	$\{\sin px, \cos px\}$
$\cos px$	$\{\sin px, \cos px\}$
函數和	對應函數之聯集
函數差	對應函數集合之積

在應用上表時，我們應注意到，若 $Q(x)$ 之元素有與齊次解相同之元素全部要各乘 x 或 x 之最低冪次（通常是特徵方程式中對應之重根個數）後再用上表。

例如：

$(D^3 - D)y = 3x^2 + 2x + 1 + \cos x - 4\sin x + 5e^x$，則

$\because m^3 - m = m(m + 1)(m - 1) = 0$，

$\therefore y_h(x) = c_1 e^{0x} + c_2 e^{-x} + c_3 e^x = c_1 + c_2 e^{-x} + c_3 e^x$

現在要求特解，因為 $Q(x)$ 出現函數集合 $\{1\}$，$\{e^x\}$。

(1) $3x^2 + 2x + 1$：　　$\{x^3, x^2, x\}$

(2) e^x　　　　　　：　$\{xe^x\}$

故 y_n 對應之函數集合為 $\{x^3, x^2, x, \cos x, \sin x, xe^x\}$

$\therefore$ 可設　　　　　　$y_h = ax^3 + bx^2 + cx + d\cos x + e\sin x + fxe^x$

範例 1　用未定係數法解 $y'' + 4y' + 3y = e^{2x}$

解：(1) 先求 y_h

$y'' + 4y' + 3y = 0$ 之齊性解：

$\because$ 特徵方程式 $m^2 + 4m + 3 = (m + 3)(m + 1) = 0$，$m = -1, -3$

$$\therefore y_h = c_1 e^{-x} + c_2 e^{-3x}$$

(2) 次求 y_p：

令 $y = ae^{2x}$，代入原方程式 $4ae^{2x} + 8ae^{2x} + 3ae^{2x} = e^{2x}$

$$\therefore a = \frac{1}{15}$$

即　$y_p = \frac{1}{15} e^{2x}$

$$\therefore y = y_h + y_p = c_1 e^{-x} + c_2 e^{-3x} + \frac{1}{15} e^{2x}$$

範例 2　解 $y'' + y = 1 + x + 2x^2$

解：(1) 先求 y_h：

又 $y'' + y = 0$ 之特徵方程式為 $m^2 + 1 = 0$

$\therefore m = \pm i$，$y_h = c_1 \cos x + c_2 \sin x$

(2) 次求 y_p：

設　$y_p = a + bx + cx^2$

$y_p = a + bx + cx^2$

$y'_p = b + 2cx$

$y''_p = 2c$

$\therefore y_p + y''_p = (a + 2c) + bx + cx^2 = 1 + x + 2x^2$

比較兩邊係數：

$$\begin{cases} a + 2c = 1 \\ b = 1 \\ c = 2 \end{cases}$$

得 $c = 2$，$b = 1$，$a = -3$

$\therefore y_p = 2 + x - 3x^2$

$\therefore y_g = y_p + y_h = c_1 \cos x + c_2 \sin x + 2 + x - 3x^2$

範例 3 　解 $y'' - y = x + 4e^{2x}$

解：(1) 先求 y_h：

$\quad\quad$ $y'' - y = 0$ 之特徵方程式 $m^2 - 1 = 0$

$\quad\quad$ $\therefore m = \pm 1$，即 $y_h = c_1 e^x + c_2 e^{-x}$

$\quad$ (2) 次求 y_p：

$\quad\quad$ 令　$y_p = Ax + B + Ce^{2x}$

$\quad\quad\quad$ $y'_p = A + 2Ce^{2x}$

$\quad\quad\quad$ $y''_p = 4Ce^{2x}$

$\quad\quad$ 由　$y''_p - y_p = 4Ce^{2x} - Ax - B = x + 4e^{2x}$

$\quad\quad$ 得　$A = -1$，$C = 1$，$y_p = -x + e^{2x}$

$\quad\quad$ $\therefore y_g = y_h + y_p = c_1 e^x + c_2 e^{-x} - x + e^{2x}$

$\quad$ 當 $Q(x)$ 有某些項與 y_h 之某些項重複時，我們要將重複項乘上 x^m，（m 為正整數，m 儘可能小，通常為對應之特徵方程式之重根數）以使得乘後原本與 $g(x)$ 重複現象不存在。

範例 4 　解 $y'' - 2y' + y = e^x + x$

解：(1) 先求 y_h：

$\quad\quad$ $y'' - 2y' + y = 0$ 之特徵方程式 $m^2 - m + 1 = 0$ 得 $m = 1$（重根）

$\quad\quad$ $\therefore y_h = (c_1 + c_2 x)e^x$

$\quad$ (2) 次求 y_p：

$\quad\quad$ 因 y_h 中之 $c_1 e^x$ 與 $g(x) = e^x + x$ 之 e^x 重複

$\quad\quad$ $\therefore$ 令　$y_p = Ax^2 e^x + (Bx + C)$

$\quad\quad\quad$ $y'_p = 2Axe^x + Ax^2 e^x + B$

$$y''_p = 2Ae^x + 2Axe^x + 2Axe^x + Ax^2e^x$$
$$= 2Ae^x + 4Axe^x + Ax^2e^x$$

由 $y''_p - 2y'_p + y_p = (2Ae^x + 4Axe^x + Ax^2e^x) - 2(2Axe^x + Ax^2e^x + B)$
$$+ (Ax^2e^x + Bx + C)$$
$$= 2Ae^x + (Bx - 2B + C) = e^x + x$$

$\therefore 2A = 1,\ A = \dfrac{1}{2}$

$B = 1, C = 2$

得　$y_p = \dfrac{1}{2}x^2e^x + x + 2$

$$y_g = y_h + y_p = (c_1 + c_2x)e^x + \dfrac{1}{2}x^2e^x + x + 2$$

範例 5　解 $y'' - 2y' + y = x^{\frac{3}{2}}e^x$

解：(1) 先求 y_h：由範例 4 特徵方程式 $m^2 - 2m + 1 = (m-1)^2 = 0$，$m = 1$（重根）

　　　$\therefore y_h = (c_1 + c_2x)e^x$

(2) 次求 y_p：

e^x 為 $g(x) = x^{\frac{3}{2}}e^x$ 之一部份 $\therefore$ 令 $y_p = Ax^{\frac{3}{2}+2}e^x = Ax^{\frac{7}{2}}e^x$

代 $y_p = Ax^{\frac{7}{2}}e^x$ 入 $y'' - 2y' + y = x^{\frac{3}{2}}e^x$ ：

　　$y_p' = \dfrac{7}{2}Ax^{\frac{5}{2}}e^x,\ y_p'' = \dfrac{35}{4}Ax^{\frac{3}{2}}e^x$

$\therefore y'' - 2y' + y = \dfrac{35A}{4}x^{\frac{3}{2}}e^x - 2 \cdot \dfrac{7A}{2}x^{\frac{5}{2}}e^x + Ax^{\frac{7}{2}}e^x = x^{\frac{3}{2}}e^x$

$\therefore A = \dfrac{4}{35}$，即 $y_p = \dfrac{4}{35}x^{\frac{7}{2}}e^x$

　　$y_g = y_h + y_p = (c_1 + c_2x)e^x + \dfrac{4}{35}x^{\frac{7}{2}}e^x$

在範例 5，我們可用 D 算子法求解：

$$\frac{1}{(D-1)^2}x^{\frac{3}{2}}e^x = e^x \int e^{-x} e^x \int e^{-x} x^{\frac{3}{2}} e^x \, (dx)^2$$

$$= e^x \int 1 \left(\int x^{\frac{3}{2}} \right) dx \, dx = e^x \int \frac{2}{5} x^{\frac{5}{2}} dx$$

$$= \frac{4}{35} x^{\frac{7}{2}} e^x$$

在結束本節前，作者有意強調的是：在求線性微分方程式之特解時，D 算子法有時比「未定係數法」方便。

◆ 習　題

1. 解 $y'' + 5y' + 6y = e^{-2x}$
2. 解 $y'' + 9y = 2 \sin 3x$
3. 解 $y'' - y = x$
4. 解 $y'' - 3y' + 2y = e^x$，$y(0) = 0$，$y'(0) = 1$
5. 解 $y'' - y = e^{2x} + \sin x$
6. 解 $y'' + 9y = x \cos x$
7. 解 $y'' - 4y' + 4y = x(x^2 + 1)e^{2x}$

（提示：本題用未定係數法可能較為麻煩，因此建議讀者不妨用 D 算子法求 y_p）

2.5　參數變動法

本節我們將介紹 $y'' + a_1 y' + a_2 y = b(x)$ 特解 y_p 之另一種解法，稱為**參數變動**（Variation of parameters）法。

設 y_1 及 y_2 為 $y'' + a_1 y' + a_2 y = 0$ 之兩個線性獨立解（通常是齊次解 y_h），參數變動之目的在於「找出可微分函數 $A(x)$ 及 $B(x)$ 使得 $y(x) = A(x)y_1 + B(x)y_2$ 為方程式 $y'' + a_1 y' + a_2 y = b(x)$ 的解」。如何找出 $A(x)$，$B(x)$ ？

$$\because y = A(x)y_1 + B(x)y_2$$
$$\therefore y' = A'(x)y_1 + A(x)y'_1 + B'(x)y_2 + B(x)y'_2 \cdots\cdots (1)$$

在此，我們假設

$$A'(x)y_1 + B'(x)y_2 = 0$$

則 (1) 可化簡成：

$$y' = A(x)y'_1 + B(x)y'_2 \cdots\cdots (2)$$

在 (2) 再對 x 微分得：

$$y'' = A'(x)y'_1 + A(x)y''_1 + B'(x)y'_2 + B(x)y''_2 \cdots\cdots (3)$$

代 (2)，(3) 入 $y'' + a_1y' + a_2y = b(x)$：

$$A'(x)y'_1 + A(x)y''_1 + B'(x)y'_2 + B(x)y''_2 \ + \ a_1A(x)y'_1 + a_1B(x)y'_2$$
$$+ a_2A(x)y_1 + a_2B(x)y_2 = b(x) \cdots\cdots (4)$$

但因 y_1，y_2 為 $y'' + a_1y' + a_2y = 0$ 的解

$$\therefore y''_1 + a_1y'_1 + a_2y_1 = 0, y''_2 + a_1y'_2 + a_2y_2 = 0$$

對 (4) 進行化簡：

$$A'(x)y'_1 + A(x)[y''_1 + a_1y'_1 + a_2y_1] + B(x)[y''_2 + a_1y'_2 + a_2y_2] + B'(x)y'_2 = b(x)$$

$$\therefore A'(x)y'_1 + B'(x)y'_2 = b(x)$$
$$\begin{cases} A'(x)y_1 + B'(x)y_2 = 0 \\ A'(x)y'_1 + B'(x)y'_2 = b(x) \end{cases}$$

由上述聯立方程組，我們可求出 $A'(x)$，$B'(x)$，從而確定了 $A(x)$ 及 $B(x)$，如此便得到 $y = A(x)y_1 + B(x)y_2$。

範例 1　解 $y'' + y = \sec x$

解：(1) $y'' + y = 0$ 之齊次解：

$y'' + y = 0$ 之特徵方程式 $m^2 + 1 = 0$ 之二根為 $\pm i$ $\therefore y_1 = \cos x$，$y_2 = \sin x$

(2) 設 $y = A(x)\cos x + B(x)\sin x$

(3) 解 $\begin{cases} A'(x)\cos x + B'(x)\sin x = 0 \\ -A'(x)\sin x + B'(x)\cos x = \sec x \end{cases}$

$\therefore A'(x) = \dfrac{\begin{vmatrix} 0 & \sin x \\ \sec x & \cos x \end{vmatrix}}{\begin{vmatrix} \cos x & \sin x \\ -\sin x & \cos x \end{vmatrix}} = -\tan x \Rightarrow A(x) = \ln|\cos x| + c_1$

$B'(x) = \dfrac{\begin{vmatrix} \cos x & 0 \\ -\sin x & \sec x \end{vmatrix}}{\begin{vmatrix} \cos x & \sin x \\ -\sin x & \cos x \end{vmatrix}} = 1 \Rightarrow B(x) = x + c_2$

(4) $y = A(x)y_1 + B(x)y_2 = (\ln|\cos x| + c_1)\cos x + (x + c_2)\sin x$

$= \cos x \ln|\cos x| + x\sin x + c_1\cos x + c_2\sin x$

範例 2　解 $y'' + 2y' - 3y = e^{-x}$

解：(1) 求齊次方程式 $y'' + 2y' - 3y = 0$ 之解：

$y'' + 2y' - 3y = 0$ 之特徵方程式為 $m^2 + 2m - 3 = 0$，二根為 -3，1

$\therefore y_1 = e^{-3x}, y_2 = e^x$

(2) 設 $y = A(x)e^{-3x} + B(x)e^x$

(3) 解 $\begin{cases} A'(x)e^{-3x} + B'(x)e^x = 0 \\ -3A'(x)e^{-3x} + B'(x)e^x = e^{-x} \end{cases}$

$$\therefore A'(x) = \frac{\begin{vmatrix} 0 & e^x \\ e^{-x} & e^x \end{vmatrix}}{\begin{vmatrix} e^{-3x} & e^x \\ -3e^{-3x} & e^x \end{vmatrix}} = \frac{-1}{4e^{-2x}} = -\frac{1}{4}e^{2x}$$

$$\Rightarrow A(x) = -\frac{1}{8}e^{2x} + c_1$$

$$B'(x) = \frac{\begin{vmatrix} e^{-3x} & 0 \\ -3e^{-3x} & e^{-x} \end{vmatrix}}{\begin{vmatrix} e^{-3x} & e^x \\ -3e^{-3x} & e^x \end{vmatrix}} = \frac{e^{-4x}}{4e^{-2x}} = \frac{1}{4}e^{-2x}$$

$$\Rightarrow B(x) = -\frac{1}{8}e^{-2x} + c_2$$

(4) $y = A(x)y_1 + B(x)y_2$

$$= \left(-\frac{1}{8}e^{2x} + c_1\right)e^{-3x} + \left(-\frac{1}{8}e^{-2x} + c_2\right)e^x$$

$$= -\frac{1}{4}e^{-x} + c_1e^{-3x} + c_2e^x$$

範例 3 （請與上節習題第 1 題之解法作一比較）以本節方法求 $y'' + 5y' + 6y = e^{-2x}$ 之解。

解：(1) $y'' + 5y' + 6y = 0$ 之特徵方程式為 $m^2 + 5m + 6 = 0$，二根為 -2，-3，

i，二個齊次解 $y_1 = e^{-2x}$ 及 $y_2 = e^{-3x}$

(2) 設 $y = A(x)e^{-2x} + B(x)e^{-3x}$

(3) 解 $\begin{cases} A'(x)e^{-2x} + B'(x)e^{-3x} = 0 \\ -2A'(x)e^{-2x} - 3B'(x)e^{-3x} = e^{-2x} \end{cases}$

$$\therefore A'(x) = \frac{\begin{vmatrix} 0 & e^{-3x} \\ e^{-2x} & -3e^{-3x} \end{vmatrix}}{\begin{vmatrix} e^{-2x} & e^{-3x} \\ -2e^{-2x} & -3e^{-3x} \end{vmatrix}} = \frac{-e^{-5x}}{-e^{-5x}} = 1$$

$$\therefore A(x) = x + c_1$$

$$B'(x) = \frac{\begin{vmatrix} e^{-2x} & 0 \\ -2e^{-2x} & e^{-2x} \end{vmatrix}}{\begin{vmatrix} e^{-2x} & e^{-3x} \\ -2e^{-2x} & -3e^{-3x} \end{vmatrix}} = \frac{e^{-4x}}{-e^{-5x}} = -e^{x}$$

$$B(x) = -e^{x} + c_2$$

$$(4) \quad y = A(x)e^{-2x} + B(x)e^{-3x}$$

$$= (x + c_1)e^{-2x} + (-e^{x} + c_2)e^{-3x}$$

$$= (x + c_1)e^{-2x} + c_2 e^{-3x}$$

◆ 習 題

1. 解 $y'' + 9y = 2\sin 3x$

2. 求 $y'' - y = e^{x}$

3. 求 $y'' - 2y' + y = \dfrac{e^{x}}{x}$

4. 解 $y'' + y = \csc x$

5. 解 $y'' + y = \cot x$

2.6 尤拉線性方程式

本節我們將討論另一種特殊的線性方程式,稱為尤拉線性方程式(Euler

linear equation），其一般式為

$$a_0 x^n y^{(n)} + a_1 x^{n-1} y^{(n-1)} + \cdots + a_{n-1} xy' + a_n y = \rho(x)$$

我們可透過 $x = e^z$ 之轉換來解出此類方程式。

以 $n = 2$ 為例：

$$a_0 x^2 y'' + a_1 xy' + a_2 y = \rho(x)$$

取 $x = e^t$，則我們有下列二個關鍵結果：

1. $xD = D_t$
2. $x^2 D^2 = D_t(D_t - 1)$

茲證明如下：

1. $Dy = \dfrac{dy}{dx} = \dfrac{dy}{dt} \Big/ \dfrac{dx}{dt} = \dfrac{dy}{dt} \Big/ e^t = e^{-t} \dfrac{dy}{dt} = \dfrac{1}{x} D_t y$

   $\therefore D_t = xD$

2. $D^2 y = \dfrac{d^2 y}{dx^2} = \dfrac{d}{dx} \underbrace{\left(e^{-t} \dfrac{dy}{dt} \right)}_{\text{由 1}} = \dfrac{dy}{dt} \left(e^{-t} \dfrac{dy}{dt} \right) \Big/ \underbrace{\dfrac{dx}{dt}}_{e^t}$

   $= e^{-t} \left[\dfrac{dy}{dt} \left(e^{-t} \dfrac{dy}{dt} \right) \right]$

   $= e^{-t} \left(-e^{-t} \dfrac{dy}{dt} + e^{-t} \dfrac{d^2 y}{dt^2} \right)$

   $= e^{-2t} \left(\dfrac{d^2 y}{dt^2} - \dfrac{dy}{dt} \right)$

   $= e^{-2t} (D_t^2 - D_t) y = e^{-2t} D_t (D_t - 1) y$

   $\therefore e^{2t} D_y^2 = D_t (D_t - 1) y$ ，即 $x^2 D_y^2 = D_t (D_t - 1) y$

以上結果可引申至 $x^3D^3 = D_t(D_t-1)(D_t-2)$……等等。

範例 1　解 $x^2y''-xy'-3y=0$

解：令 $x=e^t$ 則可將原方程式轉換成

$[D_t(D_t-1)-D_t-3]y=0$

即 $[D_t^2-2D_t-3]y=0$

特徵方程式 $m^2-2m-3=(m-3)(m+1)=0$，二根為 3，-1

$$\therefore y = c_1e^{3t}+c_2e^{-t}$$
$$= c_1x^3+\frac{c_2}{x}$$

範例 2　解 $x^2y''-3xy'+4y=0$

解：令 $x=e^t$ 則可將原方程式轉換成

$[D_t(D_t-1)-3D_t+4]y=(D_t-2)^2y=0$

特徵方程式為 $(m-2)^2=0$，有二同根 $m=2$

$$\therefore y = (c_1+c_2t)e^{2t}$$
$$= (c_1+c_2\ln x)x^2$$

範例 **3**　解 $x^2 y'' - 2y = x$

解：令 $x = e^t$ 則原方程式轉換成

$$[D_t(D_t - 1) - 2]y = e^t$$

$$(D_t^2 - D_t - 2)y = e^t$$

(1) $(D_t^2 - D_t - 2)y = 0$ 之 y_h

　　$(D_t^2 - D_t - 2)y = 0$ 之特徵方程式為

　　$m^2 - m - 2 = 0$，$m = 2$，-1 是為其二根

　　$\therefore y_h = c_1 e^{2t} + c_2 e^{-t} = c_1 x^2 + \dfrac{c_2}{x}$

(2) 求 $(D_t^2 - D_t - 2)y = 0$ 之 y_p

　　$$y_p = \frac{1}{(D_t^2 - D_t - 2)} e^t = -\frac{1}{2} e^t = -\frac{x}{2}$$

　　故通解　$y_g = y_h + y_p = c_1 x^2 + \dfrac{c_2}{x} - \dfrac{x}{2}$

範例 **4**　解 $\dfrac{d^2 y}{dx^2} - \dfrac{4}{x} \dfrac{dy}{dx} + \dfrac{4}{x^2} y = x$

解：原方程式相當於

$$x^2 \frac{dy^2}{dx^2} - 4x \frac{dy}{dx} + 4y = x^3$$

取 $x = e^t$ 則，上述方程式變為

$$[D_t(D_t - 1) - 4D_t + 4]y = e^{3t}$$

即　$[D_t^2 - 5D_t + 4]y = e^{3t}$

(1) 求 $(D_t^2 - 5D_t + 4)y = 0$ 之 y_h：

　　$(D_t^2 - 5D_t + 4)y = 0$ 之特徵方程式為

　　$m^2 - 5m + 4 = 0$，$m = 1$，4 是為二根

$$\therefore y_h = c_1 e^t + c_2 e^{4t} = c_1 x + c_2 x^4$$

(2) 求 $[D_t^2 - 5D_t + 4]y = e^{3t}$ 之 y_p

$$y_p = \frac{1}{D_t^2 - 5D_t + 4} e^{3t} = -\frac{1}{2} e^{3t} = -\frac{1}{2} x^3$$

$$\therefore \text{通解為 } y_g = y_h + y_p = c_1 x + c_2 x^4 - \frac{1}{2} x^3$$

Legendre 線性方程式

Legendre 線性方程式可說是 Cauchy 線性方程式之擴張。$n=2$ 時，Legendre 線性方程式之標準式為 $a_0(\alpha x + \beta)^2 y'' + a_1(\alpha x + \beta)y' + a_2 y = \rho(x)$，令 $\alpha x + \beta = e^z$ 即可解出。

定理：ODE $a_0(\alpha x + \beta)^2 y'' + a_1(\alpha x + \beta)y' + a_2 y = \rho(x)$，取 $\alpha x + \beta = e^z$ 則

$$(\alpha x + \beta) \frac{dy}{dx} = \alpha D_z ,$$

$$(\alpha x + \beta)^2 \frac{d^2 y}{dx^2} = \alpha^2 D_z (D_z - 1)$$

證明：$\because e^z = \alpha x + \beta, \; \alpha \, dx = e^z dz$

$$\therefore \frac{dz}{dx} = \alpha e^{-z} = \frac{\alpha}{e^z} = \frac{\alpha}{(\alpha x + \beta)}$$

(1) $\dfrac{dy}{dx} = \dfrac{dy}{dz} \cdot \dfrac{dz}{dx} = \dfrac{dy}{dz} \dfrac{\alpha}{(\alpha x + \beta)}$

$\Rightarrow (\alpha x + \beta) \dfrac{dy}{dx} = \alpha \dfrac{dy}{dz} = \alpha D_z$

(2) $\dfrac{d^2 y}{dx^2} = \dfrac{d}{dx}\left(\dfrac{dy}{dx}\right) = \dfrac{d}{dx}\left(\dfrac{\alpha}{\alpha x + \beta} \cdot \dfrac{dy}{dz}\right)$

$\quad = \dfrac{-\alpha^2}{(\alpha x + \beta)^2} \dfrac{dy}{dz} + \dfrac{\alpha^2}{(\alpha x + \beta)^2} \dfrac{d}{dx}\left(\dfrac{dy}{dz}\right)$

$\quad = \dfrac{-\alpha^2}{(\alpha x + \beta)^2} \dfrac{dy}{dz} + \dfrac{\alpha^2}{(\alpha x + \beta)^2} \dfrac{d^2 y}{dz^2}$

$\therefore (\alpha x + \beta)^2 \dfrac{d^2 y}{dx^2} = \alpha^2 (D_z^2 - D_z) = \alpha^2 D_z (D_z - 1)$

我們可輕易推廣上述結果，如 $(\alpha x + \beta)^3 \dfrac{d^3 y}{dx^3} = \alpha^3 D_z (D_z - 1)(D_z - 2)$

範例 **5**　解 $(x + 2)y'' - (x + 2)y' + y = 2x + 3$

解：令 $x + 2 = e^z$ 則原方程式變為：

$\{D(D-1)-D + 1\}y = (D-1)^2 y = 2e^z - 1$

(1) $y_h = c_1 e^z + c_2 z e^z = c_1(x + 2) + c_2(x + 2)\ln(x + 2)$

(2) $y_p = \dfrac{1}{(D-1)^2}(2e^z - 1) = e^z \int e^{-z} e^z \int e^{-z}(2e^z - 1)(dz)^2$

$\quad\quad = e^z \iint (2 - e^{-z})(dz)^2$

$\quad\quad = e^z \int (2z + e^{-z})dz = z^2 e^z - 1 = (x + 2)\ln^2 (x + 2) - 1$

$\therefore y = y_h + y_p = c_1(x + 2) + c_2(x + 2)\ln(x + 2) + (x + 2)\ln^2(x + 2) - 1$

範例 **6**　解 $(2x + 1)^2 y'' - 2(2x + 1)y' - 12y = 8x$

解：令 $2x + 1 = e^z$ 則原方程式變為：

$\{2^2 D(D-1) - 2 \cdot 2D - 12\}y = (4D^2 - 8D - 12)y$

$\quad\quad\quad\quad\quad\quad\quad = 4(D^2 - 2D - 3)y = 4(e^z - 1)$

(1) $y_h = c_1 e^{3z} + c_2 e^{-z} = c_1(2x + 1)^3 + \dfrac{c_2}{2x + 1}$

(2) y_p： $y_p = \dfrac{1}{(D^2 - 2D - 3)}(e^z - 1) = \dfrac{1}{(D - 3)(D + 1)}(e^z - 1)$

$\quad\quad = e^{3z} \int e^{-3z} e^{-z} \int e^z (e^z - 1)(dz)^2$

$\quad\quad = e^{3z} \int e^{-4z}\left(\dfrac{1}{2}e^{2z} - e^z\right) dz = \dfrac{-1}{4}e^z + \dfrac{1}{3}$

$\therefore y = y_h + y_p = c_1(2x + 1)^3 + \dfrac{c_2}{2x + 1} - \dfrac{1}{4}(2x + 1) + \dfrac{1}{3}$

◆ 習 題

1. 解 $x^2y'' + 2xy' - 6y = 0$

2. 解 $x^2y'' + xy' - y = 8x^3$

3. 解 $x^2y'' + 7xy' + 9y = 0$

4. 解 $x^2y'' - xy' + y = \ln x$

5. 解 $xy'' + y' = 2x^3$

6. 解 $(x-2)^2\dfrac{d^2y}{dx^2} + 2(x-2)\dfrac{dy}{dx} - 6y = 0$

7. 解 $(x+1)^2\dfrac{d^2y}{dx^2} - (x+1)\dfrac{dy}{dx} + y = 2x + 1$

2.7 高階線性微分子方程式之其它解法

一階 ODE $f(x, y, y')$，若以 p 表示 y' 則 $f(x, y, y')$ 亦可寫成 $f(x, y, p)$，本節我們研究高階 ODE 之一些解法。

直接積分

有一些特殊之高階 ODE 可直接積分或用一階 ODE 來解。

範例 1　$y'' = x$，$y(0) = 0$，$y'(0) = 1$

解：$y'' = x$

$y' = \dfrac{x^2}{2} + c_1$，$y'(0) = c_1 = 1$，

即　$y' = \dfrac{x^2}{2} + 1$

$\therefore y = \dfrac{x^3}{6} + x + c_2$ ，$y(0) = c_2 = 0$

即　$y = \dfrac{x^3}{6} + x$

範例 2　$y'' = e^x - e^{-x}$ ，$y(0) = y'(0) = 3$

解 ： $y'' = e^x - e^{-x}$

　　$\therefore y' = e^x - e^{-x} + c_1$ ，$y'(0) = 3$ 得 $c_1 = 1$

　　即　$y' = e^x + e^{-x} + 1$

　　再積分

　　$y = e^x - e^{-x} + x + c_2$ ，

　　又 $y(0) = 3$

　　$\therefore c_2 = 3$

　　$\therefore y = e^x - e^{-x} + x + 3$

降階法

　　m 階線性常微分方程式（$m>1$）若缺 x 項或 y 項時，我們可考慮用降階法解之。令

$y' = p$ ，

則　$y'' = \dfrac{dp}{dx} = \dfrac{dp}{dy} \dfrac{dy}{dx} = p\dfrac{dp}{dy}$

而得到 $m-1$ 階方程式。

範例 3　解 $y'' + y' = 1$

解：本例方程式缺 x 及 y 項，因此我們試令 $y' = p$，$y'' = \dfrac{d}{dx}p$ 則原方程式變為：

$$\frac{d}{dx}p + p = 1$$

此為一階線性 ODE，取 $\text{IF} = e^{\int dx} = e^x$

$$\therefore \frac{d}{dx}(pe^x) = e^x$$

$$pe^x = \int e^x dx = e^x + c$$

$$\therefore p = 1 + ce^{-x}$$

$$\text{即}\quad y' = 1 + ce^{-x}$$

$$y = x - ce^{-x} + c_1$$

範例 4　解 $yy'' + (y')^2 = 0$

解：方程式缺 x 項，故令 $y' = p$，則 $y'' = p\dfrac{dp}{dy}$

原方程式變為

$$yp\frac{dp}{dy} + p^2 = 0$$

(1) $p = 0$：

$$\frac{dy}{dx} = 0 \quad \therefore y = c$$

(2) $p \neq 0$：

原方程式變為

$$y\frac{dp}{dy} + p = 0$$

此為可分離變數方程式：

$$\frac{dp}{p} + \frac{dy}{y} = 0$$

得

$$\ln p + \ln y = c，\ln py = c，py = e^c = c_1，$$

$$y\frac{dy}{dx} = c_1$$

$$\frac{y^2}{2} = c_1 x + c_2$$

範例 5　解 $xy''' = y''$

解：我們可令 $y'' = v$，則 $y''' = v'$

$\therefore$ 原方程式變為 $xv' = v$

$$x\frac{dv}{dx} - v = 0$$

$$\frac{dv}{v} - \frac{dx}{x} = 0$$

積分之 $\ln v - \ln x = c$，$\ln v = c + \ln x \Rightarrow v = c_1 x$

$\therefore y'' = c_1 x$

$$\Rightarrow y' = \frac{c_1}{2}x^2 + c_2$$

$$\Rightarrow y = \frac{c_1}{6}x^3 + c_2 x + c_3$$

一階 n 次 ODE 可因式分解者

$$p^n + P_1(x, y)p^{n-1} + P_2(x, y)p^{n-2} + \cdots + P_{n-1}(x, y)p + P_n(x, y) = 0，其中 p = y'$$

$$\cdots\cdots\cdots\cdots(1)$$

若 (1) 可寫成下列因子之乘積，即

$$p^n + P_1(x, y)p^{n-1} + P_2(x, y)p^{n-2} + \cdots + P_{n-1}(x, y)p + P_n(x, y)$$
$$= (p-F_1)(p-F_2)\cdots(p-F_n)$$

F_i 為 x，y 之函數。

若 $p-F_1 = 0$，$p-F_2 = 0$，$\cdots p-F_n = 0$ 之解分別為 $\phi_1(x, y) = 0$，$\phi_2(x, y) = 0$，$\cdots$ 則 $\phi_1(x, y)\phi_2(x, y)\cdots = 0$ 是為所求。

範例 6　解 $(y')^3 - (x+y)(y')^2 + xy \cdot y' = 0$

解：令 $y' = p$ 則原方程式可寫成：

$$p^3 - (x+y)p^2 + xyp = p[p^2 - (x+y)p + xy]$$
$$= p(p-x)(p-y) = (p-0)(p-x)(p-y)$$

$p-0 = 0$，即 $p = \dfrac{dy}{dx} = 0$　　$\therefore y-c = 0$

$p-x = 0$，即 $p = \dfrac{dy}{dx} = x$　　$\therefore y - \dfrac{x^2}{2} - c = 0$

$p-y = 0$，即 $p = \dfrac{d}{dx}y = y$　　$\therefore y = ce^x$

$\therefore (y-c)(2y-x^2-c)(y-ce^x) = 0$ 是為可求。

範例 7　解 $p^2 - (x+3y)p + 3xy = 0$

解：$p^2 - (x+3y) + 3xy = (p-x)(p-3y) = 0$

$\therefore (1)\ p = x$ 即 $y' = x$

解之 $y = \dfrac{1}{2}x^2 + c$，$y - \dfrac{1}{2}x^2 - c = 0$

$(2)\,p=3y$，即 $\dfrac{dy}{dx}=3y$，$\dfrac{dy}{y}=3dx$，

解之 $\ln|y|=\dfrac{3}{2}x+c$，$\ln|y|-\dfrac{3}{2}x-c=0$

$\therefore$通解為 $\left(y-\dfrac{1}{2}x^2-c\right)\left(\ln|y|-\dfrac{3}{2}x-c\right)=0$

給定一個「解」時

　　若已知 $y=\rho(x)$ 為 ODE　$f(y'',y',y)=0$ 之一個解，這個解可能是題給或我們自己判斷出來的，在此條件下，我們可令 $y(x)=\rho(x)u(x)$ 而解出全解，或者用下列定理而得為一解 $y_2(x)$。

定理：若 y_1 為 $y''+p(x)y'+q(x)y=0$ 之一個已知解，則方程式之一個線性獨立

　　　解為 $y_2=y_1\left(\displaystyle\int\dfrac{e^{-\int pdx}}{y_1{}^2}dx\right)$。

證明：因為 y_1，y_2 均為 $y''+py'+qy=0$ 之解，由 2.1 節例 3（Abel 等式），我們證得

　　　$y_1y_2'-y_1'y_2=ce^{-\int pdx}$ .... (1)

　　　以 $\dfrac{1}{y_1{}^2}$ 遍乘 (1) 之兩邊得

　　　$\dfrac{y_1y_2'-y_1'y_2}{y_1{}^2}=\dfrac{ce^{-\int pdx}}{y_1{}^2}$

　　　$\therefore\dfrac{d}{dx}\left(\dfrac{y_2}{y_1}\right)=\dfrac{ce^{-\int pdx}}{y_1{}^2}$

　　　　　$\Rightarrow\dfrac{y_2}{y_1}=\displaystyle\int\dfrac{e^{-\int pdx}}{y_1{}^2}dx$

　　　即　$y_2=y_1\left(\displaystyle\int\dfrac{e^{-\int pdx}}{y_1{}^2}dx\right)$

範例 8 給定 $y=x$ 可滿足 ODE $(1+x^2)y''-2xy'+2y=0$，求此 ODE 之另一解。

解：$\because y_1=x$ 為 $y''+\dfrac{-2x}{1+x^2}y'+\dfrac{2}{1+x^2}y=0$ 之一個解

$\therefore$ 由定理知另一解為

$$y_2=y_1\int\frac{Ae^{-\int pdx}}{y_1^2}dx\,，\,p=\frac{-2x}{1+x^2}$$

$$=x\int\frac{Ae^{\int\frac{2x}{1+x^2}dx}}{x^2}dx=Ax\int\frac{(x^2+1)dx}{x^2}$$

$$=Ax\int\left(1+\frac{1}{x^2}\right)dx=Ax\left(x-\frac{1}{x}\right)$$

$$=A(x^2-1)$$

範例 9 已知 $y=e^x$ 是 $y''-(1+x)y'+xy=0$ 之一個解，試求此 ODE 之另一解。

解：$\because y_1=e^x$ 為 $y''-(1+x)y'+xy=0$ 之一個解，故另一解 y_2 為：

$$y_2=y_1\int\frac{Ae^{-\int pdx}}{y_1^2}dx$$

$$=e^x\int\frac{Ae^{-\int-(1+x)dx}}{e^{2x}}dx$$

$$=Ae^x\int e^{\frac{1}{2}(x-1)^2}\,dx$$

正合方程式

若微分方程式

$$f(y^{(n)}, y^{(n-1)}, \cdots, y', y, x) = Q(x) \quad\cdots\cdots\cdots\cdots\cdots\cdots\cdots\cdots\cdots\cdots\cdots\cdots\cdots (1)$$

能藉由

$$g(y^{(n-1)}, y^{(n-2)}, \cdots, y', y, x) = Q_1(x) + c \quad\cdots\cdots\cdots\cdots\cdots\cdots\cdots\cdots(2)$$

或更低階之方程式微分而得到，我們便稱方程式 (1) 為正合方程式。變數係數齊性 ODE 可用下列定理驗判方程式是否為正合：

定理：

$$a_0(x)y'' + a_1(x)y' + a_2(x)y = 0$$

為正合之充要條件為 $a_0'' - a_1' + a_2 = 0$，a_0，a_1，a_2 均為 x 之可微分函數

證明：「⇒」

令 $a_0(x)y'' + a_1(x)y' + a_2(x)y = 0$，可由微分下式而得

$R_0(x)y' + R_1(x)y = c$

即　$R_0'y' + R_0y'' + R_1'y + R_1y' = 0$

或　$R_0y'' + (R_0' + R_1)y' + R_1'y = 0 \quad\cdots\cdots\cdots\cdots\cdots\cdots\cdots\cdots\cdots (3)$

比較 (3) 與 $a_0y'' + a_1y' + a_2y = 0$

得：$a_0 = R_0$, $a_1 = R_0' + R_1$, $a_2 = R_1'$

$\therefore a_0'' - a_1' + a_2 = R_0'' - (R_0' + R_1)' + R_1' = R_0'' - R_0'' - R_1' + R_1' = 0$

「⇐」

$a_0y'' + a_1y' + a_2y = 0$ 滿足 $a_0'' - a_1' + a_2 = 0$ 則

$$\frac{d}{dx}[a_0y' + (a_1 - a_0')y] = a_0'y' + a_0y'' + (a_1 - a_0'')y + (a_1 - a_0')y'$$
$$= a_0y'' + a_1y' + a_2y$$

即 $a_0y'' + a_1y' + a_2y = 0$ 為正合

我們可證明：方程式 $a_0(x)y''' + a_1(x)y'' + a_2(x)y' + a_3(x)y = 0$ 之正合條件為

$$a'''_0 - a''_1 + a'_2 + a_3 = 0$$

以此可推廣到更高階情況。

在實算上，若方程式為正合，我們可用表列法求解，其方法將在下列各例中說明之。

範例 10 試判斷 $xy'' + (x+1)y' + y = 0$ 為正合，並解之。

解：$a_0(x) = x,\ a_1(x) = x+1,\ a_2(x) = 1$

$a''_0 - a'_1 + a_2 = 0 - 1 + 1 = 0$

$\therefore xy'' + (x+1)y' + y = 0$ 為正合

現在我們用表列法解上述方程式：

$$xy'' + (x+1)y' + y = 2x$$

$$(xy')' = \underline{\quad xy'' + \qquad\qquad y' \qquad\qquad}$$

$$xy' + y$$

$$(xy)' = \underline{\underline{\qquad\qquad xy' + y \qquad\qquad}}$$

得：$(xy' + xy)' = 0$

$\therefore xy' + xy = c$

$y' + y = \dfrac{c}{x}$ ，這是第 1 章之一階線性微分方程式，$IF = e^x$

$(e^x y)' = \dfrac{c}{x} e^x$

$$\therefore e^x y = \int \frac{c}{x} e^x dx + c_1$$

即 $y = e^{-x} \int \frac{c}{x} e^x dx + c_1 e^{-x}$

範例 11　解 $xy'' + xy' + y = 0$

解：$a_0(x) = x$, $a_1(x) = x$, $a_2(x) = 1$, $a''_0 - a'_1 + a_2 = 0 - 1 + 1 = 0$

$\therefore xy'' + xy' + y = 0$ 為正合

現在我們用表列法來解此方程式：

$$\begin{array}{l} \qquad xy'' \qquad + xy' + y \\ (xy')' = \underline{xy'' \qquad\qquad y'} \\ \qquad\qquad (x-1)y' + y \\ ((x-1)y)' = \underline{(x-1)y' + y} \end{array}$$

$\therefore xy'' + xy' + y = \dfrac{d}{dx}(xy' + (x-1)y) = 0$

即　$xy' + (x-1)y = c$

或　$y' + \dfrac{x-1}{x}y = \dfrac{c}{x}$

$\quad$ IF $= \exp\left(\displaystyle\int \frac{x-1}{x}dx\right) = \frac{1}{x}e^x$

$\left(\dfrac{1}{x}e^x y\right)' = \dfrac{c}{x} \cdot \dfrac{1}{x}e^x = \dfrac{c}{x^2}e^x$

$\therefore \dfrac{1}{x}e^x y = \displaystyle\int \frac{c}{x^2}e^x dx + c_1$

$\qquad\qquad = -\dfrac{c}{x}e^x + \displaystyle\int \frac{c}{x}e^x dx + c_1$

即　$y = -c + cxe^{-x}\displaystyle\int \frac{1}{x}e^x dx + c_1 xe^{-x}$

◆ **習 題**

1. 解 $xy'' + (x + 2)y' + y = 0$

2. 解 $xy'' + xy' + y = 0$

3. 給定 $y = \dfrac{1}{x-1}$ 是 $x(x-1)y'' + (3x-1)y' + y = 0$ 之一個解，試求另一個解。

4. 給定 $y_1 = x^2$ 為 $x^2y'' - 2xy' + 2y = 0$，$x \neq 0$ 之一個解，試求另一解。

5. 解 $p(p-2)(p-x)(p+y) = 0$

6. 解 $xy'' + y' = 2x$

7. 已知 $y_1 = \sin x$ 為 $y'' + y = 0$ 之一個解，求另一解 y_2。

8. 已知 $y_1 = e^{-x}$ 為 $y'' + 2y' + y = 0$ 之一個解，求另一解 y_2。

9. 解 $x^2p^2 + xyp - 2y^2 = 0$

10. 解 $p(p-x)(p-y) = 0$

11. 解 $(x-1)y'' + (x+1)y' + y = 2x$

第三章
拉氏轉換

3.1 Gamma 函數

3.2 拉氏轉換之定義

3.3 拉氏轉換之性質（一）

3.4 拉氏轉換之性質（二）

3.5 反拉氏轉換

3.6 拉氏轉換在微分方程式及積分方程式上
    之應用

3.1　Gamma 函數

在高等應用數學裡有許多重要的特殊函數，例如 Gamma 函數、Beta 函數、Bessel 函數等，其中 Gamma 函數與拉氏轉換有密切關係。本節並順便介紹與 Gamma 函數相當密切關係之 Beta 函數。Gamma 函數定義如下：

定義： $\Gamma(n) = \int_0^\infty x^{n-1} e^{-x} dx$ ， $n > 0$

定理： $\Gamma(n+1) = n\Gamma(n)$

證明：（參閱拙著基礎微積分）

由此我們可得 n 為正整數時 $\Gamma(n+1) = n!$，換言之， $\int_0^\infty x^{n-1} e^{-x} dx = (n-1)!, n \in z^+$，當 $n = 0$ 時， $\Gamma(1) = 0! = 1$。

若 n 不為正整數，其計算方法可看範例 2。

範例 **1**　計算 (1) $\Gamma(5)$　　(2) $\Gamma(3)$

解 ： (1) $\Gamma(5) = 4! = 4 \cdot 3 \cdot 2 \cdot 1 = 24$

(2) $\Gamma(3) = 2! = 2 \cdot 1 = 2$

定理： $\Gamma\left(\dfrac{1}{2}\right) = \sqrt{\pi}$

證明： $\Gamma\left(\dfrac{1}{2}\right) = \int_0^\infty x^{-\frac{1}{2}} e^{-x} dx$

取 $y = x^{\frac{1}{2}}$ ， $dx = 2y\,dy$

$\therefore \Gamma\left(\dfrac{1}{2}\right) = \int_0^\infty y^{-1} e^{-y^2} \cdot 2y\,dy = 2\int_0^\infty e^{-y^2} dy$ .... (1)

$$\Gamma^2\left(\frac{1}{2}\right) = 2\int_0^\infty e^{-s^2}ds \cdot 2\int_0^\infty e^{-t^2}dt$$

$$= 4\int_0^\infty \int_0^\infty e^{-(s^2+t^2)}dsdt \quad\text{..} (2)$$

取 $s = r\cos\theta$，$t = r\sin\theta$，$0 \le r < \infty$，$0 \le \theta \le 2\pi$

$$|J| = \begin{vmatrix} \dfrac{\partial s}{\partial r} & \dfrac{\partial s}{\partial \theta} \\[2mm] \dfrac{\partial t}{\partial r} & \dfrac{\partial t}{\partial \theta} \end{vmatrix} = \begin{vmatrix} \cos\theta & -r\sin\theta \\ \sin\theta & r\cos\theta \end{vmatrix}_+ = r \quad ,$$

$| \quad |_+$ 表示行列式之絕對值。

$$\therefore (2) = 4\int_0^\infty \int_0^{\frac{\pi}{2}} re^{-r^2}d\theta dr$$

$$= 4\int_0^\infty \frac{\pi}{2}re^{-r^2}dr$$

$$= 2\pi\left[-\frac{1}{2}e^{-r^2}\right]_0^\infty = \pi \quad\text{..} (3)$$

$$\therefore \Gamma^2\left(\frac{1}{2}\right) = \pi \quad,\text{即 } \Gamma\left(\frac{1}{2}\right) = \sqrt{\pi}$$

範例 2 計算 (1) $\Gamma\left(\dfrac{5}{2}\right)$ (2) $\Gamma\left(\dfrac{11}{3}\right)$

解：(1) $\Gamma\left(\dfrac{5}{2}\right) = \dfrac{3}{2} \cdot \dfrac{1}{2}\Gamma\left(\dfrac{1}{2}\right) = \dfrac{3}{2} \cdot \dfrac{1}{2} \cdot \sqrt{\pi} = \dfrac{3\sqrt{\pi}}{4}$

(2) $\Gamma\left(\dfrac{11}{3}\right) = \dfrac{8}{3} \cdot \dfrac{5}{3} \cdot \dfrac{2}{3}\Gamma\left(\dfrac{2}{3}\right)$

範例 3 求 (1) $\int_0^\infty x^4 e^{-x}dx$ (2) $\int_0^\infty x^{\frac{3}{2}}e^{-x}dx$ (3) $\int_0^\infty x^{\frac{7}{4}}e^{-x}dx$

解：(1) $\int_0^\infty x^4 e^{-x}dx = 4! = 24$

(2) $\int_0^\infty x^{\frac{3}{2}} e^{-x} dx = \Gamma\left(\frac{5}{2}\right) = \frac{3}{2} \frac{1}{2} \Gamma\left(\frac{1}{2}\right) = \frac{3}{4}\sqrt{\pi}$

(3) $\int_0^\infty x^{\frac{7}{4}} e^{-x} dx = \Gamma\left(\frac{11}{4}\right) = \frac{7}{4} \cdot \frac{3}{4} \cdot \Gamma\left(\frac{3}{4}\right)$

推論： $\int_0^\infty x^m e^{-nx} dx = \dfrac{\Gamma(m+1)}{n^{m+1}}$ ，$n>0$，$m>-1$

證明：取 $nx = y$，$x = \dfrac{y}{n}$，$dx = \dfrac{1}{n} dy$

$\therefore \int_0^\infty x^m e^{-nx} dx = \int_0^\infty \left(\frac{y}{n}\right)^m e^{-y} \cdot \frac{1}{n} dy$

$= \int_0^\infty \frac{1}{n^{m+1}} y^m e^{-y} dy$

$= \dfrac{\Gamma(m+1)}{n^{m+1}}$

這個推論在爾後推導拉氏轉換公式時頗為得用。

範例 4 求 $\int_0^\infty x^3 e^{-2x} dx$

解： $\int_0^\infty x^3 e^{-2x} = \dfrac{3!}{(2)^{3+1}} = \dfrac{6}{16} = \dfrac{3}{8}$

範例 5 求 $\int_0^\infty \sqrt{x} e^{-\frac{x}{2}} dx$

解： $\int_0^\infty \sqrt{x} e^{-\frac{x}{2}} dx = \dfrac{\Gamma\left(\frac{3}{2}\right)}{\left(\frac{1}{2}\right)^{\frac{1}{2}+1}} = \dfrac{\frac{1}{2}\Gamma\left(\frac{1}{2}\right)}{\left(\frac{1}{2}\right)^{\frac{3}{2}}} = \dfrac{\sqrt{\pi}}{2} \Big/ \left(\frac{1}{2}\right)^{\frac{3}{2}} = \sqrt{2\pi}$

因為 $\Gamma(x+1) = x\Gamma(x)$，故可用 $\Gamma(x) = \dfrac{\Gamma(x+1)}{x}$ 來定義 $x<0$ 之情況，此種方式稱為**解析延拓**（Analytic continuation）。

(1) $\Gamma\left(-\dfrac{1}{2}\right) = \dfrac{\Gamma\left(\dfrac{1}{2}\right)}{-\dfrac{1}{2}} = -2\Gamma\left(\dfrac{1}{2}\right) = -2\sqrt{\pi}$

(2) $\Gamma\left(-\dfrac{3}{2}\right) = \dfrac{\Gamma\left(-\dfrac{1}{2}\right)}{-\dfrac{3}{2}} = -\dfrac{2}{3} \cdot (-2\sqrt{\pi}) = \dfrac{4}{3}\sqrt{\pi}$

(3) $\Gamma\left(\dfrac{-5}{2}\right) = \dfrac{\Gamma\left(-\dfrac{3}{2}\right)}{-\dfrac{5}{2}} = -\dfrac{2}{5} \cdot \left(\dfrac{4}{3}\sqrt{\pi}\right) = -\dfrac{8}{15}\sqrt{\pi}\cdots\cdots$

(4) $\Gamma(0)$：$\because$ $\Gamma(1) = 0 \cdot \Gamma(0)$，

即 $1 = 0 \cdot \Gamma(0)$

$\therefore$ $\Gamma(0) \rightarrow \infty$ 即不存在。

同理，$\Gamma(-1)$，$\Gamma(-2)\cdots\Gamma(-n)$，n 為正整數時，均不存在。

Beta 函數

Beta 函數是一個與 Gamma 函數有關之一個常用函數，以 $B(m, n)$ 表示，它的定義是：

$$B(m, n) = \int_0^1 x^{m-1}(1-x)^{n-1}\,dx \text{，} m>0 \text{，} n>0$$

例如 $B(3, 2) = \int_0^1 x^2(1-x)\,dx$ ，下面是 Beta 函數最基本之三個性質：

定理：$B(m, n) = B(n, m)$

證明：$B(m, n) = \int_0^1 x^{m-1}(1-x)^{n-1}dx$ ，

取 $y = 1-x$

則 $x = 1-y$，$dx = -dy$，$\int_0^1 \to \int_1^0$

$$\therefore B(m, n) = \int_1^0 (1-y)^{m-1} y^{n-1} (-dy)$$

$$= \int_0^1 y^{n-1}(1-y)^{m-1} dy = B(n, m)$$

定理：$2\int_0^{\frac{\pi}{2}} \sin^{2m-1}\theta \cos^{2n-1}\theta d\theta = B(m, n)$

證明：取 $x = \sin^2\theta$，則 $\int_0^1 \to \int_0^{\frac{\pi}{2}}$，$dx = 2\sin\theta\cos\theta d\theta$

$$B(m, n) = \int_0^1 x^{m-1}(1-x)^{n-1} dx = \int_0^{\frac{\pi}{2}} (\sin^2\theta)^{m-1}(\cos^2\theta)^{n-1} \cdot 2\sin\theta\cos\theta d\theta$$

$$= 2\int_0^{\frac{\pi}{2}} \sin^{2m-1}\theta \cos^{2n-1}\theta d\theta$$

因 $B(m, n) = B(n, m)$

故有 $\int_0^{\frac{\pi}{2}} \sin^{2m-1}\theta\cos^{2n-1}\theta d\theta = \int_0^{\frac{\pi}{2}} \cos^{2m-1}\theta\sin^{2n-1}\theta d\theta$

定理：$B(m, n) = \dfrac{\Gamma(m)\Gamma(n)}{\Gamma(m+n)}$，$m, n > 0$

證明：取 $y = x^2$，則 $dy = 2xdx$

得

$$\Gamma(m) = \int_0^\infty y^{m-1} e^{-y} dy = \int_0^\infty (x^2)^{m-1} e^{-x^2} \cdot 2xdx$$

$$= 2\int_0^\infty x^{2m-1} e^{-x^2} dx$$

同法 $\Gamma(n) = 2\int_0^\infty z^{2n-1} e^{-z^2} dz$

$$\therefore \Gamma(m)\Gamma(n) = 2\int_0^\infty x^{2m-1} e^{-x^2} dx \cdot 2\int_0^\infty z^{2n-1} e^{-z^2} dz$$

$$= 4\int_0^\infty \int_0^\infty x^{2m-1} z^{2n-1} e^{-(x^2+z^2)} dxdz \quad \text{................................} (1)$$

利用極坐標變換：

取 $x = r\cos\theta$，$z = r\sin\theta$，則上式變為

$$(1) = 4\int_0^{\frac{\pi}{2}} \int_0^\infty (r\cos\theta)^{2m-1} (r\sin\theta)^{2n-1} e^{-r^2} \cdot r\, dr\, d\theta$$

$$= 4 \left(\int_0^\infty r^{2(m+n)-1} e^{-r^2} dr \right) \left(\int_0^{\frac{\pi}{2}} \cos^{2m-1}\theta \sin^{2n-1}\theta d\theta \right)$$

$$= \Gamma(m+n)\, 2 \int_0^{\frac{\pi}{2}} \cos^{2m-1}\theta \sin^{2n-1}\theta d\theta$$

$$= \Gamma(m+n) B(m, n)$$

$$\therefore B(m, n) = \frac{\Gamma(m)\Gamma(n)}{\Gamma(m+n)}$$

在實作上，通常下列公式可能較便於使用：

1. $\displaystyle\int_0^\infty x^m e^{-nx} dx = \frac{\Gamma(m+1)}{n^{m+1}}$ ，$n>0$，$m>-1$

2. $\displaystyle\int_0^\infty x^m e^{-nx^2} dx = \frac{\Gamma\!\left(\dfrac{m+1}{2}\right)}{2n^{\frac{m+1}{2}}}$ ，$n>0$，$m>-1$

3. $\displaystyle\int_0^1 x^m (1-x)^n \, dx = \frac{\Gamma(m+1)\Gamma(n+1)}{\Gamma(m+n)}$

4. $\displaystyle\int_0^{\frac{\pi}{2}} \sin^m x \cos^n x \, dx = \frac{\Gamma\!\left(\dfrac{m+1}{2}\right)\Gamma\!\left(\dfrac{n+1}{2}\right)}{2\Gamma\!\left(\dfrac{m+n}{2}+1\right)}$

由此可得兩個重要特例，即有名之 Wallis 公式：

$$\int_0^{\frac{\pi}{2}} \sin^p \theta d\theta = \int_0^{\frac{\pi}{2}} \cos^p \theta d\theta = \begin{cases} \dfrac{1 \cdot 3 \cdot 5 \cdots (p-1)}{2 \cdot 4 \cdot 6 \cdots p} \cdot \dfrac{\pi}{2}, & p \text{ 為正偶數} \\[4mm] \dfrac{2 \cdot 4 \cdot 6 \cdots (p-1)}{1 \cdot 3 \cdot 5 \cdots p}, & p \text{ 為正奇數} \end{cases}$$

基礎工程數學

範例 6　(a) $\int_0^{\frac{\pi}{2}} \sin^4 x\, dx = \frac{1 \cdot 3}{2 \cdot 4} \cdot \frac{\pi}{2} = \frac{3}{16}\pi$

(b) $\int_0^{\frac{\pi}{2}} \sin^3 x \cos^2 x\, dx = \frac{\Gamma\left(\frac{3+1}{2}\right)\Gamma\left(\frac{2+1}{2}\right)}{2\Gamma\left(\frac{3+2}{2}+1\right)} = \frac{\Gamma(2)\Gamma\left(\frac{3}{2}\right)}{2\Gamma\left(\frac{7}{2}\right)}$

$= \dfrac{1 \cdot \frac{1}{2} \cdot \sqrt{\pi}}{2 \cdot \frac{5}{2} \cdot \frac{3}{2} \cdot \frac{\sqrt{\pi}}{2}} = \dfrac{2}{15}$

◆ 習　題

1. 求 $\int_0^\infty x e^{-2x} dx$

2. 求 $\int_0^\infty x^3 e^{-2x} dx$

3. 求 $\int_0^1 t^{x-1}\left(\ln\frac{1}{t}\right)^{y-1} dt$

4. 求 $\int_0^1 \sqrt{\frac{1-x}{x}}\, dx$

5. 求 $\int_0^\infty x^5 e^{-x^2} dx$
（提示：取 $y = x^2$）

6. 若 $m>-1$，$n>0$，求證 $\int_0^\infty x^m e^{-nx^2} dx = \dfrac{\Gamma\left(\frac{m+1}{2}\right)}{2n^{\frac{m+1}{2}}}$
（提示：取 $y = nx^2$，$n>0$）

7. $\int_0^{\frac{\pi}{2}} \cos^2 x \sin^5 x\, dx$

8. 求 $B(x, 1), x \neq 0$

9. 證明 $B(x+1, y) = \dfrac{x}{x+y} B(x, y)$

98

10. 求 $\int_0^{\frac{\pi}{2}} \sqrt{\tan x}\, dx$

3.2 拉氏轉換之定義

對任一個函數 $f(t)$ 而言，其拉氏轉換（Laplace transformation）$\mathcal{L}(f(t))$ 定義為

$$\mathcal{L}(f(t)) = \int_0^\infty f(t) e^{-st}\, dt = F(s)$$

顯然一個函數 $f(t)$ 其拉氏轉換成立之先決條件為上述積分必須收斂。因此，$f(t)$ 之拉氏轉換成立之條件是當 t 增加時，$f(t)$ 不要「跑得太快」（grow too rapidly）。

定理：若 $f(t)$ 滿足：

(1) $f(t)$ 在 $0 \le t \le b$，$b>0$ 為分段連續（Piecewise continuous），即 $f(t)$ 在 $0 \le x \le b$ 時只能有有限個不連續點。且

(2) $|f(x)| < Me^{\alpha t}$（這種函數稱為指數階 α（Exponential order α）或逕稱指數階），即存在 M，α 使得 $|f(x)| < Me^{\alpha t}$

則 $f(x)$ 之拉氏轉換在 $s>\alpha$ 時成立。

證明：$\int_0^\infty e^{-st} f(t) dt = \int_0^\varepsilon e^{-st} f(t)\, dt + \int_\varepsilon^\infty e^{-st} f(t)\, dt$，$\varepsilon>0$

因 $f(t)$ 在 $0 \le t \le q$ 為分段連續

$\therefore \int_0^\varepsilon e^{-st} f(t)\, dt$ 存在，

又 $|\int_\varepsilon^\infty e^{-st} f(t)\, dt| \le \int_\varepsilon^\infty |e^{-st} f(t)|\, dt \le \int_\varepsilon^\infty e^{-st} |f(t)|\, dt < \int_\varepsilon^\infty e^{-st} Me^{\alpha t}\, dt$

$$= M \int_\varepsilon^\infty e^{-(s-\alpha)t}\, dt \le \frac{M}{s-\alpha},$$

即 $s > \alpha$ 時 $f(t)$ 之拉氏轉換存在。

注意到：若 $f(t)$ 滿足分段連續及指數階則 $f(t)$ 之拉氏轉換必然存在，但分段連續或指數階有一不存在時 $f(t)$ 之拉氏轉換仍有可能存在。

範例 1 $f(x) = x^3$ 是否為指數階 α？

解：$|x^3| = |e^{\ln x^3}| = e^{3\ln x} \leq e^{3x}$ ，

取 $M = 1$，$\alpha = 3$

$\therefore f(x) = x^3$ 為指數階

範例 2 $f(x) = \cos 3x$ 是否為指數階 α？

解：$|\cos 3x| \leq |3x| = 3|x| = 3e^{\ln x} \leq 3e^x$ ，

取 $M = 3$，$\alpha = 1$

$\therefore f(x) = \cos 3x$ 為指數階

有了拉氏轉換之定義，我們便可得到一些基本函數之拉氏轉換如下表：

基本函數之拉氏轉換表

$f(t)$	$F(s)$
1	$\dfrac{1}{s}$ ，$s > 0$
t^n，$n = 1, 2, 3\cdots$	$\dfrac{n!}{s^{n+1}}$ ，$s > 0$
$t^p, p > -1$	$\dfrac{\Gamma(p+1)}{s^{p+1}}$ ，$s > 0$

基本函數之拉氏轉換表（續）

$f(t)$	$F(s)$
e^{at}	$\dfrac{1}{s-a}$ ，$s>a$
$\cos \omega t$	$\dfrac{s}{s^2+\omega^2}$ ，$s>0$
$\sin \omega t$	$\dfrac{\omega}{s^2+\omega^2}$ ，$s>0$
$\cos h\, \omega t$	$\dfrac{s}{s^2-\omega^2}$ ，$s>|\omega|$
$\sin h\, \omega t$	$\dfrac{\omega}{s^2-\omega^2}$ ，$s>|\omega|$

證明：(1) $\mathcal{L}(1)=\displaystyle\int_0^\infty 1 \cdot e^{-st}\,dt=\dfrac{1}{s}e^{-st}\Big]_0^\infty=\dfrac{1}{s}$ ，$s>0$

(2) $\mathcal{L}(t^p)=\displaystyle\int_0^\infty t^p \cdot e^{-st}\,dt=\int_0^\infty \left(\dfrac{y}{s}\right)^p e^{-y}\dfrac{1}{s}\,dy$ ，（取 $y=st$）

$\qquad =\dfrac{1}{s^{p+1}}\displaystyle\int_0^\infty y^p e^{-y}\,dy=\dfrac{\Gamma(p+1)}{s^{p+1}}$

$\qquad$ 當 p 為正整數 n 時 $\mathcal{L}(t^p)=\dfrac{p!}{s^{p+1}}$

(3) $\mathcal{L}(t^n)=\dfrac{\Gamma(n+1)}{s^{n+1}}=\dfrac{n!}{s^{n+1}}$

(4) $\mathcal{L}(e^{at})=\displaystyle\int_0^\infty e^{at} \cdot e^{-st}\,dt=\int_0^\infty e^{-(s-a)t}\,dt=\dfrac{1}{s-a}$ ，$s>a$

(5) $\because \displaystyle\int_0^\infty e^{i\omega t}e^{-st}\,dt=\int_0^\infty e^{-(s-i\omega)t}\,dt=\dfrac{1}{s-i\omega}$

$\qquad =\dfrac{1}{s-i\omega} \cdot \dfrac{s+i\omega}{s+i\omega}=\dfrac{s+i\omega}{s^2+\omega^2}$

$\qquad \therefore \mathcal{L}(\cos \omega t)=\mathrm{Re}\left\{\displaystyle\int_0^\infty e^{i\omega t} e^{-st}\,dt\right\}=\mathrm{Re}\left\{\dfrac{s+i\omega}{s^2+\omega^2}\right\}=\dfrac{s}{s^2+\omega^2}$ 及

(6) $\mathcal{L}(\sin \omega t)=\mathrm{Im}\left\{\displaystyle\int_0^\infty e^{i\omega t} e^{-st}\,dt\right\}=\mathrm{Im}\left\{\dfrac{s+i\omega}{s^2+\omega^2}\right\}=\dfrac{\omega}{s^2+\omega^2}$

範例 **3**

$$\mathscr{L}\left(\frac{1}{3}\right)=\frac{1}{3}\mathscr{L}(1)=\frac{1}{3}\frac{1}{s} \text{ , } s>0$$

$$\mathscr{L}(t^4)=\frac{4!}{s^{4+1}}=\frac{24}{s^5} \text{ , } s>0$$

$$\mathscr{L}(\cos 3t)=\frac{s}{s^2+3^2}=\frac{s}{s^2+9} \text{ , } s>0$$

$$\mathscr{L}(e^{3t})=\frac{1}{s-3} \text{ , } s>3$$

$$\mathscr{L}(\sin 2t)=\frac{2}{s^2+4}$$

$$\mathscr{L}(t^{-\frac{1}{2}})=\frac{\Gamma\left(\frac{1}{2}\right)}{s^{\frac{1}{2}}}=\sqrt{\frac{\pi}{s}} \text{ , } s>0$$

範例 **4** 用定義求 $\mathscr{L}(te^t)$。

解： $\mathscr{L}(te^t)=\int_0^\infty te^t \cdot e^{-st}\,dt$

$$=\int_0^\infty te^{-(s-1)t}\,dt=\frac{1}{(s-1)^2} \text{ , } s>1$$

範例 **5** 求 $\mathscr{L}(\sin 3t)$，並由此結果求 $\int_0^\infty \sin 3t\,e^{-2t}\,dt$ 。

解： $\mathscr{L}(\sin 3t)=\dfrac{3}{s^2+9}$

$\therefore \int_0^\infty \sin 3t\,e^{-st}\,dt=\dfrac{3}{s^2+9}$,

取 $s=2$ 得

$\int_0^\infty \sin 3t\,e^{-2t}\,dt=\dfrac{3}{13}$

◆ 習　題

1. 用定義計算 (1) $\mathscr{L}\left(\dfrac{1}{3}t^2\right)$　(2) $\mathscr{L}\left(\sqrt{2}t\dfrac{1}{3}\right)$　(3) $\mathscr{L}\left(\dfrac{1}{\sqrt{t}}\right)$　(4) $\mathscr{L}(t^2e^t)$　(5) $\mathscr{L}(t^2e^{-t})$
   (6) $\mathscr{L}(2t-1)$

2. 用定義計算 (1) $\mathscr{L}(\sin\sqrt{2}t)$　(2) $\mathscr{L}\{\cosh(2t)\}$　(3) $\mathscr{L}(\cos\sqrt{3}t)$　(4) $\mathscr{L}(\sin t\cos t)$

3. 試證 $\mathscr{L}(f_1(t)+f_2(t))=\mathscr{L}(f_1(t)+\mathscr{L}(f_2(t)))$

4. 利用第 2 題之結果求 (1) $\displaystyle\int_0^\infty(\sin\sqrt{2}t)\,e^{-3t}\,dt$　(2) $\displaystyle\int_0^\infty(\cos\sqrt{3}t)e^{-t}\,dt$

5. 試導出：(1) $\mathscr{L}(\cos h\,at)=\dfrac{s}{s^2-a^2}$ 及 (2) $\mathscr{L}(\sin h\,at)=\dfrac{a}{s^2-a^2}$

6. 用定義求 (1) $\mathscr{L}(e^{at}\cos bt)$ 及 (2) $\mathscr{L}(e^{at}\sin bt)$

3.3　拉氏轉換之性質（一）

（3-2）節我們了解如何應用拉氏轉換之定義來計算給定函數之轉換結果，本節我們將介紹拉氏轉換之一些性質，可大幅地簡化計算。

下列定理均假設 $\mathscr{L}\{f(t)\}$ 存在且 $\mathscr{L}\{f(t)\}=F(s)$。

拉氏轉換之平移性

定理：$\mathscr{L}\{e^{at}f(t)\}=F(s-a)$

證明：$\because\ \mathscr{L}(f(t))=\displaystyle\int_0^\infty e^{-st}f(t)dt=F(s)$

$\therefore\ \mathscr{L}\{e^{at}f(t)\}=\displaystyle\int_0^\infty e^{-st}[e^{at}f(t)]dt=\int_0^\infty e^{-(s-a)t}f(t)dt$

$\qquad\qquad\quad=F(s-a)$

範例 **1**　求 $\mathscr{L}(te^t)$

解：$\mathscr{L}(t) = \dfrac{1}{s^2}$

$\therefore \mathscr{L}(te^t) = \dfrac{1}{(s-1)^2}$

範例 **2**　求 $\mathscr{L}(e^{-t}\cos 2t)$

解：$\because \mathscr{L}(\cos 2t) = \dfrac{s}{s^2+4} = F(s)$

$\therefore \mathscr{L}(e^{-t}\cos 2t) = F(s+1) = \dfrac{s+1}{s^2+2s+5}$

定理：$\mathscr{L}\{f(at)\} = \dfrac{1}{a}F\left(\dfrac{s}{a}\right)$

證明：$\mathscr{L}\{f(at)\} = \displaystyle\int_0^\infty e^{-st}f(at)\,dt$，取 $y = at$，$t = \dfrac{y}{a}$

$\qquad\qquad = \displaystyle\int_0^\infty e^{-s\left(\frac{y}{a}\right)}f(y)\dfrac{1}{a}\,dy = \dfrac{1}{a}\int_0^\infty e^{-\left(\frac{s}{a}\right)y}f(y)\,dy = \dfrac{1}{a}F\left(\dfrac{s}{a}\right)$

範例 **3**　(1)　$\mathscr{L}\{\cos t\} = \dfrac{s}{1+s^2} = F(s)$，則

$$\mathscr{L}\{\cos\omega t\} = \dfrac{1}{\omega}F\left(\dfrac{s}{\omega}\right) = \dfrac{1}{\omega}\dfrac{\dfrac{s}{\omega}}{1+\left(\dfrac{s}{\omega}\right)^2} = \dfrac{s}{s^2+\omega^2}$$

(2)　$f(t) = t^n$，$\mathscr{L}(f(t)) = \dfrac{n!}{s^{n+1}} = F(s)$ 為正整數，則

$$\mathscr{L}\{f(3t)\} = \dfrac{1}{3}F\left(\dfrac{s}{3}\right) = \dfrac{1}{3}\cdot\dfrac{n!}{\left(\dfrac{s}{3}\right)^{n+1}} = \dfrac{3^n\cdot n!}{s^{n+1}}$$

範例 4　求 (a) $\mathscr{L}(3^t)$　(b) $\mathscr{L}(3^t\cos2t)$

解：(a) $3^t = e^{\ln3^t} = e^{t\ln3}$

$$\therefore \mathscr{L}(3^t) = \mathscr{L}(e^{t\ln3}) = \frac{1}{s-\ln3}$$

(b) $\mathscr{L}(\cos 2t) = \dfrac{s}{s^2+4}$

$$\therefore \mathscr{L}(3^t\cos 2t) = \mathscr{L}(e^{t\ln3}\cos 2t) = \frac{s-\ln3}{(s-\ln3)^2+4}$$

範例 5　求 $\mathscr{L}(e^{2t}\sin2t)$

解：$\mathscr{L}(\sin2t) = \dfrac{2}{s^2+4} = F(s)$

$$\therefore \mathscr{L}(e^{2t}\sin2t) = F(s-2) = \frac{2}{(s-2)^2+4}$$

範例 6　求 $\mathscr{L}(e^{2t}\cos3t)$

解：$\mathscr{L}(\cos3t) = \dfrac{s}{s^2+9}$

$$\therefore \mathscr{L}(e^{2t}\cos3t) = \frac{s-2}{(s-2)^2+9}$$

定理：　$\mathscr{L}\{t^nf(t)\} = (-1)^n\dfrac{d^n}{ds^n}F(s)$

證明：（只證 $n = 1$，2 之情況）

$$F(s) = \int_0^\infty e^{-st}f(t)dt$$

則　$\dfrac{d}{ds}F(s) = \dfrac{d}{ds}\int_0^\infty e^{-st}f(t)dt = \int_0^\infty \dfrac{\partial}{\partial s}(e^{-st})f(t)dt$

$$= \int_0^\infty (-t)e^{-st}f(t)dt = (-1)\int_0^\infty e^{-st}tf(t)dt$$

$$= (-1)\mathcal{L}\{tf(t)\}$$

即　$\mathcal{L}(tf(t)) = (-1)\dfrac{d}{ds}F(s)$

$$\dfrac{d^2}{ds^2}F(s) = \dfrac{d^2}{ds^2}\int_0^\infty e^{-st}f(t)dt$$

$$= \dfrac{d}{ds}(-1)\int_0^\infty e^{-st} \cdot tf(t)\,dt$$

$$= (-1)\int_0^\infty \dfrac{\partial}{\partial s}e^{-st} \cdot tf(t)\,dt$$

$$= (-1)\int_0^\infty (-t)e^{-st} \cdot tf(t)\,dt$$

$$= (-1)^2\mathcal{L}\{t^2f(t)\}$$

即　$\mathcal{L}(t^2f(t)) = (-1)^2\dfrac{d^2}{ds^2}F(s)$

範例 7　求 $\mathcal{L}(t\cos t)$

解：$\mathcal{L}(t\cos t) = (-1)\dfrac{d}{ds}\mathcal{L}(\cos t)$

$$= -\dfrac{d}{ds}\dfrac{s}{1+s^2}$$

$$= -\dfrac{(1+s^2) - s \cdot 2s}{(1+s^2)^2} = -\dfrac{1-s^2}{(1+s^2)^2}$$

範例 8　求 $\mathcal{L}(t^2e^{3t})$

解：$\mathcal{L}(t^2e^{3t}) = (-1)^2\dfrac{d^2}{ds^2}\mathcal{L}(e^{3t}) = \dfrac{d^2}{ds^2}\dfrac{1}{(s-3)} = \dfrac{2}{(s-3)^3}$

別解：

$$\therefore \mathscr{L}(t^2) = \frac{2}{s^3} = F(s)$$

$$\therefore \mathscr{L}(t^2 e^{3t}) = F(s-3) = \frac{2}{(s-3)^3}$$

範例 9 求 $\mathscr{L}(t\cos 2t)$

解： $\mathscr{L}(\cos 2t) = \dfrac{s}{s^2+4}$

$$\therefore \mathscr{L}(t\cos 2t) = (-1)\frac{d}{ds}\frac{s}{s^2+4} = -\frac{(s^2+4) - s \cdot 2s}{(s^2+4)^2}$$

$$= \frac{s^2-4}{(s^2+4)^2}$$

定理：若 $\displaystyle\lim_{t\to 0}\frac{f(t)}{t}$ 存在，則 $\mathscr{L}\left(\dfrac{f(t)}{t}\right) = \displaystyle\int_s^\infty F(\lambda)d\lambda$

證明：
$$\int_s^\infty F(\lambda)d\lambda = \int_s^\infty \left[\int_0^\infty e^{-\lambda t}f(t)dt\right]d\lambda$$
$$= \int_0^\infty f(t)\left[\int_s^\infty e^{-\lambda t}d\lambda\right]dt$$
$$= \int_0^\infty f(t)\cdot\left[\frac{-1}{t}e^{-\lambda t}\right]_s^\infty dt$$
$$= \int_0^\infty f(t)\left[\frac{1}{t}e^{-st}\right]dt$$
$$= \int_0^\infty \frac{f(t)}{t}e^{-st}dt = \mathscr{L}\left(\frac{f(t)}{t}\right)$$

範例 10 求 $\mathscr{L}\left(\dfrac{\sin\theta t}{t}\right)$

解：取 $f(t) = \sin\theta t$

$$\mathscr{L}(f(t)) = \mathscr{L}(\sin\theta t) = \frac{\theta}{s^2 + \theta^2}$$

$$\therefore \mathscr{L}\left(\frac{f(t)}{t}\right) = \int_s^\infty \frac{\theta}{\lambda^2 + \theta^2} d\lambda$$

$$= \tan^{-1}\frac{\lambda}{\theta}\Big]_s^\infty = \frac{\pi}{2} - \tan^{-1}\frac{s}{\theta} \ (\text{或} \cot^{-1}\frac{s}{\theta})$$

範例 11 求 $\mathscr{L}\left(\dfrac{e^{-t}\sin t}{t}\right)$，並利用此結果求 $\displaystyle\int_0^\infty \dfrac{e^{-t}\sin t}{t} dt = ?$

解：(a) $\mathscr{L}(\sin t) = \dfrac{1}{s^2 + 1}$

$$\mathscr{L}(e^{-t}\sin t) = \frac{1}{(s+1)^2 + 1}$$

$$\therefore \mathscr{L}\left(\frac{e^{-t}\sin t}{t}\right) = \int_s^\infty \frac{du}{(u+1)^2 + 1}$$

$$= \tan^{-1}(u+1)\Big]_s^\infty = \frac{\pi}{2} - \tan^{-1}(1+s)$$

別解：

$$\mathscr{L}\left(\frac{\sin t}{t}\right) = \int_s^\infty \frac{du}{1+u^2} = \tan^{-1}u\Big]_s^\infty = \frac{\pi}{2} - \tan^{-1}s \text{...} (1)$$

$$\therefore \mathscr{L}\left(\frac{e^{-t}\sin t}{t}\right) = \frac{\pi}{2} - \tan^{-1}(1+s)$$

(b) 由 (a)

$$\mathscr{L}\left(\frac{\sin t}{t}\right) = \int_0^\infty \frac{\sin t}{t} e^{-st} dt = \frac{\pi}{2} - \tan^{-1}s$$

取 $s = 1$

得 $\displaystyle\int_0^\infty \frac{\sin t}{t} e^{-st} dt = \frac{\pi}{2} - \tan^{-1}1 = \frac{\pi}{2} - \frac{\pi}{4} = \frac{\pi}{4}$

導數之拉氏轉換

定理：$\mathscr{L}\{f'(t)\} = sF(s) - f(0)$

證明：$\mathscr{L}\{f'(t)\} = \int_0^\infty e^{-st}f'(t)dt = \int_0^\infty e^{-st}df(t)$

$$= \lim_{M\to\infty} e^{-st}f(t)\Big]_0^M - \int_0^\infty f(t)\,de^{-st}$$

$$= \lim_{M\to\infty}(e^{-sM}f(M) - f(0)) + s\int_0^\infty e^{-st}f(t)dt \quad\cdots\cdots (1)$$

但　$\lim_{M\to\infty} e^{-sM}f(M) = 0$

$\therefore (1) = s\int_0^\infty e^{-st}f(t)dt - f(0) = sF(s) - f(0)$

推論：$\mathscr{L}\{f''(t)\} = s^2F(s) - sf(0) - f'(0)$

證明：$\mathscr{L}\{f''(t)\} = s\mathscr{L}\{f'(t)\} - f'(0)$

$$= s[s\mathscr{L}\{f(t)\} - f(0)] - f'(0)$$

$$= s^2\mathscr{L}\{f(t)\} - sf(0) - f'(0)$$

範例 12　$f(t) = \cos 3t$，用本節方法求 $\mathscr{L}\{f''(t)\}$。

解：$\mathscr{L}\{f''(t)\} = s^2\mathscr{L}\{f(t)\} - sf(0) - f'(0)$

$$= s^2 \cdot \frac{s}{s^2 + 3^3} - s \cdot \cos 3t\big|_{t=0} + 3\sin 3t\big|_{t=0}$$

$$= \frac{s^3}{s^2+9} - s + 0 = \frac{-9s}{s^2+9}$$

如果我們直接求出 $f(t) = \cos 3t$ 之 $f''(t) = -9\cos 3t$，則 $\mathscr{L}\{f''(t)\} = \mathscr{L}\{-9\cos 3t\} = \frac{-9s}{s^2+9}$，似乎比較好解，但本定理最大功用厥為解微分方程式。

初值定理與終值定理

若 $\mathscr{L}(f(t)) = F(s)$，我們將探討一些有關拉氏轉換之極限問題。

定理：$\lim_{s \to \infty} F(s) = 0$

證明：$|F(s)| = |\int_0^\infty e^{-st} f(t) dt| \leq \int_0^\infty |f(t) e^{-st} dt| \leq \int_0^\infty M e^{\alpha t} e^{-st} dt$

$\qquad = M \int_0^\infty e^{-(s-\alpha)t} dt = \dfrac{M}{s-\alpha} \to 0 \qquad 當 \quad s \to \infty$

$\qquad \therefore \lim_{s \to \infty} F(s) = \lim_{s \to \infty} \int_0^\infty e^{-st} f(t) dt = 0$

定理：（初值定理）若 $f(t)$ 在 $t=0$ 處為連續或 $\lim_{s \to \infty} f(t) = f(0)$，則 $\lim_{s \to \infty} f(t) = \lim_{s \to \infty} s F(s)$

證明：$\because \int_0^\infty e^{-st} f'(t) dt = sF(s) - f(0)$

兩邊取 $s \to \infty$

得 $\quad \lim_{s \to \infty} \int_0^\infty e^{-st} f'(t) dt = \lim_{s \to \infty} (sF(s) - f(0))$

$\because \lim_{s \to \infty} \int_0^\infty e^{-st} f'(t) dt = 0$

$\therefore \lim_{s \to \infty} (sF(s) - f(0)) = 0 \quad$，

即 $\quad \lim_{s \to \infty} sF(s) = f(0) = \lim_{t \to 0} f(t)$

定理：（終值定理）$\lim_{t \to \infty} f(t) = \lim_{s \to 0} s F(s)$

證明：$\int_0^\infty e^{-st} f'(t) dt = s F(s) - f(0)$

兩邊取 $s \to 0$ 得

$$\lim_{s \to 0} \int_0^\infty e^{-st} f'(t) dt = \lim_{s \to \infty} (s F(s) - f(0)) \quad \cdots\cdots\cdots\cdots\cdots\cdots\cdots\cdots\cdots (1)$$

又 $\quad \lim_{s \to 0} \int_0^\infty e^{-st} f'(t) dt = \int_0^\infty f'(t) (\lim_{s \to 0} e^{-st}) dt = \int_0^\infty f'(t) dt = \lim_{p \to \infty} f(t) \big]_0^p$

$$= \lim_{p \to \infty} (f(p) - f(0)) = \lim_{t \to \infty} (f(t) - f(0)) \cdots\cdots\cdots\cdots\cdots (2)$$

比較 (1)，(2) 得：$\lim\limits_{t \to \infty} f(t) = \lim\limits_{s \to 0} s F(s)$

我們以 $f(t) = e^{-at}$，$a > 0$ 為例

$$F(s) = \mathcal{L}(f(t)) = \frac{1}{s+a}$$

(1) 驗證初值定理：$\lim\limits_{t \to 0} f(t) = \lim\limits_{t \to 0} e^{-at} = 1$ ，$\lim\limits_{s \to \infty} s F(s) = \lim\limits_{s \to \infty} s \cdot \frac{1}{s+a} = 1$

∴ 初值定理得以驗證

(2) 驗證終值定理：$\lim\limits_{t \to \infty} f(t) = \lim\limits_{t \to \infty} e^{-at} = 0$ ，$\lim\limits_{s \to 0} s F(s) = \lim\limits_{s \to 0} s \cdot \frac{1}{s+a} = 0$

∴ 終值定理得以驗證

但上述初（終）值定理必須在有關極限都均存在時才成立，例如 $\mathcal{L}(\sin t) = \dfrac{1}{s^2+1}$，初值定理沒問題，但在終值定理時就有了問題，因為 $\lim\limits_{t \to \infty} \sin t$ 不存在。

積分之拉氏轉換

定理：若 $\mathcal{L}\{f(t)\} = F(s)$ 則 $\mathcal{L}\{\int_0^t f(u) du\} = \dfrac{F(s)}{s}$

證明：令 $G(t) = \int_0^t f(u) du$ ，

則 $G'(t) = f(t)$ 且 $G(0) = 0$

∵ $\mathcal{L}\{G'(t)\} = s \mathcal{L}\{G(t)\} - G(0) = s \mathcal{L}\{G(t)\}$

但 $\mathcal{L}\{G'(t)\} = \mathcal{L}\{f(t)\} = F(s)$

$$\therefore s\mathscr{L}\{G(t)\} = F(s) \text{,} \quad \mathscr{L}\{G(t)\} = \frac{F(s)}{s}$$

即 $\mathscr{L}\{\int_0^t F(u)du\} = \frac{F(s)}{s}$

範例 **13** 求 $\mathscr{L}\left(\int_0^t \frac{\sin u}{u} du\right)$，並由此求 $\int_0^\infty \int_0^t \frac{e^{-t}\sin u}{u} du\, dt$。

解：(a) 本範例我們用一種最直覺的方法：

$\sin u \to \dfrac{\sin u}{u} \to \int_0^t \dfrac{\sin u}{u} du$，逐項求拉氏轉換：

$$\mathscr{L}(\sin u) = \frac{1}{1+s^2}$$

$$\mathscr{L}\left(\frac{\sin u}{u}\right) = \int_s^\infty \frac{dw}{1+w^2} = \tan^{-1} w\Big]_s^\infty = \frac{\pi}{2} - \tan^{-1} s = \tan^{-1}\frac{1}{s}$$

$$\therefore \quad \mathscr{L}\left(\int_0^t \frac{\sin u}{u} du\right) = \frac{1}{s}\tan^{-1}\frac{1}{s}$$

(b) 由 (a) $\int_0^\infty \int_0^t e^{-st}\dfrac{\sin u}{u} du\, dt = \dfrac{1}{s}\tan^{-1}\dfrac{1}{s}$，兩邊取 $s=1$ 得

$$\int_0^\infty \int_0^t \frac{e^{-t}\sin u}{u} du\, dt = \frac{\pi}{4}$$

範例 **14** 求 $\mathscr{L}\left(\int_t^\infty \frac{e^{-u}}{u} du\right)$

解：本範例與範例 13 之最大不同點在於 $F(t)$ 之積分界限，範例 13 是 $\int_0^t$，而範例 14 為 $\int_t^\infty$，因此範例 14 不是積分轉換標準式，我們要回復到積分式之拉氏轉換導出過程方式來解範例 14。

$$f(t) = \int_t^\infty \frac{e^{-u}}{u} du \text{,} \quad f'(t) = \frac{-e^{-t}}{t} \text{,}$$

即 $tf'(t) = -e^{-t}$

兩邊同取拉氏轉換：

$$\mathscr{L}(f'(t)) = sF(s) - f(0)$$

$$\therefore \mathscr{L}(tf'(t)) = \frac{-d}{ds}(sF(s) - f(0))$$

$$-\frac{d}{ds}(sF(s) - f(0)) = \frac{-1}{s+1}$$

$$\therefore \quad \frac{d}{ds}(sF(s) - f(0)) = \frac{d}{ds}sF(s) = \frac{1}{s+1}$$

兩邊同時積分：

$$sF(s) = \ln(s+1) + c$$

由終值定理 $\quad \lim_{s \to 0} sF(s) = \lim_{s \to 0}(\ln(s+1) + c) = c = 0$

$$\therefore sF(s) = \ln(s+1)$$

即 $\quad F(s) = \frac{\ln(1+s)}{s}$

範例 **15** 求 $\mathscr{L}\left(\int_t^\infty \frac{\cos u}{u} du\right)$

解：仿範例 14：

$$f(t) = \int_t^\infty \frac{\cos u}{u} du \ , \ f'(t) = -\frac{\cos t}{t} \ ,$$
即 $\quad tf'(t) = -\cos t$

兩邊取拉氏轉換：

$$\mathscr{L}(f'(t)) = sF(s) - f(0)$$

$$\therefore \mathscr{L}(tf'(t)) = (-1)\frac{d}{ds}(sF(s) - f(0)) = \frac{-d}{ds}sF(s)$$

又 $\quad \mathscr{L}(-\cos t) = \frac{-s}{1+s^2}$

即 $\quad -\frac{d}{ds}sF(s) = \frac{-s}{1+s^2}$

$$sF(s) = \frac{1}{2}\ln(1+s^2) + c$$

利用終值定理：

$$\lim_{s \to 0} sF(s) = \lim_{s \to 0} \left(\frac{1}{2} \ln(1+s^2) + c \right) = c = 0$$

$$\therefore F(s) = \frac{\ln(1+s^2)}{2s}$$

◆ **習 題**

1. 求 $\mathscr{L}(t\,e^{at})$

2. 求 $\mathscr{L}(t^3 e^{-2t})$

3. 求 $\mathscr{L}\left(\dfrac{e^{-2t}}{\sqrt{t}}\right)$

4. 求 $\mathscr{L}(t \sin bt)$

5. 求 $\mathscr{L}(\sin t + t \cos t)$

6. $\mathscr{L}\left(\int_0^t e^{5u} \sin 3u\, du\right)$

7. 求 $\mathscr{L}(t2^t)$。（提示：$t2^t = te^{t\ln 2}$）

8. 求 $\mathscr{L}\left\{\dfrac{\sin t}{t}\right\}$，並利用此結果取 $s = 0$，證明 $\displaystyle\int_0^\infty \frac{e^{-t}\sin t}{t}dt = \frac{\pi}{4}$

9. 若 $\mathscr{L}\{f(t)\} = F(s)$，試求 $\mathscr{L}\{f'''(t)\} = $?

10. 若 $\mathscr{L}(f(t)) = F(s)$，試以 F，s 表示 $\mathscr{L}\left(e^{at}\int_0^t f(u)du\right)$

11. 若 $\mathscr{L}(f(t)) = F(s)$，$b > 0$，試求 $\mathscr{L}(b^t f(at))$

12. 求 $\mathscr{L}(\sin^2 t)$

找一個適當之 $f(t)$，藉由拉氏轉換之結果求習題 13 ～ 15。

13. $\displaystyle\int_0^\infty \frac{e^{-bt} - e^{-at}}{t}dt$，$a, b > 0$

14. $\displaystyle\int_0^\infty \frac{\cos bt - \cos at}{t}dt$

15. 試證 $\mathscr{L}\left(\int_0^t \int_0^t f(t)(dt)^2\right) = \dfrac{F(s)}{s^2}$

16. 求 $\displaystyle\int_0^\infty \left[(e^{-\frac{t}{\sqrt{3}}}\sin t)/t\right]dt$

3.4 拉氏轉換之性質（二）

單步函數

定義：單步函數（Unit step function 又稱為

Heaviside 函數）$u(x)$ 定義為

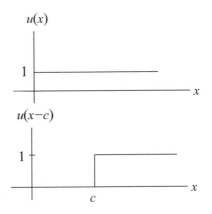

$$u(x) = \begin{cases} 0 & x < 0 \\ 1 & x \geq 0 \end{cases}$$

$$u(x-c) = \begin{cases} 0 & x < c \\ 1 & x \geq c \end{cases}$$

範例 1　試繪 (a) $f(x) = u(x-1) - u(x-2)$　(b) $f(x) = 2u(x-1) - u(x-2)$

解：(a) $u(x-1) = \begin{cases} 0 & x < 1 \\ 1 & x \geq 1 \end{cases}$, $u(x-2) = \begin{cases} 0 & x < 2 \\ 1 & x \geq 2 \end{cases}$

$\therefore u(x-1) - u(x-2) = \begin{cases} 0 , & x < 1 \\ 1 , & 1 \leq x < 2 \\ 0 , & x \geq 2 \end{cases}$

	$x < 1$	$1 \leq x < 2$	$x \geq 2$
$u(x-1)$	0	1	1
$u(x-2)$	0	0	1
－	0	1	0

$u(x-1) - u(x-2)$

(b) $2u(x-1) - u(x-2) = \begin{cases} 0 , & x < 1 \\ 2 , & 1 \leq x < 2 \\ 1 , & x \geq 2 \end{cases}$

	$x < 1$	$1 \leq x < 2$	$x \geq 2$
$2u(x-1)$	0	2	2
$-u(x-2)$	0	0	-1
+	0	2	1

範例 2 試繪 $f(x) = 2u(x-2) - 3u(x-3) + 4u(x-4)$

解:

	$x < 2$	$2 \leq x < 3$	$3 \leq x < 4$	$x \geq 4$
$2u(x-2)$	0	2	2	2
$-3u(x-3)$	0	0	-3	-3
$4u(x-4)$	0	0	0	4
+	0	2	-1	3

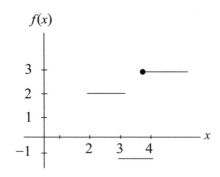

$$u(x-c)f(x-c) = \begin{cases} 0 & x < c \\ f(x-c) & x \geq c \end{cases}$$

116

範例 3　試繪 (a) $g(x) = xu(x-1)$　(b) $g(x) = (x-1)u(x-1)$

解：(a)

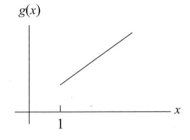

$g(x) = xu(x-1)$ 之圖形相當於 $y = x$ 在 $x \geq 1$ 之部份

	$x < 1$	$x \geq 1$
$u(x-1)$	0	1
$xu(x-1)$	0	x

(b)

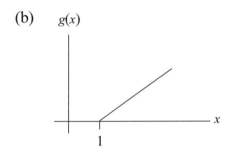

$g(x) = (x-1)u(x-1)$ 之圖形相當於 $y = x-1$ 在 $x \geq 1$ 之部份

	$x < 1$	$x \geq 1$
$u(x-1)$	0	1
$(x-1)u(x-1)$	0	$x-1$

範例 4　試求對應下列圖形之單步函數

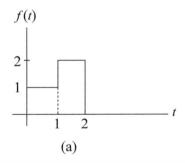

(a)

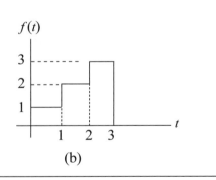

(b)

解：(a) $f(t) = [u(t)-u(t-1)] + 2[u(t-1)-u(t-2)]$

$\qquad = u(t) + u(t-1) - 2u(t-2)$

(b) $f(t) = [u(t)-u(t-1)] + 2[u(t-1)-u(t-2)] + 3[u(t-2)-u(t-3)]$

$\qquad = u(t) + u(t-1) + u(t-2) - 3u(t-3)$

單步函數之拉氏轉換

定理：$\mathcal{L}(u(t-c)) = \dfrac{1}{s}e^{-cs}$

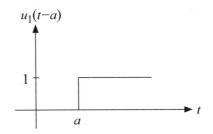

證明：$\mathcal{L}(u(t-c)) = \displaystyle\int_c^\infty e^{-st}dt = \dfrac{1}{s}e^{-cs}$

由此可得 $\mathcal{L}(u(t)) = \dfrac{1}{s}$

定理：$\mathcal{L}\{u(t-a)f(t-a)\} = e^{-as}F(s)$

證明：讀者應可回憶：

$$u(t-a) = \begin{cases} 1 \text{，} t > a \\ 0 \text{，} t < a \end{cases}$$

$$\therefore \mathcal{L}\{u(t-a)f(t-a)\} = \int_0^\infty e^{-st}u(t-a)f(t-a)dt$$

$$= \int_0^a e^{-st}\cdot 0 \cdot f(t-a)dt + \int_a^\infty e^{-st}\cdot 1 \cdot f(t-a)dt$$

$$= \int_a^\infty e^{-st}f(t-a)dt \text{ ，取 } y=t-a \text{ 則}$$

$$= \int_a^\infty e^{-s(y+a)}f(y)dy$$

$$= e^{-as}\int_0^\infty e^{-sy}f(y)dy$$

$$= e^{-as}F(s)$$

定理：$\mathcal{L}(f(t)u(t-a)) = e^{-as}\mathcal{L}(f(t+a))$

讀者自證之。

範例 5　求 $\mathcal{L}(t^2 u(t-2))$

解：$\mathcal{L}(u(t-2)) = \dfrac{1}{s}e^{-2s}$

$$\therefore \mathcal{L}(t^2 u(t-2)) = (-1)^2 \dfrac{d^2}{ds^2}\left(\dfrac{1}{s}e^{-2s}\right) = \dfrac{d}{ds}\left(-\dfrac{1}{s^2}e^{-2s} - \dfrac{2}{s}e^{-2s}\right)$$

$$= \frac{-d}{ds}\left(\frac{1}{s^2}+\frac{2}{s}\right)e^{-2s}=\left(\frac{2}{s^3}+\frac{2}{s^2}\right)e^{-2s}+\left(\frac{2}{s^2}+\frac{4}{s}\right)e^{-2s}$$

$$=\frac{2}{s^3}(1+2s+2s^2)e^{-2s}$$

範例 6 求 $\mathscr{L}(u(t-1)+2u(t-2)-3u(t-3))$

解：$\mathscr{L}(u(t-1))+2\mathscr{L}(u(t-2))-3\mathscr{L}(u(t-3))$

$$=\frac{1}{s}e^{-s}+\frac{2}{s}e^{-2s}-\frac{3}{s}e^{-3s}$$

範例 7 求下圖之 $\mathscr{L}(f(t))$

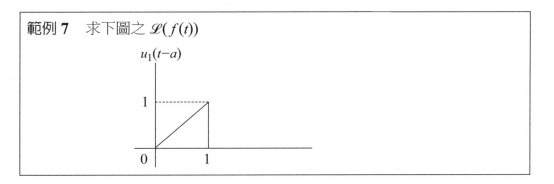

解：方法一：

$f(t)=t[u(t)-u(t-1)]$

$\quad = tu(t)-tu(t-1)$

$\quad = tu(t)-(t-1)u(t-1)-u(t-1)$

$\therefore \mathscr{L}(f(t))=\mathscr{L}(tu(t))-(t-1)u(t-1)-u(t-1)$

$$=\mathscr{L}(tu(t))-\mathscr{L}((t-1)u(t-1))+\mathscr{L}(u(t-1))$$

$$=\frac{1}{s^2}-\frac{1}{s^2}e^{-s}-\frac{1}{s}e^{-s}=\frac{1}{s^2}(1-e^{-s})-\frac{1}{s}e^{-s}$$

方法二：因範例 7 之圖形為 $y=x$ 在 $[0, 1]$ 部份，因此，由定義：

$$\mathscr{L}(f(t)) = \int_0^1 te^{-st}dt = -\frac{t}{s}e^{-st} - \frac{1}{s^2}e^{-st}\Big]_0^1$$

$$= -\frac{1}{s}e^{-s} - \frac{1}{s^2}e^{-s} + \frac{1}{s^2} = \frac{1}{s^2}(1-e^{-s}) - \frac{1}{s}e^{-s}$$

範例 8 求本節範例 4(b) 之 $\mathscr{L}(f(t))$

解：$\mathscr{L}(f(t)) = \mathscr{L}(u(t) + u(t-1) + u(t-2) - 3u(t-3))$

$$= \frac{1}{s} + e^{-s}\frac{1}{s} + e^{-2s}\frac{1}{s} - e^{-3s}\frac{1}{s}$$

$$= \frac{1}{s}(1 + e^{-s} + e^{-2s} - e^{-3s})$$

範例 9 若 $f(t) = \begin{cases} 0 & , \ 0 \le t \le 3 \\ (t-3)^2 & , \ t \ge 3 \end{cases}$ 求 $\mathscr{L}\{(f(t))\}$

解：方法一：

令 $g(t) = u(t-3)h(t-3)$，$h(t) = t^2$，$t \ge 0$

則 $\mathscr{L}\{f(t)\} = \mathscr{L}\{u(t-3)h(t-3)\}$

$$= e^{-3s}\mathscr{L}(t^2) = \frac{2!}{s^3}e^{-3s}$$

即 $\frac{2}{s^3}e^{-3s}$

方法二：

若讀者對單步函數之拉氏轉換公式不熟悉，可以用拉氏轉換之定義

$$\mathscr{L}\{f(t)\} = \int_3^\infty (t-3)^2 e^{-st}\,dt \ , \ y = t-3$$

$$= \int_0^\infty y^2 e^{-s(y+3)}\,dy$$

$$= e^{-3s}\int_0^\infty y^2 e^{-sy}dy$$

$$= e^{-3s} \cdot \frac{2}{s^3}$$

一些較為複雜的情形

$$f(t) = \begin{cases} f_1(t) \text{,} 0 < t < a \\ f_2(t) \text{,} t > a \end{cases}$$

我們可將 $f(t)$ 表成 $f(t)=f_1(t)[u(t)-u(t-a)]+f_2(t)u(t-a)=f_1(t)u(t)+[f_2(t)-f_1(t)]u(t-a)$
再複雜一點之情形：

$$f(t) = \begin{cases} f_1(t) \text{,} 0 < t < a_1 \\ f_2(t) \text{,} a_1 < t < a_2 \\ f_3(t) \text{,} t > a_2 \end{cases}$$

則可將 $f(t)$ 表成 $f(t)=f_1(t)u(t)+[f_2(t)-f_1(t)]u(t-a_1)+[f_3(t)-f_2(t)]u(t-a_2)$，有
關過程，請讀者自行演練。

範例 **10** $f(t) = \begin{cases} 1 \text{,} 1 \ge t \ge 0 \\ e^t \text{,} 4 \ge t \ge 1 \\ 0 \text{,} t > 4 \end{cases}$ 求 $\mathscr{L}\{f(t)\}$

解：方法一：

$$f(t) = 1(u(t-0))-u(t-1)) + e^t(u(t-1)-u(t-4))$$
$$= [u(t-0)-u(t-1)] + e \cdot e^{t-1}u(t-1) - e^4 \cdot e^{t-4}u(t-4)$$
$$\therefore \mathscr{L}(f(t)) = \mathscr{L}[u(t-0)-u(t-1)] + e\mathscr{L}[e^{t-1}u(t-1)] - e^4\mathscr{L}[e^{t-4}u(t-4)]$$
$$\therefore \mathscr{L}(f(t)) = \frac{1-e^{-s}}{s} + e \cdot \frac{e^{-s}}{s-1} - e^4 \cdot \frac{e^{-4s}}{s-1}$$

方法二：用拉氏轉換定義解：
$$\mathscr{L}\{F(t)\} = \int_0^1 1e^{-st}\,dt + \int_1^4 e^t \cdot e^{-st}\,dt$$

$$= -\frac{1}{s}e^{-st}\Big]_0^1 + \int_1^4 e^{-(s-1)t}\,dt$$

$$= \frac{1-e^{-s}}{s} + \frac{-e^{-(s-1)t}}{s-1}\Big]_1^4$$

$$= \frac{1-e^{-s}}{s} + \frac{-e^{-4(s-1)} + e^{-(s-1)}}{s-1}$$

範例 11 求右圖之 $\mathscr{L}(F(t))$

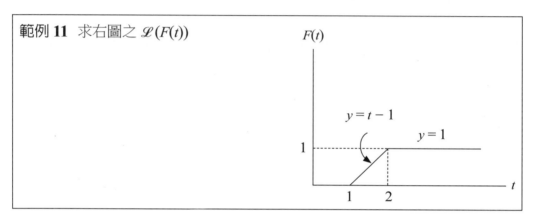

解：依上圖：

$$F(t) = (t-1)(u(t-1) - u(t-2)) + 1 \cdot u(t-2)$$

$$= (t-1)u(t-1) - (t-2)u(t-2)$$

$$\therefore \mathscr{L}(F(t)) = \mathscr{L}((t-1)u(t-1) - (t-2)u(t-2))$$

$$= \frac{e^{-s}}{s} - \frac{e^{-2s}}{s^2}$$

週期函數之拉氏轉換

定理：若 $f(t+p) = f(t)$，$p>0$，即 f 是週期為 p 之函數，則

$$\mathscr{L}\{f(t)\} = \frac{\int_0^p e^{-st}f(t)\,dt}{1-e^{-sp}}$$

證明：$\mathscr{L}\{f(t)\} = \int_0^\infty e^{-st}f(t)\,dt$

$$= \int_0^p e^{-st} f(t)\, dt + \int_p^{2p} e^{-st} f(t)\, dt + \int_{2p}^{3p} e^{-st} f(t)\, dt + \cdots\cdots\cdots\cdots\cdots\cdots (1)$$

但 $\displaystyle \int_p^{2p} e^{-st} f(t)\, dt = \int_0^p e^{-s(y+p)} f(y+p)\, dy$（$y = t - p$）

$$= e^{-sp} \int_0^p e^{-sy} f(y)\, dy \quad (\because f(y+p) = f(y))$$

同法可證

$$\int_{2p}^{3p} e^{-st} f(t)\, dt = \int_0^p e^{-s(y+2p)} f(y+2p)\, dy \text{（}y = t - 2p\text{）}$$

$$= e^{-s(2p)} \int_0^p e^{-sy} f(y)\, dy \text{（}\because F(y+2p) = F(y)\text{）}$$

$$= e^{-2sp} \int_0^p e^{-sy} f(y)\, dy$$

代以上結果入 (1) 得

$$\mathscr{L}\{F(t)\} = \int_0^p e^{-sy} f(y)\, dy + e^{-sp} \int_0^p e^{-sy} f(y)\, dy + e^{-2sp} \int_0^p e^{-sy} f(y)\, dy + \cdots$$

$$= (1 + e^{-sp} + e^{-2sp} + \cdots) \int_0^p e^{-sy} f(y)\, dy$$

$$= \frac{1}{1 - e^{-sp}} \int_0^p e^{-sy} f(y)\, dy \text{，} s > 0$$

範例 12 設 $f(t)$ 為週期是 2π 之函數，在 $0 \le t < 2\pi$ 間，$f(t)$ 之定義為
$$f(t) = \begin{cases} \sin t \text{，} 0 \le t < \pi \\ 0 \quad\ \text{，} \pi \le t < 2\pi \end{cases} \quad \text{求 } \mathscr{L}\{ F(t)\}$$

解：$p = 2\pi$

$$\therefore \mathscr{L}\{f(t)\} = \frac{1}{1 - e^{-2\pi s}} \Big[\int_0^\pi e^{-st} \sin t\, dt + \int_\pi^{2\pi} e^{-st} \cdot 0\, dt \Big]$$

$$= \frac{1}{1 - e^{-2\pi s}} \int_0^\pi e^{-st} \sin t\, dt$$

$$= \frac{1}{1 - e^{-2\pi s}} \left\{ \frac{e^{-st}(-s \sin t - \cos t)}{s^2 + 1} \right\}\Big]_0^\pi$$

$$= \frac{1}{1 - e^{-2\pi s}} \left\{ \frac{1 + e^{-\pi s}}{s^2 + 1} \right\} = \frac{1}{(1 - e^{-\pi s})(s^2 + 1)}$$

範例 **13** 求右列方波圖之拉氏轉換。

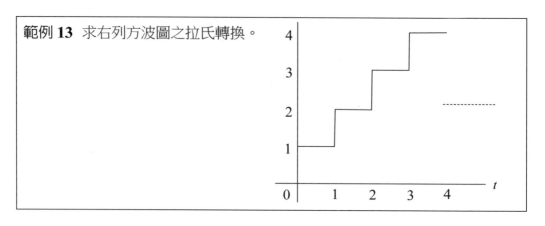

解:$f(t) = [u(t-0) - u(t-1)] + 2[\,u(t-1) - u(t-2)] + 3[\,u(t-2) - u(t-3)]$

$\qquad = u(t-0) + u(t-1) + u(t-2) + \cdots$

$\qquad \therefore L\,(f(t)) = L\,(\,u(t-0) + u(t-1) + u(t-2) + \cdots)$

$\qquad\qquad = \dfrac{1}{s}e^{-0s} + \dfrac{1}{s}e^{-s} + \dfrac{1}{s}e^{-2s} + \cdots$

$\qquad\qquad = \dfrac{1}{s}[1 + e^{-s} + e^{-2s} + \cdots]$

$\qquad\qquad = \dfrac{1}{s}\dfrac{1}{1 - e^{-s}}$

單位脈衝函數

單位脈衝函數（Unit impulse function）$f_\varepsilon(t)$ 定義為：

$$f_\varepsilon(t) = \begin{cases} 1/\varepsilon & 0 \le t \le \varepsilon \\ 0 & t > \varepsilon \end{cases}, \ \varepsilon > 0$$

$f_\varepsilon(t)$ 滿足

$$\int_0^\infty f_\varepsilon(t) = 1$$

我們可想像 $f_\varepsilon(t)$ 之函數圖形之寬度趨近 0，而高度趨向無窮大之矩形。

若 $\varepsilon \to 0$ 時 $f_\varepsilon(t)$ 特稱為 Dirac-Delta 函數，通常以 $\delta(t)$ 表之。

$\delta(t)$ 具有以下性質：

(1) $\displaystyle\int_0^\infty \delta(t)dt = 1$

(2) $\mathscr{L}(\delta(t)) = 1$

證明：$\mathscr{L}(f_\varepsilon(t)) = \displaystyle\int_0^\infty e^{-st}f_\varepsilon(t)\,dt = \int_0^\varepsilon e^{-st}\frac{1}{\varepsilon}\,dt + \int_\varepsilon^\infty e^{-st}(0)dt$

$\displaystyle = \frac{1}{\varepsilon}\int_0^\varepsilon e^{-st}dt = \frac{1-e^{-\varepsilon s}}{\varepsilon s}$

$\displaystyle \therefore \mathscr{L}(\delta(t)) = \lim_{\varepsilon\to 0}\mathscr{L}(f_\varepsilon(t)) = \lim_{\varepsilon\to 0}\frac{1-e^{-\varepsilon s}}{\varepsilon s} = \lim_{\varepsilon\to 0}\frac{se^{-\varepsilon s}}{s} = 1$

(3) $\mathscr{L}(\delta(t-a)) = e^{-as}$

證明：$\because \mathscr{L}(\delta(t)) = 1 \quad \therefore \mathscr{L}(\delta(t-a)) = e^{-as}$

◆ 習 題

1. 試繪出下列單步函數圖：

(a) $f(t) = 4\,u(t) - 7u(t-1) + 3u(t-2)$

(b) $f(t) = \begin{cases} 0, & t < 1 \\ t+2, & 1 < t < 3 \\ 0, & t > 3 \end{cases}$

2. 求下列結果：

(a) $\displaystyle\int_0^\infty e^{-t}u(t-3)dt$ (b) $f(t) = \begin{cases} -1, & 1 > t \ge 0 \\ 1, & 2 > t \ge 1 \\ 0, & t \ge 2 \end{cases}$ ，求 $\mathscr{L}(f(t))$

(c) $f(t) = \begin{cases} 1, & 0 \le t < 1 \\ 2-t, & 1 \le t < 2 \\ 0, & t \ge 2 \end{cases}$

3. 若 $f(t) = \begin{cases} 1, & 0 < t < 1 \\ -1, & 1 < t < 2 \end{cases}$ ，且 $f(t+2) = f(t)$ ，求 $\mathscr{L}(f(t))$ 。

4. 若 $f(t) = \begin{cases} \sin t, & 0 < t < \pi \\ 0, & t > \pi \end{cases}$ ，求 $\mathscr{L}(f(t))$ 。

5. 求下圖之拉氏轉換：

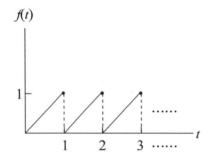

6. 求下圖之拉氏轉換：

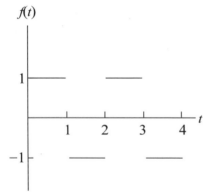

7. 求證下圖之拉氏轉換為 $\dfrac{1}{s^2} \tan h \dfrac{s}{2}$ 。

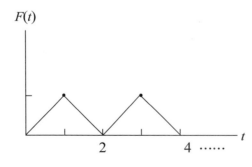

3.5 反拉氏轉換

若 $\mathscr{L}\{f(t)\} = F(s)$，則稱 $f(t) = \mathscr{L}^{-1}\{F(s)\}$ 為反拉氏轉換（Inverse Laplace transformation）。

在高等微積分中可證明出在 $f(t)$ 於 $(0, \infty)$ 中為連續條件下，反拉氏轉換是唯一的，換言之，若 $f(t)$，$g(t)$ 在 $(0, \infty)$ 中為連續函數，且若 $\mathscr{L}[f(t)] = \mathscr{L}[g(t)]$，則在 $(0, \infty)$ 中 $f(t) = g(t)$。

基本反拉氏轉換表

$F(s)$	$f(t) = \mathscr{L}-1\{F(s)\}$
$\dfrac{1}{s}$	1
$\dfrac{1}{s-a}$	eat
$\dfrac{1}{s^{n+1}}$，$n = 0, 1, 2 \cdots$	$\dfrac{t^n}{n!}$
$\dfrac{a}{s^2+a^2}$	sin at
$\dfrac{s}{s^2+a^2}$	cosat

定理：$\mathscr{L}^{-1}\{c_1 F_1(s) + c_2 F_2(s)\} = c_1 \mathscr{L}^{-1}\{F_1(s)\} + c_2 \mathscr{L}^{-1}\{F_2(s)\}$

證明：$\mathscr{L}(c_1 f_1(t) + c_2 f_2(t)) = c_1 \mathscr{L}\{f_1(t)\} + c_2 \mathscr{L}\{f_2(t)\}$

$\qquad\qquad\qquad = c_1 F_1(s) + c_2 F_2(s)$

$\quad \therefore \mathscr{L}^{-1}\{c_1 F_1(s) + c_2 F_2(s)\} = c_1 f_1(t) + c_2 f_2(t)$

$\qquad\qquad\qquad\qquad\qquad = c_1 \mathscr{L}^{-1}\{F_1(s)\} + c_2 \mathscr{L}^{-1}\{F_2(s)\}$

定理：$\mathscr{L}^{-1}\{F(s-a)\} = e^{at}f(t)$

證明：$\because \mathscr{L}\{e^{a}tf(t)\} = F(s-a)$

$\quad \therefore e^{at}f(t) = \mathscr{L}^{-1}(F(s-a))$

範例 1　求 (1) $\mathscr{L}^{-1}\left\{\dfrac{1}{s^2+4}\right\}$　　(2) $\mathscr{L}^{-1}\left\{\dfrac{s+1}{s^2+4}\right\}$

　　　　(3) $\mathscr{L}^{-1}\left\{\dfrac{1}{s^2+2s+5}\right\}$　(4) $\mathscr{L}^{-1}\left\{\dfrac{2s+1}{s^2+2s+5}\right\}$

解：(1) $\mathscr{L}^{-1}\left\{\dfrac{1}{s^2+4}\right\}=\dfrac{1}{2}\sin 2t$

(2) $\mathscr{L}^{-1}\left\{\dfrac{s+1}{s^2+4}\right\}=\mathscr{L}^{-1}\left\{\dfrac{s}{s^2+4}\right\}+\mathscr{L}^{-1}\left\{\dfrac{1}{s^2+4}\right\}$

$\qquad\qquad\quad=\mathscr{L}^{-1}\left\{\dfrac{s}{s^2+4}\right\}+\dfrac{1}{2}\mathscr{L}^{-1}\left\{\dfrac{2}{s^2+4}\right\}$

$\qquad\qquad\quad=\cos 2t+\dfrac{1}{2}\sin 2t$

(3) $\mathscr{L}^{-1}\left\{\dfrac{1}{s^2+2s+5}\right\}=\mathscr{L}^{-1}\left\{\dfrac{1}{(s+1)^2+2^2}\right\}$

$\qquad\qquad\qquad\quad=\dfrac{1}{2}\mathscr{L}^{-1}\left\{\dfrac{2}{(s+1)^2+2^2}\right\}$

$\qquad\qquad\qquad\quad=\dfrac{1}{2}e^{-t}\mathscr{L}^{-1}\left\{\dfrac{2}{s^2+2^2}\right\}$

$\qquad\qquad\qquad\quad=\dfrac{1}{2}e^{-t}\sin 2t$

(4) $\mathscr{L}^{-1}\left\{\dfrac{2s+1}{s^2+2s+5}\right\}=\mathscr{L}^{-1}\left\{\dfrac{2s+1}{(s+1)^2+4}\right\}$

$\qquad\qquad\qquad\quad=2\mathscr{L}^{-1}\left\{\dfrac{s+1}{(s+1)^2+4}\right\}-\dfrac{1}{2}\mathscr{L}^{-1}\left\{\dfrac{2}{(s+1)^2+4}\right\}$

$\qquad\qquad\qquad\quad=2e^{-t}\cos 2t-\dfrac{1}{2}e^{-t}\sin 2t$

範例 2　求 $\mathscr{L}^{-1}\left\{\dfrac{s-2}{s^2-4s+5}\right\}$

解：$\mathscr{L}^{-1}\left\{\dfrac{s-2}{s^2-4s+5}\right\}=\mathscr{L}^{-1}\left\{\dfrac{s-2}{(s-2)^2+1}\right\}$

$$= e^{2t}\mathcal{L}^{-1}\left\{\frac{s}{s^2+1}\right\} = e^{2t}\cos t$$

在範例 2 中，若 $F(s) = \dfrac{s-3}{s^2-4s+5}$ 時，

$$\mathcal{L}^{-1}\left\{\frac{s-3}{s^2-4s+5}\right\} = \mathcal{L}^{-1}\left\{\frac{(s-2)-1}{(s-2)^2+1}\right\}$$

$$= \mathcal{L}^{-1}\left\{\frac{s-2}{(s-2)^2+1}\right\} - \mathcal{L}^{-1}\left\{\frac{1}{(s-2)^2+1}\right\}$$

$$= e^{2t}\mathcal{L}^{-1}\left\{\frac{s}{s^2+1}\right\} - e^{2t}\mathcal{L}^{-1}\left\{\frac{1}{s^2+1}\right\}$$

$$= e^{2t}\cos t - e^{2t}\sin t$$

定理：$\mathcal{L}^{-1}\{e^{-as}F(s)\} = \begin{cases} f(t-a) & , t>a \\ 0 & , t<a \end{cases}$

範例 3　求 $\mathcal{L}^{-1}\left\{\dfrac{e^{-\frac{\pi}{3}s}}{s^2+2}\right\}$

解：　$\mathcal{L}^{-1}\left\{\dfrac{1}{s^2+2}\right\} = \dfrac{1}{\sqrt{2}}\sin\sqrt{2}t = f(t)$

$\therefore \mathcal{L}^{-1}\left\{\dfrac{e^{-\frac{\pi}{3}s}}{s^2+2}\right\} = \begin{cases} \dfrac{1}{\sqrt{2}}\sin\sqrt{2}\left(t-\dfrac{\pi}{3}\right) & , t>\dfrac{\pi}{3} \\ 0 & , t<\dfrac{\pi}{3} \end{cases}$

範例 4　求 (1) $\mathcal{L}^{-1}\left\{\dfrac{e^{-2s}}{s^4}\right\}$　(2) $\mathcal{L}^{-1}\left\{\dfrac{e^{-2s}}{(s+1)^4}\right\}$

解：(1) ∵ $\mathcal{L}^{-1}\left\{\dfrac{1}{s^4}\right\} = \dfrac{t^3}{3!} = \dfrac{t^3}{6} = f(t)$

$\therefore \mathcal{L}^{-1}\left\{\dfrac{e^{-2s}}{s^4}\right\} = \begin{cases} \dfrac{(t-2)^3}{6} &, t > 2 \\ 0 &, t < 2 \end{cases}$

(2) $\mathcal{L}^{-1}\left\{\dfrac{1}{s^4}\right\} = \dfrac{t^3}{6}$，$\mathcal{L}^{-1}\left\{\dfrac{1}{(s+1)^4}\right\} = \dfrac{e^{-t}t^3}{6} = f(t)$

故 $\mathcal{L}^{-1}\left\{\dfrac{e^{-2s}}{(s+1)^4}\right\} = \begin{cases} \dfrac{e^{-(t-2)}(t-2)^3}{6} &, t > 2 \\ 0 &, t < 2 \end{cases}$

範例 4 之 (2) 提供我們很好之解題策略，讀者宜細心體會。

範例 5 　求 $\mathcal{L}^{-1}\left\{\dfrac{e^{2s}}{s(s+1)}\right\}$

解：$\mathcal{L}^{-1}\left\{\dfrac{1}{s(s+1)}\right\} = \mathcal{L}^{-1}\left\{\dfrac{1}{s} - \dfrac{1}{s+1}\right\}$

$= \mathcal{L}^{-1}\left\{\dfrac{1}{s}\right\} - \mathcal{L}^{-1}\left\{\dfrac{1}{s+1}\right\}$

$= 1 - e^{-t}\mathcal{L}^{-1}\left\{\dfrac{1}{s}\right\} = 1 - e^{-t} = f(t)$

$\therefore \mathcal{L}^{-1}\left\{\dfrac{e^{2s}}{s(s+1)}\right\} = \begin{cases} 1 - e^{-(t-2)} &, t > 2 \\ 0 &, t < 2 \end{cases}$

迴旋及其應用

二 個 函 數 f, g 之 迴 旋（Convolution） 記 做 $f * g$， 定 義 為 $f * g = \int_0^t f(u)g(t-u)du$。

範例 6　求 $t*e^t$ 及 e^t*t

解：(a) $f(t)=t$，$g(t)=e^t$

則 $f*g=\displaystyle\int_0^t ue^{t-u}du=e^t\int_0^t ue^{-u}du$

$\quad=e^t\left(-ue^{-u}-e^{-u}\right)\Big]_0^t$

$\quad=e^t(1-te^{-t}-e^{-t})$

$\quad=e^t-t-1$

(b) $f(t)=e^t$，$g(t)=t$

則 $f*g=\displaystyle\int_0^t e^u\,(t-u)\,du$

$\quad=te^u\Big]_0^t-\displaystyle\int_0^t ue^u du$

$\quad=(te^t-t)-(ue^u-e^u)\Big]_0^t$

$\quad=(te^t-t)-(te^t-e^t-0+1)$

$\quad=e^t-t-1$

比較 (a)、(b) 之結果，$f*g=g*f$，其實這一結果在一般情況下均成立。

定理：（迴旋定理，Convolution theorem）：

若 $\mathcal{L}(f(t))=F(s)$，$\mathcal{L}(g(t))=G(s)$，則

(1) $\mathcal{L}\left[\displaystyle\int_0^t f(\tau)g(t-\tau)d\tau\right]=F(s)G(s)$ 且

(2) $\mathcal{L}^{-1}\left[F(s)G(s)\right]=\displaystyle\int_0^t f(\tau)g(t-\tau)d\tau=\int_0^t f(t-\tau)\,g(\tau)\,d\tau$

證明：(1) $\mathcal{L}\left[\displaystyle\int_0^t f(\tau)g(t-\tau)d\tau\right]=\int_0^\infty\left[\int_0^t f(\tau)g(t-\tau)d\tau\right]e^{-st}\,dt$

$\quad=\displaystyle\int_0^\infty\left[\int_0^t f(\tau)g(t-\tau)e^{-st}d\tau\right]dt$

$\quad=\displaystyle\int_0^\infty\int_\tau^\infty f(\tau)g(t-\tau)e^{-st}dt\,d\tau$ （改變積分順序）

令 $t-\tau=u$ 則上式變為

$$\int_0^\infty \int_0^\infty f(\tau)g(u)e^{-s(u+\tau)}\,du\,d\tau = \int_0^\infty f(\tau)e^{-s\tau}d\tau \cdot \int_0^\infty g(u)e^{-su}\,du$$

$$= F(s) \cdot G(s)$$

(2) $\mathcal{L}^{-1}(F(s)G(s)) = \int_0^t f(\tau)g(t-\tau)d\tau$ ，由 (1) 之結果即得。

$$= -\int_t^0 f(t-u)g(u)du \text{ ，}(取\ u = t-\tau)$$

$$= \int_0^t f(t-\tau)g(\tau)d\tau$$

範例 7 用迴旋定理求 $\mathcal{L}^{-1}\left(\dfrac{1}{s(s-1)^2}\right)$

解：方法一：

$$\mathcal{L}^{-1}\left(\frac{1}{s}\right) = 1 \text{ ，} \mathcal{L}^{-1}\left(\frac{1}{(s-1)^2}\right) = e^t \mathcal{L}^{-1}\left\{\frac{1}{s^2}\right\} = te^t$$

$$\therefore \mathcal{L}^{-1}\left(\frac{1}{s} \cdot \frac{1}{(s-1)^2}\right) = \int_0^t 1 \cdot \tau e^\tau d\tau$$

$$= \int_0^t \tau e^\tau d\tau = \tau e^\tau - e^\tau \Big|_0^t$$

$$= te^t - e^t + 1$$

方法二：

$$\mathcal{L}^{-1}\left(\frac{1}{s} \cdot \frac{1}{(s-1)^2}\right) = \int_0^1 1 \cdot (t-\tau)e^{t-\tau}d\tau$$

$$= e^t \int_0^1 (t-\tau)e^{-\tau}d\tau$$

$$= e^t [-(t-\tau)e^{-\tau} + e^{-\tau}]_0^t$$

$$= te^t - e^t + 1$$

由範例 7 可知在應用迴旋定理時，若 f、g 選得好，常可簡化計算。

範例 8　用迴旋定理求 $\mathcal{L}^{-1}\left(\dfrac{1}{s^2(s-a)}\right)$

解：方法一：

$$\mathcal{L}^{-1}\left(\frac{1}{s^2}\right)=t \text{，} \mathcal{L}^{-1}\left(\frac{1}{(s-a)}\right)=e^{at}\mathcal{L}^{-1}\left\{\frac{1}{s}\right\}=e^{at}\cdot 1=e^{at}$$

$$\therefore \mathcal{L}^{-1}\left(\frac{1}{s^2(s-a)}\right)=\int_0^t (t-\tau)e^{a\tau}d\tau$$

$$=\left.(t-\tau)\frac{1}{a}e^{at}+\frac{1}{a^2}e^{at}\right]_0^t$$

$$=\frac{1}{a^2}e^{at}-\frac{t}{a}-\frac{1}{a^2}$$

方法二：

$$\mathcal{L}^{-1}\left\{\frac{1}{s^2(s-a)}\right\}=\int_0^t \tau e^{a(t-\tau)}d\tau$$

$$=e^{at}\int_0^t \tau e^{-a\tau}d\tau$$

$$=\left.e^{at}\left(-\frac{\tau}{a}e^{-a\tau}-\frac{1}{a^2}e^{-a\tau}\right)\right]_0^t$$

$$=e^{at}\left(-\frac{t}{a}e^{-at}-\frac{1}{a^2}e^{-at}+\frac{1}{a^2}\right)$$

$$=\frac{1}{a^2}e^{at}-\frac{t}{a}-\frac{1}{a^2}$$

◆ **習 題**

1. 求 $\mathcal{L}^{-1}\left(\dfrac{s+1}{s^2+s-6}\right)$

2. 求 $\mathcal{L}^{-1}\left(\dfrac{s-3}{s^2-1}\right)$

3. 求 $\mathcal{L}^{-1}\left(\dfrac{s-2}{s^2-16}\right)$

4. 求 $\mathscr{L}^{-1}\left(\dfrac{3s-2}{s^2-4s+20}\right)$

5. 求 $\mathscr{L}^{-1}\left(\dfrac{s-2}{s^2+2s+10}\right)$

6. 求 $\mathscr{L}^{-1}\left(\dfrac{1}{s^2(s-3)}\right)$

7. 求 $\mathscr{L}^{-1}\left(\dfrac{1}{s(s^2+4)}\right)$

8. 求 $\mathscr{L}^{-1}\left(\dfrac{1}{s^2(s+1)^2}\right)$

9. 求 $\mathscr{L}^{-1}\left(\dfrac{s}{s^2+4s+13}\right)$

10. 求 $\mathscr{L}^{-1}\left(\dfrac{e^{-as}}{s^2(s-3)}\right)$

11. 求 $\mathscr{L}^{-1}\left(\dfrac{1}{(s^2+1)^2}\right)$

12. 求 $\mathscr{L}^{-1}\left(\dfrac{1}{s^3(s^2+1)}\right)$

3.6 拉氏轉換在微分方程式及積分方程式上之應用

在上節我們知道：

$$\mathscr{L}\{f^{(n)}(t)\} = s^n\mathscr{L}\{f(t)\} - s^{n-1}f(0) - s^{n-2}f'(0) - \cdots - sf^{(n-2)}(0) - f^{(n-1)}(0)$$

它的兩個特例，在一、二階常微分方程式求解上特別得用：

1. $\mathscr{L}\{f'(t)\} = s\mathscr{L}\{f(t)\} - f(0)$
2. $\mathscr{L}\{f''(t)\} = s^2\mathscr{L}\{f(t)\} - sf(0) - f'(0)$

　　現在我們就以三個例子說明如何應用拉氏轉換來解常微分方程式，讀者可看出，其基本過程很簡單，即：先對微分方程式兩邊取拉氏轉換得 $\mathscr{L}(y) = F(s)$，然後以反拉氏轉換求出 $y = \mathscr{L}^{-1}\{F(s)\}$。

範例 1　解 $y' + 3y = e^{-t}$，$t \geq 0$，且初始條件為 $y(0) = 0$

解：這是線性方程式，可用第一章之解法，現在我們改用拉氏轉換來解。

第一步：兩邊取拉氏轉換

$\mathscr{L}\{y' + 3y\} = \mathscr{L}\{e^{-t}\}$

$\therefore \mathscr{L}\{y'\} + 3\mathscr{L}\{y\} = \dfrac{1}{s+1}$ ··· (1)

又　$\mathscr{L}\{y'\} + 3\mathscr{L}\{y\} = [s\mathscr{L}\{y\} - y(0)] + 3\mathscr{L}\{y\}$

$\qquad\qquad\qquad\qquad = (s+3)\mathscr{L}(y)$ ·· (2)

第二步：求 $\mathscr{L}\{y\} = $ ？

代 (2) 入 (1) 得

$$\mathscr{L}\{y\} = \frac{1}{(s+3)(s+1)} = \frac{1}{2}\left(\frac{1}{s+1} - \frac{1}{s+3}\right)$$

第三步：求反拉氏轉換

$$y = \mathscr{L}^{-1}\left\{\frac{1}{2}\left(\frac{1}{s+1} - \frac{1}{s+3}\right)\right\} = \frac{1}{2}\left(\mathscr{L}^{-1}\left\{\frac{1}{s+1}\right\} - \mathscr{L}^{-1}\left\{\frac{1}{s+3}\right\}\right)$$

$$= \frac{1}{2}\left[e^{-t} - e^{-3t}\right]$$

範例 2　解 $y'' + 3y' + 2y = 0$，初始條件 $y(0) = 1$，$y'(0) = 0$

解：第一步：兩邊取拉氏轉換

$$\mathscr{L}\{y'' + 3y' + 2y\} = \mathscr{L}\{y''\} + 3\mathscr{L}\{y'\} + 2\mathscr{L}\{y\}$$

$$= [s^2\mathscr{L}\{y\} - sy(0) - y'(0)] + 3[s\mathscr{L}\{y\} - y(0)] + 2\mathscr{L}\{y\}$$

$$= [s^2\mathscr{L}\{y\} - s \cdot 1 - 0] + 3[s\mathscr{L}\{y\} - 1] + 2\mathscr{L}\{y\}$$

$$= (s^2 + 3s + 2)\mathscr{L}\{y\} - s - 3 = 0$$

第二步：求 $\mathscr{L}\{y\} = $ ？

$$\mathscr{L}\{y\} = \frac{s+3}{s^2+3s+2} = \frac{-1}{s+2} + \frac{2}{s+1}$$

第三步：求反拉氏轉換

$$y = \mathscr{L}^{-1}\left\{\frac{-1}{s+2} + \frac{2}{s+1}\right\}$$

$$= -1\mathscr{L}^{-1}\left\{\frac{1}{s+2}\right\} + 2\mathscr{L}^{-1}\left\{\frac{1}{s+1}\right\}$$

$$= -e^{-2t} + 2e^{-t}$$

範例 3　求 $y'' + 4y = t$，$y(0) = 0$，$y'(0) = 1$

解：第一步：兩邊取拉氏轉換：

$$\mathscr{L}\{y'' + 4y\} = \mathscr{L}(t)$$

$$\mathscr{L}\{y''\} + 4\mathscr{L}\{y\} = \frac{1}{s^2} \quad\text{·····························} (1)$$

但　$\mathscr{L}\{y''\} + 4\mathscr{L}\{y\} = [s^2\mathscr{L}\{y\} - sy(0) - y'(0)] + 4\mathscr{L}\{y\}$

$$= [s^2\mathscr{L}\{y\} - s \cdot 0 - 1] + 4\mathscr{L}\{y\}$$

$$= (s^2 + 4)\mathscr{L}\{y\} - 1 \quad\text{·····························} (2)$$

第二步：求 $\mathscr{L}(y) = $ ？

代 (2) 入 (1) 得

$$(s^2 + 4)\mathscr{L}\{y\} - 1 = \frac{1}{s^2}$$

$$\therefore \mathcal{L}\{y\} = \frac{1}{s^2(s^2+4)} + \frac{1}{s^2+4} = \frac{1}{4}\left[\frac{1}{s^2} - \frac{1}{s^2+4}\right] + \frac{1}{s^2+4}$$

$$= \frac{1}{4}\frac{1}{s^2} + \frac{3}{4}\frac{1}{s^2+4}$$

第三步：求反拉氏轉換

$$y = \mathcal{L}^{-1}\left\{\frac{1}{4}\frac{1}{s^2} + \frac{3}{4}\frac{1}{s^2+4}\right\}$$

$$= \frac{1}{4}\mathcal{L}^{-1}\left\{\frac{1}{s^2}\right\} + \frac{3}{4}\mathcal{L}^{-1}\left\{\frac{1}{s^2+4}\right\}$$

$$= \frac{1}{4}\cdot t + \frac{3}{4}\cdot\frac{1}{2}\mathcal{L}^{-1}\left\{\frac{2}{s^2+4}\right\}$$

$$= \frac{t}{4} + \frac{3}{8}\sin 2t$$

迴旋在積分方程式之應用

範例 4　解 $y(t) = t + \int_0^t y(u)\cos(t-u)du$

解：第一步：先求拉氏轉換

$$\mathcal{L}(y(t)) = \frac{1}{s^2} + \mathcal{L}(y(t)*\cos t)$$

$$Y(s) = \frac{1}{s^2} + Y(s)\cdot\frac{1}{1+s^2}$$

第二步：移項

$$\frac{s^2}{1+s^2}Y(s) = \frac{1}{s^2}$$

$$\therefore Y(s) = \frac{1+s^2}{s^4} = \frac{1}{s^4} + \frac{1}{s^2}$$

第三步：求拉氏逆轉換

$$y(t) = \mathcal{L}^{-1}\left(\frac{1}{s^4} + \frac{1}{s^2}\right) = \mathcal{L}^{-1}\left\{\frac{1}{s^4}\right\} + \mathcal{L}^{-1}\left\{\frac{1}{s^2}\right\} = \frac{1}{6}t^3 + t$$

範例 5　解 $y(t) = 1 + \int_0^t y(u)e^{t-u}\,du$

解：第一步：先求拉氏轉換

$$\mathcal{L}\,(y(t)) = \frac{1}{s} + \mathcal{L}\,(y(t)* e^t)$$

$$Y(s) = \frac{1}{s} + Y(s) \cdot \frac{1}{s-1}$$

第二步：移項

$$\left(1 - \frac{1}{s-1}\right)Y(s) = \frac{1}{s}$$

$$\frac{s-2}{s-1}Y(s) = \frac{1}{s}$$

$$\therefore Y(s) = \frac{1}{s} \cdot \frac{s-1}{s-2}$$

第三步：求拉氏逆轉換

$$y(t) = \mathcal{L}^{-1}\left(\frac{1}{s}\frac{s-1}{s-2}\right) = \mathcal{L}^{-1}\left(\frac{1}{2s} + \frac{1}{2(s-2)}\right) = \frac{1}{2} + \frac{1}{2}e^{2t}$$

範例 6　解 $y(t) = \sin t + \int_0^t y\,(u)\,\sin\,(t-u)\,du$

解：第一步：先求拉氏轉換

$$\mathcal{L}(y(t)) = \mathcal{L}(\sin t) + \mathcal{L}(y(t) * \sin t)$$

$$Y(s) = \frac{1}{1+s^2} + \frac{1}{1+s^2}Y(s)$$

第二步：移項

$$\left(1 - \frac{1}{1+s^2}\right) Y(s) = \frac{1}{1+s^2}$$

$$\therefore \frac{s^2}{1+s^2} Y(s) = \frac{1}{1+s^2}$$

即　　$Y(s) = \dfrac{1}{s^2}$

第三步：求拉氏逆轉換

$$\mathcal{L}^{-1}(Y(s)) = \mathcal{L}^{-1}\left(\frac{1}{s^2}\right)$$

$$y(t) = t$$

◆ 習　題

1. 解 $y'' + 2y' + y = e^{-2t}$，$y(0) = -1$，$y'(0) = 1$

2. 解 $y'' + 4y' + 3y = e^t$，$y(0) = 0$，$y'(0) = 2$

3. 解 $y'' + y = t$，$y(0) = 1$，$y'(0) = 2$

4. 解 $y'' - 2y' - 3y = 0$，$y(0) = 1$，$y'(0) = 6$

5. 解 $y(t) = 2t^2 + \int_0^t y(t-u)e^{-u} du$

6. 解 $f(t) = 3t^2 - e^{-t} - \int_0^t f(u) e^{t-u} du$

7. 解 $\int_0^t y(u)\sin(t-u) du = y(t) + \sin t - \cos t$

8. 解 $y(t) = 1 - t + \int_0^t (t-\alpha)y(\alpha) d\alpha$

9. 解 $\int_0^t y(u)\cos(t-u) du = y'(t)$，$y(0) = 1$

第四章
冪級數法

4.1　引　子

4.2　常點下冪級數求法

4.3　Frobenius 法

4.4　★ Bessel 方程式與 Bessel 函數

4.1 引 子

前兩章所討論的微分方程式，除了 Euler-Cauchy 方程式外都是常係數微分方程式，大致都有一些因應之解法模式，本章將討論非常係數微分方程式，即形如

$$b_2(x)y'' + b_1(x)y' + b_0(x)y = b(x)$$

上式可化成

$$y'' + P(x)y' + Q(x)y = R(x)$$

其中 $P(x) = \dfrac{b_1(x)}{b_2(x)}$，$Q(x) = \dfrac{b_0(x)}{b_2(x)}$，$R(x) = \dfrac{b(x)}{b_2(x)}$

本章主要是討論如何利用冪級數來解上述問題，本章之解法亦可應用到前兩章的題型，雖然效率上可能不如前兩章方法來得高。在本節我們將以幾個例子說明**冪級數解法**（Series methods），在解法中同學應注意到如何求出問題之**遞迴關係**（Recurrence relation，簡稱 RR），此為冪級數解法之關鍵。在下一節我們將進一步介紹 Frobenius 法，如此對冪級數解法將可有一大致瞭解。

首先要對冪級數之常點與奇點作一介紹，因它們是冪級數解法之第一關。

若函數 $f(x)$ 在 x_0 之某個鄰域（some neighborhood of x_0）之 **Taylor** 級數（Taylor series）

$$\sum_{n=0}^{\infty} \frac{f^{(n)}(x_0)(x - x_0)^n}{n!}$$

收斂到 $f(x)$，則稱 $f(x)$ 在 x_0 處為**可解析**（Analytic）。

常見之多項式函數，正弦、餘弦函數、指數函數，若無分母為 0 之顧慮者都是可解析函數，可解析函數之和、差、積亦為可解析，二可解析函數形成之有理函數，分母不為 0 之所有點均為可解析。

常點與奇點

定義：考慮下列二階齊次方程式

$$y'' + P(x)y' + Q(x)y = 0 \cdots\cdots (1)$$

(1) $P(x), Q(x)$ 均可解析時，稱 $x = x_0$ 是 (1) 之一個**常點**（Ordinary point）。

(2) $P(x), Q(x)$ 中有一個不是可解析時，稱 $x = x_0$ 是 (1) 之一個**奇點**（Singular point），奇點又可分**正則奇點**（Regular singular point）與**非正則奇點**（Irregular singular point）二種：

① $x = x_0$ 為 (1) 之一奇點，且 $(x - x_0)P(x)$ 與 $(x - x_0)^2 Q(x)$ 在 $x = x_0$ 均為可解析，則稱 $x = x_0$ 是 (1) 之正則奇點。

② $x = x_0$ 為 (1) 之奇點但 $(x - x_0)P(x)$ 或 $(x - x_0)^2 Q(x)$ 至少有一個不可解析，則 $x = x_0$ 是 (1) 之非正則奇點。

綜上，常點與奇點可表述如下：

$$點 \begin{cases} 常點 \\ 奇點 \begin{cases} 正則奇點 \\ 非正則奇點 \end{cases} \end{cases}$$

範例 1　試對 $2y'' - 3y' + xy = 0$ 中點 $x = 1$ 作一分類？

解：$2y'' - 3y' + xy = 0$，相當於 $y'' - \dfrac{3}{2}y' + \dfrac{x}{2}y = 0$，$P(x) = -\dfrac{3}{2}$，$Q(x) = \dfrac{x}{2}$ 為多項函數，因此到處可解析，$P(x), Q(x)$ 在 $x = 1$ 亦為可解析，故 $x = 1$ 為 $2y'' - 3y' + xy = 0$ 之一常點。

範例 2　試對 $x^2y'' - xy' + \dfrac{1}{x-1}y = 0$ 中之點 $x = 1$ 與 $x = 0$ 作一分類？

解：$x^2y'' - xy' + \dfrac{1}{x-1}y = 0$

$\therefore y'' - \dfrac{1}{x}y' + \dfrac{1}{(x-1)x^2}y = 0$

$P(x) = \dfrac{-1}{x}$，$Q(x) = \dfrac{1}{(x-1)x^2}$

(a) $x = 1$：

$x = 1$ 時 $P(x)$ 為可解析，但 $Q(x)$ 為不可解析

$\therefore x = 1$ 為 $x^2y'' - xy' + \dfrac{1}{x-1}y = 0$ 之一個奇點

又 $(x-1)P(x) = \dfrac{-(x-1)}{x}$，$(x-1)^2Q(x) = \dfrac{x-1}{x^2}$，在 $x = 1$ 時均為可解析，

故 $x = 1$ 為 $x^2y'' - xy' + \dfrac{1}{x-1}y = 0$ 一正則奇點。

(b) $x = 0$：

$P(x)$ 與 $Q(x)$ 在 $x = 0$ 處均不可解析

$\therefore x = 0$ 為 $x^2y'' - xy' + \dfrac{1}{x-1}y = 0$ 之一奇點。

又 $(x-0)P(x) = -1$，$(x-0)^2Q(x) = \dfrac{1}{x-1}$ 在 $x = 0$ 時為可解析

$\therefore x = 0$ 為 $x^2y'' - xy' + \dfrac{1}{x-1}y = 0$ 之一正則奇點。

範例 3　試對 $x^2y'' + y' + xy = 0$ 中之點 $x = 0$ 作一分類？

解：$x^2y'' + y' + xy = 0$

$\therefore y'' + \dfrac{1}{x^2}y' + \dfrac{1}{x}y = 0$

$P(x) = \dfrac{1}{x^2}$，$Q(x) = \dfrac{1}{x}$

$\because xP(x) = \dfrac{1}{x}$ 在 $x = 0$ 處不可解析

$\therefore P(x)$ 在 $x = 0$ 處為非正則奇點。

◆ 習 題

1. 求下列各子題之奇點（SP），並判斷這些奇點為正則奇點（RSP）還是非正則奇點（ISP）。

(a) $(x^2 - 1)y'' + xy' + y = 0$

(b) $x^3y'' + x^2y' + y = 0$

(c) $(x + 1)^3y'' + (x^2 - 1)(x + 1)y' + (x - 1)y = 0$

(d) $(x^4 - x^2)y'' - (x + 1)y' + y = 0$

4.2　常點下冪級數求法

本章重點在 2 階 ODE 之冪級數解法。我們在微積分學過了泰勒級數：

若 $f(x)$ 在 x_0 可解析，那麼 $f(x)$ 在 x_0 可展開成以下之級數：

$$f(x) = f(x_0) + f'(x_0)(x - x_0) + \frac{f''(x_0)}{2!}(x - x_0)^2 + \frac{f^{(n)}(x_0)}{n!}(x - x_0)^n + \cdots ,$$
$$|x - x_0| < R，R > 0$$

當 $x_0 = 0$ 時之泰勒級數就稱為**馬克勞林級數**（Maclaurin series），即

$$f(x) = f(0) + f'(0)x + \frac{f''(0)}{2!}x^2 + \cdots + \frac{f^{(n)}(0)}{n!}x^n + \cdots$$

常用的馬克勞林級數有：

(1) $\dfrac{1}{1 - x} = 1 + x + x^2 + \cdots，|x| < 1$

(2) $\sin x = x - \dfrac{x^3}{3!} + \dfrac{x^5}{5!} - \dfrac{x^7}{7!} + \cdots，x \in R$

(3) $\cos x = 1 - \dfrac{x^2}{2!} + \dfrac{x^4}{4!} - \dfrac{x^6}{6!} + \cdots$, $x \in R$

(4) $e^x = 1 + x + \dfrac{x^2}{2!} + \dfrac{x^3}{3!} + \dfrac{x^4}{4!} + \cdots$, $x \in R$

本章討論多屬 2 階 ODE，即 $y'' + P(x)y' + Q(x)y = 0$。若題給之方程式為 $b_2(x)y'' + b_1(x)y' + b_0(x) = 0$ 時，可先化成上述標準式，此時 $P(x) = \dfrac{b_1(x)}{b_2(x)}$，$Q(x) = \dfrac{b_0(x)}{b_2(x)}$。若 $P(x)$，$Q(x)$ 在 x_0 處都屬可解析時，即 x_0 為常點，這是冪級數中比較好學的部分，我們先熟悉其中之過程。至於 x_0 不為常點之情況將在下節討論。

當 $x = 0$ 為常點時，我們可循下列步驟解題：

第一步：設 $y = a_0 + a_1 x + a_2 x^2 + \cdots + a_n x^n + a_{n+1} x^{n+1} + \cdots$

第二步：求 x^n 係數之通式，通常是用遞迴關係表示。

第三步：求出各項係數，通常以 a_0，a_1 表示。

最簡單的情形是 $y'' + P(x)y' + Q(x)y = R(x)$，而 $P(x)$，$Q(x)$，$R(x)$ 在 $x = 0$ 處均為可解析。

範例 1 　解 $y' = 2y$

說明：依第一章解法，易知 $y = ce^{2x}$，在此，我們用冪級數法解之，讀者應注意到本題別解之遞迴關係式之建立。

解：解法一：

令　$y = a_0 + a_1 x + a_2 x^2 + a_3 x^3 + a_4 x^4 + \cdots$

則　$y' = a_1 + 2a_2 x + 3a_3 x^2 + 4a_4 x^3 + \cdots$

$\because y' = 2y$

$\therefore a_1 + 2a_2 x + 3a_3 x^2 + 4a_4 x^3 + \cdots = 2a_0 + 2a_1 x + 2a_2 x^2 + 2a_3 x^3 + \cdots$

比較上式

$a_1 = 2a_0$

$2a_2 = 2a_1 = 2(2a_0) = 4a_0$，即 $a_2 = 2a_0 = \dfrac{2 \cdot 2}{2}a_0 = \dfrac{2^2}{2!}a_0$

$3a_3 = 2a_2 \quad \therefore a_3 = \dfrac{2}{3}a_2 = \dfrac{2}{3} \cdot 2a_0 = \dfrac{2}{3} \cdot \dfrac{2}{2} \cdot 2a_0 = \dfrac{2^3}{3!}a_0$

$4a_4 = 2a_3 \quad \therefore a_4 = \dfrac{2}{4}a_3 = \dfrac{2}{4} \cdot \dfrac{2}{3} \cdot 2a_0 = \dfrac{2}{4} \cdot \dfrac{2}{3} \cdot \dfrac{2^2}{2}a_0 = \dfrac{2^4}{4!}a_0$

$\qquad \cdots\cdots$

$\therefore y = a_0 + a_1 x + a_2 x^2 + a_3 x^3 + \cdots$

$\qquad = a_0 + 2a_0 x + \dfrac{2^2}{2!}a_0 x^2 + \dfrac{2^3}{3!}a_0 x^3 + \dfrac{2^4}{4!}a_0 x^4 + \cdots$

$\qquad = a_0\Big(1 + 2x + \dfrac{(2x)^2}{2!} + \dfrac{(2x)^3}{3!} + \cdots\Big) = a_0 e^{2x}$

解法二：

令 $y = \sum\limits_{n=0}^{\infty} a_n x^n$，則 $y' = \sum\limits_{n=1}^{\infty} n a_n x^{n-1} = \sum\limits_{n=0}^{\infty} (n+1)a_{n+1} x^n$

$\because y' - 2y = \sum\limits_{n=0}^{\infty} (n+1)a_{n+1} x^n - 2\sum\limits_{n=0}^{\infty} n a_n x^n$

$\qquad\qquad = \sum\limits_{n=0}^{\infty} [(n+1)a_{n+1} - 2a_n] x^n = 0$

$\therefore$ 得遞迴關係（RR）：$a_{n+1} = \dfrac{2}{n+1}a_n$

得 $\quad a_1 = 2a_0$，$a_2 = \dfrac{2}{2}a_1 = \dfrac{2}{2} \cdot 2a_0 = \dfrac{2^2}{2!}a_0$

$\qquad a_3 = \dfrac{2}{3}a_2 = \dfrac{2^3}{3 \cdot 2}a_0 = \dfrac{2^3}{3!}a_0$

$\qquad\quad \cdots\cdots$

$\qquad a_n = \dfrac{2^n}{n!}a_0$

$$y = \sum_{n=0}^{\infty} a_n x^n = \sum_{n=0}^{\infty} \left(\frac{2^n}{n!} a_0 \right) x^n = a_0 \sum_{n=0}^{\infty} \frac{(2x)^n}{n!} = a_0 e^{2x}$$

範例 2　解 $y' - \dfrac{1}{1-x} y = 0$，$x = 0$

解：方法一：

令　$y = a_0 + a_1 x + a_2 x^2 + a_3 x^3 + \cdots$

　　$y' = a_1 + 2a_2 x + 3a_3 x^2 + \cdots$

又　$y' - \dfrac{1}{1-x} y = 0$ 與 $(1-x)y' - y = 0$ 同義：

$(1-x)y' - y$

$= (1-x)(a_1 + 2a_2 x + 3a_3 x^2 + \cdots) - (a_0 + a_1 x + a_2 x^2 + \cdots)$

$= (a_1 + 2a_2 x + 3a_3 x^2 + \cdots) + (-a_1 x - 2a_2 x^2 - 3a_3 x^3 \cdots) - (a_0 + a_1 x + a_2 x^2 +$

$\quad \cdots)$

$= (a_1 - a_0) + (2a_2 - a_1 - a_1)x + (3a_3 - 2a_2 - a_2)x^2 + (4a_4 - 3a_3 - a_3)x^3 + \cdots$

$= (a_1 - a_0) + 2(a_2 - a_1)x + 3(a_3 - a_2)x^2 + 4(a_4 - a_3)x^3 + \cdots = 0$

$\therefore a_0 = a_1 = a_2 = a_3 = \cdots a_n = \cdots$

即 $y = a_0(1 + x + x^2 + x^3 + \cdots)$

$\quad = a_0 \left(\dfrac{1}{1-x} \right)$，$|x| < 1$

方法二：

令 $y = \sum_{n=0}^{\infty} a_n x^n$　，則

$(1-x)y' - y = (1-x) \sum_{n=1}^{\infty} n a_n x^{n-1} - \sum_{n=0}^{\infty} a_n x^n$

$\qquad = \sum_{n=1}^{\infty} n a_n x^{n-1} - \sum_{n=1}^{\infty} n a_n x^n - \left(a_0 + \sum_{n=1}^{\infty} a_n x^n \right)$

$\qquad = \sum_{n=0}^{\infty} (n+1) a_{n+1} x^n - \sum_{n=1}^{\infty} n a_n x^n - \left(a_0 + \sum_{n=1}^{\infty} a_n x^n \right)$

$$= \left(a_1 + \sum_{n=1}^{\infty}(n+1)a_{n+1}x^n\right) - \sum_{n=1}^{\infty}na_nx^n - \left(a_0 + \sum_{n=1}^{\infty}a_nx^n\right)$$

$$= (a_1 - a_0) + \sum_{n=1}^{\infty}[(n+1)a_{n+1} - (n+1)a_n]x^n = 0$$

$\therefore a_1 = a_0 , a_{n+1} = a_n , n = 1, 2\cdots\cdots$ 即 $a_0 = a_1 = \cdots a_n = \cdots$

得 $y = \sum_{n=0}^{\infty}a_nx^n = \sum_{n=0}^{\infty}a_0x^n = a_0\left(\dfrac{1}{1-x}\right) , |x| < 1$

在範例 1，2 中，我們都很幸運地得到一個封閉解（Closed solution）。但多數情況並非如此。在範例 3 起我們將用 $\sum$ 記號，學者應注意 $\sum$ 中 n 的變化規則，這對初學者可能有些不習慣，但一旦習慣後確有省力之處。

範例 3 用冪級數法解 $y' = y + x$

解：令　$y = \sum_{n=0}^{\infty}a_nx^n$

$y' - y - x = \sum_{n=1}^{\infty}na_nx^{n-1} - \sum_{n=0}^{\infty}a_nx^n - x$

$\qquad\qquad = \sum_{n=0}^{\infty}(n+1)a_{n+1}x^n - \sum_{n=0}^{\infty}a_nx^n - x$

$\qquad\qquad = \sum_{n=0}^{\infty}[(n+1)a_{n+1} - a_n]x^n - x$

$\qquad\qquad = (a_1 - a_0) + (2a_2 - a_1 - 1)x + \sum_{n=2}^{\infty}[(n+1)a_{n+1} - a_n]x^n = 0$，

得 $RF : a_{n+1} = \dfrac{1}{n+1}a_n , n = 2, 3\cdots$

$\therefore a_1 = a_0 , a_2 = \dfrac{1}{2!}(a_0 + 1)$，得

$a_3 = \dfrac{1}{3!}(a_0 + 1)$

$a_4 = \dfrac{1}{4!}(a_0 + 1)\cdots\cdots a_n = \dfrac{1}{n!}(a_0 + 1) , n \geq 2$

$$\sum_{n=0}^{\infty} a_n x^n = \sum_{n=0}^{\infty} \frac{1}{n!}(a_0+1)x^n$$

$$= a_0 \sum_{n=0}^{\infty} \frac{x^n}{x!} + \sum_{n=2}^{\infty} \frac{x^n}{n!}$$

$$= a_0 e^x + (e^x - x - 1)$$

$$= (a_0 + 1)e^x - x - 1$$

範例 4　解 $y'' = xy$（此即 Airy 方程式，此為紀念英天文學家 Sir George Biddell Airy，1801-1892）

解：$y'' - xy = 0$，$P(x) = 0$，$Q(x) = -x$，$x = 0$ 為 $y'' - xy = 0$ 之一個常點。

令 $y = \sum_{n=0}^{\infty} a_n x^n$

$\because y = \sum_{n=0}^{\infty} a_n x^n$ ，$y' = \sum_{n=1}^{\infty} n a_n x^{n-1}$ ，$y'' = \sum_{n=2}^{\infty} n(n-1) a_n x^{n-2}$

$$y'' - xy = \sum_{n=2}^{\infty} n(n-1) a_n x^{n-2} - \sum_{n=0}^{\infty} a_n x^{n+1}$$

$$= \sum_{n=0}^{\infty} (n+2)(n+1) a_{n+2} x^n - \sum_{n=1}^{\infty} a_{n-1} x^n$$

$$= 2a_2 + \sum_{n=1}^{\infty} [(n+2)(n+1) a_{n+2} - a_{n-1}] x^n = 0 \quad \cdots\cdots\cdots\cdots\cdots\cdots (1)$$

$\therefore a_2 = 0$

及 $(n+2)(n+1) a_{n+2} - a_{n-1} = 0$

得遞迴關係式　$a_{n+2} = \dfrac{1}{(n+2)(n+1)} a_{n-1} \quad \cdots\cdots\cdots\cdots\cdots\cdots (2)$

在 (1) 中我們已得 $a_2 = 0$

$$a_3 = \frac{1}{(1+2)(1+1)} a_0 = \frac{1}{6} a_0$$

$$a_4 = \frac{1}{(2+2)(2+1)} a_1 = \frac{1}{12} a_1$$

$$a_5 = \frac{1}{(3+2)(3+1)}a_2 = 0$$

$$a_6 = \frac{1}{(4+2)(4+1)}a_3 = \frac{1}{30}a_3 = \frac{1}{30} \cdot \frac{1}{6}a_0 = \frac{1}{180}a_0$$

$$a_7 = \frac{1}{(5+2)(5+1)}a_4 = \frac{1}{42}a_4 = \frac{1}{42} \cdot \frac{1}{12}a_1 = \frac{1}{504}a_1$$

$$\therefore y = a_0 + a_1 x + 0x^2 + \frac{1}{6}a_0 x^3 + \frac{1}{12}a_1 x^4 + 0x^5 + \frac{1}{180}a_0 x^6 + \frac{1}{504}a_1 x^7 + \cdots$$

$$= a_0 \left(1 + \frac{1}{6}x^3 + \frac{1}{180}x^6 + \cdots\right) + a_1 \left(x + \frac{1}{12}x^4 + \frac{1}{504}x^7 + \cdots\right)$$

範例 4 之 $h_1(x) = 1 + \frac{1}{6}x^3 + \frac{1}{180}x^6 + \cdots$ 及 $h_2(x) = 1 + \frac{1}{12}x^4 + \frac{1}{504}x^7 + \cdots$ 稱為 Airy 函數。

範例 5 解 $y'' - xy' - 2y = 0$，$x = 0$

解：$x = 0$ 為 $y'' - xy' - 2y = 0$ 之一個常點，故

令 $y = \sum\limits_{n=0}^{\infty} a_n x^n$，$y' = \sum\limits_{n=1}^{\infty} n a_n x^{n-1}$，$y'' = \sum\limits_{n=2}^{\infty} n(n-1) a_n x^{n-2}$

$\therefore y'' - xy' - 2y$

$$= \sum_{n=2}^{\infty} n(n-1)a_n x^{n-2} - \sum_{n=1}^{\infty} n a_n x^n - 2\sum_{n=0}^{\infty} a_n x^n$$

$$= 2a_2 + \sum_{n=3}^{\infty} n(n-1)a_n x^{n-2} - \sum_{n=1}^{\infty} n a_n x^n - 2\left(\sum_{n=1}^{\infty} a_n x^n + a_0\right)$$

$$= 2(a_2 - a_0) + \sum_{n=3}^{\infty} n(n-1)a_n x^{n-2} - \sum_{n=3}^{\infty} (n-2)a_{n-2} x^{n-2} - 2\sum_{n=3}^{\infty} a_{n-2} x^{n-2}$$

$$= 2(a_2 - a_0) + \sum_{n=3}^{\infty} [n(n-1)a_n - (n-4)a_{n-2}]x^{n-2} = 0$$

$\therefore a_2 = a_0$

$a_n = \dfrac{n-4}{n(n-1)}a_{n-2}$，$n = 3, 4, 5\cdots$

(1) $a_2 = a_0$，$a_4 = 0$，$a_6 = 0\cdots$

(2) $a_3 = \dfrac{-1}{3 \cdot 2}a_1$，$a_5 = \dfrac{1}{5 \cdot 4}a_3 = \dfrac{-1}{5 \cdot 4 \cdot 3 \cdot 2}a_1$

$$a_7 = \frac{3}{7 \cdot 6} a_5 = \frac{3}{7 \cdot 6} \frac{-1}{5 \cdot 4 \cdot 3 \cdot 2} a_1 = \frac{-3}{7 \cdot 6 \cdot 5 \cdot 4 \cdot 3 \cdot 2} a_1$$

$$\cdots\cdots\cdots\cdots\cdots$$

$$y = a_0 + a_1 x + a_0 x^2 - \frac{1}{3!} a_1 x^3 - \frac{1}{5!} a_1 x^5 - \frac{3}{7!} x^7 - \frac{15}{9!} x^9 \cdots$$

$$= a_0 (1 + x^2) + a_1 \left(x - \frac{1}{3!} x^3 - \frac{1}{5!} x^5 - \frac{3}{7!} x^7 - \frac{15}{9!} x^9 \cdots \right)$$

範例 6　解 $(x^2 - 1)y'' + xy'' = y$，$x = 0$

解：$x = 0$ 是 $(x^2 - 1)y'' + xy' - y = 0$ 之一個常點，故可用本節方法。

令 $y = \sum\limits_{n=0}^{\infty} a_n x^n$，$y' = \sum\limits_{n=1}^{\infty} n a_n x^{n-1}$，$y'' = \sum\limits_{n=2}^{\infty} n(n-1) a_n x^{n-2}$

$\therefore (x^2 - 1)y'' + xy' - y$

$= (x^2 - 1) \sum\limits_{n=2}^{\infty} n(n-1) a_n x^{n-2} + x \sum\limits_{n=1}^{\infty} n a_n x^{n-1} - \sum\limits_{n=0}^{\infty} a_n x^n$

$= \sum\limits_{n=2}^{\infty} n(n-1) a_n x^n - \sum\limits_{n=2}^{\infty} n(n-1) a_n x^{n-2} + \sum\limits_{n=1}^{\infty} n a_n x^n - \sum\limits_{n=0}^{\infty} a_n x^n$

$= \sum\limits_{n=2}^{\infty} n(n-1) a_n x^n - \sum\limits_{n=0}^{\infty} (n+2)(n+1) a_{n+2} x^n + \sum\limits_{n=1}^{\infty} n a_n x^n - \sum\limits_{n=0}^{\infty} a_n x^n$

$= \sum\limits_{n=2}^{\infty} n(n-1) a_n x^n - \left(2a_2 + 6a_3 x + \sum\limits_{n=2}^{\infty} (n+2)(n+1) a_{n+2} x^n \right)$

$\quad + \left(a_1 x + \sum\limits_{n=2}^{\infty} n a_n x^n \right) - \left(a_0 + a_1 x + \sum\limits_{n=2}^{\infty} n a_n x^n \right)$

$= \sum\limits_{n=2}^{\infty} n(n-1) a_n x^n - (2a_2 + a_0) - 6a_3 x$

$\quad - \sum\limits_{n=2}^{\infty} (n+2)(n+1) a_{n+2} x^n + \sum\limits_{n=2}^{\infty} (n-1) a_n x^n$

$= -(2a_2 + a_0) - 6a_3 x + \sum\limits_{n=2}^{\infty} [n(n-1) a_n - (n+2)(n+1) a_{n+2}$

$\quad + (n-1) a_n] x^n$

$= -(2a_2 + a_0) - 6a_3 x + \sum\limits_{n=2}^{\infty} [(n+1)(n-1) a_n$

$$- (n+2)(n+1)a_{n+2}]x^n$$

$$= 0$$

$$\therefore a_2 = \frac{-a_0}{2} \text{ , } a_3 = 0 \text{ , } a_{n+2} = \frac{n-1}{n+2}a_n \text{ , } n = 2, 3, 4$$

(1) $a_3 = 0$　$\therefore a_3 = a_5 = a_7 = \cdots = 0$

(2) $a_2 = -\frac{a_0}{2}$, $a_4 = \frac{2-1}{2+2}a_2 = \frac{1}{4}\left(-\frac{a_0}{2}\right) = -\frac{1}{8}a_0$

$$a_6 = \frac{4-1}{4+2}a_4 = -\frac{1}{16}a_0\cdots$$

$$\therefore y = a_0\left(1 - \frac{1}{2}x^2 - \frac{1}{8}x^4 - \frac{1}{16}x^6 + \cdots\right) + a_1 x$$

範例 7　（承範例 4）解 $y'' - xy = 0$，但 $y(-2) = 3$，$y'(-2) = 4$

解：本題解須為 $x+2$ 型式之冪級數（in power of $x+2$）；即

$$y = \sum_{n=0}^{\infty} a_n(x+2)^n \text{ , } y' = \sum_{n=1}^{\infty} a_{n-1}n(x+2)^{n-1} \text{ , } y'' = \sum_{n=2}^{\infty} n(n-1)a_n(x+2)^{n-2}$$

$$\therefore y'' - xy = y'' - (x+2)y + 2y$$

$$= \sum_{n=2}^{\infty} n(n-1)a_n(x+2)^{n-2} - (x+2)\sum_{n=0}^{\infty} a_n(x+2)^n$$

$$+ 2\sum_{n=0}^{\infty} a_n(x+2)^n$$

$$= \sum_{n=0}^{\infty} (n+2)(n+1)a_{n+2}(x+2)^n - \sum_{n=0}^{\infty} a_n(x+2)^{n+1}$$

$$+ 2\sum_{n=0}^{\infty} a_n(x+2)^n$$

$$= \sum_{n=0}^{\infty} (n+2)(n+1)a_{n+2}(x+2)^n - \sum_{n=1}^{\infty} a_{n-1}(x+2)^n$$

$$+ \sum_{n=0}^{\infty} 2a_n(x+2)^n$$

$$= \left[2a_2 + \sum_{n=1}^{\infty} (n+2)(n+1)a_{n+2}(x+2)^n\right] - \left[\sum_{n=1}^{\infty} a_{n-1}(x+2)^n\right]$$

$$+ \left[2a_0 + \sum_{n=1}^{\infty} 2a_n(x+2)^n\right]$$

153

$$= (2a_2 + 2a_0) + \sum_{n=1}^{\infty} [(n+2)(n+1)a_{n+2} - (a_{n-1} - 2a_n)](x+2)^n = 0$$

$$\therefore a_2 = -a_0$$

$$a_{n+2} = \frac{a_{n-1} - 2a_n}{(n+1)(n+2)}$$

又 $a_0 = y(-2) = 3$ ，$\therefore a_2 = -3$

$$a_1 = y'(-2) = 4 ， \therefore a_3 = \frac{a_0 - 2a_1}{2 \cdot 3} = \frac{(3) - 2(4)}{6} = \frac{-5}{6}$$

$$\therefore y = 3 + 4(x+2) - 3(x+2)^2 - \frac{5}{6}(x+2)^3 + \cdots$$

◆ **習　題**

用冪級數法解下列各題

1. $y' - y + x = 0$

2. $y' - y = 1$

3. $y'' + y = 0$

4. $y'' + x^2 y = 0$ ，$y(0) = 1$ ，$y'(0) = 2$

5. $y'' - 2xy' + 2y = 0$

6. $(1 - x^2)y'' - 4xy' - 2y = 0$

7. $(1 + x^2)y'' + 2xy' = 0$ ，$y(0) = 0$ ，$y'(0) = 1$

★ 4.3　Frobenius 法

正則奇點

　　若 $x = 0$ 為微分方程式 $y'' + P(x)y' + Q(x)y = 0$ 之正則奇點，我們便可用 Frobenius 法求解。

定理：若 $x = 0$ 為 $y'' + P(x)y' + Q(x)y = 0$ 之正則奇點，則 $y'' + P(x)y' + Q(x)y = 0$

　　　至少有 1 個解為

$$y = x^\lambda \sum_{n=0}^{\infty} a_n x^n$$

　　　在此 λ 與 a_n 為常數。

證明：（略）

　　　記得在第 2 章高階線性微分方程式求齊性解時，我們用了特徵方程式，在 Frobeniuas 法則用所謂之**指示函數**（Indicial function），它的**零位**（Zero）稱為**指示根**（Indicial roots）

　　　指示方程式之求法有二種：一是用定義法，一是用定理。

1. 定義法：

　　　若 $x = 0$ 為 正 則 奇 點， 代 $y = \sum_{n=0}^{\infty} a_n x^{n+\lambda}$ ， $y' = \sum_{n=0}^{\infty} (n+\lambda)a_n x^{n+\lambda-1}$ ，

$y'' = \sum_{n=0}^{\infty} (n+\lambda)(n+\lambda-1)a_n x^{n+\lambda-2}$ 入 $y'' + P(x)y' + Q(x)y = 0$ ，令最低次方項之係數為 0，其根即為指示根。

2. 定理法：

　　　我們可用下列定理輕易求出指示方程式及指示根。

定理：微分方程式 $y'' + P(x)y' + Q(x)y = 0$ 之正則奇點 x_0 ，則其指示方程式為

　　　$\lambda(\lambda-1) + p_0\lambda + q_0 = 0$ ，

　　　上式

　　　$p_0 = \lim_{x \to x_0} x P(x)$

　　　$q_0 = \lim_{x \to x_0} x^2 Q(x)$

範例 **1**　求 p 階 Bessel 方程式 $x^2y'' + xy' + (x^2-p^2)y = 0$ 之指示方程式及指示根。

解：$y'' + \dfrac{1}{x}y' + \dfrac{(x^2 - p^2)}{x^2}y = 0$

$p_0 = \lim\limits_{x \to 0} x \cdot \left(\dfrac{1}{x}\right) = 1$

$q_0 = \lim\limits_{x \to 0} x^2 \cdot \dfrac{(x^2 - p^2)}{x^2} = -p^2$

∴ 指示方程式為

$$\lambda(\lambda-1) + \lambda - p^2 = \lambda^2 - p^2 = 0$$

得 $\lambda = \pm p$

範例 **2**　求 $xy'' + (x-1)y' - y = 0$ 之指示方程式及指示根。

解：$y'' + \dfrac{x-1}{x}y' - \dfrac{y}{x} = 0$

$p_0 = \lim\limits_{x \to 0} x \cdot \dfrac{x-1}{x} = -1$

$q_0 = \lim\limits_{x \to 0} x^2 \cdot \left(-\dfrac{1}{x}\right) = 0$

∴指示方程式為

$$\lambda(\lambda-1) - \lambda + 0 = \lambda^2 - 2\lambda = 0$$

得指示根 $\lambda = 0, 2$。

定理：若 λ_1，λ_2 為指示方程式的根，$\lambda_1 - \lambda_2 \geq 0$ 即令最大的指示根為 λ_1，則

(1) $\lambda_1 - \lambda_2$ 不為整數，可得二線性獨立之 Frobenius 解

$$y_1 = \sum_{n=0}^{\infty} a_n x^{n+\lambda_1} \text{，} y_2 = \sum_{n=0}^{\infty} b_n x^{n+\lambda_2} \text{，} y = c_1 y_1 + c_2 y_2$$

(2) $\lambda_1 - \lambda_2 = 0$

$$y_1 = \sum_{n=0}^{\infty} a_n x^{n+\lambda} \text{，} a_0 \neq 0 \text{，} y_2 = y_1 \ln(x) + \sum_{n=1}^{\infty} b_n x^{n+\lambda}$$

若然後代 y_2 入原方程式以定出 b_n，又因為 $\dfrac{\partial}{\partial \lambda} x^{\lambda+n} = x^{\lambda+n} \ln x$，因此 y_2

亦可用 $y_2(x) = \dfrac{\partial y_1(x, \lambda)}{\partial \lambda}\bigg|_{\lambda = \lambda_1}$ 求出。

在 $\lambda_1 = \lambda_2$ 時，y_2 必有 $y_1 \ln x$ 項，$\lambda_1 - \lambda_2$ 為正整數時則未必有 $y_1 \ln x$ 項（因 A 可能為 0）

(3) $r_1 - r_2$ 為一正整數

$$y_1 = \sum_{n=0}^{\infty} a_n x^{n+\lambda_1} \text{，} a_0 \neq 0 \text{，} y_2 = A y_1 \ln(x) + \sum_{n=1}^{\infty} b_n x^{n+\lambda_2}$$

若 $y'' + p(x)y' + q(x)y = 0$，Frobenius 解 y_1 為封閉式，則第二解可由下式求出：

$$y_2 = y_1 \int \frac{e^{-\int p(x)dx}}{y_1^2} dx$$

得 $y = c_1 y_1 + c_2 y_2$

範例 3 解 $3xy'' + (2 - x)y' - y = 0$

解：$x = 0$ 為正則奇點，取 $y = \sum_{n=0}^{\infty} a_n x^{n+\lambda}$

$$y' = \sum_{n=0}^{\infty} a_n (n+\lambda) x^{n+\lambda-1}$$

$$y' = \sum_{n=0}^{\infty} a_n (n+\lambda)(n+\lambda-1) x^{n+\lambda-2}$$

代上述結果入 $3xy'' + (2-x)y' - y = 0$：

$$3x \sum_{n=0}^{\infty} a_n (n+\lambda)(n+\lambda-1) x^{n+\lambda-2} + (2-x) \sum_{n=0}^{\infty} a_n (n+\lambda) x^{n+\lambda-1} - \sum_{n=0}^{\infty} a_n x^{n+\lambda}$$

$$= \sum_{n=0}^{\infty} a_n (n+\lambda)(3n+3\lambda-1) x^{n+\lambda-1} - \sum_{n=0}^{\infty} a_n (n+\lambda+1) x^{n+\lambda} \quad\text{.............................(1)}$$

$$= a_0 \lambda (3\lambda-1) x^{\lambda-1} + \sum_{n=1}^{\infty} [a_n (n+\lambda)(3n+3\lambda-1) - a_{n-1}(n+\lambda)] x^{n+\lambda-1}$$

$$= 0 \quad\text{...(2)}$$

由 x 之最低次方項（第 1 項，亦即 $x^{\lambda-1}$ 項）得指示方程式

$a_0 \lambda (3\lambda-1)=0$，

$\therefore \lambda_1 = \dfrac{1}{3}$，$\lambda_2 = 0$

由 (1)

$$a_n = \frac{1}{3(n+\lambda)-1} a_{n-1} \text{，} n \geq 1 \quad\text{..(3)}$$

①代 $\lambda = \dfrac{1}{3}$ 入 (2)：

$$a_n = \frac{1}{3\left(n+\dfrac{1}{3}\right)-1} a_{n-1} = \frac{1}{3n} a_{n-1} \text{，} n \geq 1$$

$\therefore a_1 = \dfrac{1}{3} a_0$，$a_2 = \dfrac{1}{6} a_1 = \dfrac{1}{18} a_0$，$a_3 = \dfrac{1}{9} a_2 = \dfrac{1}{162} a_0 \cdots\cdots \left(a_n = \dfrac{1}{3}\dfrac{1}{n!} a_0 \right)$

即 $y_1 = a_0 x^{\frac{1}{3}} \left(1 + \dfrac{1}{3} x + \dfrac{1}{18} x^2 + \dfrac{1}{162} x^3 + \cdots \right)$

②代 $\lambda = 0$ 入 (2)：

$$a_n = \frac{1}{3(n+0)-1}a_{n-1} = \frac{1}{3n-1}a_{n-1} \,,\, n \geq 1$$

$$\therefore a_1 = \frac{1}{2}a_0 \,,\, a_2 = \frac{1}{5}a_1 = \frac{1}{10}a_0 \,,\, a_3 = \frac{1}{8}a_2 = \frac{1}{80}a_0 \cdots\cdots$$

$$\text{得 } y_2 = a_0 x^0 \left(1 + \frac{1}{2}x + \frac{1}{10}x^2 + \frac{1}{80}x^3 + \cdots\right)$$

$$= a_0 \left(1 + \frac{1}{2}x + \frac{1}{10}x^2 + \frac{1}{80}x^3 + \cdots\right)$$

$$y = c_1 y_1 + c_2 y_2$$

範例 3，我們在 (1) 微分時並未同時調整 $\sum$ 下足碼，這與上節的經驗不同，這是因為 x^λ 的關係，我們選 λ 值是要使展開式之第 1 個非零項為 a_0，因此，微分後不需在 $\sum$ 下限作一改變。

Frobenius 法中對指示根 r_1，r_2，$r_1 - r_2 = 0$ 或 $r_1 - r_2 = a$，$a \in Z$ 是較難處理，範例 4 至範例 7 顯示出這種狀況之一些典型之解法。

範例 4 　解 $x^2 y'' - xy' + y = 0$

解：$y'' - \frac{1}{x}y' + \frac{1}{x^2}y = 0$ ，$P(x) = -\frac{1}{x}$ ，$Q(x) = \frac{1}{x^2}$ ，

$\because xP(x) = -1$，$x^2 Q(x) = 1$ 均為可解析，故可用 Frobenius 法。

令 $y = \sum\limits_{n=0}^{\infty} a_n x^{n+\lambda}$

$$y' = \sum\limits_{n=0}^{\infty} a_n (n+\lambda) x^{n+\lambda-1} \,,\, y'' = \sum\limits_{n=0}^{\infty} a_n (n+\lambda)(n+\lambda-1) x^{n+\lambda-2}$$

$$\therefore x^2 y'' - xy' + y$$

$$= x^2 \sum\limits_{n=0}^{\infty} a_n (n+\lambda)(n+\lambda-1) x^{n+\lambda-2} - x \sum\limits_{n=0}^{\infty} a_n (n+\lambda) x^{n+\lambda-1} + \sum\limits_{n=0}^{\infty} a_n x^{n+\lambda}$$

$$= \sum\limits_{n=0}^{\infty} a_n [(n+\lambda)(n+\lambda-1) - (n+\lambda) + 1] x^{n+\lambda}$$

$$= \sum_{n=0}^{\infty} a_n[(n+\lambda-1)^2]x^{n+\lambda} = a_0(\lambda-1)^2x^\lambda + a_1\lambda^2x^{1+\lambda} + \cdots\cdots = 0$$

得指示方程式

$(\lambda-1)^2 = 0$，即 $\lambda = 1$（重根）

代 $\lambda = 1$ 入 $a_n(n+\lambda-1)^2 = 0$，得

$n^2 a_n = 0$

$\therefore a_n = 0$，對所有 $n \geq 1$ 成立

即 $y_1 = a_0 x$

現在要求 y_2：

$$y_2 = y_1 \int \frac{e^{-\int p\,dx}}{y_1^2}\,dx = a_0 x \int \frac{e^{-\int \frac{-1}{x}dx}}{a_0^2 x^2} = \frac{x}{a_0}\int \frac{e^{\ln x}}{x^2}\,dx = \frac{x}{a_0}\ln x$$

得　$y = c_1 y_1 + c_2 y_2 = c_1 x + c_2 x \ln x$

範例 5　解 $x^2 y'' + xy' - xy = 0$，

解：$y'' + \frac{1}{x}y' - \frac{1}{x}y = 0$ 之 $P(x) = \frac{1}{x}$，$Q(x) = \frac{-1}{x}$

$\because xP(x) = 1$，$x^2 Q(x) = -x$ 均為可解析，故可用 Frobenius 法

令 $y = \sum_{n=0}^{\infty} a_n x^{n+\lambda}$

則 $y' = \sum_{n=0}^{\infty} a_n(n+\lambda)x^{n+\lambda-1}$，$y'' = \sum_{n=0}^{\infty} a_n(n+\lambda)(n+\lambda-1)x^{n+\lambda-2}$

則 $x^2 y'' + xy' - xy$

$$= x^2 \sum_{n=0}^{\infty} a_n(n+\lambda)(n+\lambda-1)x^{n+\lambda-2} + x\sum_{n=0}^{\infty} a_n(n+\lambda)x^{n+\lambda-1} - x\sum_{n=0}^{\infty} a_n x^{n+\lambda}$$

$$= \sum_{n=0}^{\infty} (a_n(n+\lambda)^2 x^{n+\lambda} - a_n x^{n+\lambda+1})$$

$$= \sum_{n=0}^{\infty} a_n(n+\lambda)^2 x^{n+\lambda} - \sum_{n=1}^{\infty} a_{n-1} x^{n+\lambda}$$

$$= a_0 \lambda^2 x^{\lambda} + \sum_{n=1}^{\infty} [a_n(n+\lambda)^2 - a_{n-1}] x^{n+\lambda}$$

∴得指示方程式　$\lambda^2 = 0$　∴$\lambda = 0$（重根）

　　及遞迴關係式　　　$a_n = \dfrac{1}{(n+\lambda)^2} a_{n-1} = \dfrac{1}{n^2} a_{n-1}$

由上述結果，現在要求 y_1

$$a_1 = a_0 \text{，} a_2 = \frac{1}{4}a_1 = \frac{1}{4}a_0 \text{，} a_3 = \frac{1}{9}a_2 = \frac{1}{36}a_0 + \cdots$$

$$\therefore y_1 = x^0 \left[a_0 \left(1 + x + \frac{1}{4}x^2 + \frac{1}{36}x^3 + \cdots \right) \right]$$

$$= a_0 \left(1 + x + \frac{1}{4}x^2 + \frac{1}{36}x^3 + \cdots \right)$$

現在要求 y_2：

利用 $y_2 = y_1 \int \dfrac{e^{-\int p\,dx}}{y_1^2} dx$ ，在此 $P = \dfrac{1}{x}$

則　$y_2 = y_1 \left[\int \dfrac{e^{-\int p\,dx}}{y_1^2} dx \right]$

$$= y_1 \left[\int \frac{\dfrac{1}{x}}{a_0 \left(1 + x + \dfrac{x^2}{4} + \dfrac{x^3}{36} + \cdots \right)^2} dx \right] \quad \cdots\cdots (1)$$

$$= y_1 \int \frac{1 - 2x + \dfrac{5}{2}x^2 - \dfrac{23}{9}x^3 + \cdots}{x} dx$$

$$= y_1 \left[\int \left(\frac{1}{x} - 2 + \frac{5}{2}x - \frac{23}{9}x^2 + \cdots \right) dx \right]$$

$$= y_1 \left(\ln x - 2x + \frac{5}{4}x^2 - \frac{23}{27}x^3 + \cdots \right)$$

161

$$= y_1 \ln x + y_1\left(-2x + \frac{5}{4}x^2 - \frac{23}{27}x^3 + \cdots\right)$$

$$= y_1 \ln x + a_0\left(1 + x + \frac{1}{4}x^2 + \frac{1}{36}x^3 + \cdots\right)\left(-2x + \frac{5}{4}x^2 - \frac{23}{27}x^3 + \cdots\right)$$

$$= y_1 \ln x + a_0\left(-2x - \frac{3}{4}x^2 - \frac{11}{108}x^3 - \cdots\right)$$

$$\therefore y = y_1 + y_2$$

在範例 6 中之 (1)，乍看下似乎無法解出，因為它不是封閉形，（其實即便是封閉形也不保證可以積得出來），因此，要解出 (1)，我們便要發揮愚公移山的精神：

回想：$\dfrac{1}{1+y} = 1 - y + y^2 - y^3 + \cdots$

$\therefore \dfrac{1}{(1+y)^2} = 1 - 2y + 3y^2 - 4y^3 + \cdots$

（針對 $\dfrac{1}{1+y} = 1 - y + y^2 - y^3 + \cdots$ 兩邊同時微分再乘 (-1)）

先看：

$$\frac{1}{\left(\underbrace{1 + x + \frac{x^2}{4} + \frac{x^3}{36} + \cdots}_{y}\right)^2} = 1 - 2y + 3y^2 + \cdots \dotfill (2)$$

$$= 1 - 2\left(x + \frac{x^2}{4} + \frac{x^3}{36} + \cdots\right) + 3\left(x + \frac{x^2}{4} + \frac{x^3}{36} + \cdots\right)^2 - 4\left(x + \frac{x^2}{4} + \frac{x^3}{36} + \cdots\right)^3$$

上式

$$3\left(x + \frac{x^2}{4} + \frac{x^3}{36} + \cdots\right)^2 = 3x^2\left(1 + \frac{x}{4} + \frac{x^2}{36} + \cdots\right)^2$$

$$= 3x^2\left(1 + \frac{x}{2} + \cdots\right) = 3x^2 + \frac{3}{2}x^3 + \cdots$$

$$4\left(x + \frac{x^2}{4} + \frac{x^3}{36} + \cdots\right)^3 = 4x^3\left(1 + \frac{x^2}{4} + \frac{x^3}{36} + \cdots\right)^3 = 4x^3 + \cdots$$

因為我們只想算到 x^3 次項為止，故不必考慮 $x^4, \cdots$ 以上項次，將上述結果代入 (2) 得

$$\frac{1}{\left(1 + x + \dfrac{1}{4}x^2 + \dfrac{1}{36}x^3 + \cdots\right)^2} = 1 - 2x + \frac{5}{2}x^2 - \frac{23}{9}x^3 + \cdots$$

如此，我們便可解出其餘。

範例 6 用 Frobenius 法解 $xy'' + y = 0$

解：$x = 0$ 為 $xy'' + y = 0$ 之一個常點，可用 Frobenius 法解：

令 $y = \sum\limits_{n=0}^{\infty} a_n x^{n+\lambda}$

則 $y' = \sum\limits_{n=0}^{\infty} (n+\lambda)a_n x^{n+\lambda-1}$，$y'' = \sum\limits_{n=0}^{\infty} (n+\lambda)(n+\lambda-1)a_n x^{n+\lambda-2}$

代入 $xy'' + y = 0$ 中：

$$xy'' + y = \sum\limits_{n=0}^{\infty} (n+\lambda)(n+\lambda-1)a_n x^{n+\lambda-1} + \sum\limits_{n=0}^{\infty} a_n x^{n+\lambda}$$

$$= \sum\limits_{n=0}^{\infty} (n+\lambda)(n+\lambda-1)a_n x^{n+\lambda-1} + \sum\limits_{n=1}^{\infty} a_{n-1} x^{n+\lambda-1}$$

$$= a_0 \lambda(\lambda-1)x^{\lambda-1} + \sum\limits_{n=1}^{\infty} [(n+\lambda)(n+\lambda-1)a_n + a_{n-1}]x^{n+\lambda-1} = 0 \cdots\cdots\cdots\cdots (1)$$

由 (1) $x^{\lambda-1}$ 為最低次方，故指示方程式為 $\lambda(\lambda-1) = 0$ 得指示根 $0, 1$（即 $\lambda_1 = 1$，$\lambda_2 = 0$）$\cdots\cdots\cdots\cdots\cdots\cdots\cdots\cdots\cdots\cdots\cdots\cdots\cdots\cdots\cdots\cdots\cdots\cdots (2)$

由 (1) 可得

$$a_n = -\frac{1}{(n+\lambda)(n+\lambda-1)}a_{n-1} \text{，} n \geq 1$$

① $\lambda_1 = 1$ 時

$$a_n = -\frac{1}{(n+1)n}a_{n-1}$$

$$\therefore \ a_1 = -\frac{1}{2 \cdot 1}a_0 = -\frac{1}{2! \ 1!}a_0$$

$$a_2 = -\frac{1}{3 \cdot 2}a_1 = \frac{(-1)^2}{(3 \cdot 2)(2 \cdot 1)} = \frac{(-1)^2}{3! \ 2!} \ ,$$

$$a_3 = -\frac{1}{4 \cdot 3}a_2 = \frac{-1}{[4 \cdot (3!)][3 \cdot (2!)]}a_0 = -\frac{1}{4! \ 3!}a_0$$

$$\cdots\cdots$$

② $\lambda = 0$ 時

$$a_n = \frac{-1}{n(n-1)}a_{n-1}, \ n = 1, 2, \cdots\cdots$$

又 $a_1(\lambda+1)\lambda + a_0 = 0 \Rightarrow a_1(0+1)\,0 + a_0 = 0 \quad \therefore \ a_0 = 0$

因此 $a_1 = a_2 = \cdots = 0$

$$\therefore y = a_0 x\left(1 - \frac{x}{2! \ 1!} + \frac{x^2}{3! \ 2!} - \frac{x^3}{4! \ 3!} + \cdots\right)$$

$$= a_0\left(x - \frac{x^2}{2! \ 1!} + \frac{x^3}{3! \ 2!} - \frac{x^4}{4! \ 3!} + \cdots\right)$$

範例 7　解 $x^2 y'' + x^2 y' - 2y = 0$

解：$y'' + y' - \dfrac{2}{x^2}y = 0$ 可用 Frobenius 法（讀者可輕易驗證出）。

令 $y = \sum\limits_{n=0}^{\infty} a_n x^{n+\lambda}$ ，則 $y' = \sum\limits_{n=0}^{\infty} a_n(n+\lambda)x^{n+\lambda-1}$ ，

$$y'' = \sum_{n=0}^{\infty} a_n(n+\lambda)(n+\lambda-1)x^{n+\lambda-2}$$

則 $x^2 y'' + x^2 y' - 2y$

$$= x^2\sum_{n=0}^{\infty} a_n(n+\lambda)(n+\lambda-1)x^{n+\lambda-2} + x^2\sum_{n=0}^{\infty} a_n(n+\lambda)x^{n+\lambda-1} - 2\sum_{n=0}^{\infty} a_n x^{n+\lambda}$$

$$= \sum_{n=0}^{\infty} a_n (n+\lambda)(n+\lambda-1) x^{n+\lambda} + \sum_{n=0}^{\infty} a_n (n+\lambda) x^{n+\lambda+1} - 2\sum_{n=0}^{\infty} x^{n+\lambda}$$

$$= \sum_{n=0}^{\infty} a_n[(n+\lambda)(n+\lambda-1)-2] x^{n+\lambda} + \sum_{n=0}^{\infty} a_n (n+\lambda) x^{n+\lambda+1}$$

$$= \sum_{n=0}^{\infty} a_n[(n+\lambda)(n+\lambda-1)-2] x^{n+\lambda} + \sum_{n=1}^{\infty} a_{n-1} (n-1+\lambda) x^{n+\lambda}$$

$$= a_0 [\lambda(\lambda-1)-2]x^{\lambda} + \sum_{n=1}^{\infty} \{[(n+\lambda)(n+\lambda-1)-2]a_n$$

$$+ (n-1+\lambda)a_{n-1}\} x^{n+\lambda} = 0$$

得指示方程式　$\lambda(\lambda-1)-2 = 0$　$\therefore \lambda_1 = 2$，$\lambda_2 = -1$

及遞迴關係　$a_n = \dfrac{-(n-1+\lambda)}{(n+\lambda)(n+\lambda-1)-2} a_{n-1}$

現要求 y_1：

代 $\lambda = 2$ 入 $a_n = \dfrac{-(n-1+\lambda)}{(n+\lambda)(n+\lambda-1)-2} a_{n-1} = \dfrac{-(n+1)}{n(n+3)} a_{n-1}$

$a_1 = \dfrac{-1}{2} a_0, a_2 = \dfrac{-3}{10} a_1 = \dfrac{3}{20} a_0, a_3 = -\dfrac{2}{9} a_2 = -\dfrac{1}{30} a_0 \cdots$

$\therefore y_1 = a_0 x^2 \left(1 - \dfrac{x}{2} + \dfrac{3}{20}x^2 - \dfrac{1}{30}x^3 + \cdots\right)$

次求 y_2：

在本例中若用 $y_2 = y_1 \displaystyle\int \dfrac{e^{-\int p}}{y_1^2} dx$，可能很難求出 y_2，因此我們便需利用另一種重要技巧：

取 $y_2 = Ay_1 \ln x + \displaystyle\sum_{n=0}^{\infty} b_n x^{n+\lambda_2} = Ay_1 \ln x + \sum_{n=0}^{\infty} b_n x^{n-1}$ .... (1)

$\therefore y_2' = Ay_1' \ln x + \dfrac{A}{x} y_1 + \displaystyle\sum_{n=0}^{\infty} (n-1)b_n x^{n-2}$

$y_2'' = Ay_1'' \ln x + A\dfrac{y_1'}{x} + Ay_1' - \dfrac{A}{x^2} y_1 + \displaystyle\sum_{n=0}^{\infty} (n-1)(n-2)b_n x^{n-3}$

代入 $x^2 y'' + x^2 y' - 2y$

$= x^2 \left[Ay_1'' \ln x + \dfrac{A}{x} y_1' + Ay_1' - \dfrac{A}{x^2} y_1\right] + \displaystyle\sum_{n=0}^{\infty} (n-1)(n-2)b_n x^{n-1}$

$$+x^2\left[Ay'_1\ln x+\frac{A}{x}y'_1\right]+\sum_{n=0}^{\infty}(n-1)b_nx^n-\left(2Ay_1\ln x+2\sum_{n=0}^{\infty}b_nx^{n-1}\right)$$

$$=A(\underbrace{x^2y''_1+x^2y'_1-2y_1}_{0})\ln x+A(2xy'-y_1+xy_1)$$

$$+\sum_{n=0}^{\infty}b_n[(n-1)(n-2)-2]x^{n-1}+\sum_{n=0}^{\infty}(n-1)b_nx^n$$

$$=A(2xy'-y_1+xy_1)+\sum_{n=0}^{\infty}b_n(n^2-3n)x^{n-1}+\sum_{n=1}^{\infty}(n-2)b_{n-1}x^{n-1}$$

$$=A(2xy'-y_1+xy_1)+\sum_{n=1}^{\infty}b_n(n^2-3n)x^{n-1}+\sum_{n=1}^{\infty}(n-2)b_{n-1}x^{n-1}$$

$$=A(2xy'-y_1+xy_1)+\sum_{n=1}^{\infty}[(n^2-3n)b_n+(n-2)b_{n-1}]x^{n-1}=0$$

$$\therefore A=0 \text{，}$$

$$\text{且 } b_n=-\frac{n-2}{n(n-3)}b_{n-1}$$

$$b_1=-\frac{1}{2}b_0,\ b_2=0\cdots$$

$$\therefore y_2=b_0x^{-1}+b_1+b_2x+\cdots \quad \text{（由 (1)）}$$

$$=b_0x^{-1}-\frac{1}{2}b_0=b_0\left(\frac{1}{x}-\frac{1}{2}\right)$$

$$\therefore y=y_1+y_2$$

◆ **習 題**

1. 解 $2x^2y''+x(x-1)y'+y=0$

2. 解 $xy''+y'=y$

★ 4.4　Bessel 方程式與 Bessel 函數

Bessel 方程式

定義：**Bessel p** 階微分方程式（Bessel differential equation of oredr p）為

$$x^2 y'' + xy' + (x^2 - p^2)y = 0$$

現在我們要用 Frobenius 法來解上述 ODE：

$x = 0$ 為正則奇點，我們用前節 Frobenius 法來解此微分方程式：

1. 取 $y = \sum\limits_{n=0}^{\infty} a_n x^{n+\lambda}$ .... (1)

則　$(x^2 - p^2)y = (x^2 - p^2) \sum\limits_{n=0}^{\infty} a_n x^{n+\lambda}$

$$= \sum\limits_{n=0}^{\infty} a_n x^{n+\lambda+2} - \sum\limits_{n=0}^{\infty} p^2 a_n x^{n+\lambda}$$

$$= \sum\limits_{n=0}^{\infty} a_{n-2} x^{n+\lambda} - \sum\limits_{n=0}^{\infty} p^2 a_n x^{n+\lambda} \quad .... (2)$$

$xy' = x[\sum\limits_{n=0}^{\infty} a_n (n+\lambda) x^{n+\lambda-1}]$

$$= \sum\limits_{n=0}^{\infty} (n+\lambda) a_n x^{n+\lambda} \quad .... (3)$$

$x^2 y'' = x^2 [\sum\limits_{n=0}^{\infty} a_n (n+\lambda)(n+\lambda-1) x^{n+\lambda-2}]$

$$= \sum\limits_{n=0}^{\infty} (n+\lambda)(n+\lambda-1) a_n x^{n+\lambda} \quad .... (4)$$

$\therefore x^2 y'' + xy' + (x^2 - p^2)y$

$$= \sum\limits_{n=0}^{\infty} [(n+\lambda)(n+\lambda-1) a_n + (n+\lambda) a_n + a_{n-2} - p^2 a_n] x^{n+\lambda}$$

$$= \sum\limits_{n=0}^{\infty} \{[(n+\lambda)(n+\lambda-1) + (n+\lambda) - p^2] a_n + a_{n-2}\} x^{n+\lambda}$$

$$= \sum\limits_{n=0}^{\infty} \{[(n+\lambda)^2 - p^2] a_n + a_{n-2}\} x^{n+\lambda} = 0 \quad .... (5)$$

令 $[(n+\lambda)^2 - p^2]a_n + a_{n-2} = 0$ $\cdots\cdots$ (6)

2. 當 $n=0$ 時 (6) 之 $a_{-2} = 0$

∴指標方程式為 $\lambda^2 - p^2 = 0$，得 $\lambda = \pm p$，首先考慮 $\lambda = p$：($\lambda = -p$ 之情況，只需將 $\lambda = p$ 之結果以 $-p$ 代替 p 即可）

(1) $\lambda = p$ 時

由 (1)$[(n+p)^2 - p^2]a_n + a_{n-2} = 0$ ∴有下列遞迴關係：

$$a_n = \frac{-a_{n-2}}{(n+p)^2 - p^2} = \frac{-a_{n-2}}{n(n+2p)}$$

取 $a_0 = 1$

$$a_1 = \frac{-a_{-1}}{1(1+2p)} = 0$$

$$a_2 = \frac{-a_0}{2(2+2p)} = \frac{-1}{2(2p+2)}$$

$$a_3 = \frac{-a_1}{3(3+2p)} = 0 \quad (a_1 = a_3 = a_5 = \cdots a_{2n+1} = 0)$$

$$a_4 = \frac{-a_2}{4(4+2p)} = -\frac{1}{4(2p+4)} \cdot \left(\frac{-1}{2(2p+2)}\right)$$

$$= \frac{1}{2 \cdot 4(2p+2)(2p+4)}$$

$\cdots\cdots\cdots$

$$\therefore y_1 = a_0 x^n + a_2 x^{n+2} + a_4 x^{n+4} + \cdots$$
$$= x^n\left[1 - \frac{1}{2(2p+2)}x^2 + \frac{1}{2 \cdot 4(2p+2)(2p+4)}x^4 - \cdots\right] \cdots\cdots (7)$$

(2) $\lambda = -p$ 時：

在 (7) 中以 $-p$ 取代 p

$$y_2 = x^{-n}\left[1 - \frac{1}{2(2-2p)}x^2 + \frac{1}{2 \cdot 4(2-2n)(4-2n)}x^4 - \cdots\right] \cdots\cdots (8)$$

∴ $y = y_1 + y_2$ 是為所求之解。

轉換至 Bessel 方程式

範例 **1** $x^2 y'' + xy' + (x^2 - 9)y = 0$

解：$p^2 = 9$

$\therefore y = aJ_3(x) + bY_3(x)$

範例 **2**   解 $x^2 y'' + xy' + (4x^2 - 1)y = 0$

解：取 $z = 2x$

則 $y' = \dfrac{dy}{dx} = \dfrac{dy}{dz}\dfrac{dz}{dx} = 2\dfrac{dy}{dz}$ ，

$y'' = \dfrac{d^2 y}{dx^2} = \dfrac{d}{dx}\left(\dfrac{dy}{dx}\right) = \dfrac{d}{dx}\left(2\dfrac{dy}{dz}\right) = 4\dfrac{d^2 y}{dz^2}$

代 y'，y'' 及 $x = \dfrac{z}{2}$ 入 $x^2 y'' + xy' + (4x^2 - 1)y = 0$

$\left(\dfrac{z}{2}\right)^2 \left(4\dfrac{d^2 y}{dz^2}\right) + \left(\dfrac{z}{2}\right)\left(2\dfrac{dy}{dz}\right) + (z^2 - 1)y = z^2\dfrac{d^2 y}{dz^2} + z\dfrac{dy}{dz} + (z^2 - 1)y = 0$

$\therefore y = aJ_1(z) + bY_1(z)$

$\quad = aJ_1(2x) + bY_1(2x)$

範例 **3**   解 $xy'' + y' + y = 0$

解：取 $z = \sqrt{x}$

則 $y' = \dfrac{dy}{dx} = \dfrac{dy}{dz}\dfrac{dz}{dx} = \dfrac{dy}{dz}\dfrac{1}{2\sqrt{x}}$

$y'' = \dfrac{d}{dx}\left(\dfrac{dy}{dx}\right) = \dfrac{d}{dx}\left(\dfrac{dy}{dz}\dfrac{1}{2\sqrt{x}}\right) = -\dfrac{1}{4(\sqrt{x})^3}\dfrac{dy}{dz} + \dfrac{1}{2\sqrt{x}}\dfrac{d}{dx}\left(\dfrac{dy}{dz}\right)$

$$= -\frac{1}{4(\sqrt{x})^3}\frac{dy}{dz} + \frac{1}{2\sqrt{x}} \cdot \frac{1}{2\sqrt{x}}\frac{d^2y}{dz^2} = -\frac{1}{4(\sqrt{x})^3}\frac{dy}{dz} + \frac{1}{4x}\frac{d^2y}{dz^2}$$

代 y', y'' 入 $xy'' + y' + y = 0$：

$$x\left(-\frac{1}{4(\sqrt{x})^3}\frac{dy}{dz} + \frac{1}{4x}\frac{d^2y}{dz^2}\right) + \left(\frac{1}{2\sqrt{x}}\frac{dy}{dz}\right) + y$$

$$= \frac{1}{4}\frac{d^2y}{dz^2} + \frac{1}{4\sqrt{x}}\frac{dy}{dz} + y = 0$$

$x\dfrac{d^2y}{dz^2} + \sqrt{x}\dfrac{dy}{dz} + xy = 0$，又 $z = \sqrt{x}$，即 $x = z^2$，得：

$$z^2\frac{d^2y}{dz^2} + z\frac{dy}{dz} + (z^2 - 0)y = 0$$

$$\therefore y(x) = aJ_0(z) + bY_0(z)$$

$$= aJ_0(\sqrt{x}) + bY_0(\sqrt{x})$$

Bessel 函數

Bessel 方程式是一二階常微分方程式，它的解是由二組函數組成：

$$y(x) = a_1 J_n(x) + a_2 Y_n(x)$$

上式之 $J_n(x)$ 稱為第一型 **Bessel** 函數（Bessel functions of first kind），$Y_n(x)$ 稱為第二型 **Bessel** 函數（Bessel function of second kind）或 Neumann 函數：

① $J_n(x) = \dfrac{x^n}{2^n\Gamma(n+1)}\left\{1 - \dfrac{x^2}{2(2n+2)} + \dfrac{x^4}{2.4(2n+2)(2n+4)} - \cdots\right\}$

$$= \sum_{k=n}^{\infty} \frac{(-1)^k(x/2)^{n+2k}}{k!\Gamma(n+k+1)}$$

② $Y_n(x)$ 可用 Frobenius 法求出，因其一般結果導出過程較為繁瑣，因此，本節之 Bessel 函數集中在 $J_n(x)$ 性質之討論。

$J_n(x)$ 之基本性質

定理：$J_n(x) = (-1)^n J_{-n}(x)$

證明：$J_n(x) = \sum\limits_{r=0}^{\infty} \dfrac{(-1)^r}{r!\Gamma(n+r+1)}\left(\dfrac{x}{2}\right)^{n+2r}$ 一式中以 $-n$ 代替 n 得

$$J_{-n}(x) = \sum\limits_{r=0}^{\infty} \dfrac{(-1)^r}{r!\Gamma(-n+r+1)}\left(\dfrac{x}{2}\right)^{-n+2r}$$

$$= \sum\limits_{r=0}^{n-1} \dfrac{(-1)^r}{r!\Gamma(-n+r+1)}\left(\dfrac{x}{2}\right)^{-n+2r} + \sum\limits_{r=n}^{\infty} \dfrac{(-1)^r}{r!\Gamma(-n+r+1)}\left(\dfrac{x}{2}\right)^{-n+2r} \quad\cdots\cdots\cdots\cdots (1)$$

因為 $r = 0, 1, \cdots n-1$ 時 $\Gamma(-n+r+1) \to \infty$，即 (1) 之第一項和為 0，

$$\therefore J_{-n}(x) = \sum\limits_{r=n}^{\infty} \dfrac{(-1)^r}{r!\Gamma(-n+r+1)}\left(\dfrac{x}{2}\right)^{-n+2r} \quad, 取 k = r - n$$

$$= \sum\limits_{k=0}^{\infty} \dfrac{(-1)^{n+k}}{(k+n)!\Gamma(k+1)}\left(\dfrac{x}{2}\right)^{n+2k}$$

$$= \sum\limits_{k=0}^{\infty} \dfrac{(-1)^{n+k}}{\Gamma(k+n+1)\cdot k!}\left(\dfrac{x}{2}\right)^{n+2k}$$

$$= (-1)^n \sum\limits_{k=0}^{\infty} \dfrac{(-1)^k}{\Gamma(k+n+1)\cdot k!}\left(\dfrac{x}{2}\right)^{n+2k} = (-1)^n J_n(x)$$

即 $J_n(x) = (-1)^n J_{-n}(x)$

定理：$\dfrac{d}{dx}(x^n J_n(x)) = x^n J_{n-1}(x)$

$\dfrac{d}{dx}(x^{-n} J_n(x)) = -x^{-n} J_{n+1}(x)$

證明：$\dfrac{d}{dx}x^n J_n(x) = \dfrac{d}{dx}\left[x^n \cdot \sum\limits_{r=0}^{\infty} \dfrac{(-1)^r}{r!\Gamma(n+r+1)}\left(\dfrac{x}{2}\right)^{n+2r}\right]$

$$= \dfrac{d}{dx}\sum\limits_{r=0}^{\infty} \dfrac{(-1)^r x^{2n+2r}}{r!\Gamma(n+r+1)2^{n+2r}}$$

$$= \sum\limits_{r=0}^{\infty} \dfrac{(-r)^r(2n+2r)x^{2n+2r-1}}{r!\Gamma(n+r+1)2^{n+2r}}$$

$$=x^n \sum_{r=0}^{\infty} \frac{(-1)^r}{r!\Gamma(n+r)} \left(\frac{x}{2}\right)^{(n-1)+2r}$$

$$=x^n \sum_{r=0}^{\infty} \frac{(-1)^r}{r!\Gamma(n-1)+r+1)} \left(\frac{x}{2}\right)^{(n-1)+2r} = x^n J_{n-1}(x)$$

同法可證 $\dfrac{d}{dx}(x^{-n}J_{n-1}(x)) = -x^{-n}J_{n+1}(x)$

定理：(a) $xJ_n'(x) = -nJ_n(x) + xJ_{n-1}(x)$

(b) $xJ_n'(x) = nJ_n(x) - xJ_{n+1}(x)$

證明：(a) $\because \dfrac{d}{dx}(x^n J_n(x)) = x^n J_{n-1}(x)$

$\therefore nx^{n-1}J_n(x) + x^n J_n'(x) = x^n J_{n-1}(x)$

$nJ_n(x) + xJ_n'(x) = xJ_{n-1}(x)$

即 $xJ_n'(x) = -nJ_n(x) + xJ_{n-1}(x)$

(b) $\because \dfrac{d}{dx}(x^{-n}J_n(x)) = -x^{-n}J_{n+1}(x)$

$\therefore -nx^{-n-1}J_n(x) + x^{-n}J_n'(x) = -x^{-n}J_{n+1}(x)$

$\therefore -nx^{-1}J_n(x) + J_n'(x) = -J_{n+1}(x)$

即 $xJ_n'(x) = nJ_n(x) - xJ_{n+1}(x)$

推論：$J_0'(x) = -J_1(x)$

證明：由上一定理 (b) $xJ_n'(x) = nJ_n(x) - xJ_{n+1}(x)$

兩邊取 $n = 0$ 即得。

定理：$J_{n-1}(x) + J_{n+1}(x) = \dfrac{2n}{x}J_n(x)$

或 $J_{n+1}(x) = \dfrac{2n}{x}J_n(x) - J_{n-1}(x)$

證明：$\because xJ_n{'}(x) = nJ_n(x) - xJ_{n+1}(x)$ ·· (1)

$xJ_n{'}(x) = -nJ_n(x) + xJ_{n-1}(x)$ ·· (2)

(1)−(2) 得

$$2nJ_n(x) - xJ_{n+1}(x) - xJ_{n-1}(x) = 0$$

即 $\quad J_{n-1}(x) + J_{n+1}(x) = \dfrac{2n}{x}J_n(x)$

或 $J_{n+1}(x) = \dfrac{2n}{x}J_n(x) - J_{n-1}(x)$，這個式子可能更常用到。

上述定理指出 $J_n(x)$ 之遞迴關係。

範例 4　用 $J_0(x), J_1(x)$ 表示 $J_2(x)$ 及 $J_3(x)$

解：(a) $J_2(x) = \dfrac{2}{x}J_1(x) - J_0(x)$

(b) $J_3(x) = \dfrac{4}{x}J_2(x) - J_1(x) = \dfrac{4}{x}\left(\dfrac{2}{x}J_1(x) - J_0(x)\right) - J_1(x)$ （由 (a)）

$\qquad = \left(\dfrac{8}{x^2} - 1\right)J_1(x) - \dfrac{4}{x}J_0(x)$

範例 5　求 $\int xJ_1(x)dx$（用 $J_0(x)$ 表示）

解：方法一：

$\int xJ_1(x)\,dx = \int x\,d(-x^0 J_0(x)) = \int x\,d(-J_0(x))$

$\qquad\qquad = x(-J_0(x)) + \int J_0(x)\,dx$

方法二：

利用 $\quad J_0{'}(x) = -J_1(x)$

$\int xJ_1(x)\,dx = \int x\,d(-J_0(x))$

$\qquad\qquad = -xJ_0(x) + \int J_0(x)\,dx$

在範例 5，讀者應注意到 $\int J_0(x)\,dx$ 無封閉解，也就是我們無法將 $\int J_0(x)\,dx$ 作進一步化簡或展開。

範例 6　用 $J_0(x), J_1(x)$ 表示 $J_1{}'(x)$。

解：$x J_1{}'(x) = -J_1(x) + x J_0(x)$

$\therefore\; J_1{}'(x) = -\dfrac{1}{x} J_1(x) + J_0(x)$

範例 7　求 $\int x^2 J_0(x)\,dx$

解：
$$\begin{aligned}
\int x^2 J_0(x)\,dx &= \int x\,(x J_0(x))\,dx = \int x\,d\,(x J_1(x)) \\
&= x^2 J_1(x) - \int x J_1(x)\,dx \\
&= x^2 J_1(x) + \int x\,d J_0(x) \;(\text{利用 } J_0' = -J_1) \\
&= x^2 J_1(x) + x J_0(x) - \int J_0(x)\,dx
\end{aligned}$$

定理：$\displaystyle \int J_{n+1}(x)\,dx = \int J_{n-1}(x) - 2J_n(x)$

證明：$\because x J_n'(x) = -n J_n(x) + x J_{n-1}(x)$

$\qquad\qquad x J_n'(x) = n J_n(x) - x J_{n+1}(x)$

$\qquad \therefore 2x J_n'(x) = x\,(J_{n-1}(x) - J_{n+1}(x))$

$\qquad$ 得　$J_n'(x) = \dfrac{1}{2}\,(J_{n-1}(x) - J_{n+1}(x))$

對上式積分：

$$J_n(x) = \frac{1}{2} \int\,(J_{n-1}(x) - J_{n+1}(x))\,dx$$

$$= \frac{1}{2} \int J_{n-1}(x)dx - \frac{1}{2} \int J_{n+1}(x)\,dx$$

$$\therefore \int J_{n+1}(x)\,dx = \int J_{n-1}(x)\,dx - 2J_n(x)$$

$J_n(x)$ 之性質甚為複雜難證，因此，我們將一些基本之 $J_n(x)$ 的性質整理成下表，讀者在看例子，做作業時不妨比照參考應用：

1. $J_{n+1}(x) = \dfrac{2n}{x}J_n(x) - J_{n-1}(x)$ \qquad $Y_{n+1}(x) = \dfrac{2n}{x}Y_n(x) - Y_{n-1}(x)$

2. $J_n'(x) = \dfrac{1}{2}[J_{n-1}(x) - J_{n+1}(x)]$ \qquad $Y_n'(x) = \dfrac{1}{2}[Y_{n-1}(x) - Y_{n+1}(x)]$

3. $J_n'(x) = J_{n-1}(x) - \dfrac{n}{x}J_n(x)$ \qquad $Y_n'(x) = Y_{n-1}(x) - \dfrac{n}{x}Y_n(x)$

4. $J_n'(x) = \dfrac{n}{x}J_n(x) - J_{n+1}(x)$ \qquad $Y_n'(x) = \dfrac{n}{x}Y_n(x) - Y_{n+1}(x)$

5. $\dfrac{d}{dx}[x^n J_n(x)] = x^n J_{n-1}(x)$ \qquad $\dfrac{d}{dx}[x^n Y_n(x)] = x^n Y_{n-1}(x)$

6. $\dfrac{d}{dx}[x^{-n} J_n(x)] = -x^{-n} J_{n+1}(x)$ \qquad $\dfrac{d}{dx}[x^{-n} Y_n(x)] = -x^{-n} Y_{n+1}(x)$

範例 8 求 $\int J_2(x)dx$ 及 $\int J_3(x)dx$

解：$\int J_2(x)dx = \int J_0(x)dx - 2J_1(x)$

$\qquad \int J_3(x)dx = \int J_1(x)dx - 2J_2(x)$

$\qquad\qquad\quad = -J_0(x) - 2J_2(x) + c$

範例 9 驗證 $y = xJ_1(x)$ 為 $xy'' - y' - x^2 J_0'(x) = 0$ 之解。

解：$\because J_1(x)$ 為一階 Bessel 方程式之解

$$\therefore x^2 J_1''(x) + x J_1'(x) + (x^2 - 1) J_1(x) = 0$$

代 $y = xJ_1(x)$ 入 $xy'' - y' - x^2 J_0'(x)$ 以判斷其結果是否為 0 ?

① $y' = (xJ_1(x))'$

$\quad = (J_1(x) + xJ_1'(x))$

② $y'' = (y')' = (J_1(x) + xJ_1'(x))'$

$\quad = (J_1'(x) + J_1'(x) + xJ_1''(x))$

$\quad = xJ_1''(x) + 2J_1'(x)$

代 y''，y' 之結果及 $J_0'(x) = -J_1(x)$ 入 $xy'' - y' - x^2J_0'(x)$ ：

$$xy'' - y' - x^2J_0'(x)$$

$$= x(xJ_1''(x) + 2J_1'(x)) - (J_1(x) + xJ_1'(x)) - x^2(-J_1(x))$$

$$= x^2J_1''(x) + xJ_1'(x) + (x^2 - 1)J_1(x) = 0$$

定理：$J_{1/2}(x) = \sqrt{\dfrac{2}{\pi x}} \sin x$

證明：$J_{\frac{1}{2}}(x) = \sum\limits_{r=0}^{\infty} \dfrac{(-1)^r}{r!\Gamma\left(\dfrac{1}{2} + r + 1\right)}\left(\dfrac{x}{2}\right)^{\frac{1}{2} + 2r}$

$r = 0$ ： $\dfrac{(-1)^r}{r!\Gamma\left(\dfrac{1}{2} + r + 1\right)}\left(\dfrac{x}{2}\right)^{\frac{1}{2} + 2r} = \dfrac{(-1)^0}{\dfrac{1}{2}\sqrt{\pi}}\left(\dfrac{x}{2}\right)^{\frac{1}{2}} = \sqrt{\dfrac{2}{\pi x}}$

$r = 1$ ： $\dfrac{(-1)^r}{r!\Gamma\left(\dfrac{1}{2} + r + 1\right)}\left(\dfrac{x}{2}\right)^{\frac{1}{2} + 2r} = \dfrac{-1}{\dfrac{3}{2} \cdot \dfrac{1}{2}\sqrt{\pi}}\left(\dfrac{x}{2}\right)^{\frac{5}{2}} = -\sqrt{\dfrac{2}{\pi x}} \cdot \dfrac{x^3}{3!}$

$r = 2$ ： $\dfrac{(-1)^r}{r!\Gamma\left(\dfrac{1}{2} + r + 1\right)}\left(\dfrac{x}{2}\right)^{\frac{1}{2} + 2r} = \dfrac{1}{2!\dfrac{5}{2} \cdot \dfrac{3}{2} \cdot \dfrac{1}{2}\sqrt{\pi}}\left(\dfrac{x}{2}\right)^{\frac{9}{2}}$

$$= \sqrt{\dfrac{2}{\pi x}}\dfrac{x^5}{5!}$$

$$\cdots\cdots$$

$$\therefore J_{\frac{1}{2}}(x) = \sqrt{\dfrac{2}{\pi x}} + \left(-\sqrt{\dfrac{2}{\pi x}}\dfrac{x^3}{3!}\right) + \left(\sqrt{\dfrac{2}{\pi x}}\dfrac{x^5}{5!}\right) + \cdots$$

$$= \sqrt{\frac{2}{\pi x}} \left(1 - \frac{x^3}{3!} + \frac{x^5}{5!} + \cdots \right)$$

$$= \sqrt{\frac{2}{\pi x}} \sin x$$

同法可證：$J_{-\frac{1}{2}}(x) = \sqrt{\frac{2}{\pi x}} \cos x$

由上例，亦知：(1) $J_{\frac{1}{2}}^2(x) + J_{-\frac{1}{2}}^2(x) = \dfrac{2}{\pi x}$ (2) $J_{\frac{1}{2}}(x) J_{-\frac{1}{2}}(x) = \dfrac{\sin 2x}{\pi x}$

範例 10 用 x，$\sin x$，$\cos x$ 表示 $J_{\frac{3}{2}}(x)$ 及 $J_{-\frac{3}{2}}(x)$。

解：利用 $J_{n+1}(x) = \dfrac{2n}{x} J_n(x) - J_{n-1}(x)$ ，

(a) 取 $n = \dfrac{1}{2}$

$$J_{\frac{3}{2}}(x) = \frac{1}{x} J_{\frac{1}{2}}(x) - J_{-\frac{1}{2}}(x)$$

$$= \frac{1}{x} \sqrt{\frac{2}{\pi x}} \sin x - \sqrt{\frac{2}{\pi x}} \cos x$$

$$= \sqrt{\frac{2}{\pi x}} \left(\frac{\sin x}{x} - \cos x \right)$$

(b) 取 $n = \dfrac{-1}{2}$

$$J_{\frac{1}{2}}(x) = \frac{-1}{x} J_{-\frac{1}{2}}(x) - J_{-\frac{3}{2}}(x)$$

$$\therefore J_{-\frac{3}{2}}(x) = - \left(J_{\frac{1}{2}}(x) + \frac{1}{x} J_{-\frac{1}{2}}(x) \right)$$

$$= - \left(\sqrt{\frac{2}{\pi x}} \sin x + \frac{1}{x} \sqrt{\frac{2}{\pi x}} \cos x \right)$$

$$= - \sqrt{\frac{2}{\pi x}} \left(\sin x + \frac{1}{x} \cos x \right)$$

★生成函數

定理：$e^{\frac{x}{2}\left(t-\frac{1}{t}\right)} = \sum\limits_{n=-\infty}^{\infty} J_n(x)t^n$

證明：$e^{\frac{x}{2}\left(t-\frac{1}{t}\right)} = e^{\frac{xt}{2}}e^{-\frac{x}{2t}} = \left\{\sum\limits_{r=0}^{\infty}\dfrac{(xt/2)^r}{r!}\right\}\left\{\sum\limits_{k=0}^{\infty}\dfrac{(-x/2t)^k}{k!}\right\}$

$$= \sum\limits_{r=0}^{\infty}\sum\limits_{k=0}^{\infty}\dfrac{(-1)^k\left(\dfrac{x}{2}\right)^{r+k}t^{r-k}}{r!\,k!}$$

取 $r-k=n$，則 n 之值可從 $-\infty$ 到 ∞：

$$\sum\limits_{n=-\infty}^{\infty}\sum\limits_{k=0}^{\infty}\dfrac{(-1)^k\left(\dfrac{x}{2}\right)^{n+2k}t^k}{(n+k)!\,k!} = \sum\limits_{n=-\infty}^{\infty}\left\{\sum\limits_{k=0}^{\infty}\dfrac{(-1)^k\left(\dfrac{x}{2}\right)^{n+2k}}{k!(n+k)!}\right\}t^n$$

$$= \sum\limits_{n=-\infty}^{\infty} J_n(x)t^n$$

範例 11 用生成函數法證：$J_{n+1}(x) = \dfrac{2n}{x}J_n(x) - J_{n-1}(x)$

解：為了書寫便利計，本書將用 J_n 表示 $J_n(x)$：

$$\because e^{\frac{x}{2}\left(t-\frac{1}{t}\right)} = \Sigma J_n t^n$$

兩邊同時對 t 微分：

$$\frac{x}{2}\left(1+\frac{1}{t^2}\right)e^{\frac{x}{2}\left(t-\frac{1}{t}\right)} = \Sigma J_n\,(nt^{n-1})$$

$$\Rightarrow \frac{x}{2}\left(1+\frac{1}{t^2}\right)\Sigma J_n t^n = \Sigma n J_n t^{n-1}$$

$$\Sigma \frac{x}{2}J_n t^n + \Sigma \frac{x}{2}J_n t^{n-2} = \Sigma n J_n t^{n-1}$$

利用我們熟悉之改變足碼之手法，上式變為：

$$\Sigma \frac{x}{2}J_n t^n + \Sigma \frac{x}{2}J_{n+2} t^n = \Sigma (n+1) J_{n+1} t^n$$

$$\therefore \frac{x}{2}J_n + \frac{x}{2}J_{n+2} = (n+1) J_{n+1}$$

調整上式之足碼：（以 $n-1$ 代替 n）

$$\frac{x}{2}J_{n-1} + \frac{x}{2}J_{n+1} = n J_n$$

即　$J_{n+1}(x) = \frac{2n}{x} J_n(x) - J_{n-1}(x)$

範例 **12** 用生成函數證 $J_n'(x) = \frac{1}{2}[J_{n-1}(x) - J_{n+1}(x)]$ ，並利用此結果証明：

$$J_n''(x) = \frac{1}{4}[J_{n-2}(x) - 2J_n(x) + J_{n+2}(x)]$$

解：$e^{\frac{x}{2}\left(t-\frac{1}{t}\right)} = \Sigma J_n t^n$ ································ (1)

(a) 上式兩邊同時對 x 微分（注意：J_n 為 x 之函數而非 t 之函數）

$$\frac{1}{2}\left(t-\frac{1}{t}\right)e^{\frac{x}{2}\left(t-\frac{1}{t}\right)} = \Sigma J_n' t^n$$

$$\Rightarrow \frac{1}{2}\left(t-\frac{1}{t}\right)\Sigma J_n t^n = \Sigma J_n' t^n \quad\cdots\cdots (2)$$

但　$\frac{1}{2}\left(t-\frac{1}{t}\right)\Sigma J_n t^n$

$$= \Sigma \frac{1}{2}J_n t^{n+1} - \Sigma \frac{1}{2}J_n t^{n-1} = \Sigma J_n' t^n$$

利用改變足碼手法，上式變成：

$$\Sigma \frac{1}{2} J_{n-1} t^n - \Sigma \frac{1}{2} J_{n+1} t^n = \Sigma J_n' t^n$$

$$\therefore J_n'(x) = \frac{1}{2}\left(J_{n-1}(x) - \frac{1}{2} J_{n+1}(x)\right)$$

(b) $J_n' = \frac{1}{2}(J_{n-1} - J_{n+1})$

$J_n'' = \frac{1}{2}(J'_{n-1} - J'_{n+1})$

$\quad = \frac{1}{2}\left[\frac{1}{2}(J_{n-2} - J_n) - \frac{1}{2}(J_n - J_{n+2})\right]$

$\therefore J_n'' = \frac{1}{4}(J_{n-2} - 2J_n + J_{n+2})$

範例 13 求 $\mathcal{L}(J_0(x))$，並由此結果求 $\int_0^\infty J_0(x)dx$ 。

解：(a) $\because J_0(x)$ 為 $x^2 y'' + xy' + (x^2 - 0)y = 0$ 之解，

即 $xy'' + y' + xy = 0$ 之解且 $y(0) = 1$，$y'(0) = 0$

求 $\mathcal{L}(xy'' + y' + xy)$：

又 $\mathcal{L}(xy'') = -\frac{d}{ds}(s^2 y(s) - s) = -s^2 y(s) - 2sy(s) + 1$

$\quad \mathcal{L}(y') = sy(s) - 1$

$\quad \mathcal{L}(xy) = -y'(s)$

代上述結果入

$$\mathcal{L}(xy'' + y' + xy) = -s^2 y(s) - 2sy(s) + 1 + sy(s) - 1 - y'(s) =$$
$$-(s^2 + 1)y'(s) - sy(s) = 0$$

即 $(s^2 + 1)y'(s) + sy(s) = 0$

解之

$$y(s) = \frac{c}{\sqrt{s^2+1}}$$

(b) $\mathcal{L}(J_0(x)) = \int_0^\infty e^{-st} J_0(x) dx = \frac{1}{\sqrt{s^2+1}}$

取 $s=0$ 得

$$\int_0^\infty J_0(x) dx = 1$$

◆ 習　題

1. 試證 $J'_1(x) = J_0(x) - J_1(x)/x$。

2. 求 $(xJ_1(x))'$。

3. 試證 $\int x^3 J_0(x) dx = x^3 J_1(x) - 2x^2 J_2(x)$。

4. 試證 $\int \frac{J_1(x)}{x} dx = -J_1(x) + \int J_0(x) dx$。

5. 求證 $J_3(x) = \left(\frac{8}{x^2} - 1\right) J_1(x) - \frac{4}{x} J_0(x)$。

6. 試證 $\int J_3(x) = -\frac{4}{x} J_1(x) + J_0(x)$。

7. $\int J_5(x) = -2J_2(x) - J_0(x) - 2J_4(x)$

8. 試求 $x^2 y'' + xy' + (x^2 - 4)y = 0$ 之通解。

9. 求 $4x^2 y'' + 4xy' + (x-4)y = 0$ 之通解（提示：用 $\sqrt{x} = z$ 之變換）。

10. 試說明何以 $Y = aJ_n(x) + bJ_{-n}(x)$（a, b 為任意常數）不可能為 Bessel 方程式之解？

第五章
富利葉分析

5.1　預備知識

5.2　富利葉級數

5.3　★富利葉積分、富利葉轉換簡介

5.1　預備知識

週期函數

若對所有 x 而言，若 L 為滿足 $f(x+L)=f(x)$ 之最小正數，則稱 L 為 $f(x)$ 之最小週期（Least period）或逕稱 L 為 $f(x)$ 之週期。

正弦函數 $y=\sin x$，即為一週期函數（Periodic function），因 $f(x+2\pi)=\sin(x+2\pi)=\sin x$ 其週期為 2π，同理，$y=\cos x$ 亦為週期 2π 之週期函數。正切函數 $y=\tan x$，因 $f(x+\pi)=\tan(x+\pi)=\tan x$，故 $y=\tan x$ 是週期為 π 之週期函數。常數函數是以任一正數作為週期。

範例 1　若 $f(t)$ 為週期 L 之週期函數，試證 $f(t+2L)=f(t)$。

解：$\because f(t)$ 為週期 T 之週期函數，$f(t+L)=f(t)$，$\forall\, t \in R$

$\therefore f(t+2L)=f[(t+L)+L]=f(y+L)$

$=f(y)=f(t+L)=f(t)$

範例 2　求 $y=\sin 2x$ 之週期 L。

解：$f(x)=\sin 2x=\sin(2x+2\pi)=\sin(2(x+\pi))=f(x+\pi)$

$\therefore L=\pi$

範例 3　試繪下列函數之圖形：

$$f(x)=\begin{cases}1 & ,\ 1 \geq x \geq 0 \\ -1 & ,\ 0 \geq x \geq -1\end{cases}\quad,\ \text{週期}\ L=2$$

解：

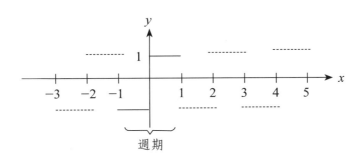

範例 4　試繪下列函數之圖形：

$$f(x) = \begin{cases} \sin x \text{，} 0 < x < \pi \\ 0 \qquad \text{，} \pi < x < 2\pi \end{cases} \text{，週期 } L = 2\pi$$

解：

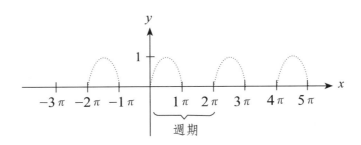

奇函數與偶函數

　　若一個函數滿足 $f(-x) = f(x)$ 者稱為偶函數，如 $f_1(x) = \cos x$，$f_2(x) = x^2$，$f_3(x) = |x|$ 均為偶函數，因為它們都滿足 $f(-x) = f(x)$。函數 $f(x)$ 滿足 $f(-x) = -f(x)$ 者稱為奇函數，如 $f_1(x) = \sin x$，$f_2(x) = x^3$，$f_3(x) = \dfrac{1}{x}$ 因滿足 $f(-x) = -f(x)$ 故均為奇函數，但像 $g(x) = x^2 + x + 1$ 便不為偶函數也不為奇函數。

　　以下重要定理，對我們計算富利葉級數或富利葉積分時極為有用。

定理：$\int_{-a}^{a} f(x)\,dx = \begin{cases} 2\int_{0}^{a} f(x)\,dx & : f(x) 為偶函數 \\ 0 & : f(x) 為奇函數 \end{cases}$

證明：(1) $f(x)$ 為偶函數：即 $f(-x) = f(x)$

$$\int_{-a}^{a} f(x)\,dx = \int_{-a}^{0} f(x)\,dx + \int_{0}^{a} f(x)\,dx$$

但 $\int_{-a}^{0} f(x)\,dx = -\int_{a}^{0} f(-y)\,dy$，（取 $y = -x$）

$$= \int_{0}^{a} f(-y)\,dy = \int_{0}^{a} f(y)\,dy$$

$$\therefore \int_{-a}^{a} f(x)\,dx = \int_{-a}^{0} f(x)\,dx + \int_{0}^{a} f(x)\,dx = 2\int_{0}^{a} f(x)\,dx$$

(2) $f(x)$ 為奇函數時之證明部份留作練習

範例 5　計算：

(1) $\int_{-1}^{1} \sin(x^3)\,dx$　　　(2) $\int_{-3}^{3} |x|\,dx$

(3) $\int_{-3}^{3} (x + 5x^3)^{\frac{1}{3}}\,dx$　　　(4) $\int_{-1}^{1} (ax^2 + bx + c)\,dx$

解：(1) ∵ $f(x) = \sin(x^3)$ 為一奇函數

$\therefore \int_{-1}^{1} \sin(x^3)\,dx = 0$

(2) ∵ $f(x) = |x|$ 為一偶函數

$\therefore \int_{-3}^{3} |x|\,dx = 2\int_{0}^{3} x\,dx = 2 \cdot \left. \frac{x^2}{2} \right|_{0}^{3} = 9$

(3) ∵ $f(x) = (x + 5x^3)^{\frac{1}{3}}$ 為一奇函數

$\therefore \int_{-3}^{3} (x + 5x^3)^{\frac{1}{3}}\,dx = 0$

(4) $\int_{-1}^{1} (ax^2 + bx + c)\,dx = a\int_{-1}^{1} x^2\,dx + b\int_{-1}^{1} x\,dx + c\int_{-1}^{1} 1\,dx$

$= 2a\int_{0}^{1} x^2\,dx + b \cdot 0 + 2c\int_{0}^{1} 1\,dx = \frac{2}{3}a + 2c$

範例 6　求 $\int_{-2}^{2} x^2 + |x|\, dx$

解：$\because f(-x) = (-x)^2 + |-x|$

$\qquad\qquad\quad = x^2 + |x| = f(x)$，

$\quad \therefore f(x)$ 為偶函數

$\quad \therefore \int_{-2}^{2} x^2 + |x|\, dx = 2\int_{0}^{2} x^2 + x\, dx$

$\qquad\qquad\qquad\qquad = 2\left(\dfrac{x^3}{8} + \dfrac{x^2}{2}\right)\Big]_{0}^{2}$

$\qquad\qquad\qquad\qquad = 2\left(\dfrac{8}{3} + 2\right) = \dfrac{28}{3}$

◆ 習　題

1. 判斷下列那些函數是奇函數？那些是偶函數？那些都不是？

   (1) $f(x) = \sqrt{1+x^2}$　　(2)$f(x) = |x^3|$　(3)$f(x) = x\sin x$

   (4) $f(x) = 1 + x^2 + x\sin x$　(5)$f(x) = x|1+x|$　(6)$\dfrac{\pi}{2}$

   (7) $\log\dfrac{1+x}{1-x}$

2. 試繪下列週期函數之圖形：

   (1)$f(x) = x$，$1 > x > -1$，$L = 2$

   (2) $f(x) = \begin{cases} x & , \; 1 > x > 0 \\ 1-x & , \; 2 > x > 1 \end{cases}$，$L = 2$

   (3)$f(x) = x^2$，$2 > x > -1$，$L = 3$

3. 若 $f(x)$，$g(x)$ 均為偶函數，試證 $f(x) + g(x)$ 亦為偶函數。

4. 說明下列積分之結果為 0：

   (1) $\int_{-1}^{1} x\cos(x^3)\, dx$

   (2) $\int_{-1}^{1} \sin x\, e^{x^4}\, dx$

5. $f(x)$ 為 $L = p$ 之週期函數

試問下列那個函數之週期亦為 p？

(1) $f(x) + c$

(2) $cf(x)$

(3) $f(ax+b),\ a>0$

6. 若 $f(x)$ 為週期 L 之函數，試證

$$\int_a^{a+L} f(x)dx = \int_0^L f(x)dx$$

5.2　富利葉級數

我們將用下列基本三角公式導出一些有用的三角積分結果：

$$2\sin\alpha\cos\beta = \sin(\alpha+\beta) + \sin(\alpha-\beta)$$

$$2\cos\alpha\cos\beta = \cos(\alpha+\beta) + \cos(\alpha-\beta)$$

$$2\sin\alpha\sin\beta = \cos(\alpha-\beta) - \cos(\alpha+\beta)$$

預備定理

1. $\int_{-L}^{L} \sin\dfrac{k\pi x}{L} dx = \int_{-L}^{L} \cos\dfrac{k\pi x}{L} dx = 0$；$k = 1, 2, 3,\cdots$

2. $\int_{-L}^{L} \cos\dfrac{m\pi x}{L}\cos\dfrac{n\pi x}{L} dx = \int_{-L}^{L} \sin\dfrac{m\pi x}{L}\sin\dfrac{n\pi x}{L} dx = \begin{cases} 0 & m\neq n \\ L & m=n \end{cases}$

3. $\int_{-L}^{L} \sin\dfrac{m\pi x}{L}\cos\dfrac{n\pi x}{L} dx = 0$

其中 m 與 n 為任意正整數。

證明：(1) $\int_{-L}^{L} \sin\dfrac{k\pi x}{L} dx = -\dfrac{L}{k\pi}\cos\dfrac{k\pi x}{L}\Big|_{-L}^{L}$

$$= -\dfrac{L}{k\pi}\cos k\pi + \dfrac{L}{k\pi}\cos(-k\pi) = 0$$

$$\int_{-L}^{L} \cos\frac{k\pi x}{L} dx = \frac{L}{k\pi} \sin\frac{k\pi x}{L}\Big|_{-L}^{L}$$

$$= \frac{L}{k\pi} \sin k\pi - \frac{L}{k\pi} \sin(-k\pi) = 0$$

(2) $\cos A \cos B = \frac{1}{2}\{\cos(A-B) + \cos(A+B)\}$ ，

$\sin A \sin B = \frac{1}{2}\{\cos(A-B) - \cos(A+B)\}$

① $m \neq n$ 時：

$$\int_{-L}^{L} \cos\frac{m\pi x}{L} \cos\frac{n\pi x}{L} dx$$

$$= \frac{1}{2}\int_{-L}^{L}\left\{\cos\frac{(m-n)\pi x}{L} + \cos\frac{(m+n)\pi x}{L}\right\}dx = 0 \qquad （由(1)）$$

及

$$\int_{-L}^{L} \sin\frac{m\pi x}{L} \sin\frac{n\pi x}{L} dx$$

$$= \frac{1}{2}\int_{-L}^{L}\left\{\cos\frac{(m-n)\pi x}{L} - \cos\frac{(m+n)\pi x}{L}\right\}dx = 0$$

② $m = n$ 時，

$$\int_{-L}^{L} \cos\frac{m\pi x}{L} \cos\frac{n\pi x}{L} dx = \frac{1}{2}\int_{-L}^{L}\left(1 + \cos\frac{2n\pi x}{L}\right)dx = L$$

$$\int_{-L}^{L} \sin\frac{m\pi x}{L} \sin\frac{n\pi x}{L} dx = \frac{1}{2}\int_{-L}^{L}\left(1 - \cos\frac{2n\pi x}{L}\right)dx = L$$

(3) 留作習題

我們可進一步推導出：

1. $\int_{c}^{c+2L} \sin\frac{k\pi x}{L} dx = \int_{c}^{c+2L} \cos\frac{k\pi x}{L} dx = 0$ ，$k = 1, 2, 3, \cdots$

2. $\int_{c}^{c+2L} \cos\frac{m\pi x}{L} \cos\frac{n\pi x}{L} dx = \int_{c}^{c+2L} \sin\frac{m\pi x}{L} \sin\frac{n\pi x}{L} dx$

$$= \begin{cases} 0, & m \neq n \\ L, & m = n \end{cases}$$

3. $\int_{c}^{c+2L} \sin\frac{m\pi x}{L} \sin\frac{n\pi x}{L} dx = 0$

富利葉級數之定義

設 $f(x)$ 定義於區間 $(-L, L)$，$(-L, L)$ 外之區間則由 $f(x + 2L) = f(x)$ 定義，即 $f(x)$ 有週期 $2L$。$f(x)$ 與之對應之**富利葉級數**（Fourier series）定義為

$$f(x) = \frac{a_0}{2} + \sum_{n=1}^{\infty} \left(a_n \cos \frac{n\pi x}{L} + b_n \sin \frac{n\pi x}{L} \right) \quad\cdots\cdots\cdots\cdots\cdots (1)$$

定理：(1) 之係數 a_0, a_n, b_n 為：

$$a_n = \frac{1}{L} \int_{-L}^{L} f(x) \cos \frac{n\pi x}{L} dx \quad\left.\begin{array}{l}\\ \\\end{array}\right\} \quad\cdots\cdots\cdots\cdots\cdots (2)$$

$$\left.\begin{array}{l}n = 0, 1, 2,\end{array}\right.$$

$$b_n = \frac{1}{L} \int_{-L}^{L} f(x) \sin \frac{n\pi x}{L} dx \quad\cdots\cdots\cdots\cdots\cdots (3)$$

證明：若 $f(x) = A + \sum_{n=1}^{\infty} \left(a_n \cos \frac{n\pi x}{L} + b_n \sin \frac{n\pi x}{L} \right)$ 在 $(-L, L)$ 中均勻收斂到 $f(x)$，

其中 $n = 1, 2, 3$ $\cdots\cdots\cdots\cdots$ (1)

1. 以 $\cos \frac{m\pi x}{L}$ 乘 (1) 之兩邊後，從 $-L$ 積分到 L 得：

$$\int_{-L}^{L} f(x) \cos \frac{m\pi x}{L} dx$$

$$= A \int_{-L}^{L} \cos \frac{m\pi x}{L} dx + \sum_{n=1}^{\infty} \left\{ a_n \int_{-L}^{L} \cos \frac{m\pi x}{L} \cos \frac{n\pi x}{L} dx \right.$$

$$\left. + b_n \int_{-L}^{L} \cos \frac{m\pi x}{L} \sin \frac{n\pi x}{L} dx \right\}$$

$$= a_n L \quad n \neq 0$$

$$\therefore a_n = \frac{1}{L} \int_{-L}^{L} f(x) \cos \frac{n\pi x}{L} dx \quad n = 1, 2, 3, \cdots$$

2. 以 $\sin \frac{m\pi x}{L}$ 乘 (1) 之兩邊後，且從 $-L$ 積分到 L 得：

$$\int_{-L}^{L} f(x) \sin \frac{m\pi x}{L} dx = A \int_{-L}^{L} \sin \frac{m\pi x}{L} dx + \sum_{n=1}^{\infty} \left\{ a_n \int_{-L}^{L} \sin \frac{m\pi x}{L} \cos \frac{n\pi x}{L} dx \right.$$

$$+ b_n \int_{-L}^{L} \sin \frac{m\pi x}{L} \sin \frac{n\pi x}{L} \, dx \Bigg\}$$

$$= b_n L$$

$$\therefore b_n = \frac{1}{L} \int_{-L}^{L} f(x) \sin \frac{n\pi x}{L} \, dx \quad n = 1, 2, 3, \cdots$$

3. 將 (1) 從 $-L$ 積分到 L 得

$$\int_{-L}^{L} f(x) \, dx = 2AL \quad \therefore A = \frac{1}{2L} \int_{-L}^{L} f(x) \, dx$$

將 $n = 0$ 代入 a_n 得

$$a_0 = \frac{1}{L} \int_{-L}^{L} f(x) \, dx \quad \therefore A = \frac{a_0}{2}$$

在此，有幾點值得注意的：

1. 將積分上、下限分別用 $c + 2L$，c 取代，上述結果仍然成立，即：

若 $f(x)$ 有週期 $2L$，係數 a_n 與 b_n 為：

$$\begin{cases} a_n = \dfrac{1}{L} \displaystyle\int_{c}^{c+2L} f(x) \cos \frac{n\pi x}{L} \, dx \\ b_n = \dfrac{1}{L} \displaystyle\int_{c}^{c+2L} f(x) \sin \frac{n\pi x}{L} \, dx \end{cases} \quad n = 0, 1, 2, \cdots$$

因為富利葉級數

$$\frac{a_0}{2} + \sum_{n=1}^{\infty} \left(a_n \cos \frac{n\pi x}{L} + b_n \sin \frac{n\pi x}{L} \right)$$

中之 $\dfrac{a_0}{2} = \dfrac{1}{2L} \displaystyle\int_{-L}^{L} f(x) \, dx$，所以其常數值 $\dfrac{a_0}{2}$ 為 $f(x)$ 在一個週期內之平均數。

2. 若 $f(x)$ 為偶函數則 $b_n = 0$，$n = 1, 2, 3 \cdots$，若 $f(x)$ 為奇函數則 $a_n = 0$，$n = 1, 2, 3 \cdots$

在此須特別強調級數 (1) 只是相對 $f(x)$ 之級數，我們不知道此級數是否收

斂到 $f(x)$。Dirichlet 定理即對富利葉級數之收斂提出解答。

定理（Dirichlet 定理）

設

(1) $f(x)$ 定義於 $(-L, L)$ 且除了有點外，皆為單值（Single-valued），即一對一之對應。

(2) $f(x)$ 有週期 $2L$。

(3) $f(x)$ 及 $f'(x)$ 在 $(-L, L)$ 是分段連續。

則含有係數(2)或(3)之級數 1 收斂到 $\begin{cases} f(x)，若 x 是一連續點 \\ \dfrac{f(x+0) + f(x-0)}{2}，若 x 是一不連續點 \end{cases}$

上述定理之證明過程超過本書程度故從略。

根據此結果，可對任意連續點 x，寫出：

(4) $f(x) = \dfrac{a_0}{2} + \sum\limits_{n=1}^{\infty} \left(a_n \cos \dfrac{n\pi x}{L} + b_n \sin \dfrac{n\pi x}{L} \right)$

若 x 不連續點，則 (4) 左邊可用 $\dfrac{1}{2}[f(x+0) - f(x-0)]$ 代替，使得級數收斂到 $f(x+0)$ 與 $f(x-0)$ 的平均值，其中 $f(x+0)$ 為 $\lim\limits_{\varepsilon \to 0^+} f(x+\varepsilon)$，$f(x-0)$ 為 $\lim\limits_{\varepsilon \to 0^-} f(x-\varepsilon)$。

在計算上，下列定理使得上述定理在應用上具有充分之彈性。

定理：$f(t)$ 為週期 L 之週期函數則

$$\int_{t_0}^{t_0+L} f(t)dt = \int_0^L f(t)dt$$

為了便於求給定週期 L 之週期函數 $f(t)$ 之富利葉級數，我們可寫成

$$f(t) = \frac{a_0}{2} + \sum_{n=1}^{\infty} \left(a_n \cos \frac{2n\pi x}{L} + b_n \sin \frac{2n\pi x}{L} \right)$$

$$a_0 = \frac{1}{L} \int_c^{c+L} f(x) \, dx$$

$$a_n = \frac{1}{L} \int_c^{c+L} f(x) \cos \frac{n\pi}{L} x \, dx$$

$$b_n = \frac{1}{L} \int_c^{c+L} f(x) \sin \frac{n\pi}{L} x \, dx$$

範例 1　求 $f(x) = x$，$1 > x > -1$ 之富利葉級數。

解：$L = 1$

$$a_0 = \frac{1}{1} \int_{-1}^{1} x \, dx = 0$$

$$a_n = \int_{-1}^{1} x \cos n\pi x \, dx$$

$$\quad = \int_{-1}^{1} x \cos n\pi x \, dx$$

$$\quad = 0$$

$$b_n = \frac{1}{1} \int_{-1}^{1} x \sin n\pi x \, dx$$

$$\quad = \int_{-1}^{1} x \sin n\pi x \, dx$$

$$\quad = 2 \int_{0}^{1} x \sin n\pi x \, dx$$

$$\quad = -\left[\frac{2x}{n\pi} \cos n\pi x + \frac{1}{n^2 \pi^2} \sin n\pi x \right]\Big|_0^1$$

$$\quad = \begin{cases} \dfrac{2}{n\pi} \text{，} n \text{ 為奇數} \\[2mm] \dfrac{-2}{n\pi} \text{，} n \text{ 為偶數} \end{cases}$$

$$\therefore f(x) = \frac{2}{\pi} \left[\sin \pi x - \frac{1}{2} \sin 2\pi x + \frac{1}{3} \sin 3\pi x - \frac{1}{4} \sin 4\pi x \cdots \right]$$

在求 a_n, b_n 時，如果善用分部積分之積分表法，則有利於大幅簡化計算。

範例 **2** (a) 求 $f(x)=x^2$，$\pi \geq x \geq -\pi$，$L=2\pi$ 之富利葉級數，並試以此結果求

(b) $\sum\limits_{n=1}^{\infty} \dfrac{1}{n^2} = ?$

(c) $\dfrac{-1}{1} + \dfrac{1}{2^2} - \dfrac{1}{3^2} + \dfrac{1}{4^2} + \cdots$

解：(a) $a_0 = \dfrac{1}{\pi}\int_{-\pi}^{\pi} x^2\,dx = \dfrac{2}{\pi}\int_{0}^{\pi} x^2\,dx = \dfrac{2}{3}\pi^2$

$a_n = \dfrac{1}{\pi}\int_{-\pi}^{\pi} x^2 \cos\dfrac{n\pi x}{\pi}\,dx = \dfrac{2}{\pi}\int_{0}^{\pi} x^2 \cos nx\,dx$

$\quad = \dfrac{2}{\pi}\left[-\dfrac{x^2}{n}\sin nx + \dfrac{2x}{n^2}\cos nx - \dfrac{2}{n^3}\sin nx \right]_0^{\pi}$

$\quad = \dfrac{4}{n^2}\cos n\pi$

$b_n = \dfrac{1}{\pi}\int_{-\pi}^{\pi} x^2 \sin\dfrac{2n\pi x}{2\pi}\,dx = \dfrac{1}{\pi}\int_{-\pi}^{\pi} x^2 \sin nx\,dx$

$\quad = 0$（∵偶函數．奇函數奇函數，$\int_{-a}^{a}$ 奇函數 $dx = 0$）

$\therefore f(x) = \dfrac{a_0}{2} + \sum\limits_{n=1}^{\infty} a_n \cos\dfrac{n\pi x}{\pi}$

$\quad = \dfrac{\pi^2}{3} + \sum\limits_{n=1}^{\infty} \dfrac{4}{n^2}\cos n\pi \cdot \cos n\pi$

$\quad = \dfrac{\pi^2}{3} + 4\left\{ \dfrac{-\cos x}{1^2} + \dfrac{\cos 2x}{2^2} - \dfrac{\cos 3x}{3^2} + \dfrac{\cos 4x}{4^2} - \cdots \right\}$

$\quad = \dfrac{\pi^2}{3} - 4\left\{ \dfrac{\cos x}{1^2} - \dfrac{1}{2^2}\cos 2x + \dfrac{1}{3^2}\cos 3x - \dfrac{1}{4^2}\cos 4x + \cdots \right\}$

(b) $f(x)$ 在 $x = \pi$ 為連續

$f(\pi) = \pi^2 = \dfrac{\pi^2}{3} - 4\left\{ \dfrac{\cos \pi}{1^2} - \dfrac{\cos 2\pi}{2^2} + \dfrac{\cos 3\pi}{3^2} - \dfrac{\cos 4\pi}{4^2} + \cdots \right\}$

$\therefore \dfrac{2\pi^2}{3} = -4\left\{ \dfrac{-1}{1^2} - \dfrac{1}{2^2} - \dfrac{1}{3^2} - \dfrac{1}{4^2} + \cdots \right\}$

$\quad = 4\left\{ \dfrac{1}{1^2} + \dfrac{1}{2^2} + \dfrac{1}{3^2} + \dfrac{1}{4^2} + \cdots \right\}$

即 $\dfrac{1}{1^2} + \dfrac{1}{2^2} + \dfrac{1}{3^2} + \cdots = \dfrac{\pi^2}{6}$

(c) 在 $f(x) = x^2 = \dfrac{\pi^2}{3} - 4\left\{ \dfrac{\cos x}{1^2} - \dfrac{\cos 2x}{2^2} + \dfrac{\cos 3x}{3^2} - \dfrac{\cos 4x}{4^2} + \cdots \right\}$ 中取 $x = 0$

得 $0 = \dfrac{\pi^2}{3} - 4\left\{ \dfrac{1}{1^2} - \dfrac{1}{2^2} + \dfrac{1}{3^2} - \dfrac{1}{4^2} + \cdots \right\}$

$\therefore \dfrac{\pi^2}{3} = 4\left\{ \dfrac{1}{1^2} - \dfrac{1}{2^2} + \dfrac{1}{3^2} - \dfrac{1}{4^2} + \cdots \right\}$

得 $\dfrac{1}{1^2} - \dfrac{1}{2^2} + \dfrac{1}{3^2} - \dfrac{1}{4^2} + \cdots = \dfrac{\pi^2}{12}$

或許有些讀者會問，如果例 2 取 $x = 2\pi$

則 $f(x) = 4\pi^2 = \dfrac{\pi^2}{3} - 4\left\{ \dfrac{1}{1^2} - \dfrac{1}{2^2} + \dfrac{1}{3^2} - \dfrac{1}{4^2} + \cdots \right\}$

$\therefore \dfrac{1}{1^2} - \dfrac{1}{2^2} + \dfrac{1}{3^2} - \dfrac{1}{4^2} + \cdots = \dfrac{11}{3}\pi^2$ 與範例 2 結果不同，這是因為 $f(2\pi)$

對原函數無意義（$\because 2\pi$ 不在 $(-\pi, \pi)$ 中）

範例 3　求 $f(x) = \begin{cases} -1, & -1 \le x \le 0 \\ 1, & 0 \le x \le 1 \end{cases}$ 之富利葉級數，並以此結果驗證

$1 - \dfrac{1}{3} + \dfrac{1}{5} - \dfrac{1}{7} + \cdots = \dfrac{\pi}{4}$

解：$a_0 = \dfrac{1}{L}\int_{-1}^{1} f(x)\,dx = \int_{-1}^{0}(-1) + \int_{0}^{1}(1)\,dx = 0$

$a_n = \dfrac{1}{L}\int_{-1}^{1} f(x)\cos\dfrac{n\pi}{L}x\,dx$

$= \int_{-1}^{1} f(x)\cos(n\pi x)\,dx = 0$

（$\because$ 奇函數・偶函數＝奇函數）

$b_n = \dfrac{2}{L}\int_{-1}^{1} f(x)\sin\dfrac{n\pi}{L}x\,dx = \int_{-1}^{1} f(x)\sin n\pi x\,dx$

$= \int_{-1}^{0}(-1)\sin n\pi x\,dx + \int_{0}^{1}(1)\sin n\pi x\,dx$

$= \dfrac{\cos n\pi x}{n\pi}\Big|_{-1}^{0} + \dfrac{-\cos n\pi x}{n\pi}\Big|_{0}^{1}$

$= \dfrac{1 - \cos n\pi}{n\pi} + \dfrac{-\cos n\pi + 1}{n\pi} = \dfrac{2 - 2\cos n\pi}{n\pi} = \begin{cases} \dfrac{4}{n\pi}, & n \text{ 為奇數} \\ 0, & n \text{ 為偶數} \end{cases}$

$\therefore f(x) = \dfrac{4}{\pi}\left(\dfrac{\sin \pi x}{1} + \dfrac{\sin 3\pi x}{3} + \dfrac{\sin 5\pi x}{5} + \cdots \right)$

讀者可取 $x = 1$ 以驗證 $1 - \dfrac{1}{3} + \dfrac{1}{5} - \dfrac{1}{7} + \cdots = \dfrac{\pi}{4}$

範例 4 求 $f(x) = \begin{cases} 0 , & -1 < x < 0 \\ x , & 0 < x < 1 \end{cases}$ 之富利葉級數，並以此結果驗證 $1 - \dfrac{1}{3} + \dfrac{1}{5} - \dfrac{1}{7} + \cdots = \dfrac{\pi}{4}$

解：本範例之週期為 2，選擇區間 c 至 $c + 2L$ 為 -1 到 1；$c = -1$

$\therefore L = 1$

$a_0 = \dfrac{1}{L} \displaystyle\int_{-1}^{1} f(x)\, dx = \int_{-1}^{0} 0\, dx + \int_{0}^{1} (1)x\, dx = \dfrac{1}{2}$

$a_n = \dfrac{1}{L} \displaystyle\int_{-1}^{1} f(x) \cos \dfrac{2n\pi}{L} x\, dx$

$\quad = \displaystyle\int_{-1}^{0} 0 \cdot \cos (n\pi x)\, dx + \int_{0}^{1} x \cos n\pi x\, dx$

$\quad = \left. \dfrac{\sin n\pi x}{n\pi} + \dfrac{\cos n\pi x}{n^2 \pi^2} \right|_{0}^{1}$

$\quad = \begin{cases} \dfrac{-2}{n^2 \pi^2} , & n \text{ 為奇數} \\ 0 , & n \text{ 為偶數} \end{cases}$

$b_n = \dfrac{1}{L} \displaystyle\int_{-1}^{1} f(x) \sin \dfrac{2n\pi}{L}\, dx = \int_{-1}^{1} f(x) \sin n\pi x\, dx$

$\quad = \displaystyle\int_{-1}^{0} 0 \sin n\pi x\, dx + \int_{0}^{1} x \sin n\pi x\, dx$

$\quad = \left. \dfrac{-x \cos n\pi x}{n\pi} + \dfrac{\sin n\pi x}{n^2 \pi^2} \right|_{0}^{1}$

$\quad = \dfrac{-\cos n\pi}{n\pi} = \begin{cases} \dfrac{-1}{n\pi} , & n \text{ 為偶數} \\ \dfrac{1}{n\pi} , & n \text{ 為奇數} \end{cases}$

$\therefore f(x) = \dfrac{1}{4} - \dfrac{2}{\pi^2} \left(\cos \pi x + \dfrac{1}{9} \cos 3\pi x + \dfrac{1}{25} \cos 5\pi x + \cdots \right)$

$\qquad + \dfrac{1}{\pi} \left(\sin \pi x - \dfrac{1}{2} \sin 2\pi x + \dfrac{1}{3} \sin 3\pi x \cdots \right)$

取 $x = \dfrac{1}{2}$

$$f\left(\dfrac{1}{2}\right) = \dfrac{1}{2} = \dfrac{1}{4} - \dfrac{2}{\pi^2}(0) + \dfrac{1}{\pi}\left(1 - \dfrac{1}{3} + \dfrac{1}{5} - \dfrac{1}{7} + \cdots\right)$$

$$\therefore 1 - \dfrac{1}{3} + \dfrac{1}{5} - \dfrac{1}{7} + \cdots = \dfrac{\pi}{4}$$

由範例 3，4 可知，對給定無窮數列和，我們可透過不同之函數取不同值而得到。

半幅展開式

Fourier 級數在求算上，往往將區間 $[0, L]$ 視做富利葉級數之半週期 1 並在 $[-L, 0]$ 補充函數：

1. 如補充函數圖形，如下圖，使得 $f(x)$ 在 $[-L, L]$ 間為偶函數者，即可求得本節所述之富利葉餘弦級數：

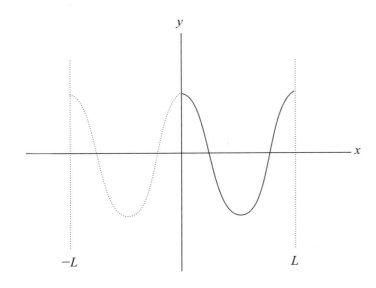

$$f(x) = \sum_{n=1}^{\infty} C_n \sin \dfrac{n\pi x}{L} ,$$

其中

$$C_n = \dfrac{2}{L} \int_{o}^{L} f(x) \sin \dfrac{n\pi x}{L} \, dx$$

2. 如補充函數圖形，如下圖，使得 $f(x)$ 在 $[-L, L]$ 間為奇函數者，即可求得本節前所述之富利葉正弦級數：

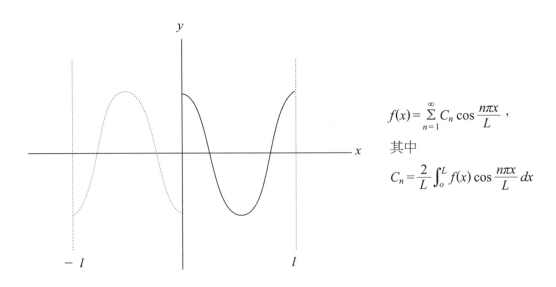

$$f(x) = \sum_{n=1}^{\infty} C_n \cos \frac{n\pi x}{L},$$

其中

$$C_n = \frac{2}{L} \int_o^L f(x) \cos \frac{n\pi x}{L} dx$$

因為以這種擴張方式所得之富利葉級數，只在 $[0, L]$ 內才收斂至原函數 $f(x)$，故稱為函數之半幅展開式。我們在求半幅展開式時，可以在 $[-L, 0]$ 選擇適當之補充函數圖形，以使得在 $[-L, L]$ 間為奇函數或偶函數，其目的在求使得之級數只含餘弦或正弦項而便於計算。

範例 5　求 $f(x) = 1$ 在 $2 > x > 0$ 之半幅正弦級數。

解：$L = 2$

$$\therefore C_n = \frac{2}{L} \int_o^L f(x) \sin \frac{n\pi x}{T} dx$$

$$= \int_o^2 1 \sin \frac{n\pi x}{2} dx$$

$$= -\frac{2}{n\pi} \cos \frac{n\pi x}{2} \Big]_o^2$$

$$= -\frac{2}{n\pi} (\cos n\pi - 1)$$

$$= \frac{2}{n\pi}(1 - (-1)^n)$$

$$= \begin{cases} 0 & , n \text{ 為偶數} \\ \dfrac{4}{n\pi} & , n \text{ 為奇數} \end{cases}$$

$$\therefore 1 = f(x) = \frac{4}{\pi}\left(\frac{1}{1}\sin\frac{\pi x}{2} + \frac{1}{3}\sin\frac{3\pi x}{2} + \frac{1}{5}\sin\frac{5\pi x}{2} + \cdots\right)$$

範例 **6**　求 $f(x) = x$ 在 $2 > x > 0$ 之半幅餘弦級數。

解 : $L = 2$

$$\therefore C_n = \frac{2}{L}\int_o^L f(x)\cos\frac{n\pi x}{L}\,dx$$

$$= \int_o^2 x\cos\frac{n\pi x}{2}\,dx$$

$$= -\frac{2x}{n\pi}\sin\frac{n\pi}{2}x + \frac{4}{n^2\pi^2}\cos\frac{n\pi}{2}x\bigg]_o^2$$

$$= \frac{4}{n^2\pi^2}(\cos n\pi - 1)$$

$$= \begin{cases} \dfrac{-8}{n^2\pi^2} & , n \text{ 為偶數} \\ 0 & , n \text{ 為奇數} \end{cases}$$

$$\therefore x = f(x) = \frac{-8}{\pi^2}\left(\frac{1}{1^2}\cos\frac{\pi x}{2} + \frac{1}{3^2}\cos\frac{3\pi x}{2} + \frac{1}{5^2}\cos\frac{5\pi x}{2} + \cdots\right)$$

範例 **7**　求 $f(x) = x^2$，在 $1 > x > 0$ 之半幅正弦級數。

解 : $L = 1$

$$\therefore C_n = \frac{2}{L}\int_o^L f(x)\sin\frac{n\pi}{T}x\,dx$$

$$= 2\int_o^1 x^2\sin n\pi x\,dx$$

$$= 2\left[-\frac{x^2}{n\pi}\cos n\pi x + \frac{2x}{n^2\pi^2}\sin n\pi x + \frac{2}{n^3\pi^3}\cos n\pi x\right]_o^1$$

$$= 2\left[-\frac{1}{n\pi}\cos n\pi x + \frac{2}{n^3\pi^3}\cos n\pi - \frac{2}{n^3\pi^3}\right]\Big|_o^1$$

$$= \begin{cases} \dfrac{2}{n\pi} - \dfrac{8}{n^3\pi^3} \text{，} n \text{ 為偶數} \\[3mm] -\dfrac{2}{n\pi} \qquad\quad \text{，} n \text{ 為奇數} \end{cases}$$

$$\therefore x^2 = f(x) = \left[\left(\frac{2}{\pi} - \frac{8}{\pi^3}\right)\sin\pi x - \frac{1}{\pi}\sin 2\pi x + \left(\frac{3}{3\pi} - \frac{8}{27\pi^3}\right)\sin 3\pi x\right.$$
$$\left. - \frac{1}{2\pi}\sin 4\pi x + \left(\frac{2}{5\pi} - \frac{8}{125\pi^3}\right)\sin 5\pi x - \frac{1}{3\pi}\sin 6\pi x + \cdots\right]$$

Parseval 等式

定理：（Parseval 等式）若 a_n，b_n 是與 $f(x)$ 相對應之富利葉係數，則

$$\frac{1}{L}\int_{-L}^{L}\{f(x)\}^2 dx = \frac{a_0^2}{2} + \sum_{n=1}^{\infty}(a_n^2 + b_n^2)$$

證明：$f(x) = \dfrac{a_0}{2} + \sum\limits_{n=1}^{\infty}\left(a_n\cos\dfrac{n\pi x}{L} + b_n\sin\dfrac{n\pi x}{L}\right)$

$\therefore f^2(x) = \dfrac{a_0}{2}f(x) + \sum\limits_{n=1}^{\infty}\left(a_n f(x)\cos\dfrac{n\pi x}{L} + b_n f(x)\sin\dfrac{n\pi x}{L}\right)$

從而

$$\int_{-L}^{L}f^2(x)d(x) = \frac{a_0}{2}\int_{-L}^{L}f(x)dx + \sum_{n=1}^{\infty}\left\{a_n\int_{-L}^{L}f(x)\cos\frac{n\pi x}{L}dx\right.$$
$$\left. + b_n\int_{-L}^{L}f(x)\sin\frac{n\pi x}{L}dx\right\} \quad\cdots\cdots\cdots (1)$$

但　$a_n = \dfrac{1}{L}\int_{-L}^{L}f(x)\cos\dfrac{n\pi x}{L}dx$，

即　$\int_{-L}^{L}f(x)\cos\dfrac{n\pi x}{L}dx = La_n$

同法　$\int_{-L}^{L}f(x)\sin\dfrac{n\pi x}{L}dx = Lb_n$，

又　$a_0 = \dfrac{1}{L}\int_{-L}^{L}f(x)dx$，

即 $\int_{-L}^{L} f(x)\,dx = a_0 L$

將上述結果代入 (1) 即得：

$$\int_{-L}^{L} f^2(x)dx = \frac{a_0}{2} \cdot a_0 L + \sum_{n=1}^{\infty}(a_n \cdot La_n + b_n \cdot Lb_n)$$
$$= \frac{a_0^2}{2}L + L\sum_{n=1}^{\infty}(a_n^2 + b_n^2)$$
$$\therefore \frac{1}{L}\int_{-L}^{L} f^2(x)dx = \frac{a_0^2}{2} + \sum_{n=1}^{\infty}(a_n^2 + b_n^2)$$

範例 **8**　利用範例 3 所求之富利葉級數及 $\frac{1}{1^2} + \frac{1}{3^2} + \frac{1}{5^2} + \frac{1}{7^2} + \cdots = \frac{\pi^2}{8}$（見本節習題第 6 題）驗證 Parseval 等式。

解：Parseval 等式：

$$\frac{1}{L}\int_{-L}^{L}\{f(x)\}^2 dx = \frac{a_0^2}{2} + \sum_{n=1}^{\infty}(a_n^2 + b_n^2)$$

在本範例 $L=1$，$f(x) = \begin{cases} -1 & , -1 < x < 0 \\ 1 & , 0 < x < 1 \end{cases}$，$a_n = 0$，$b_n = \begin{cases} \dfrac{4}{n\pi} & , n \text{ 為奇數} \\ 0 & , n \text{ 為偶數} \end{cases}$

(1) $\dfrac{1}{L}\int_{-L}^{L}\{f(x)\}^2 dx = 1\int_{-1}^{0}(-1)^2 dx + 1\int_{0}^{1}(1)^2 dx = 2$

(2) $\dfrac{a_0^2}{2} + \sum_{n=1}^{\infty}(a_n^2 + b_n^2) = \sum_{n=1}^{\infty} b_n^2$

$$= \frac{16}{\pi^2}\left(1 + \frac{1}{3^2} + \frac{1}{5^2} + \frac{1}{7^2} + \cdots\right)$$
$$= \frac{16}{\pi^2} \cdot \frac{\pi^2}{8} = 2$$

(1) = (2) ∴得證

範例 **9** 利用範例 2 所得之富利葉級數及 Parseval 等式求
$$1 + \frac{1}{2^4} + \frac{1}{3^4} + \frac{1}{4^4} + \cdots$$

解：在範例 2

$$a_0 = \frac{2}{3}\pi^2 \, , \ a_n = \frac{4}{n^2}\cos n\pi \, , \ b_n = 0$$

$$\therefore \frac{1}{L}\int_{-L}^{L}\{f(x)\}^2 dx = \frac{1}{\pi}\int_{-\pi}^{\pi} x^4\, dx = \frac{2}{5}\pi^4 \quad\cdots\cdots\cdots (1)$$

$$又\ \frac{a_0^2}{2} + \sum_{n=1}^{\infty}(a_n^2 + b_n^2) = \frac{1}{2}\left(\frac{2}{3}\pi^2\right)^2 + \sum_{n=1}^{\infty}\left(\frac{4}{n^2}\cos n\pi\right)^2$$

$$= \frac{2}{9}\pi^4 + \sum_{n=1}^{\infty}\left(\frac{4}{n^2}\right)^2 = \frac{2}{9}\pi^4 + 16\sum_{n=1}^{\infty}\frac{1}{n^4} \quad\cdots\cdots\cdots (2)$$

$$\because (1) = (2)$$

$$\therefore \frac{2}{5}\pi^4 = \frac{2}{9}\pi^4 + 16\sum_{n=1}^{\infty}\frac{1}{n^4}$$

$$得 \sum_{n=1}^{\infty}\frac{1}{n^4} = \frac{1}{16}\left(\frac{2}{5}\pi^4 - \frac{2}{9}\pi^4\right) = \frac{1}{90}\pi^4$$

◆ 習 題

1. 求 $f(x) = 1 - |x|$，$-3 \leq x \leq 3$ 之富利葉級數

2. 求 $f(x) = 1 - x^2$，$1 > x > -1$ 之富利葉級數

3. 求 $f(x) = \begin{cases} 0 \, , & -\pi \leq x < 0 \\ \pi \, , & 0 \leq x < \pi \end{cases}$ 之富利葉級數

4. 求 $f(x) = |\sin x|$，$\pi > x > -\pi$ 之富利葉級數

5. 求 $f(x) = \begin{cases} 1 & -\frac{\pi}{2} < x < \frac{\pi}{2} \\ 0 & \frac{\pi}{2} < x < \frac{3}{2}\pi \end{cases}$ 之富利葉級數

6.(a) 求 $f(x) = |x|$，$\pi \geq x \geq -\pi$ 之富利葉級數並以此求 $\frac{1}{1^2} + \frac{1}{3^2} + \frac{1}{5^2} + \frac{1}{7^2} + \cdots$

7. 求 $f(x)=\begin{cases} x , & 1>x\geq 0 \\ 0 , & 2\geq x>1 \end{cases}$ 之富利葉級數並以此求 $\dfrac{1}{1^2}+\dfrac{1}{3^2}+\dfrac{1}{5^2}+\dfrac{1}{7^2}+\cdots$

8.(a) 求 $f(x)=\begin{cases} 0 , & -\pi<x<0 \\ \sin x , & 0\leq x<\pi \end{cases}$ 之富利葉級數並以此結果求

(b) $\dfrac{1}{1\cdot 3}+\dfrac{1}{3\cdot 5}+\dfrac{1}{5\cdot 7}+\dfrac{1}{7\cdot 9}+\cdots=$

(c) $\dfrac{1}{1\cdot 3}-\dfrac{1}{3\cdot 5}+\dfrac{1}{5\cdot 7}-\dfrac{1}{7\cdot 9}+\cdots=$

9.(a) 求 $f(x)=\begin{cases} 0 , & -5<x<0 \\ 3 , & 0<x<5 \end{cases}$ 之富利葉級數

並以此結果求 (b) $1-\dfrac{1}{3}+\dfrac{1}{5}-\cdots=$？

10. $f(x)$ 為偶函數，$x\in(-L,L)$，試證 $a_n=\dfrac{2}{L}\displaystyle\int_0^L f(x)\cos\dfrac{n\pi x}{L}\,dx$，$b_n=0$

11. 求 $f(x)=1$，$1>x>0$ 之半幅正弦展開式

12. $f(x)=x(1-x)$，$0<x<1$

求半幅正弦展開式

★ 5.3　富利葉積分、富利葉轉換簡介

本章前面所談之富利葉級數涉及週期函數，但對於非週期函數，

若 $f(x)$ 在 $(-L,L)$ 內滿足 Dirichlet 條件，且 $\displaystyle\int_{-\infty}^{\infty}|f(x)|\,dx$ 為收斂，則富利葉積分

$$f(x)=\int_0^{\infty}A(\omega)\cos\omega x+B(\omega)\sin\omega x\,d\omega \quad\cdots\cdots\cdots\cdots(1)$$

其中

$$A(\omega)=\frac{1}{\pi}\int_{-\infty}^{\infty}f(x)\cos\omega x\,dx$$

$$B(\omega)=\frac{1}{\pi}\int_{-\infty}^{\infty}f(x)\sin\omega x\,dx$$

若 $f(x)$ 在 $-\infty<x<\infty$ 為偶函數時，$B(\omega)=0$，則

$A(\omega) = \dfrac{1}{\pi} \displaystyle\int_{-\infty}^{\infty} f(x)\cos\omega x\, dx = \dfrac{2}{\pi} \displaystyle\int_{0}^{\infty} f(x)\cos\omega x\, dx$ 為 $f(x)$ 之富利葉餘弦積

分式（Fourier-cosine integral），同理，$f(x)$ 在 $-\infty < x < \infty$ 為奇函數時 $B(\omega) = $

$\dfrac{2}{\pi} \displaystyle\int_{0}^{\infty} f(x)\sin\omega x\, dx$ 為 $f(x)$ 之富利葉正弦積分式（Fourier-sine integral），而 (1)

稱為富利葉全三角積分式（Fourier complete trigonometric integral）。

範例 1　求 $f(x) = \begin{cases} 1，|x| < 1 \\ 0，|x| > 1 \end{cases}$ 之富利葉積分式。

解：∵ $f(x)$ 為偶函數

∴ $f(x)$ 以富利葉餘弦積分式表示：

$f(x) = \displaystyle\int_{0}^{\infty} A(\omega)\cos\omega x\, d\omega$

$A(\omega) = \dfrac{2}{\pi} \displaystyle\int_{0}^{\infty} f(x)\cos\omega x\, dx$

$\quad = \dfrac{2}{\pi} \displaystyle\int_{0}^{1} \cos\omega x\, dx = \dfrac{2}{\pi} \dfrac{\sin\omega x}{\omega}\Big]_{0}^{1} = \dfrac{2}{\pi\omega}\sin\omega$

$\therefore f(x) = \displaystyle\int_{0}^{\infty} A(\omega)\cos\omega x\, d\omega$

$\quad = \displaystyle\int_{0}^{\infty} \dfrac{2}{\pi\omega}\sin\omega\cos\omega x\, d\omega$

$\quad = \dfrac{2}{\pi} \displaystyle\int_{0}^{\infty} \dfrac{\sin\omega}{\omega}\cos\omega x\, d\omega$

如同拉氏轉換，富利葉積分式也可用求某些特殊定積分。

範例 2　承範例 1. 求 $\displaystyle\int_{0}^{\infty} \dfrac{\sin\omega}{\omega}\, d\omega$ 及 $\displaystyle\int_{0}^{\infty} \dfrac{\sin\omega\cos\omega}{\omega}\, d\omega$

解：$f(x) = \dfrac{2}{\pi} \displaystyle\int_{0}^{\infty} \dfrac{\sin\omega}{\omega}\cos\omega x\, d\omega$

(a) $x = 0$，$f(x)$ 在 $x = 0$ 時為連續

$$\therefore f(0) = \frac{2}{\pi} \int_0^\infty \frac{\sin \omega}{\omega} \, d\omega$$

即 $\int_0^\infty \frac{\sin \omega}{\omega} \, d\omega = \frac{\pi}{2} f(0) = \frac{\pi}{2}$

(b) 取 $x = 1$，$f(x)$ 在 $x = 1$ 處為不連續

$$\therefore \frac{2}{\pi} \int_0^\infty \frac{\sin \omega}{\omega} \cos \omega \, d\omega = \frac{f(1^+) + f(1^-)}{2} \ ,$$

即 $\int_0^\infty \frac{\sin \omega \cos \omega}{\omega} \, d\omega = \frac{\pi}{2} \cdot \frac{1+0}{2} = \frac{\pi}{4}$

範例 3 求 $f(x) = \begin{cases} e^{-x} & , x > 0 \\ 0 & , x < 0 \end{cases}$ 之富利葉積分式，並以此結果證明

$$\int_0^\infty \frac{\cos x\omega + \omega \sin x\omega}{1 + \omega^2} \, d\omega = \begin{cases} 0 & , x < 0 \\ \dfrac{\pi}{2} & , x = 0 \\ \pi e^{-x} & , x > 0 \end{cases}$$

解：(a) $f(x)$ 既非奇函數亦非偶函數故需以全三角積分式表示。

$$A(\omega) = \frac{1}{\pi} \int_{-\infty}^\infty f(x) \cos \omega x \, dx$$

$$= \frac{1}{\pi} \int_0^\infty e^{-x} \cos \omega x \, dx = \frac{1}{\pi} \frac{1}{1 + \omega^2}$$

$[\int_0^\infty e^{-x} \cos \omega x \, dx$ 可視為 $\mathcal{L}(\cos bt)|_{b=\omega, s=1}]$

$$B(\omega) = \frac{1}{\pi} \int_{-\infty}^\infty e^{-x} \sin \omega x \, dx$$

$$= \frac{1}{\pi} \int_0^\infty e^{-x} \sin \omega x \, dx = \frac{1}{\pi} \frac{\omega}{1 + \omega^2}$$

$$\therefore f(x) = \int_0^\infty A(\omega) \cos \omega x + B(\omega) \sin \omega x \, d\omega$$

$$= \int_0^\infty \frac{1}{\pi} \frac{\cos \omega x}{1 + \omega^2} + \frac{1}{\pi} \frac{\omega \sin \omega x}{1 + \omega^2} d\omega$$

$$= \frac{1}{\pi} \int_0^\infty \frac{\cos \omega x + \omega \sin \omega x}{1 + \omega^2} d\omega$$

(b) $x < 0$ 時，$f(x) = 0$

　　$x = 0$ 時，$f(x)$ 在 $x = 0$ 時不連續

$$\therefore \frac{1}{\pi} \int_0^\infty \frac{\cos \omega x + \omega \sin \omega x}{1 + \omega^2} d\omega = \frac{f(0^+) + f(0^-)}{2} = \frac{0 + e^{-0}}{2} = \frac{1}{2}$$

　　$x > 0$ 時，$f(x) = e^{-x}$

$$\therefore \frac{1}{\pi} \int_0^\infty \frac{\cos \omega x + \omega \sin \omega x}{1 + \omega^2} d\omega = e^{-x}$$

即　　$\int_0^\infty \frac{\cos \omega x + \omega \sin \omega x}{1 + \omega^2} d\omega = \pi e^{-x}$

富利葉轉換

　　如同拉氏轉換，對任一函數 $f(x)$，它的富利葉轉換（Fourier transformation）通常以

$$F(\alpha) = \mathcal{F}(f(x))$$

而 $f(x) = \mathcal{F}^{-1}(F(\alpha))$，此稱為逆富利葉轉換，它基本上有：

(1) 富利葉餘弦轉換：若 $f(x)$ 為偶函數，則它有一個富利葉餘弦轉換以 $F_c(\alpha)$ 表示，它們間的關係是：

$$\begin{cases} F_c(\alpha) = \sqrt{\dfrac{2}{\pi}} \displaystyle\int_0^\infty f(u)\cos\alpha u\, du \\[2mm] f(x) = \sqrt{\dfrac{2}{\pi}} \displaystyle\int_0^\infty F_c(\alpha)\cos\alpha x\, d\alpha \end{cases}$$

(2) 富利葉正弦轉換：若 $f(x)$ 為奇函數，則它有一個富利葉正弦轉換，以 $F_s(\alpha)$ 表示，它們之間的關係是：

$$\begin{cases} F_s(\alpha) = \sqrt{\dfrac{2}{\pi}} \displaystyle\int_0^\infty f(u)\sin\alpha u\, du \\[2mm] f(x) = \sqrt{\dfrac{2}{\pi}} \displaystyle\int_0^\infty F_s(\alpha)\sin\alpha x\, d\alpha \end{cases}$$

上面關係式之證明超過本書之程度，故以一例子說明之。

範例 4　求 $f(x) = \begin{cases} 1, & 1 > x \geq 0 \\ 0, & x \geq 1 \end{cases}$ 之 $F_s(\alpha)$ 及 $F_c(\alpha)$

解：(1) $F_s(\alpha) = \sqrt{\dfrac{2}{\pi}} \displaystyle\int_0^\infty f(u)\sin\alpha u\, du$

$= \sqrt{\dfrac{2}{\pi}}\Big[\displaystyle\int_0^1 1\sin\alpha u\, du + \int_1^\infty 0\sin\alpha u\, du\Big]$

$= \sqrt{\dfrac{2}{\pi}}\Big(\dfrac{-\cos\alpha u}{\alpha}\Big)\Big]_0^1$

$= \sqrt{\dfrac{2}{\pi}}\Big(\dfrac{1-\cos\alpha}{\alpha}\Big)$

(2) $F_c(\alpha) = \sqrt{\dfrac{2}{\pi}} \displaystyle\int_0^\infty f(u)\cos\alpha u\, du$

$= \sqrt{\dfrac{2}{\pi}}\Big[\displaystyle\int_0^1 1\cos\alpha u\, du + \int_1^\infty 0\cdot\cos\alpha u\, du\Big]$

$= \sqrt{\dfrac{2}{\pi}}\dfrac{\sin\alpha u}{\alpha}\Big]_0^1$

$= \sqrt{\dfrac{2}{\pi}}\dfrac{\sin\alpha}{\alpha}$

◆ 習　題

1. 求 $f(x) = \begin{cases} x, & a > x > 0 \\ 0, & x > a \end{cases}$ 之富利葉正弦積分

2. 若 $f(x) = \begin{cases} k, & a > x > 0 \\ 0, & 其它 \end{cases}$ ，求 $f(x)$ 之富利葉轉換

第六章
矩　陣

6.1　線性聯立方程組

6.2　矩陣之基本運算

6.3　行列式

6.4　方陣特徵值之意義

6.5　對角化

6.6　聯立微分方程組

6.1 線性聯立方程組 ^(註)

名詞

考慮下列線性聯立方程組：

$$\begin{cases} a_{11}x_1 + a_{12}x_2 + \cdots + a_{1n}x_n = b_1 \\ a_{21}x_1 + a_{22}x_2 + \cdots + a_{2n}x_n = b_2 \\ \quad\vdots \qquad\qquad\qquad\qquad \vdots \\ a_{m1}x_1 + a_{m2}x_2 + \cdots + a_{mn}x_n = b_m \end{cases}$$

令上述聯立方程組之解集合為 K：

(1)$K = \phi$ 時，稱方程組為**不相容**（Inconsistent）。

(2)$K = \phi$ 時，稱方程組為**相容**（Consistent）。

　①方程組恰有一組解時為**相容且獨立**（Consistent and independent）。

　②方程組有無限多組解時為**相容且相依**（Consistent and independent）。

範例 1 $\begin{cases} x + y = 4 \\ 2x + 3y = 10 \end{cases}$ 恰有一組解 (2, 2)，故其解為相容（其幾何表現為二相

異直線交於一點 (2, 2)）。

$\begin{cases} x + y = 4 \\ 2x + 2y = 8 \end{cases}$ 有無窮多組解，故其解為相容（其幾何表現為同一直

線）。

$\begin{cases} x + y = 4 \\ 2x + 2y = 5 \end{cases}$ 無解，故為不相容（其幾何表現為二平行線）。

註：本章多取材自拙著「基礎線性代數」（五南出版），有志者除參考上書外，還可
　　參考拙著之「線性代數問題集」（考用出版）

在 聯 立 方 程 組 中 ， 若 $b_1 = b_2 = \cdots b_m = 0$ 時 稱 為 **齊 次 線 性 方 程 組**（Homogeneous system of linear equations），則：

(1) 恰有一組解 $0 = (0, 0, \cdots, 0)$，則稱此種解稱為**零解**（Zero solution）或 trivial 解。

(2) 若存在其他異於零解，則稱這種解為**非零解**（Nonzero solution）或 Non-trivial 解。

n 元線性聯立方程組之解法—— Gauss-Jordan 法

Gauss-Jordan 解法之步驟

1. 將本節所述之聯立方程組寫成如下之**擴張矩陣**（Augmented matrix）：

$$
\left[
\begin{array}{cccc}
a_{11} & a_{12} & \cdots & a_{1n} \\
a_{21} & a_{22} & \cdots & a_{2n} \\
\vdots & \vdots & \vdots & \\
a_{m1} & a_{m2} & \cdots & a_{mn}
\end{array}
\right|
\left.
\begin{array}{c}
b_1 \\
b_2 \\
\vdots \\
b_m
\end{array}
\right]
\qquad\qquad \cdots\cdots\cdots (1)
$$

$$\underbrace{\qquad\qquad}_{\text{係數矩陣}} \quad \underbrace{\qquad}_{\text{右手係數}}$$

2. 透過基本列運算將 (1) 化成簡化之列梯形式：

基本列運算（Elementary row operation）有三種：①任意二列對調②任一列乘上異於零之數③任一列乘上一個異於零之數再加上另一列，這些運算只是便於我們求得解集合，並不會改變聯立方程組之解集合。

其次，簡化之**列梯形式**（Row reduced echelon form）是指一個矩陣同時滿足下列三個條件：

(1) 每列之左邊第一個非零元素必為 1 且包含該元素之同行之其他元素均為 0。

(2) 設第 k 列及第 $k + 1$ 列均不為零列（所謂零列是指矩陣中之元素均為 0

之列）或 $a_{k,i}$ 及 $a_{k,j}$ 均為該列異於 0 之第一個元素則 $i<j$。

(3) 所有零列必在非零列之下方。

例如 $\begin{bmatrix} 1 & 0 & 0 \\ 0 & 1 & 0 \\ 0 & 0 & 1 \end{bmatrix}$、$\begin{bmatrix} 1 & 2 & 0 \\ 0 & 0 & 1 \\ 0 & 0 & 0 \end{bmatrix}$、$\begin{bmatrix} 1 & 3 & 0 & 6 \\ 0 & 0 & 1 & 3 \\ 0 & 0 & 0 & 0 \end{bmatrix}$ 均為簡化之梯形式。

3. 將求得之簡化之列梯形式由後列向前列，逐一代入求解。

範例 2　解 $\begin{cases} x_1 + 4x_2 + \quad 3x_3 = 12 \\ -x_1 - 2x_2 \qquad\quad = -12 \\ 2x_1 + 2x_2 + \quad 3x_3 = 8 \end{cases}$

解：$\begin{bmatrix} 1 & 4 & 3 & | & 12 \\ -1 & -2 & 0 & | & -12 \\ 2 & 2 & 3 & | & 8 \end{bmatrix}$

$\rightarrow \begin{bmatrix} 1 & 4 & 3 & | & 12 \\ 0 & 2 & 3 & | & 0 \\ 0 & 6 & 3 & | & 16 \end{bmatrix} \rightarrow \begin{bmatrix} 1 & 4 & 3 & | & 12 \\ 0 & 1 & \frac{3}{2} & | & 0 \\ 0 & 6 & 3 & | & 16 \end{bmatrix}$

$\begin{bmatrix} 1 & 0 & -3 & | & 12 \\ 0 & 1 & \frac{3}{2} & | & 0 \\ 0 & 0 & -6 & | & 16 \end{bmatrix} \rightarrow \begin{bmatrix} 1 & 0 & -3 & | & 12 \\ 0 & 1 & \frac{3}{2} & | & 0 \\ 0 & 0 & 1 & | & -\frac{8}{3} \end{bmatrix} \rightarrow \begin{bmatrix} 1 & 0 & 0 & | & 4 \\ 0 & 1 & 0 & | & 4 \\ 0 & 0 & 1 & | & -\frac{8}{3} \end{bmatrix}$

$\therefore x_1 = 4，x_2 = 4，x_3 = -\frac{8}{3}$

範例 **3**　$\begin{cases} x + 2y + 4z + w = 3 \\ 2x - y + z + 3w = 7 \\ -4x + 7y + 5z - 7w = 4 \end{cases}$

解：$\begin{bmatrix} 1 & 2 & 4 & 1 & | & 3 \\ 2 & -1 & 1 & 3 & | & 7 \\ -4 & 7 & 5 & -7 & | & 4 \end{bmatrix} \to \begin{bmatrix} 1 & 2 & 4 & 1 & | & 3 \\ 0 & -5 & -7 & 1 & | & 1 \\ 0 & 15 & 21 & -3 & | & 16 \end{bmatrix}$

$\to \begin{bmatrix} 1 & 2 & 4 & 1 & | & 3 \\ 0 & -5 & -7 & 1 & | & 1 \\ 0 & 0 & 0 & 0 & | & 19 \end{bmatrix}$

∵其第三列表示 $0x + 0y + 0z + 0w = 19$

∴無解。

範例 **4**　解 $\begin{cases} x_1 + 2x_2 - x_3 + x_4 = 2 \\ 2x_1 + x_2 + x_3 - x_4 = 3 \\ x_1 + 2x_2 - 3x_3 + 2x_4 = 2 \end{cases}$

解：$\begin{bmatrix} 1 & 2 & -1 & 1 & | & 2 \\ 2 & 1 & 1 & -1 & | & 3 \\ 1 & 2 & -3 & 2 & | & 2 \end{bmatrix} \to \begin{bmatrix} 1 & 2 & -1 & 1 & | & 2 \\ 0 & -3 & 3 & -3 & | & -1 \\ 0 & 0 & -2 & 1 & | & 0 \end{bmatrix}$

$\to \begin{bmatrix} 1 & 2 & -1 & 1 & | & 2 \\ 0 & 1 & -1 & 1 & | & \frac{1}{3} \\ 0 & 0 & -2 & 1 & | & 0 \end{bmatrix}$

$\to \begin{bmatrix} 1 & 0 & 1 & -1 & | & \frac{4}{3} \\ 0 & 1 & -1 & 1 & | & \frac{1}{3} \\ 0 & 0 & -2 & 1 & | & 0 \end{bmatrix} \to \begin{bmatrix} 1 & 0 & 0 & -\frac{1}{2} & | & \frac{4}{3} \\ 0 & 1 & -1 & 1 & | & \frac{1}{3} \\ 0 & 0 & 1 & -\frac{1}{2} & | & 0 \end{bmatrix}$

$$\rightarrow \begin{bmatrix} 1 & 0 & 0 & -\dfrac{1}{2} & \Bigg| & \dfrac{4}{3} \\ 0 & 1 & 0 & \dfrac{1}{2} & \Bigg| & \dfrac{1}{3} \\ 0 & 0 & 1 & -\dfrac{1}{2} & \Bigg| & 0 \end{bmatrix}$$

由第 3 列 $x_3 - \dfrac{1}{2} x_4 = 0$ $\therefore$ 取 $x_4 = t$，則 $x_3 = \dfrac{t}{2}$，

由第 2 列，$x_2 + \dfrac{1}{2} x_4 = \dfrac{1}{3}$，$x_4 = t$ $\therefore x_2 = -\dfrac{t}{2} + \dfrac{1}{3}$，

同法可得 $x_1 = \dfrac{t}{2} + \dfrac{4}{3}$，$t \in R$

t 稱為自由變數（Free variable）。

下面是齊次線性方程式之例子。

範例 5　解 $\begin{cases} 3x+y+z+3w=0 \\ x \qquad\quad +w=0 \\ 2x+2y+z+w=0 \end{cases}$

解：$\begin{bmatrix} 3 & 1 & 1 & 3 & | & 0 \\ 1 & 0 & 0 & 1 & | & 0 \\ 2 & 2 & 1 & 1 & | & 0 \end{bmatrix} \rightarrow \begin{bmatrix} 1 & 0 & 0 & 1 & | & 0 \\ 3 & 1 & 1 & 3 & | & 0 \\ 2 & 2 & 1 & 1 & | & 0 \end{bmatrix}$

$$\rightarrow \begin{bmatrix} 1 & 0 & 0 & 1 & | & 0 \\ 0 & 1 & 1 & 0 & | & 0 \\ 0 & 2 & 1 & -1 & | & 0 \end{bmatrix}$$

$$\rightarrow \begin{bmatrix} 1 & 0 & 0 & 1 & | & 0 \\ 0 & 1 & 1 & 0 & | & 0 \\ 0 & 0 & 1 & 1 & | & 0 \end{bmatrix}$$

取 $w = t$，則 $z = -t$，$y = t$，$x = -t$，$t \in R$

◆ **習　題**

1. 解 $\begin{cases} \qquad\qquad 7x_3 + 14x_4 = -7 \\ 2x_1 - 8x_2 + 4x_3 + 18x_4 = 0 \\ 3x_1 - 12x_2 - x_3 + 13x_3 = 7 \end{cases}$

2. 解 $\begin{cases} 2x_1 + 4x_2 + 6x_3 = 18 \\ 4x_1 + 5x_2 + 6x_3 = 24 \\ 2x_1 + 7x_2 + 12x_3 = 30 \end{cases}$

3. 解 $\begin{cases} x_1 + x_2 \qquad = 5 \\ 2x_1 + x_2 - x_3 = 6 \\ 3x_1 - 2x_2 + 2x_3 = 7 \end{cases}$

6.2　矩陣之基本運算

矩陣意義

定義：$m \times n$ 矩陣（$m \times n$ Matrix）是一個有 m 個列（Row），n 個行（Column）之陣列（Array）：

$$\begin{bmatrix} a_{11} & a_{12} & \cdots & a_{1n} \\ a_{21} & a_{22} & \cdots & a_{2n} \\ \cdots & \cdots & \cdots & \cdots \\ a_{m1} & a_{m2} & \cdots & a_{mn} \end{bmatrix}$$

a_{ij} 為第 i 列第 j 行元素。

範例 1 $A = \begin{bmatrix} 1 & -2 & 3 & 0 \\ 4 & 2 & -5 & 1 \\ 0 & 6 & -3 & -2 \end{bmatrix}$ 為一 3×4 階矩陣，$a_{21} = 4$，$a_{33} = -3$，a_{14}

$= 0$

若矩陣之列數與行數均為 n 時，我們稱此種矩陣為 n 階方陣（Square matrix）。

若兩個矩陣有相等之階數，則稱此二矩陣為同階矩陣。

二矩陣相等之條件

$A = [a_{ij}]$，$B = [b_{ij}]$，或且唯若 A，B 有相同之階數且 $a_{ij} = b_{ij}$ $\forall$ i，j 則 $A = B$。

矩陣之加法

若 $A = [a_{ij}]_{m \times n}$，$B = [b_{ij}]_{m \times n}$（即 A, B 均為同階矩陣），則定義 $C = A + B$ 為 $C = [c_{ij}]_{m \times n}$ 其中 $c_{ij} = a_{ij} + b_{ij}$ $\forall$ i，j。

定理：A，B，C 為同階矩陣，則

(1) $A + B = B + A$（滿足交換律）。

(2) $(A + B) + C = A + (B + C)$（滿足結合律）。

證明：(2) 之證明：

令 $A = [a_{ij}]_{m \times n}$，$B = [b_{ij}]_{m \times n}$，$C = [c_{ij}]_{m \times n}$

則 $A + (B + C)$ 與 $(A + B) + C$ 均為 $m \times n$ 階矩陣，因它們在 (i, j) 位置之元素滿足 $a_{ij} + (b_{ij} + c_{ij}) = (a_{ij} + b_{ij}) + c_{ij}$

$$\therefore A + (B + C) = (A + B) + C$$

矩陣之減法

若 $A = [\, a_{ij}\,]_{m \times n}$，$B = [\, b_{ij}\,]_{m \times n}$（即 A, B 均為同階矩陣），則定義 $C = A - B$ 為 $C = [\, c_{ij}\,]_{m \times n}$，其中 $c_{ij} = a_{ij} - b_{ij}$ $\forall$ i，j。

純量與矩陣之乘法

若 λ 為一純量（Scalar）即 λ 為一數，且 $A = [\, a_{ij}\,]_{m \times n}$ 則定義 $C = \lambda A$ 為 $C = [\, c_{ij}\,]_{m \times n}$，其中 $c_{ij} = \lambda a_{ij}$ $\forall$ i，j。

範例 **2**　$A = \begin{bmatrix} 1 & 0 & 3 \\ -2 & 1 & -1 \end{bmatrix}$，$B = \begin{bmatrix} 0 & 2 & 1 \\ -3 & 1 & -4 \end{bmatrix}$，則

$$A + B = \begin{bmatrix} 1 & 0 & 3 \\ -2 & 1 & -1 \end{bmatrix} + \begin{bmatrix} 0 & 2 & 1 \\ -3 & 1 & -4 \end{bmatrix} = \begin{bmatrix} 1 & 2 & 4 \\ -5 & 2 & -5 \end{bmatrix}$$

設 $C = \begin{bmatrix} 1 & 0 \\ 2 & 0 \end{bmatrix}$ 則 $A + C$ 不成立，（因 A，C 為不同之階數）。

承上例

$$A - B = \begin{bmatrix} 1 & 0 & 3 \\ -2 & 1 & -1 \end{bmatrix} - \begin{bmatrix} 0 & 2 & 1 \\ -3 & 1 & -4 \end{bmatrix} = \begin{bmatrix} 1 & -2 & 2 \\ 1 & 0 & 3 \end{bmatrix}$$

$$2A = \begin{bmatrix} 2 & 0 & 6 \\ -4 & 2 & -2 \end{bmatrix}$$

矩陣與矩陣之乘法

矩陣之乘法有兩種，一是剛剛我們討論過的純量與矩陣之乘積，一是二個矩陣之乘積。

若 A 為一 $m \times n$ 階矩陣，B 為一 $n \times p$ 階矩陣，則 $C = A \cdot B$ 為一 $m \times p$ 階矩陣。上述 AB 可乘之條件為 A 之行數必需等於 B 之列數。若 $C = A \cdot B$（A，B 為可乘），則 $c_{ij} = \sum\limits_{k=1}^{n} a_{ik} b_{kj}$

範例 3　$A = \begin{bmatrix} a_{11} & a_{12} & a_{13} \\ a_{21} & a_{22} & a_{23} \end{bmatrix}$，$B = \begin{bmatrix} b_{11} & b_{12} \\ b_{21} & b_{22} \end{bmatrix}$，$C = \begin{bmatrix} c_{11} & c_{12} \\ c_{21} & c_{22} \\ c_{31} & c_{32} \end{bmatrix}$

則

(a) $D = AC$，求 d_{12}，d_{21}：

$$d_{12} = a_{11}c_{12} + a_{12}c_{22} + a_{13}c_{32}$$

$$d_{21} = a_{21}c_{11} + a_{22}c_{21} + a_{23}c_{31}$$

(b) $A \cdot B$，因 A 為 2×3 矩陣，B 為 2×2 矩陣，$A \cdot B$ 不可乘。

(c) $B \cdot A$

$$\begin{matrix} & & \begin{bmatrix} a_{11} & a_{12} & a_{13} \\ a_{21} & a_{22} & a_{23} \end{bmatrix} \\ & \begin{bmatrix} b_{11} & b_{12} \\ b_{21} & b_{22} \end{bmatrix} & \end{matrix}$$

$$= \begin{bmatrix} b_{11}a_{11} + b_{12}a_{21} & b_{11}a_{12} + b_{12}a_{22} & b_{11}a_{13} + b_{12}a_{23} \\ b_{21}a_{11} + b_{22}a_{21} & b_{21}a_{12} + b_{22}a_{22} & b_{21}a_{13} + b_{22}a_{23} \end{bmatrix}$$

矩陣之轉置

任意二矩陣 $A = [a_{ij}]_{m \times n}$，$B = [b_{ij}]_{m \times n}$ 若 $a_{ij} = b_{ji}$　i，j，則 B 為 A 之**轉置矩陣**（Transpose matrix），A 之轉置矩陣常用 A^T 表之。但也有一些書是用 A^t，$^T\!A$，A' 來表示。

轉置矩陣之性質

1. $(A^T)^T = A$
2. $(AB)^T = B^T A^T$（設 A，B 為可乘）
3. $(A + B)^T = A^T + B^T$（設 A，B 為同階）
4. A 為方陣則 $|A| = |A^T|$，即 A 之行列式與其轉置之行列式同。

範例 4　$A = \begin{bmatrix} 1 & 0 & 3 \\ -2 & 1 & -1 \end{bmatrix}$ 則 A 之轉置矩陣 A^T 為 $\begin{bmatrix} 1 & -2 \\ 0 & 1 \\ 3 & -1 \end{bmatrix}$

簡單地說，A 之第一列為 A^T 之第一行，A 之第二列為 A^T 之第二行，…。

矩陣之逆

A 為一 n 階方陣，若存在一方陣 B 使得 $AB = I$ 則稱 B 為 A 之**反矩陣**（Inverse matrix）。

定理：若 B 為 A 之反矩陣則 $AB = BA = I$，且 B 為唯一。

注意：下列幾個術語均為同義（A 為 n 階方陣）

(1) A^{-1} 存在。

(2) $|A| \neq 0$（A 之行列式值不為 0）。

(3) A 為非奇異矩陣（Non-singular matrix）。

(4) A 為全秩（Full rank）。

一般用來求方陣之反矩陣的方法有下列二種：

1. 解方程式法：

例如求 $A = \begin{bmatrix} 1 & -1 \\ 1 & 2 \end{bmatrix}$ 之反矩陣。

取 $A^{-1} = \begin{bmatrix} x & z \\ y & w \end{bmatrix}$

則 $\begin{bmatrix} 1 & -1 \\ 1 & 2 \end{bmatrix} \begin{bmatrix} x & z \\ y & w \end{bmatrix} = \begin{bmatrix} 1 & 0 \\ 0 & 1 \end{bmatrix}$

即 $\begin{bmatrix} x-y & z-w \\ x+2y & z+2w \end{bmatrix} = \begin{bmatrix} 1 & 0 \\ 0 & 1 \end{bmatrix}$

則 $x = \dfrac{2}{3}$，$y = -\dfrac{1}{3}$，$w = z = \dfrac{1}{3}$

$\therefore A^{-1} = \dfrac{1}{3} \begin{bmatrix} 2 & 1 \\ -1 & 1 \end{bmatrix}$

2. 用列運算：其法是將擴張矩陣 $[A|I]$ 經列運算求得 $[I|A^{-1}]$。以上例為例重做如下：

$$\underbrace{\begin{bmatrix} 1 & -1 \\ 1 & 2 \end{bmatrix}}_{A} \underbrace{\begin{bmatrix} 1 & 0 \\ 0 & 1 \end{bmatrix}}_{I}$$

$$\rightarrow \left[\begin{array}{cc|cc} 1 & -1 & 1 & 0 \\ 0 & 3 & -1 & 1 \end{array}\right] \rightarrow \left[\begin{array}{cc|cc} 1 & -1 & 1 & 0 \\ 0 & 1 & -\dfrac{1}{3} & \dfrac{1}{3} \end{array}\right]$$

$$\rightarrow \underbrace{\begin{bmatrix} 1 & 0 \\ 0 & 1 \end{bmatrix}}_{I} \underbrace{\begin{bmatrix} \dfrac{2}{3} & \dfrac{1}{3} \\ -\dfrac{1}{3} & \dfrac{1}{3} \end{bmatrix}}_{A^{-1}}$$

$$\therefore A^{-1} = \begin{bmatrix} \dfrac{2}{3} & \dfrac{1}{3} \\ -\dfrac{1}{3} & \dfrac{1}{3} \end{bmatrix}$$ 與解方程式法所得之答案相同。

　　矩陣代數中稱 A, B 為**交換陣**（Commute matrix）概指乘法而言，即 A, B 若為交換陣則 $AB = BA$。

範例 5　若 A，B 均為 n 階非奇異陣，且 A，B 為交換陣，試證 A^{-1}，B^{-1} 亦為交換陣。

解：$\because A$，B 為交換陣 $AB = BA$

　　$\therefore (AB)^{-1} = (BA)^{-1}$，即 $A^{-1}B^{-1} = B^{-1}A^{-1}$

　　因此，A^{-1}，B^{-1} 為交換陣。

矩陣之微分

　　設向量 $Y = [y_1(t), y_2(t), \cdots y_n(t)]^T$ 之每一分量 $y_i(t)$ 均為 t 之可微分函數，則 $\dfrac{d}{dt}Y$（或用 $\dot{Y}$ 表示）定義為：

$$\dot{Y} = [y'_1(t), y'_2(t), \cdots y'_n(t)]^T$$

　　而矩陣 A，$A = [a_{ij}(t)]_{m \times n}$，$a_{ij}(t)$ 為 t 之可微分函數則 $\dfrac{d}{dt}A$（或 $\dot{A}$）定義為

$$\dot{A} = \left[\frac{d}{dt}a_{ij}(t)\right]_{m \times n}$$

範例 6 (a) $Y = [1 + t, t^2, 3 - \sin t]^T$，則 $\dfrac{d}{dt}Y = [1, 2t, -\cos t]^T$

(b) $A = \begin{bmatrix} t & t^2 & 1-t \\ e^t & 3\sin t & e^{2t} \end{bmatrix}$ 則 $\dfrac{d}{dt}A$ 為

$$\frac{d}{dt}A = \begin{bmatrix} 1 & 2t & -1 \\ e^t & 3\cos t & 2e^{2t} \end{bmatrix}$$

◆ 習 題

1. 若 $A = \begin{bmatrix} 1 & 0 & -2 \\ -1 & 1 & 1 \end{bmatrix}$，$B^T = \begin{bmatrix} 1 & -1 & 2 \\ 0 & 0 & 1 \end{bmatrix}$，求 $A \cdot B$ 及 $B \cdot A$。

2. 給定方陣 A，試驗證下列等式

(1) $A = \begin{bmatrix} 1 & -1 \\ 0 & 2 \end{bmatrix}$，驗證 $A^2 - 3A + 2I = 0$

(2) $A = \begin{bmatrix} 1 & 1 \\ 1 & -2 \end{bmatrix}$，驗證 $A^2 + A - 3I = 0$

3. 求 $\left(3\begin{bmatrix} -1 & 0 \\ 2 & 1 \end{bmatrix} - 2\begin{bmatrix} 1 & 1 \\ 1 & 1 \end{bmatrix}\right)\left(\begin{bmatrix} 2 & 1 \\ -1 & 1 \end{bmatrix}\right)$

4. 求下列方陣之反矩陣

(1) $\begin{bmatrix} 1 & -1 \\ 0 & 2 \end{bmatrix}$　　(2) $\begin{bmatrix} -3 & 5 \\ 2 & 1 \end{bmatrix}$

(3) $\begin{bmatrix} 0 & 1 & 0 \\ 2 & 0 & 0 \\ 0 & 0 & 3 \end{bmatrix}$　(4) $\begin{bmatrix} 0 & 0 & -\dfrac{1}{2} \\ -\dfrac{1}{2} & 1 & \dfrac{3}{2} \\ 1 & 0 & 1 \end{bmatrix}$

5.(1) A 為任一方陣，若滿足 $A = A^T$ 時稱 A 為對稱陣，而 $A = -A^T$ 時稱 A 為斜對稱陣，試證任一方陣 A 可表成 $A = \frac{1}{2}(A + A^T) + \frac{1}{2}(A - A^T)$ ，並證明 $\frac{1}{2}(A + A^T)$ 為對稱陣， $\frac{1}{2}(A - A^T)$ 為斜對稱陣。

(2) 利用 (1) 之結果將 A 表成對稱陣與斜對稱陣之和

$$A = \begin{bmatrix} 6 & 5 & 3 \\ 5 & 2 & -1 \\ 4 & -1 & 9 \end{bmatrix}$$

6. $A = \begin{bmatrix} \cos\theta & \sin\theta & 0 \\ -\sin\theta & \cos\theta & 0 \\ 0 & 0 & 1 \end{bmatrix}$ ，試證 $A^T A = I$

7. 若 A 為非奇異陣，試證 $(A^T)^{-1} = (A^{-1})^T$ （提示 $(A^{-1}A)^T = I^T = T$）

6.3　行列式

二階行列式

二階行列式之計算通式為

$$\begin{vmatrix} a & b \\ c & d \end{vmatrix} = ad - bc$$

高階（$n \geq 3$）行列式

在 $n = 3$ 時有 Sarrus 氏法：

$$\begin{vmatrix} a & b & c \\ d & e & f \\ g & h & i \end{vmatrix} = \begin{array}{ccccc} a & b & c & a & b \\ d & e & f & d & e \\ g & h & i & g & h \end{array}$$

$$= aei + bfg + cdh - gec - hfa - idb$$

Sarrus 法在 4 階時便不適用，在此介紹 Chio 氏降階法：Chio 氏法在 $n \geq 3$ 階之行列式均可適用。

$$A = \begin{vmatrix} a_{11} & a_{12} & \cdots & a_{1n} \\ a_{21} & a_{22} & \cdots & a_{2n} \\ a_{31} & a_{32} & \cdots & a_{3n} \\ \cdots & \cdots & \cdots & \cdots \\ a_{n1} & a_{n2} & \cdots & a_{nn} \end{vmatrix} , \ a_{11} \neq 0$$

$$= \frac{1}{a_{11}^{n-2}} \begin{vmatrix} \begin{vmatrix} a_{11} & a_{12} \\ a_{21} & a_{22} \end{vmatrix} & \begin{vmatrix} a_{11} & a_{13} \\ a_{21} & a_{23} \end{vmatrix} & \cdots & \begin{vmatrix} a_{11} & a_{1n} \\ a_{21} & a_{2n} \end{vmatrix} \\ \begin{vmatrix} a_{11} & a_{12} \\ a_{31} & a_{32} \end{vmatrix} & \begin{vmatrix} a_{11} & a_{13} \\ a_{31} & a_{33} \end{vmatrix} & \cdots & \begin{vmatrix} a_{11} & a_{1n} \\ a_{31} & a_{3n} \end{vmatrix} \\ \cdots & \cdots & \cdots & \cdots \\ \begin{vmatrix} a_{11} & a_{12} \\ a_{n1} & a_{n2} \end{vmatrix} & \begin{vmatrix} a_{11} & a_{13} \\ a_{n1} & a_{n3} \end{vmatrix} & \cdots & \begin{vmatrix} a_{11} & a_{1n} \\ a_{n1} & a_{nn} \end{vmatrix} \end{vmatrix}$$

若 $a_{11} = 0$ 時須換行、列後再用 Chio 氏展開法。

範例 1　試用 Sarrus 氏法與 Chio 氏法求

$$\begin{vmatrix} 2 & 3 & -1 \\ 0 & 4 & 2 \\ -5 & 1 & -3 \end{vmatrix}$$

解：(1) Sarrus 氏法

$$\begin{vmatrix} 2 & 3 & -1 \\ 0 & 4 & 2 \\ -5 & 1 & -3 \end{vmatrix} = 2 \cdot 4(-3) + 3 \cdot 2 \cdot (-5) + (-1) \cdot 0 \cdot (1)$$
$$- (-5) \cdot 4 \cdot (-1) - 1 \cdot 2 \cdot 2 - (-3) \cdot 0 \cdot 3$$
$$= -24 - 30 + 0 - 20 - 4 - 0$$
$$= -78$$

(2) Chio 氏法

$$\begin{vmatrix} 2 & 3 & -1 \\ 0 & 4 & 2 \\ -5 & 1 & -3 \end{vmatrix} = \frac{1}{2^{3-2}} \begin{vmatrix} \begin{vmatrix} 2 & 3 \\ 0 & 4 \end{vmatrix} & \begin{vmatrix} 2 & -1 \\ 0 & 2 \end{vmatrix} \\ \begin{vmatrix} 2 & 3 \\ -5 & 1 \end{vmatrix} & \begin{vmatrix} 2 & -1 \\ -5 & -3 \end{vmatrix} \end{vmatrix}$$

$$= \frac{1}{2} \begin{vmatrix} 8 & 4 \\ 17 & -11 \end{vmatrix} = \begin{vmatrix} 4 & 2 \\ 17 & -11 \end{vmatrix}$$

$$= 4 \times (-11) - 2 \times 17 = -78$$

範例 **2**　求 $\begin{vmatrix} 3 & 0 & -1 & 2 \\ 0 & 1 & 1 & -1 \\ 1 & -3 & 2 & 0 \\ 0 & 0 & 4 & 0 \end{vmatrix}$

解：本例為四階行列式，故無法應用 Sarrus 氏法求解。

$$\begin{vmatrix} 3 & 0 & -1 & 2 \\ 0 & 1 & 1 & -1 \\ 1 & -3 & 2 & 0 \\ 0 & 0 & 4 & 0 \end{vmatrix} = \frac{1}{3^{4-2}} \begin{vmatrix} \begin{vmatrix} 3 & 0 \\ 0 & 1 \end{vmatrix} & \begin{vmatrix} 3 & -1 \\ 0 & 1 \end{vmatrix} & \begin{vmatrix} 3 & 2 \\ 0 & -1 \end{vmatrix} \\ \begin{vmatrix} 3 & 0 \\ 1 & -3 \end{vmatrix} & \begin{vmatrix} 3 & -1 \\ 1 & 2 \end{vmatrix} & \begin{vmatrix} 3 & 2 \\ 1 & 0 \end{vmatrix} \\ \begin{vmatrix} 3 & 0 \\ 0 & 0 \end{vmatrix} & \begin{vmatrix} 3 & -1 \\ 0 & 4 \end{vmatrix} & \begin{vmatrix} 3 & 2 \\ 0 & 0 \end{vmatrix} \end{vmatrix}$$

$$= \frac{1}{9} \begin{vmatrix} 3 & 3 & -3 \\ -9 & 7 & -2 \\ 0 & 12 & 0 \end{vmatrix} = \frac{1}{3} \begin{vmatrix} 1 & 1 & -1 \\ -9 & 7 & -2 \\ 0 & 12 & 0 \end{vmatrix}$$

$$= \begin{vmatrix} 1 & 1 & -1 \\ -9 & 7 & -2 \\ 0 & 4 & 0 \end{vmatrix}$$

$$= \frac{1}{1^{3-2}} \begin{vmatrix} \begin{vmatrix} 1 & 1 \\ -9 & 7 \end{vmatrix} & \begin{vmatrix} 1 & -1 \\ -9 & -2 \end{vmatrix} \\ \begin{vmatrix} 1 & 1 \\ 0 & 4 \end{vmatrix} & \begin{vmatrix} 1 & -1 \\ 0 & 0 \end{vmatrix} \end{vmatrix}$$

$$= \frac{1}{27} \begin{vmatrix} 48 & -33 \\ 36 & 0 \end{vmatrix} = 44$$

若 $a_{11} = 0$ 時，則第一列（行）必需與其它列（行）交換，以使新行列式之 $a_{11} \neq 0$

範例 **3**　求 $\begin{vmatrix} 2 & 1 & 1 & 1 & 1 \\ 1 & 3 & 1 & 1 & 1 \\ 1 & 1 & 4 & 1 & 1 \\ 1 & 1 & 1 & 5 & 1 \\ 1 & 1 & 1 & 1 & 6 \end{vmatrix}$

解：$a_{11} = 2$，

$$原式 = \frac{1}{2^3} = \begin{Vmatrix} \begin{vmatrix} 2 & 1 \\ 1 & 3 \end{vmatrix} & \begin{vmatrix} 2 & 1 \\ 1 & 1 \end{vmatrix} & \begin{vmatrix} 2 & 1 \\ 1 & 1 \end{vmatrix} & \begin{vmatrix} 2 & 1 \\ 1 & 1 \end{vmatrix} \\ \begin{vmatrix} 2 & 1 \\ 1 & 1 \end{vmatrix} & \begin{vmatrix} 2 & 1 \\ 1 & 4 \end{vmatrix} & \begin{vmatrix} 2 & 1 \\ 1 & 1 \end{vmatrix} & \begin{vmatrix} 2 & 1 \\ 1 & 1 \end{vmatrix} \\ \begin{vmatrix} 2 & 1 \\ 1 & 1 \end{vmatrix} & \begin{vmatrix} 2 & 1 \\ 1 & 1 \end{vmatrix} & \begin{vmatrix} 2 & 1 \\ 1 & 5 \end{vmatrix} & \begin{vmatrix} 2 & 1 \\ 1 & 1 \end{vmatrix} \\ \begin{vmatrix} 2 & 1 \\ 1 & 1 \end{vmatrix} & \begin{vmatrix} 2 & 1 \\ 1 & 1 \end{vmatrix} & \begin{vmatrix} 2 & 1 \\ 1 & 1 \end{vmatrix} & \begin{vmatrix} 2 & 1 \\ 1 & 6 \end{vmatrix} \end{Vmatrix}$$

$$= \frac{1}{8} \begin{vmatrix} 5 & 1 & 1 & 1 \\ 1 & 7 & 1 & 1 \\ 1 & 1 & 9 & 1 \\ 1 & 1 & 1 & 11 \end{vmatrix} = \frac{-1}{8} \begin{vmatrix} 1 & 1 & 1 & 5 \\ 7 & 1 & 1 & 1 \\ 1 & 9 & 1 & 1 \\ 1 & 1 & 11 & 1 \end{vmatrix}$$

$$= -\frac{1}{8} \begin{Vmatrix} \begin{vmatrix} 1 & 1 \\ 7 & 1 \end{vmatrix} & \begin{vmatrix} 1 & 1 \\ 7 & 1 \end{vmatrix} & \begin{vmatrix} 1 & 5 \\ 7 & 1 \end{vmatrix} \\ \begin{vmatrix} 1 & 1 \\ 1 & 9 \end{vmatrix} & \begin{vmatrix} 1 & 1 \\ 1 & 1 \end{vmatrix} & \begin{vmatrix} 1 & 5 \\ 1 & 1 \end{vmatrix} \\ \begin{vmatrix} 1 & 1 \\ 1 & 1 \end{vmatrix} & \begin{vmatrix} 1 & 1 \\ 1 & 11 \end{vmatrix} & \begin{vmatrix} 1 & 5 \\ 1 & 1 \end{vmatrix} \end{Vmatrix}$$

$$= \begin{vmatrix} -16 & -11 \\ 4 & 0 \end{vmatrix} = 44$$

行列式之性質

定理：在下列情況下，行列式值均為 0：

(1) 行列式之某列（行）之要素均為 0；

(2) 任意二相異列（行）對應之元素均成比例。

範例 4　$\begin{vmatrix} a & b & c \\ 0 & 0 & 0 \\ d & e & f \end{vmatrix} = 0$ ， $\begin{vmatrix} a & b & 0 \\ c & d & 0 \\ e & f & 0 \end{vmatrix} = 0$

$\begin{vmatrix} a & b & c \\ ka & kb & kc \\ d & e & f \end{vmatrix} = 0$ ， $\begin{vmatrix} a & d & ka \\ b & e & kb \\ c & f & kc \end{vmatrix} = 0$

定理：行列式之某一列（行）之元素均乘 k（$k \neq 0$）則此行列式值為原行列式值之 k 倍。

$$k\begin{vmatrix} a & b & c \\ d & e & f \\ g & h & i \end{vmatrix} = \begin{vmatrix} ka & kb & kc \\ d & e & f \\ g & h & i \end{vmatrix}$$

定理：將方陣 A 之一列（行）移動 p 列（行）而得一新方陣 B，則

$$|A| = |B| \cdot (-1)^p$$

定理：行列式中之某一列（行）乘上 k 倍加上另一列（行）則行列式不變及 $|AB| = |A||B|$，A，B 為同階方陣。

範例 5　證：$\begin{vmatrix} 1 & \alpha & \beta\gamma \\ 1 & \beta & \gamma\alpha \\ 1 & \gamma & \alpha\beta \end{vmatrix} = \begin{vmatrix} 1 & \alpha & \alpha^2 \\ 1 & \beta & \beta^2 \\ 1 & \gamma & \gamma^2 \end{vmatrix}$ ，$\alpha\beta\gamma \neq 0$

解：$\begin{vmatrix} 1 & \alpha & \beta\gamma \\ 1 & \beta & \gamma\alpha \\ 1 & \gamma & \alpha\beta \end{vmatrix} = \dfrac{1}{\alpha\beta\gamma}\begin{vmatrix} \alpha & \alpha^2 & \alpha\beta\gamma \\ \beta & \beta^2 & \alpha\beta\gamma \\ \gamma & \gamma^2 & \alpha\beta\gamma \end{vmatrix} = \dfrac{1}{\alpha\beta\gamma}\begin{vmatrix} \alpha\beta\gamma & \alpha & \alpha^2 \\ \alpha\beta\gamma & \beta & \beta^2 \\ \alpha\beta\gamma & \gamma & \gamma^2 \end{vmatrix}$

$$= \begin{vmatrix} 1 & \alpha & \alpha^2 \\ 1 & \beta & \beta^2 \\ 1 & \gamma & \gamma^2 \end{vmatrix}$$

範例 6　求過 (x_1, y_1) 及 (x_2, y_2) 之直線方程式

解：$\begin{cases} ax + by + c = 0 \\ ax_1 + by_1 + c = 0 \\ ax_2 + by_2 + c = 0 \end{cases}$

即 $\begin{bmatrix} x & y & 1 \\ x_1 & y_1 & 1 \\ x_2 & y_2 & 1 \end{bmatrix} \begin{bmatrix} a \\ b \\ c \end{bmatrix} = 0$

欲使上述齊次方程組有異於 0 之解惟有係數方陣之行列式為 0

$\therefore \begin{vmatrix} x & y & 1 \\ x_1 & y_1 & 1 \\ x_2 & y_2 & 1 \end{vmatrix} = 0$ 是為所求

矩陣之秩

定義：A 為一 $m \times n$ 矩陣，若存在一個（至少有一個）r 階子方陣之行列式不為
　　　0，而所有之 $r + 1$ 階方陣的行列式均為 0，則稱 A 之**秩**（Rank）為 r，
　　　以 $\mathrm{Rank}(A) = r$ 或 $R(A) = r$ 表之。

　　下面這個定理是判斷矩陣之秩的最簡易有效方法：

定理：$m \times n$ 階矩陣，若其列梯形式中有 k 個零列（$k \geq 0$）則此矩陣之秩為 $m - k$。

亦即矩陣之秩為其列梯形式中之非零列之列數。

範例 7 求 $A = \begin{bmatrix} 1 & 2 & 3 \\ 0 & 1 & 1 \\ 3 & 4 & 7 \\ 1 & 0 & 1 \end{bmatrix}$ 之秩。

解：在本範例，若我們用行列式法判斷 $R(A)$ 將是一件相當麻煩的事，因此我們用列運算，看最後化成列梯形式之結果有幾個非零列：

$$\begin{bmatrix} 1 & 2 & 3 \\ 0 & 1 & 1 \\ 3 & 4 & 7 \\ 1 & 0 & 1 \end{bmatrix} \to \begin{bmatrix} 1 & 2 & 3 \\ 0 & 1 & 1 \\ 0 & -2 & -2 \\ 0 & -2 & -2 \end{bmatrix} \to \begin{bmatrix} 1 & 2 & 3 \\ 0 & 1 & 1 \\ 0 & 0 & 0 \\ 0 & 0 & 0 \end{bmatrix}$$

$\therefore \operatorname{rank}(A)=2$

Cramer 法則

Cramer 法則是用行列式來解線性聯立方程組，因為 Cramer 法則之導出涉及餘因式之觀念，有志者可參考拙著基礎線性代數，在本書只列出結果。

1. 二元聯立方程組：

$$\begin{cases} ax+by=c \\ a'x+b'y=c' \end{cases}$$

則

$$x = \frac{\begin{vmatrix} c & b \\ c' & b' \end{vmatrix}}{\begin{vmatrix} a & b \\ a' & b' \end{vmatrix}} , \quad y = \frac{\begin{vmatrix} a & c \\ a' & c' \end{vmatrix}}{\begin{vmatrix} a & b \\ a' & b' \end{vmatrix}} , \quad \text{但} \begin{vmatrix} a & b \\ a' & b' \end{vmatrix} \neq 0$$

2. 三元聯立方程組

$$\begin{cases} ax + by + cz = d \\ a'x + b'y + c'z = d' \\ a''x + b''y + c''z = d'' \end{cases}$$

則

$$x = \frac{\begin{vmatrix} d & b & c \\ d' & b' & c' \\ d'' & b'' & c'' \end{vmatrix}}{\begin{vmatrix} a & b & c \\ a' & b' & c' \\ a'' & b'' & c'' \end{vmatrix}} , \; y = \frac{\begin{vmatrix} a & d & c \\ a' & d' & c' \\ a'' & d'' & c'' \end{vmatrix}}{\begin{vmatrix} a & b & c \\ a' & b' & c' \\ a'' & b'' & c'' \end{vmatrix}} \; z = \frac{\begin{vmatrix} a & b & d \\ a' & b' & d' \\ a'' & b'' & d'' \end{vmatrix}}{\begin{vmatrix} a & b & c \\ a' & b' & c' \\ a'' & b'' & c'' \end{vmatrix}} , \; 但 \begin{vmatrix} a & b & c \\ a' & b' & c' \\ a'' & b'' & c'' \end{vmatrix} \neq 0$$

讀者可將上述規則擴充列三個以上未知數之情形。

範例 8　用 Cramer 法則解 $\begin{cases} 3x + 2y + 4z = 1 \\ 2x - y + z = 0 \\ x + 2y + 3z = 1 \end{cases}$

解：

$$\Delta = \begin{vmatrix} 3 & 2 & 4 \\ 2 & -1 & 1 \\ 1 & 2 & 3 \end{vmatrix} = -5$$

$$\therefore x = \frac{\begin{vmatrix} 1 & 2 & 4 \\ 0 & -1 & 1 \\ 1 & 2 & 3 \end{vmatrix}}{\Delta} = -\frac{1}{5} \quad y = \frac{\begin{vmatrix} 3 & 1 & 4 \\ 2 & 0 & 1 \\ 1 & 1 & 3 \end{vmatrix}}{\Delta} = 0 \quad z = \frac{\begin{vmatrix} 3 & 2 & 1 \\ 2 & -1 & 0 \\ 1 & 2 & 1 \end{vmatrix}}{\Delta} = \frac{2}{5}$$

◆ 習 題

1. 用 Cramer 法則解 $\begin{cases} x + y + z = -1 \\ y + z \quad\;\; = 1 \\ 4y + 6z = 6 \end{cases}$

2. 已知線性系統 $AX = B$

$$A = \begin{bmatrix} -1 & 1 & 2 \\ 3 & -1 & 1 \\ -1 & 3 & 4 \end{bmatrix}, X = \begin{bmatrix} X_1 \\ X_2 \\ X_3 \end{bmatrix}, B = \begin{bmatrix} 2 \\ 6 \\ 4 \end{bmatrix}$$

   (1) 求 A 的行列式值。

   (2) 以 Cramer 法則解 x_1，x_2，x_3。

3. 求 $\begin{vmatrix} 2 & 3 & 1 & 4 \\ 1 & 0 & 2 & 1 \\ 3 & 3 & 3 & 2 \\ 1 & 3 & 1 & 0 \end{vmatrix}$

4. 求 $\begin{bmatrix} 1 & 1 & 1 \\ 2 & 2 & 2 \\ -1 & 1 & -3 \\ 1 & 2 & 0 \end{bmatrix}$ 之秩

5. 求 $\begin{bmatrix} 2 & 1 & 3 & 1 \\ 1 & 0 & 1 & 1 \\ 2 & 1 & 3 & 1 \\ -1 & 0 & -1 & -1 \end{bmatrix}$ 之秩

6. 求上題之行列式

7. 求 $\dfrac{d}{dx} \begin{vmatrix} x^2 & x^3 \\ 2x & 3x+1 \end{vmatrix}$

6.4　方陣特徵值之意義

定義：A 為一 n 階方陣，若存在一非零向量 X 及純量 λ 使得 $AX = \lambda X$，λ 為 A 之一特徵值（Characteristic value，Eigen value），X 為 λ 之特徵向量（Characteristic vector，Eigen vector），但 X 不可為零向量。方程式 $AX = \lambda X$ 亦可寫成

$$(A - \lambda I)X = 0 \quad\cdots\cdots\cdots\cdots\cdots\cdots\cdots\cdots\cdots\cdots\cdots (1)$$

因 X 不為零向量故 λ 為 A 之特徵值的充要條件為

$$|A - \lambda I| = 0 \text{ 或 } |\lambda I - A| = 0 \quad\cdots\cdots\cdots\cdots\cdots\cdots\cdots\cdots (2)$$

若將 (2) 展開，便可得到 λ 之特徵多項式（Characteristic polynomial）

$$P(\lambda)：|\lambda I - A| = P(\lambda)$$
$$= \lambda^n + s_{n-1}\lambda^{n-1} + \cdots + s_1\lambda_1 + s_0 \quad\cdots\cdots\cdots\cdots (3)$$

由 (3) 知 n 階實方程式應有 n 個特徵值，其中可能有若干個共軛複根或重根，$P(\lambda) = 0$ 稱為特徵方程式（Characteristic equation）。

定理：設 A 為一方陣，λ 為一純量，則下列各敘述相等。

　　(1) λ 為 A 之一特徵值。

　　(2) $(A - \lambda I)X = 0$ 具有一非零解。

　　(3) $A - \lambda I$ 為奇異方陣，即 $A - \lambda I$ 為不可逆。

　　(4) $|A - \lambda I| = 0$。

定理：A 為 n 階方陣，$P(\lambda)$ 為 A 之特徵多項式則

$$P_A(\lambda) = \lambda^n + s_1\lambda^{n-1} + s_2\lambda^{n-2} + \cdots + s_n$$

其中 $s_m = (-1)^m$（A 之所有沿主對角線之 m 階行列式之和），顯然 $s_1 = -t_r(A) = -(a_{11} + a_{22} + \cdots + a_{nn})$，$s_n = (-1)^n\lambda_1 \cdot \lambda_2 \cdots \lambda_n = (-1)^n|A|$。

證明：$P(\lambda) = |\lambda I - A| = \begin{vmatrix} \lambda - a_{11} & -a_{12} & \cdots & -a_{1n} \\ -a_{21} & \lambda - a_{22} & \cdots & -a_{2n} \\ \cdots & \cdots & \cdots & \cdots \\ -a_{n1} & -a_{n2} & \cdots & \lambda - a_{nn} \end{vmatrix}$ ....①

$= (\lambda - \lambda_1)(\lambda - \lambda_2)\cdots(\lambda - \lambda_n)$ ....②

$= \lambda^n + s_1\lambda^{n-1} + s_2\lambda^{n-2} + \cdots + s_n$ ....③

在 ①、②、③ 中令 $\lambda = 0$ 則 $s_n = (-1)^n\lambda_1\lambda_2\cdots\lambda_n = (-1)^n \cdot |A|$

考察 $(\lambda - a_{11})(\lambda - a_{22})\cdots(\lambda - a_{nn})$ 中之 λ^{n-1} 係數：

$\because (\lambda - a_{11})(\lambda - a_{22})\cdots(\lambda - a_{nn})$

$= \lambda^n - (a_{11} + \cdots + a_{nn})\lambda^{n-1} + \cdots$ ....④

$= \lambda_1^n + s_1\lambda^{n-1} + s_2\lambda^{n-2} + \cdots$ ....⑤

$\therefore s_1 = -(a_{11} + a_{22} + \cdots + a_{nn}) = -tr(A)$

（比較 ④、⑤ 中 λ^{n-1} 之係數）

現在我們就最簡單之 2, 3 階方陣，它們的特徵方程式求法圖解如下：

1. 2 階方陣：

$\begin{bmatrix} a & b \\ c & d \end{bmatrix}$ 對應之特徵方程式 $\lambda^2 - (a+d)\lambda + (ad-bc) = 0$：

(1) λ 係數 s_1：$s_1 = -(a+d)$

(2) 常數項係數：$s_2 = \begin{vmatrix} a & b \\ c & d \end{vmatrix} = ad - bc$

2. n 階方陣：

$\begin{bmatrix} a & b & c \\ d & e & f \\ g & h & i \end{bmatrix}$ 對應之特徵方程式 $\lambda^3 + s_1\lambda^2 + s_2\lambda + s_3 = 0$；其中

(1) λ^2 係數 s_1：

$\begin{bmatrix} a & b & c \\ d & e & f \\ g & h & i \end{bmatrix}$，$s_1 = -(a + e + i)$

(2) λ 係數 s_2：

$\begin{bmatrix} a & b & c \\ d & e & f \\ g & h & i \end{bmatrix}$ $\quad$ $\begin{bmatrix} a & b & c \\ d & e & f \\ g & h & i \end{bmatrix}$ $\quad$ $\begin{bmatrix} a & b & c \\ d & e & f \\ g & h & i \end{bmatrix}$

$\begin{vmatrix} a & b \\ d & e \end{vmatrix} +$ $\qquad$ $\begin{vmatrix} a & c \\ g & i \end{vmatrix}$ $\qquad$ $+ \begin{vmatrix} e & f \\ h & i \end{vmatrix}$

$s_2 = \left(\begin{vmatrix} a & b \\ d & e \end{vmatrix} + \begin{vmatrix} a & c \\ g & i \end{vmatrix} + \begin{vmatrix} e & f \\ h & i \end{vmatrix} \right)$

(3) 常數項係數

$s_3 = - \begin{vmatrix} a & b & c \\ d & e & f \\ f & h & i \end{vmatrix}$

推論：A 為 n 階方陣，若且唯若 A 為奇異陣則 A 至少有一特徵值為 0。

基礎工程數學

定理：（Cayley-Hamilton 定理）：設方陣 A 之特徵多項式為 $f(\lambda)$，則 $f(A) = 0$。
Cayley-Hamilton 定理之另一個說法是方陣 A 是其特徵方程式的根，這個性質在方陣多項式之計算上是很有用的。

範例 1　求 $A = \begin{bmatrix} 1 & 2 \\ 3 & 2 \end{bmatrix}$ 之 (a) 特徵值、(b) 對應之特徵向量、(c) $A^3 - 4A^2 + I$

解：(a) $A = \begin{bmatrix} 1 & 2 \\ 3 & 2 \end{bmatrix}$ 之特徵方程式為 $\lambda^2 - 3\lambda - 4 = 0$

$\therefore \lambda^2 - 3\lambda - 4 = (\lambda - 4)(\lambda + 1) = 0$，$\lambda = 4, -1$

$\therefore A$ 之特徵值為 $4, -1$

(b) (1) $\lambda = 4$ 時

$$(A - \lambda I)x = \left(\begin{bmatrix} 1 & 2 \\ 3 & 2 \end{bmatrix} - 4 \begin{bmatrix} 1 & 0 \\ 0 & 1 \end{bmatrix} \right) \begin{bmatrix} x_1 \\ x_2 \end{bmatrix}$$

$$= \begin{bmatrix} -3 & 2 \\ 3 & -2 \end{bmatrix} \begin{bmatrix} x_1 \\ x_2 \end{bmatrix} = \begin{bmatrix} 0 \\ 0 \end{bmatrix}$$

$$\begin{bmatrix} -3 & 2 & | & 0 \\ 3 & -2 & | & 0 \end{bmatrix} \rightarrow \begin{bmatrix} -3 & 2 & | & 0 \\ 0 & 0 & | & 0 \end{bmatrix}$$

$\therefore$ 可令 $x_1 = 2t$，$x_2 = 3t$，即 $x_1 = [2, 3]^T$

(2) $\lambda = -1$ 時

$$(A - \lambda I)x = \left(\begin{bmatrix} 1 & 2 \\ 3 & 2 \end{bmatrix} - (-1) \begin{bmatrix} 1 & 0 \\ 0 & 1 \end{bmatrix} \right) \begin{bmatrix} x_1 \\ x_2 \end{bmatrix} = \begin{bmatrix} 2 & 2 \\ 3 & 3 \end{bmatrix} \begin{bmatrix} x_1 \\ x_2 \end{bmatrix} = \begin{bmatrix} 0 \\ 0 \end{bmatrix}$$

$$\begin{bmatrix} 2 & 2 & | & 0 \\ 3 & 3 & | & 0 \end{bmatrix} \rightarrow \begin{bmatrix} 1 & 1 & | & 0 \\ 1 & 1 & | & 0 \end{bmatrix} \rightarrow \begin{bmatrix} 1 & 1 & | & 0 \\ 0 & 0 & | & 0 \end{bmatrix}$$

$\therefore$ 可令 $x_2 = t$，$x_1 = -t$，即 $x_2 = [-1, 1]^T$

(c) A 之特徵方程式為 $\lambda^2 - 3\lambda - 4 = 0$，由 Cayley-Hamilton 定理，得

$$A^2-3A-4I=0 \text{，} A^3-4A^2+I=A(A^2-3A-4I)-I(A^2-3A-4I)+(A-3I)$$

$$=A \cdot O-I \cdot O+A-3I$$

$$=A-3I$$

$$\therefore A^3-4A^2+I=\begin{bmatrix} 1 & 2 \\ 3 & 2 \end{bmatrix}-3\begin{bmatrix} 1 & 0 \\ 0 & 1 \end{bmatrix}=\begin{bmatrix} -2 & 2 \\ 3 & -1 \end{bmatrix}$$

(c) 可透過下列長除法而得：

$$\begin{array}{r} \lambda-1 \\ \lambda^2-3\lambda-4 \overline{\smash{)}\lambda^3-4\lambda^2 +1} \\ \underline{\lambda^3-3\lambda^2-4\lambda} \\ -\lambda^2+4\lambda+1 \\ \underline{-\lambda^2+3\lambda+4} \\ \lambda-3 \rightarrow A-3I \end{array}$$

範例 2 求 $A=\begin{bmatrix} 1 & -1 & 0 \\ -1 & 2 & -1 \\ 0 & -1 & 1 \end{bmatrix}$ 之 (a) 特徵值 (b) 對應之特徵向量及 (c) $A^5-3A^4-A^2$

解：(a) $A=\begin{bmatrix} 1 & -1 & 0 \\ -1 & 2 & -1 \\ 0 & -1 & 1 \end{bmatrix}$ 之特徵方程式為

$$\lambda^3-4\lambda^2+(1+1+1)\lambda=0$$

$$\lambda(\lambda^2-4\lambda+3)=\lambda(\lambda-3)(\lambda-1)=0 \quad \therefore \lambda=0,\, 1,\, 3$$

(1) $\lambda=0$ 時

$$(A-\lambda I)x=\left(\begin{bmatrix} 1 & -1 & 0 \\ -1 & 2 & -1 \\ 0 & -1 & 1 \end{bmatrix}-0\begin{bmatrix} 1 & 0 & 0 \\ 0 & 1 & 0 \\ 0 & 0 & 1 \end{bmatrix}\right)\begin{bmatrix} x_1 \\ x_2 \\ x_3 \end{bmatrix}$$

$$= \begin{bmatrix} 1 & -1 & 0 \\ -1 & 2 & -1 \\ 0 & -1 & 1 \end{bmatrix} \begin{bmatrix} x_1 \\ x_2 \\ x_3 \end{bmatrix} = \begin{bmatrix} 0 \\ 0 \\ 0 \end{bmatrix}$$

$$\begin{bmatrix} 1 & -1 & 0 & | & 0 \\ -1 & 2 & -1 & | & 0 \\ 0 & -1 & 1 & | & 0 \end{bmatrix} \rightarrow \begin{bmatrix} 1 & -1 & 0 & | & 0 \\ 0 & 1 & -1 & | & 0 \\ 0 & -1 & 1 & | & 0 \end{bmatrix} \rightarrow \begin{bmatrix} 1 & 0 & -1 & | & 0 \\ 0 & 1 & -1 & | & 0 \\ 0 & 0 & 0 & | & 0 \end{bmatrix}$$

$\therefore$ 令 $x_3 = t$，$x_2 = t$，$x_1 = t$，$x_1 = [1, 1, 1]^T$

(2) $\lambda = 1$ 時

$$(A - \lambda I)x = \left(\begin{bmatrix} 1 & -1 & 0 \\ -1 & 2 & -1 \\ 0 & -1 & 1 \end{bmatrix} - \begin{bmatrix} 1 & 0 & 0 \\ 0 & 1 & 0 \\ 0 & 0 & 1 \end{bmatrix} \right) \begin{bmatrix} x_1 \\ x_2 \\ x_3 \end{bmatrix}$$

$$= \begin{bmatrix} 0 & -1 & 0 \\ -1 & 1 & -1 \\ 0 & -1 & 0 \end{bmatrix} \begin{bmatrix} x_1 \\ x_2 \\ x_3 \end{bmatrix} = \begin{bmatrix} 0 \\ 0 \\ 0 \end{bmatrix}$$

$$\begin{bmatrix} 0 & -1 & 0 & | & 0 \\ -1 & 1 & -1 & | & 0 \\ 0 & -1 & 0 & | & 0 \end{bmatrix} \rightarrow \begin{bmatrix} 0 & -1 & 0 & | & 0 \\ -1 & 0 & -1 & | & 0 \\ 0 & 0 & 0 & | & 0 \end{bmatrix}$$

$\therefore$ 令 $x_2 = 0$，$x_3 = t$，$x_1 = -t$，即 $x_2 = [-1, 0, 1]^T$

(3) $\lambda = 3$：

$$(A - \lambda I)x = \left(\begin{bmatrix} 1 & -1 & 0 \\ -1 & 2 & -1 \\ 0 & -1 & 1 \end{bmatrix} - 3 \begin{bmatrix} 1 & 0 & 0 \\ 0 & 1 & 0 \\ 0 & 0 & 1 \end{bmatrix} \right) \begin{bmatrix} x_1 \\ x_2 \\ x_3 \end{bmatrix}$$

$$= \begin{bmatrix} -2 & -1 & 0 \\ -1 & -1 & -1 \\ 0 & -1 & -2 \end{bmatrix} \begin{bmatrix} x_1 \\ x_2 \\ x_3 \end{bmatrix} = \begin{bmatrix} 0 \\ 0 \\ 0 \end{bmatrix}$$

$$\begin{bmatrix} -2 & -1 & 0 & | & 0 \\ -1 & -1 & -1 & | & 0 \\ 0 & -1 & -2 & | & 0 \end{bmatrix} \rightarrow \begin{bmatrix} 2 & 1 & 0 & | & 0 \\ 1 & 1 & 1 & | & 0 \\ 0 & 1 & 2 & | & 0 \end{bmatrix} \rightarrow \begin{bmatrix} 1 & 1 & 1 & | & 0 \\ 2 & 1 & 0 & | & 0 \\ 0 & 1 & 2 & | & 0 \end{bmatrix} \rightarrow \begin{bmatrix} 1 & 1 & 1 & | & 0 \\ 0 & 1 & 2 & | & 0 \\ 0 & 1 & 2 & | & 0 \end{bmatrix}$$

$$\rightarrow \begin{bmatrix} 1 & 0 & -1 & | & 0 \\ 0 & 1 & 2 & | & 0 \\ 0 & 0 & 0 & | & 0 \end{bmatrix}$$

∴令 $t_3 = t$，$x_2 = -2t$，$x_1 = t$，即 $x_3 = [1, -2, 1]^T$

(c) $A^5 - 3A^4 - A^2 = (A^2 + A + I)(A^3 - 4A^2 + 3I) - 3A = -3A = \begin{bmatrix} -3 & 3 & 0 \\ 3 & -6 & 3 \\ 0 & 3 & -3 \end{bmatrix}$

$$
\begin{array}{r}
\lambda^2 + \lambda + 1 \\
\lambda^3 - 4\lambda^2 + 3\lambda \overline{\smash{\big)}\ \lambda^5 - 3\lambda^4 \quad - \quad \lambda^2} \\
\underline{\lambda^5 - 4\lambda^4 + 3\lambda^3} \\
\lambda^4 - 3\lambda^3 \ - \ \lambda^2 \\
\underline{\lambda^4 - 4\lambda^3 \ + 3\lambda^2} \\
\lambda^3 \ - 4\lambda^2 \\
\underline{\lambda^3 \ - 4\lambda^2 + 3\lambda} \\
- 3\lambda \rightarrow -3A
\end{array}
$$

下例是一個特徵方程式有重根的情況。

範例 3　求 $A = \begin{bmatrix} 0 & 1 & 1 \\ 1 & 0 & 1 \\ 1 & 1 & 0 \end{bmatrix}$ 之特徵值與對應之特徵向量。

解：$A = \begin{bmatrix} 0 & 1 & 1 \\ 1 & 0 & 1 \\ 1 & 1 & 0 \end{bmatrix}$ 之特徵值方程式為

$\lambda^3 - 0\lambda^2 + (-1 - 1 - 1)\lambda - 2 = \lambda^3 - 3\lambda - 2 = (\lambda + 1)^2 (\lambda - 2) = 0$

∴ $\lambda = -1$（重根），2

(1) $\lambda = -1$

$$(A-\lambda I)x=\left(\begin{bmatrix} 0 & 1 & 1 \\ 1 & 0 & 1 \\ 1 & 1 & 0 \end{bmatrix} - (-1)\begin{bmatrix} 1 & 0 & 0 \\ 0 & 1 & 0 \\ 0 & 0 & 1 \end{bmatrix}\right)\begin{bmatrix} x_1 \\ x_2 \\ x_3 \end{bmatrix}$$

$$=\begin{bmatrix} 1 & 1 & 1 \\ 1 & 1 & 1 \\ 1 & 1 & 1 \end{bmatrix}\begin{bmatrix} x_1 \\ x_2 \\ x_3 \end{bmatrix}=\begin{bmatrix} 0 \\ 0 \\ 0 \end{bmatrix}$$

$$\begin{bmatrix} 1 & 1 & 1 & | & 0 \\ 1 & 1 & 1 & | & 0 \\ 1 & 1 & 1 & | & 0 \end{bmatrix}=\begin{bmatrix} 1 & 1 & 1 & | & 0 \\ 0 & 0 & 0 & | & 0 \\ 0 & 0 & 0 & | & 0 \end{bmatrix}$$

$\therefore$ 令 $x_3=t$，$x_2=s$，$x_1=-t-s$

$$x_1=\begin{bmatrix} -t-s \\ t \\ s \end{bmatrix}=t\begin{bmatrix} -1 \\ 1 \\ 0 \end{bmatrix}+s\begin{bmatrix} -1 \\ 0 \\ 1 \end{bmatrix}$$

即 $\quad x_1=\begin{bmatrix} -1 \\ 1 \\ 0 \end{bmatrix}$, $x_2=\begin{bmatrix} -1 \\ 0 \\ 1 \end{bmatrix}$

(2) $\lambda=2$ 時

$$(A-\lambda I)x=\left(\begin{bmatrix} 0 & 1 & 1 \\ 1 & 0 & 1 \\ 1 & 1 & 0 \end{bmatrix} - 2\begin{bmatrix} 1 & 0 & 0 \\ 0 & 1 & 0 \\ 0 & 0 & 1 \end{bmatrix}\right)\begin{bmatrix} x_1 \\ x_2 \\ x_3 \end{bmatrix}$$

$$=\begin{bmatrix} -2 & 1 & 1 \\ 1 & -2 & 1 \\ 1 & 1 & -2 \end{bmatrix}\begin{bmatrix} x_1 \\ x_2 \\ x_3 \end{bmatrix}=\begin{bmatrix} 0 \\ 0 \\ 0 \end{bmatrix}$$

$$\begin{bmatrix} -2 & 1 & 1 & | & 0 \\ 1 & -2 & 1 & | & 0 \\ 1 & 1 & -2 & | & 0 \end{bmatrix}\rightarrow\begin{bmatrix} 1 & -2 & 1 & | & 0 \\ -2 & 1 & 1 & | & 0 \\ 1 & 1 & -2 & | & 0 \end{bmatrix}$$

$$\rightarrow \begin{bmatrix} 1 & -2 & 1 & | & 0 \\ 0 & -3 & 3 & | & 0 \\ 0 & 3 & -3 & | & 0 \end{bmatrix} \rightarrow \begin{bmatrix} 1 & -2 & 1 & | & 0 \\ 0 & 1 & -1 & | & 0 \\ 0 & 3 & -3 & | & 0 \end{bmatrix} \rightarrow \begin{bmatrix} 1 & 0 & -1 & | & 0 \\ 0 & 1 & -1 & | & 0 \\ 0 & 0 & 0 & | & 0 \end{bmatrix}$$

$\therefore x_3 = t$，$x_2 = t$，$x_1 = t$

即　$x_3 = \begin{bmatrix} 1 \\ 1 \\ 1 \end{bmatrix}$

範例 4　設 A 為一方陣，若 $A^2 = A$，試證 A 之特徵值為 0 或 1。

解：$\because Ax = \lambda x$，（λ 為特徵值，v 為對應之特徵向量）

$\therefore A(Ax) = A(\lambda x)$

即 $A^2 x = A\lambda x = \lambda Ax = \lambda(\lambda x) = \lambda^2 x$

又 $A = A^2$

$\therefore Ax = A^2 x$，則 $\lambda x = \lambda^2 x$

$\lambda(\lambda - 1)x = 0$，但 $x \neq 0$　$\therefore \lambda = 0$ 或 1

◆ 習　題

1. 求下列各方陣之特徵值及對應之特徵向量：

(1) $\begin{bmatrix} 4 & 2 \\ 3 & -1 \end{bmatrix}$　(2) $\begin{bmatrix} 6 & 8 \\ 8 & -6 \end{bmatrix}$

2. 求下列各方陣之特徵值及對對應之特徵向量，並求指定多項式之結果

(1) $A = \begin{bmatrix} 1 & 1 & -2 \\ -1 & 2 & 1 \\ 0 & 1 & -1 \end{bmatrix}$；$A^3 - 2A^2$　　　(2) $B = \begin{bmatrix} 1 & 0 & 0 \\ 0 & 0 & 1 \\ 0 & 1 & 0 \end{bmatrix}$；$B^3 - B^2 - B + 2I$

$$(3)\ C = \begin{bmatrix} 3 & 0 & 1 \\ 0 & 2 & 0 \\ 1 & 0 & 3 \end{bmatrix} ; C^3 - 8C^2 + 21C - 16I \quad (4)\ D = \begin{bmatrix} 3 & -2 & -2 \\ -1 & 2 & 0 \\ 1 & -1 & 1 \end{bmatrix}$$

3. A 為任一方陣，λ 為 A 之特徵值，X 為對應之特徵向量，試證 λ^3 為 A^3 之特徵值，其對應之特徵向量仍為 X。

4. 若 A 為一非奇異陣，λ 為一特徵值，試證 $\dfrac{1}{\lambda}$ 為 A^{-1} 之特徵值，又 λ 與 $\dfrac{1}{\lambda}$ 對應之特徵向量有何關係？

5. 求 $\begin{bmatrix} a & m & n \\ o & b & p \\ o & o & c \end{bmatrix}$ 之特徵值。

6.5 對角化

對角化給定方陣 A，我們可求出 A 之特徵值 $\lambda_1, \lambda_2 \cdots \lambda_n$，所謂對角化問題，是要找到一個方陣 P，使得 $P^{-1}AP = \Lambda$，$\Lambda = \text{diag}\,[\,\lambda_1, \lambda_2 \cdots \lambda_n\,]$，即主對角線元素為 $\lambda_1, \lambda_2 \cdots \lambda_n$ 之對角陣，現在我們面臨的 2 個問題是：

1. A 是否可對角化
2. 若 A 可對角化，那麼如何找到 P？

第一個問題 A 是否可對角化？這裡面包含許多超過本書程度之內容，因此，我們建議用下面之簡單方法來判斷：

定理：對 n 階方陣 A 之每個特徵值 λ 而言，若且唯若 $\text{rank}(A - \lambda I) = n - c$，$c$ 為 λ 之重根數，則 A 為可對角化，換言之，有 1 個 λ 不滿足上列定理之等式，則 A 便不可對角化。又，如果 A 之特徵值均相異則 A 必可對角化。

範例 1　判斷 A 是否可被對角化？

$$A = \begin{bmatrix} 1 & 4 & 3 \\ 0 & 1 & 2 \\ 0 & 0 & 2 \end{bmatrix}$$

解：A 為上三角陣，主對角線上之元素即為 A 之特徵值，因此，A 之特徵值為 1（2 根），2。

$$\because \text{rank}(A-1I) = \text{rank}\left(\begin{bmatrix} 0 & 4 & 3 \\ 0 & 0 & 2 \\ 0 & 0 & 1 \end{bmatrix}\right) = 2 \neq n - c_1 = 3-2\,(=1)$$

$\therefore A$ 不可對角化。

範例 2　判斷上節例 1 之 A 是否可對角化？

解：方法一：$A = \begin{bmatrix} 1 & 2 \\ 3 & 2 \end{bmatrix}$ 之特徵值為 $-1, 4$ 為互異二特徵值，故可對角化。

方法二：我們用定理來檢視：

(1) $\lambda = -1$ 時　$\text{rank}\left(\begin{bmatrix} 1 & 2 \\ 3 & 2 \end{bmatrix} - (-1)\begin{bmatrix} 1 & 0 \\ 0 & 1 \end{bmatrix}\right) = \text{rank}\left(\begin{bmatrix} 2 & 2 \\ 3 & 3 \end{bmatrix}\right) = 1 = n - c_1 = 1$

(2) $n = 4$ 時　$\text{rank}\left(\begin{bmatrix} 1 & 2 \\ 3 & 2 \end{bmatrix} - 4\begin{bmatrix} 1 & 0 \\ 0 & 1 \end{bmatrix}\right) = \text{rank}\left(\begin{bmatrix} -3 & 2 \\ 3 & -2 \end{bmatrix}\right) = 1 = n - c_2 = 1$

$\therefore A$ 為可對角化。

　　若 A 為可對角化，那麼要如何找到一個非奇陣 P，使得 $P^{-1}AP = \Lambda$，Λ 為主對角線元素為 $\lambda_1, \lambda_2 \cdots \lambda_n$ 之對角陣？$\lambda_1, \lambda_2 \cdots \lambda_n$ 為 A 之特徵值（$\lambda_1, \lambda_2 \cdots \lambda_n$ 可能有重複）在此 P 亦稱為轉換矩陣，由線代教本，知 $P = [x_1, x_2 \cdots x_n]$，$x_1, x_2 \cdots x_n$ 為對應於 $\lambda_1, \lambda_2 \cdots \lambda_n$ 之特徵向量，當然，P 之取法並非惟一。

範例 3　（承上節範例 1），求一個非奇異陣 P，使得 $P^{-1}AP = \Lambda$。

解：$A = \begin{bmatrix} 1 & 2 \\ 3 & 2 \end{bmatrix}$ 之特徵值，特徵向量已求得如下：

(1) $\lambda = 4$：$x = [2, 3]^T$

(2) $\lambda = -1$：$x = [-1, 1]^T$

$\therefore P = \begin{bmatrix} 2 & -1 \\ 3 & 1 \end{bmatrix}$

讀者可驗證：

$$\begin{bmatrix} 4 & 0 \\ 0 & -1 \end{bmatrix} = \begin{bmatrix} 2 & -1 \\ 3 & 1 \end{bmatrix}^{-1} \begin{bmatrix} 1 & 2 \\ 3 & 2 \end{bmatrix} \begin{bmatrix} 2 & -1 \\ 3 & 1 \end{bmatrix}$$

範例 4　（承上節範例 2），求一個非奇異陣 P，使得 $P^{-1}AP = \Lambda$。

$A = \begin{bmatrix} 1 & -1 & 0 \\ -1 & 2 & -1 \\ 0 & -1 & 1 \end{bmatrix}$ 之特徵值，特徵向量：

解：讀者可自行驗證 A 可對角化。

(1) $\lambda = 0$：$x = [1, 1, 1]^T$

(2) $\lambda = 1$：$x = [-1, 0, 1]^T$

(3) $\lambda = 3$：$x = [1, -2, 1]^T$

$\therefore P = \begin{bmatrix} 1 & -1 & 1 \\ 1 & 0 & -2 \\ 1 & 1 & 1 \end{bmatrix}$

範例 5　　（承上節範例 3）求一非奇異陣 P，使得 $P^{-1}AP = \Lambda$。

解：A 可對角化（讀者自行驗證）

A 之特徵值及特徵向量

$$\lambda = -1 : \begin{cases} x_1 = [-1, 1, 0]^T \\ x_2 = [-1, 0, 1]^T \end{cases}$$

$$\therefore 取\ P = \begin{bmatrix} -1 & -1 & 1 \\ 1 & 0 & 1 \\ 0 & 1 & 1 \end{bmatrix}$$

$$\lambda = 2 : x = [1, 1, 1]$$

對角化之應用

方陣 A 若可對角化，那麼我們可找到一個非奇異陣 P，使得 $P^{-1}AP = \Lambda$，換言之，

$$A = P\Lambda P^{-1}$$

對矩陣函數 $f(A)$ 而言（以此，我們考慮的都僅限於 $f(A)$ 存在之問題）則由線代教本，可知

$$f(A) = P[\text{diag}\ (f(\lambda_1),\ f(\lambda_2) \cdots f(\lambda_n))]\ P^{-1}$$

例如 A 為 2 階方陣，A 為可對角化，

$$A = P\Lambda P^{-1} = P \begin{bmatrix} \lambda_1 & 0 \\ 0 & \lambda_2 \end{bmatrix} P^{-1}$$

則・$e^A = P \begin{bmatrix} e^{\lambda_1} & 0 \\ 0 & e^{\lambda_2} \end{bmatrix} P^{-1}$

$$\cdot \; A^{50} = P \begin{bmatrix} \lambda_1^{50} & 0 \\ 0 & \lambda_2^{50} \end{bmatrix} P^{-1}$$

$$\cdot \; \sin A = P \begin{bmatrix} \sin \lambda_1 & 0 \\ 0 & \sin \lambda_2 \end{bmatrix} P^{-1}$$

範例 6　$A = \begin{bmatrix} 0 & -2 \\ 1 & 3 \end{bmatrix}$　求 (a) A^{20}　(b) e^A　(c) $\sin A$

解：A 之特徵方程式為 $\lambda^2 - 3\lambda + 2 = 0$，得 $\lambda = 1, 2$，同時

$\lambda = 1$ 時之特徵向量 $x = [2, -1]^T$

$\lambda = 2$ 時之特徵向量 $x = [1, -1]^T$

$\therefore$ 取 $P = \begin{bmatrix} 2 & 1 \\ -1 & -1 \end{bmatrix}$

(a) $A^{20} = \begin{bmatrix} 2 & 1 \\ -1 & -1 \end{bmatrix} \begin{bmatrix} 1^{20} & 0 \\ 0 & 2^{20} \end{bmatrix} \begin{bmatrix} 2 & 1 \\ -1 & -1 \end{bmatrix}^{-1}$

$\qquad = \begin{bmatrix} 2 & 1 \\ -1 & -1 \end{bmatrix} \begin{bmatrix} 1 & 0 \\ 0 & 2^{20} \end{bmatrix} \begin{bmatrix} 1 & 1 \\ -1 & -2 \end{bmatrix} = \begin{bmatrix} 2 - 2^{20} & 2 - 2^{21} \\ -1 + 2^{20} & -1 + 2^{21} \end{bmatrix}$

(b) $e^A = \begin{bmatrix} 2 & 1 \\ -1 & -1 \end{bmatrix} \begin{bmatrix} e & 0 \\ 0 & e^2 \end{bmatrix} \begin{bmatrix} 2 & 1 \\ -1 & -1 \end{bmatrix}^{-1}$

$\qquad = \begin{bmatrix} 2 & 1 \\ -1 & -1 \end{bmatrix} \begin{bmatrix} e & 0 \\ 0 & e^2 \end{bmatrix} \begin{bmatrix} 1 & 1 \\ -1 & -2 \end{bmatrix} = \begin{bmatrix} 2e - e^2 & 2e - 2e^2 \\ -e + e^2 & -e + 2e^2 \end{bmatrix}$

(c) $\sin A = \begin{bmatrix} 2 & 1 \\ -1 & -1 \end{bmatrix} \begin{bmatrix} \sin 1 & 0 \\ 0 & \sin 2 \end{bmatrix} \begin{bmatrix} 2 & 1 \\ -1 & -1 \end{bmatrix}^{-1}$

$\qquad = \begin{bmatrix} 2 & 1 \\ -1 & -1 \end{bmatrix} \begin{bmatrix} \sin 1 & 0 \\ 0 & \sin 2 \end{bmatrix} \begin{bmatrix} 1 & 1 \\ -1 & -2 \end{bmatrix}$

$\qquad = \begin{bmatrix} 2\sin 1 - \sin 2 & 2\sin 1 - 2\sin 2 \\ -\sin 1 + \sin 2 & -\sin 1 + 2\sin 2 \end{bmatrix}$

e^{At}

對任一方陣 A，我們規定

$$e^{At} \equiv I + \frac{1}{1!}At + \frac{1}{2!}A^2t^2 + \cdots = \sum_{n=0}^{\infty} \frac{1}{n!}A^nt^n$$

上式在求 e^{At} 時通常並無實質好處，下列定理在計算 e^{At} 可能較為容易。

定理：A 為 n 階方陣，則

$$e^{At} = \alpha_{n-1}A^{n-1}t^{n-1} + \alpha_{n-2}A^{n-2}t^{n-2} + \cdots + \alpha_2A^2t^2 + \alpha_1At + \alpha_0I$$

證明從略。

在解線性微分方程組時，e^{At} 扮演重要角色。求 e^{At} 時，往往將 t 視為一個純量，因為 λ 是 A 之一個特徵值則 $A\lambda = \lambda x \rightarrow tA\lambda = t\lambda x$，即 $(At)x = (t\lambda)(tx)$，因此在求 e^{At} 時，我們可先求 A 之特徵值，特徵向量，從而得到非奇異陣 P，

使得 $A = P\begin{pmatrix} \lambda_1 & & \\ & \lambda_2 & 0 \\ 0 & & \ddots \\ & & & \lambda_n \end{pmatrix}P^{-1}$ ，則 $e^{At} = P\begin{pmatrix} e^{\lambda_1 t} & & \\ & e^{\lambda_2 t} & 0 \\ 0 & & \ddots \\ & & & e^{\lambda_n t} \end{pmatrix}P^{-1}$

範例 **7** （承範例 6）求 e^{At}

解：$A = \begin{bmatrix} 2 & 1 \\ -1 & -1 \end{bmatrix}\begin{bmatrix} 1 & 0 \\ 0 & 2 \end{bmatrix}\begin{bmatrix} 2 & 1 \\ -1 & -1 \end{bmatrix}^{-1}$

$\therefore e^{At} = \begin{bmatrix} 2 & 1 \\ -1 & -1 \end{bmatrix}\begin{bmatrix} e^t & 0 \\ 0 & e^{2t} \end{bmatrix}\begin{bmatrix} 1 & 1 \\ -1 & -2 \end{bmatrix} = \begin{bmatrix} 2e^t - e^{2t} & 2e^t - 2e^{2t} \\ -e^t + e^{2t} & -e^t + 2e^{2t} \end{bmatrix}$

範例 **8**　$A = \begin{bmatrix} 0 & -1 \\ 1 & 0 \end{bmatrix}$，求 e^{At}

解：A 之特徵方程式為 $\lambda^2 + 1 = 0$，$\lambda = \pm i$

(1) $\lambda = i$ 時 $(A - \lambda I)x = 0$ 得：

$$\begin{bmatrix} -i & -1 & | & 0 \\ 1 & -i & | & 0 \end{bmatrix} \rightarrow \begin{bmatrix} -i & -1 & | & 0 \\ 0 & 0 & | & 0 \end{bmatrix}$$

$$\therefore x = [1, -i]^T$$

(2) $\lambda = -i$ 時 $(A - \lambda I)x = 0$ 得：

$$\begin{bmatrix} i & -1 & | & 0 \\ 1 & i & | & 0 \end{bmatrix} \rightarrow \begin{bmatrix} i & -1 & | & 0 \\ 0 & 0 & | & 0 \end{bmatrix}$$

$$\therefore x = [1, i]^T$$

取 $P = \begin{bmatrix} 1 & 1 \\ -i & i \end{bmatrix}$

$$\therefore e^{At} = \begin{bmatrix} 1 & 1 \\ -i & i \end{bmatrix} \begin{bmatrix} e^{it} & 0 \\ 0 & e^{-it} \end{bmatrix} \begin{bmatrix} 1 & 1 \\ -i & i \end{bmatrix}^{-1}$$

$$= \begin{bmatrix} 1 & 1 \\ -i & i \end{bmatrix} \begin{bmatrix} e^{it} & 0 \\ 0 & e^{-it} \end{bmatrix} \left(\begin{bmatrix} i & -1 \\ i & 1 \end{bmatrix} \frac{1}{2i} \right)$$

$$= \frac{1}{2i} \begin{bmatrix} i(e^{it} + e^{-it}) & (-e^{it} + e^{-it}) \\ i(-ie^{it} + ie^{-it}) & (ie^{it} + ie^{-it}) \end{bmatrix}$$

$$= \begin{bmatrix} \dfrac{1}{2}(e^{it} + e^{-it}) & \dfrac{1}{2i}(-e^{it} + e^{-it}) \\ \dfrac{1}{2i}(e^{it} - e^{-it}) & \dfrac{1}{2}(e^{it} + e^{-it}) \end{bmatrix}$$

$$= \begin{bmatrix} \cos t & -\sin t \\ \sin t & \cos t \end{bmatrix}$$

◆ 習　題

1. 判斷下列各方陣可否對角化？若可對角化，則進一步求一非奇異陣 P 使得 $P^{-1}AP = \Lambda$。

(a) $\begin{bmatrix} 1 & 2 \\ 3 & 0 \end{bmatrix}$　(b) $\begin{bmatrix} 1 & 1 \\ 0 & 2 \end{bmatrix}$　(c) $\begin{bmatrix} 1 & 0 \\ 1 & 1 \end{bmatrix}$　(d) $\begin{bmatrix} 0 & 0 \\ 0 & -1 \end{bmatrix}$

2. 判斷下列各方陣可否對角化，若是，求非奇異陣 P，使得 $P^{-1}AP = \Lambda$。

(a) $\begin{bmatrix} 1 & 1 & 0 \\ 0 & 1 & 0 \\ 0 & 0 & 2 \end{bmatrix}$　(b) $\begin{bmatrix} 2 & 1 & 1 \\ 1 & 2 & 1 \\ 1 & 1 & 2 \end{bmatrix}$　(c) $\begin{bmatrix} 2 & 2 & 1 \\ 1 & 3 & 1 \\ 1 & 2 & 2 \end{bmatrix}$

3. 求下列各題之 e^{At}

(a) $\begin{bmatrix} 2 & 1 \\ -3 & 6 \end{bmatrix}$　(b) $\begin{bmatrix} 1 & 3 \\ 4 & 2 \end{bmatrix}$

6.6　聯立微分方程組

本節我們討論之課題與前述解線立聯之方程組大致相同。在技巧上也大致相同，所差的只是含有微分符號。

本節在計算上，多將聯立微分方程組化成下列標準式：

$$\begin{cases} F_1(D)x + F_2(D)y = f(t) \\ F_3(D)x + F_4(D)y = g(t) \end{cases}$$

然後透過解聯立方程式方法（如 Cramer 法則）解出。

範例 1　解 $\begin{cases} (D+2)x + 3y = 0 \\ 3x + (D+2)y = 2e^{2t} \end{cases}$

解：$x = \dfrac{\begin{vmatrix} 0 & 3 \\ 2e^{2t} & D+2 \end{vmatrix}}{\begin{vmatrix} D+2 & 3 \\ 3 & D+2 \end{vmatrix}} = \dfrac{-6e^{2t}}{D^2 + 4D - 5} = \dfrac{-6e^{2t}}{(D+5)(D-1)}$ ·· (1)

$\therefore (D+5)(D-1)x = -6e^{2t}$

$x_h = c_1 e^{-5t} + c_2 e^t$，$x_p = \dfrac{1}{(D+5)(D-1)}(-6e^{2t}) = \dfrac{-6}{7}e^{2t}$

得 $x = c_1 e^{-5t} + c_2 e^t - \dfrac{6}{7}e^{2t}$ ·· (2)

代 (2) 入 $(D+2)x + 3y = 0$，或 $y = -\dfrac{1}{3}(D+2)x$：

$$y = -\frac{1}{3}(D+2)x = -\frac{1}{3}(D+2)\left(c_1 e^{-5t} + c_2 e^t - \frac{6}{7}e^{2t}\right)$$

$$= c_1 e^{-5t} - c_2 e^t + \frac{8}{7}e^{2t}$$

若聯立微分方程組可寫成

$$\begin{cases} F_1(D)x + F_2(D)y = f(t) \\ F_3(D)x + F_4(D)y = g(t) \end{cases}$$

之形式，則聯立微分方程組解之「任意常數 c_i」之個數恰與

$$\begin{vmatrix} F_1(D) & F_2(D) \\ F_3(D) & F_4(D) \end{vmatrix}$$

之 D 最高次數相同。

在範例 1，我們的解題策略是先用 Cramer 法則求出 x（或 y），然後將所求之 x（或 y）代入方程組中之某一方程式解出 y（或 x），它的好處是便於計算，

同時可避免過多的「任意常數」，以例 1 而言，如果 x, y 都用 Cramer 法則解出，可能含有 4 個「任意常數」，而事實上只有 2 個。

範例 2　解 $\begin{cases} \dfrac{dx}{dt} = x + y \\[2mm] \dfrac{dy}{dt} = x - y \end{cases}$

解：原方程組可寫成

$$\begin{cases} \dfrac{dx}{dt} - x - y = 0 \\[2mm] -x + \dfrac{dy}{dt} + y = 0 \end{cases} \text{即} \begin{cases} (D-1)x - y = 0 & \cdots\cdots\cdots (1) \\ -x + (D+1)y = 0 & \cdots\cdots\cdots (2) \end{cases}$$

$$\therefore x = \frac{\begin{vmatrix} 0 & -1 \\ 0 & D+1 \end{vmatrix}}{\begin{vmatrix} D-1 & -1 \\ -1 & D+1 \end{vmatrix}} = \frac{0}{D^2 - 2} \text{，即 } (D^2 - 2)x = (D + \sqrt{2})(D - \sqrt{2})x = 0$$

$$\therefore x = c_1 e^{-\sqrt{2}t} + c_2 e^{\sqrt{2}t} \cdots\cdots\cdots\cdots (3)$$

代 (3) 入 (1)：$y = (D-1)x = (D-1)(c_1 e^{-\sqrt{2}t} + c_2 e^{\sqrt{2}t})$
$$= c_1(\sqrt{2} - 1)e^{\sqrt{2}t} - c_2(\sqrt{2} + 1)e^{-\sqrt{2}t}$$

範例 3　解 $\begin{cases} \dfrac{d}{dt}x = -y \\[2mm] \dfrac{d}{dt}y = x \end{cases}$，$x(0) = 1$，$y(0) = 0$

解：原方程組可寫成

$$\begin{cases} Dx + y = 0 & \cdots\cdots\cdots\cdots\cdots\cdots\cdots\cdots\cdots\cdots\cdots\cdots\cdots\cdots\cdots\cdots\cdots\cdots\cdots (1) \\ -x + Dy = 0 & \cdots\cdots\cdots\cdots\cdots\cdots\cdots\cdots\cdots\cdots\cdots\cdots\cdots\cdots\cdots\cdots\cdots\cdots (2) \end{cases}$$

$$\therefore x = \frac{\begin{vmatrix} 0 & 1 \\ 0 & D \end{vmatrix}}{\begin{vmatrix} D & 1 \\ -1 & D \end{vmatrix}} = \frac{0}{D^2 + 1}$$

$$(D^2 + 1)x = 0$$

$$\therefore x = c_1 \cos t + c_2 \sin t \cdots\cdots\cdots\cdots\cdots\cdots\cdots\cdots\cdots\cdots\cdots\cdots\cdots\cdots\cdots\cdots (3)$$

代 (3) 入 $\dfrac{d}{dt}x = -y$

得 $y = -\dfrac{d}{dt}x = -\dfrac{d}{dt}(c_1 \cos t + c_2 \sin t)$

$\qquad = c_1 \sin t - c_2 \cos t \cdots\cdots\cdots\cdots\cdots\cdots\cdots\cdots\cdots\cdots\cdots\cdots\cdots (4)$

$\because x(0) = 1$，$y(0) = 0$

$\therefore x(0) = c_1 = 1$，$y(0) = -c_2 = 0$

即 $c_2 = 0$

得 $x = \cos t$，$y = \sin t$

範例 4　解：$\dfrac{d^2x}{dt^2} = -x$，$\dfrac{d^2y}{dt^2} = 4y$

解：$\dfrac{d^2x}{dt^2} = -x$　$\therefore \dfrac{d^2x}{dt^2} + x = 0$，特徵方程式為 $m^2 + 1 = 0$　$\therefore m = \pm i$

即 $x = c_1 \cos t + c_2 \sin t$

$\dfrac{d^2y}{dt^2} = 4y$　　$\therefore \dfrac{d^2y}{dt^2} - 4y = 0$，特徵方程式為 $m^2 - 4 = 0$　$\therefore m = \pm 2$

即 $y = c_3 e^{2t} + c_4 e^{-2t}$

讀者應想一想為何範例 4 有 4 個任意常數。

聯立線性微分方程組之矩陣求法

本子節我們討論聯立線性微分方程組之矩陣解法，囿於本書之程度，僅討論 $\dot{Y} = AY$，$\dot{Y} = \dfrac{d}{dt}Y$，A 為 2 階或 3 階之對角陣或可對角化方陣。

狀況 I：A 為對角陣

考慮下列微分方程組：

$$\begin{cases} \dfrac{d}{dt}x = a_{11}x \\ \dfrac{d}{dt}y = \quad\quad a_{22}y \end{cases}$$

則上述方程組可寫成：

$$\begin{bmatrix} \dfrac{d}{dt}x \\ \dfrac{d}{dt}y \end{bmatrix} = \begin{bmatrix} a_{11} & 0 \\ 0 & a_{22} \end{bmatrix} \begin{bmatrix} x \\ y \end{bmatrix} \quad\cdots\cdots\cdots (1)$$

現在我們在解方程式 (1)

$\dfrac{d}{dt}x = a_{11}x \quad \therefore x(t) = b_1 e^{a_{11}t}$，$b_1$ 為任意常數

$\dfrac{d}{dt}y = a_{22}y \quad \therefore y(t) = b_2 e^{a_{22}t}$，$b_2$ 為任意常數

$\therefore \begin{bmatrix} x \\ y \end{bmatrix} = \begin{bmatrix} b_1 e^{a_{11}t} \\ b_2 e^{a_{22}t} \end{bmatrix} = b_1 \begin{bmatrix} 1 \\ 0 \end{bmatrix} e^{a_{11}t} + b_2 \begin{bmatrix} 0 \\ 1 \end{bmatrix} e^{a_{22}t}$

上述結果可推廣到 n 個變數之情況，以 $n = 3$ 為例：

$$\begin{cases} \dfrac{d}{dt}x = a_{11}x \\[2mm] \dfrac{d}{dt}y = \qquad a_{22}y \\[2mm] \dfrac{d}{dt}z = \qquad\qquad a_{33}z \end{cases}$$

則 $\begin{bmatrix} x \\ y \\ z \end{bmatrix} = b_1 \begin{bmatrix} 1 \\ 0 \\ 0 \end{bmatrix} e^{a_{11}t} + b_2 \begin{bmatrix} 0 \\ 1 \\ 0 \end{bmatrix} e^{a_{22}t} + b_3 \begin{bmatrix} 0 \\ 0 \\ 1 \end{bmatrix} e^{a_{33}t}$

範例 5　解 $\begin{cases} \dot{x} = 2x \\ \dot{y} = \qquad 3y \end{cases}$ ，x, y 均為 t 之函數

解：$\begin{bmatrix} x \\ y \end{bmatrix} = b_1 \begin{bmatrix} 1 \\ 0 \end{bmatrix} e^{2t} + b_2 \begin{bmatrix} 0 \\ 1 \end{bmatrix} e^{3t}$

狀況 II：A 為可對角化

考慮下列微分方程組

$$\begin{cases} \dfrac{d}{dt}x = a_{11}x + a_{12}y \\[2mm] \dfrac{d}{dt}y = a_{21}x + a_{22}y \end{cases}$$

則上述方程組可寫成：

$$\begin{bmatrix} \dfrac{d}{dt}x \\[2mm] \dfrac{d}{dt}y \end{bmatrix} = \begin{bmatrix} a_{11} & a_{12} \\ a_{21} & a_{22} \end{bmatrix} \begin{bmatrix} x \\ y \end{bmatrix} \quad\cdots\cdots\cdots\cdots\cdots\cdots\cdots\cdots\cdots\cdots\cdots\cdots\cdots\cdots (2)$$

II 中之 $A = \begin{bmatrix} a_{11} & a_{12} \\ a_{21} & a_{22} \end{bmatrix}$ 假設可被對角化，因此，我們可找到一個非奇

異陣 P 使得 $P^{-1}AP = \begin{bmatrix} \lambda_1 & 0 \\ 0 & \lambda_2 \end{bmatrix}$，$\lambda_1, \lambda_2$ 為 A 之特徵值。方程組 II 可寫成

$\dot{Y} = AY$

$\therefore P^{-1}\dot{Y} = P^{-1}AY = (P^{-1}AP)(P^{-1}Y)$ ················· (3)

若取 $u = P^{-1}Y$ 則

方程式 (3) 可寫成 $\dot{u} = \Lambda u$，（$\because P$ 為常數方陣）

如此便可用狀況 I 之方法繼續求解。

$u = b_1 \begin{bmatrix} 1 \\ 0 \end{bmatrix} e^{\lambda_1 t} + b_2 \begin{bmatrix} 0 \\ 1 \end{bmatrix} e^{\lambda_2 t}$

但 $\dot{Y} = PY$

$\therefore Y = b_1 P_1 e^{\lambda_1 t} + b_2 P_2 e^{\lambda_2 t}$，$P_1, P_2$ 為 P 之第 1, 2 行。

當然上述結果可擴充到 2 個以上變數之情況。

例 $\dot{Y} = AY$，A 為 3 階可對角化方陣，則

$Y = b_1 P_1 e^{\lambda_1 t} + b_2 P_2 e^{\lambda_2 t} + b_3 P_3 e^{\lambda_3 t}$，$\lambda_1, \lambda_2, \lambda_3$ 為 A 之特徵值，P_1, P_2, P_3 為 P 之第 1, 2, 3 行，當然，P_1, P_2, P_3 為對應 $\lambda_1, \lambda_2, \lambda_3$ 之特徵向量。

範例 6　用對角化法重解範例 2。

解：$\dot{Y} = \begin{bmatrix} 1 & 1 \\ 1 & -1 \end{bmatrix} Y$，$Y = \begin{bmatrix} x \\ y \end{bmatrix}$，

$A = \begin{bmatrix} 1 & 1 \\ 1 & -1 \end{bmatrix}$ 之特徵方程式為 $\lambda^2 - 2 = 0$，得特徵值 $\lambda = \pm\sqrt{2}$，

$\therefore A$ 可對角化。

① $\lambda = \sqrt{2}$ 時：

$(A - \lambda I)v = (A - \sqrt{2} I)v = 0$

$\begin{bmatrix} 1-\sqrt{2} & 1 \\ 1 & -1-\sqrt{2} \end{bmatrix} \begin{bmatrix} 0 \\ 0 \end{bmatrix} \rightarrow \begin{bmatrix} 1-\sqrt{2} & 1 & 0 \\ 0 & 0 & 0 \end{bmatrix} \quad \therefore v_1 = \begin{bmatrix} 1 \\ \sqrt{2}-1 \end{bmatrix}$

② $\lambda = -\sqrt{2}$ 時：

$(A - \lambda I)v = (A + \sqrt{2} I)v = 0$

$\begin{bmatrix} 1+\sqrt{2} & 1 \\ 1 & -1+\sqrt{2} \end{bmatrix} \begin{bmatrix} 0 \\ 0 \end{bmatrix} \rightarrow \begin{bmatrix} 1+\sqrt{2} & 1 & 0 \\ 0 & 0 & 0 \end{bmatrix} \quad \therefore v_2 = \begin{bmatrix} 1 \\ -\sqrt{2}-1 \end{bmatrix}$

$\therefore Y = \begin{bmatrix} x \\ y \end{bmatrix} = c_1 \begin{bmatrix} 1 \\ \sqrt{2}-1 \end{bmatrix} e^{\sqrt{2}t} + c_2 \begin{bmatrix} 1 \\ -\sqrt{2}-1 \end{bmatrix} e^{-\sqrt{2}t}$

即 $x = c_1 e^{\sqrt{2}t} + c_2 e^{-\sqrt{2}t}$

$y = c_1(\sqrt{2}-1)e^{\sqrt{2}t} + c_2(\sqrt{2}+1)e^{-\sqrt{2}t}$

此與範例 2 結果相同。

範例 7　用對角化法求解 $\begin{cases} \dot{x} = x \\ \dot{y} = \quad 3y - 2z \\ \dot{z} = \quad -2y + 3z \end{cases}$，$x, y, z$ 為 t 之函數

解：$\dot{Y} = \begin{bmatrix} 1 & 0 & 0 \\ 0 & 3 & -2 \\ 0 & -2 & 3 \end{bmatrix} Y$

$A = \begin{bmatrix} 1 & 0 & 0 \\ 0 & 3 & -2 \\ 0 & -2 & 3 \end{bmatrix}$ 之特徵方程式為 $(\lambda-1)(\lambda^2-6\lambda+5) = (\lambda-1)^2(\lambda-5) = 0$

$\text{rank}(A - 1 I) = \text{rank}\left(\begin{bmatrix} 1 & 0 & 0 \\ 0 & 2 & -2 \\ 0 & -2 & 2 \end{bmatrix} \right) = 1 = n - c_i = 3-2 = 1$，且

$$\text{rank}(A - 5 \, \text{I}) = \text{rank}\left(\begin{bmatrix} -4 & 0 & 0 \\ 0 & -2 & -2 \\ 0 & -2 & -2 \end{bmatrix}\right)$$

$$= 2 = n - c_i = 3 - 1 = 2$$

$\therefore A$ 可對角化

① $\lambda = 1$ 時：

$(A - 1I)v = 0$：

$$\begin{bmatrix} 0 & 0 & 0 & | & 0 \\ 0 & 2 & -2 & | & 0 \\ 0 & -2 & 2 & | & 0 \end{bmatrix} \rightarrow \begin{bmatrix} 0 & 0 & 0 & | & 0 \\ 0 & 1 & -1 & | & 0 \\ 0 & 0 & 0 & | & 0 \end{bmatrix}$$

$$\therefore P_1 = \begin{bmatrix} 1 \\ 0 \\ 0 \end{bmatrix}, \ P_2 = \begin{bmatrix} 0 \\ 1 \\ 1 \end{bmatrix}$$

② $\lambda = 5$ 時：

$(A - 5I)v = 0$

$$\begin{bmatrix} -4 & 0 & 0 & | & 0 \\ 0 & -2 & -2 & | & 0 \\ 0 & -2 & -2 & | & 0 \end{bmatrix} \rightarrow \begin{bmatrix} 1 & 0 & 0 & | & 0 \\ 0 & 1 & 1 & | & 0 \\ 0 & 0 & 0 & | & 0 \end{bmatrix}$$

$$\therefore P_3 = \begin{bmatrix} 0 \\ 1 \\ -1 \end{bmatrix}$$

$$\therefore Y = \begin{bmatrix} x \\ y \\ z \end{bmatrix} = c_1 \begin{bmatrix} 1 \\ 0 \\ 0 \end{bmatrix} e^t + c_2 \begin{bmatrix} 0 \\ 1 \\ 1 \end{bmatrix} e^t + c_3 \begin{bmatrix} 0 \\ 1 \\ -1 \end{bmatrix} e^{5t}$$

◆ 習 題

用對角化法求解下列線性聯立微分方程組（1～5）：

1. $\begin{cases} \dfrac{dx}{dt} = 3x - 2y \\ \dfrac{dy}{dt} = 2x - 2y \end{cases}$

2. $\begin{cases} \dfrac{dx}{dt} = -x + 3y \\ \dfrac{dy}{dt} = 2x - 2y \end{cases}$

3. $\begin{cases} \dfrac{dx}{dt} = -2x - 2y \\ \dfrac{dy}{dt} = x - 5y \end{cases}$

4. $\begin{cases} \dfrac{dx}{dt} = 3x + 3y \\ \dfrac{dy}{dt} = x + 5y \end{cases}$

5. $\begin{cases} \dfrac{dx}{dt} = x - 2y + 2z \\ \dfrac{dy}{dt} = -2x + y - 2z \\ \dfrac{dz}{dt} = 2x - 2y + z \end{cases}$

6. 用 Cramer 法則解題 1，2。

第七章
向量分析

7.1 向量之基本概念

7.2 向量點積與叉積

7.3 空間之平面與直線

7.4 向量函數之微分與積分

7.5 梯度、散度與旋度

7.6 向量導數之幾何意義

7.7 線積分

7.8 平面上的格林定理

7.9 面積分

7.10 向量函數之面積分與散度定理

7.1 向量之基本概念

向量

簡單地說，**向量**（Vector）是一個具有大小（Magnitude）與方向（Direction）之量。與向量相對的是**純量**（Scalar）。

以一平面上二點 $P(a, b)$，$Q(c, d)$ 而言，以 P 為始點，Q 為終點之向量以 $\overrightarrow{PQ}$ 表示，則定義 $\overrightarrow{PQ} = [c-a, d-b]$，$c-a$，$d-b$ 稱為**分量**（Component）。一個向量若有 n 個分量，則稱該向量為 n 維向量，以 R^n 表之。$\overrightarrow{PQ}$ 之長度記做 $|\overrightarrow{PQ}|$，定義 $|\overrightarrow{PQ}| = \sqrt{(c-a)^2 + (d-b)^2}$，向量之長度又稱為**歐幾里得模**（Euclidean norm），若 $|\overrightarrow{PQ}| = 1$ 則稱 $\overrightarrow{PQ}$ 為**單位向量**（Unit vector）。$\overrightarrow{QP}$ 為以 Q 為始點，P 為終點，則 $\overrightarrow{QP} = [a-c, b-d]$，顯然 $|\overrightarrow{QP}| = |\overrightarrow{PQ}|$，故 $\overrightarrow{PQ}$ 與 $\overrightarrow{QP}$ 為大小相等但方向相反之二向量。

從原點 O 到點 (x, y, z) 之向量特稱為**位置向量**（Position vector），通常以 r 表之，$r = xi + yj + zk$，其中 $i = [1, 0, 0]$，$j = [0, 1, 0]$，$k = [0, 0, 1]$，顯然 $|r| = \sqrt{x^2 + y^2 + z^2}$。

向量基本運算

設二向量 V_1，V_2，若 $V_1 = [a, b]$，$V_2 = [c, d]$，則

1. $V_1 + V_2 = [a + c, b + d]$，（顯然：$V_1 + V_2 = V_2 + V_1$）。

2. $\lambda V_1 = [\lambda a, \lambda b]$，$\lambda \in R$。

3. $V_1 \cdot V_2 = ac + db$（顯然 $V_1 \cdot V_2 = V_2 \cdot V_1$）。

所有分量均為 0 之向量稱為**零向量**（Zero vector），若 U 為一非零向量（即 U 中至少有一分量不為 0）則 $U/|U|$ 為單位向量。

在本章，向量之分量均假設為實數。

範例 1　若 $A = [-1, 2]$，$B = [0, -3]$，$C = [4, 3]$ 求 $V = (2A + 3B) + (A - C)$ 及 $|V|$

解：(1) $2A + 3B = 2[-1, 2] + 3[0, -3] = [-2, 4] + [0, -9]$
$$= [-2, -5]$$

$A - C = [-1, 2] - [4, 3] = [-5, -1]$

$\therefore V = (2A + 3B) + (A - C) = [-2, -5] + [-5, -1]$
$$= [-7, -6]$$

(2) $|V| = \sqrt{(-7)^2 + (-6)^2} = \sqrt{85}$

範例 2　（向量之幾何表示）設二向量 A，B 如下

則 $A + B$ 為：

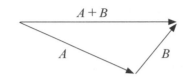

$A + 2B$ 則為：

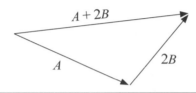

範例 3 到範例 5 有若干啟示性，可供讀者參考。

範例 3　$\overline{PQ}$ 為空間中之一線段，R 為 $\overline{PQ}$ 中之一點，已知 $\overline{PR}：\overline{RQ} = m：n$，若 O 為 $\overline{PQ}$ 外空間之任一點，試證：

$$\overrightarrow{OR} = \frac{n}{m+n}\overrightarrow{OP} + \frac{m}{m+n}\overrightarrow{OQ}$$

解：$\overrightarrow{OR} = \overrightarrow{OP} + \overrightarrow{PR} = \overrightarrow{OP} + \frac{m}{m+n}\overrightarrow{PQ}$

$\quad = \overrightarrow{OP} + \frac{m}{m+n}(\overrightarrow{PO} + \overrightarrow{OQ})$

$\quad = \overrightarrow{OP} + \frac{m}{m+n}(-\overrightarrow{OP} + \overrightarrow{OQ})$

$\quad = \frac{n}{m+n}\overrightarrow{OP} + \frac{m}{m+n}\overrightarrow{OQ}$

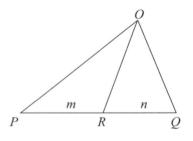

範例 4　若 M 為 $\overline{BC}$ 之中點，A 為 $\overline{BC}$ 外之任一點，試證 $\overrightarrow{AB} + \overrightarrow{AC} = 2\overrightarrow{AM}$

解：$\overrightarrow{AM} = \overrightarrow{AB} + \overrightarrow{BM} = \overrightarrow{AB} + \dfrac{1}{2}\overrightarrow{BC}$ ⋯⋯⋯⋯⋯⋯ (1)

$\overrightarrow{AM} = \overrightarrow{AC} + \overrightarrow{CM} = \overrightarrow{AC} - \dfrac{1}{2}\overrightarrow{BC}$ ⋯⋯⋯⋯⋯⋯ (2)

(1) + (2) 得

$\overrightarrow{AB} + \overrightarrow{AC} = 2\overrightarrow{AM}$

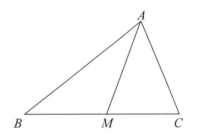

範例 5　P, Q 分別為 $\overrightarrow{AC}$，$\overrightarrow{BD}$ 之中點，試證 $\overrightarrow{AB} + \overrightarrow{CD} = 2\overrightarrow{PQ}$

解：∵ Q 為 $\overrightarrow{BD}$ 中點，由範例 4

$\overrightarrow{PB} + \overrightarrow{PD} = 2\overrightarrow{PQ}$ ⋯⋯⋯⋯⋯⋯ (1)

$\overrightarrow{PB} = \overrightarrow{PA} + \overrightarrow{AB}$ 及 $\overrightarrow{PD} = \overrightarrow{PC} + \overrightarrow{CD}$

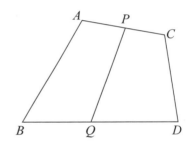

代入 (1) 式得

$\overrightarrow{PA} + \overrightarrow{AB} + \overrightarrow{PC} + \overrightarrow{CD} = 2\overrightarrow{PQ}$

∴ $\left(-\dfrac{1}{2}\overrightarrow{AC} + \overrightarrow{AB}\right) + \left(\dfrac{1}{2}\overrightarrow{AC} + \overrightarrow{CD}\right) = \overrightarrow{AB} + \overrightarrow{CD} = 2\overrightarrow{PQ}$

◆ 習　題

1. 若 $A = [1, -2, 3]$，$B = [0, 1, 5]$，$C = 2[1, 0, 2]$，計算：

　(1)$|A|$　　(2)$|A-B|$　　(3)$|2A-C|$

2. 承範例 1，求 (1) A　　(2) $A-B$ 之單位向量。

3. 若平面上二點 $M(0, -1)$，$N(-2, 3)$，試求向量 $\overrightarrow{MN}$ 與 $\overrightarrow{NM}$，並在座標圖上繪

出向量 V，使得 $V = 2\overrightarrow{MN} - \overrightarrow{NM}$

4. 設 A, B, C 為三角形之頂點，a, b, c 為對邊之中點，試證 $\overrightarrow{Aa} + \overrightarrow{Bb} + \overrightarrow{Cc} = \underset{\sim}{0}$

5. 若 $\overrightarrow{AC} = \beta\overrightarrow{CB}$ ，試證 $\overrightarrow{OC} = \dfrac{\overrightarrow{OA} + \beta\overrightarrow{OB}}{1+\beta}$

7.2 向量點積與叉積

點積

本節我們要介紹二個向量，一是**點積**（Dot product），另一是**叉積**（Cross product）。

定義：若向量 $A = [a_1, a_2, a_3 \cdots a_n]$，向量 $B = [b_1, b_2, b_3, \cdots b_n]$，則 A，B 之點積（記做 $A \cdot B$）定義為：

$$A \cdot B = a_1b_1 + a_2b_2 + a_3b_3 + \cdots + a_nb_n$$

顯然，二個向量之點積結果是純量。

範例 1　$A = [-1, 0, 1]$，$B = [2, -1, -3]$，則 $A \cdot B = $　？

解：$A \cdot B = (-1)2 + 0(-1) + 1(-3) = -2 + 0 - 3 = -5$

範例 2　$A = [a_1, a_2, a_3]$，$B = [b_1, b_2, b_3]$，試證 $A \cdot B = B \cdot A$

解：$A \cdot B = [a_1, a_2, a_3] \cdot [b_1, b_2, b_3] = a_1b_1 + a_2b_2 + a_3b_3$

$$B \cdot A = [b_1, b_2, b_3] \cdot [a_1, a_2, a_3] = b_1 a_1 + b_2 a_2 + b_3 a_3$$
$$= a_1 b_1 + a_2 b_2 + a_3 b_3$$
$$\therefore A \cdot B = B \cdot A$$

點積之性質

1. $|A|^2 = A \cdot A$

2. 若 $A \cdot A = 0$ 則 $A = 0$

3. $A \cdot (B + C) = A \cdot B + A \cdot C$

我們可證明 1., 2. 如下：

1. $|A|^2 = (|A|)^2 = (\sqrt{a_1{}^2 + a_2{}^2 + a_3{}^2})^2 = a_1{}^2 + a_2{}^2 + a_3{}^2$

   $A \cdot A = [a_1, a_2, a_3] \cdot [a_1, a_2, a_3] = a_1{}^2 + a_2{}^2 + a_3{}^2$

   $\therefore |A|^2 = A \cdot A$

2. $A \cdot A = a_1{}^2 + a_2{}^2 + a_3{}^2 = 0 \Rightarrow a_1 = a_2 = a_3 = 0$

   $\therefore A = 0$

3. 留作習題

定理：$A \cdot B = |A| |B| \cos\theta$，$0 \le \theta \le \pi$

證明：三角學之餘弦定律（Law of cosine）說，若 a，b，c 為一三角形的三個
邊則有

$$c^2 = a^2 + b^2 - 2ab\cos\theta$$

根據右圖，由餘弦定律，我們可得：

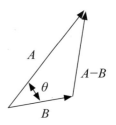

$$|A-B|^2 = |A|^2 + |B|^2 - 2|A||B|\cos\theta$$

$$\therefore (A-B) \cdot (A-B) = A \cdot A + B \cdot B - 2|A||B|\cos\theta$$

$$(A-B) \cdot (A-B) = A \cdot A - 2A \cdot B + B \cdot B \text{，代入上式得}$$

$$A \cdot A - 2A \cdot B + B \cdot B = A \cdot A + B \cdot B - 2|A||B|\cos\theta$$

$$\therefore -2A \cdot B = -2|A||B|\cos\theta$$

$$即 \quad A \cdot B = |A||B|\cos\theta$$

範例 3　求 $A = [-1, 0, 2]$，$B = [0, 1, 1]$ 之夾角

解：$\cos\theta = \dfrac{A \cdot B}{|A||B|}$

$A \cdot B = [-1, 0, 2] \cdot [0, 1, 1] = (-1)0 + 0(1) + 2(1) = 2$

$|A| = \sqrt{(-1)^2 + 0^2 + 2^2} = \sqrt{5}$

$|B| = \sqrt{0^2 + 1^2 + 1^2} = \sqrt{2}$

$\therefore \cos\theta = \dfrac{2}{\sqrt{5} \cdot \sqrt{2}} = \dfrac{2}{\sqrt{10}} = \dfrac{\sqrt{10}}{5}$

$即 \quad \theta = \cos^{-1}\dfrac{\sqrt{10}}{5}$

由向量內積性質易得下列重要結果：

A，B 均非零向量，若 $A \cdot B = 0$，則 A，B 為**直交**（Orthogonal，又譯作正交）。

叉積

定義：若 $A = [a_1, a_2, a_3]$，$B = [b_1, b_2, b_3]$，（A，B 之叉積記做 $A \times B$）則定義 $A \times B$ 為

$$A \times B = \begin{vmatrix} i & j & k \\ a_1 & a_2 & a_3 \\ b_1 & b_2 & b_3 \end{vmatrix} , \ i = [1, 0, 0] , \ j = [0, 1, 0] , \ k = [0, 0, 1]$$

A, B 之叉積僅在 A, B 均為 3 維向量時方成立，換言之，向量之叉積為 3 維向量特有之產物。依行列式之展開，我們有：

$$A \times B = \begin{vmatrix} a_2 & a_3 \\ b_2 & b_3 \end{vmatrix} i - \begin{vmatrix} a_1 & a_3 \\ b_1 & b_3 \end{vmatrix} j + \begin{vmatrix} a_1 & a_2 \\ b_1 & b_2 \end{vmatrix} k$$

由叉積之定義以及行列式性質，我們可立即得到下列兩個結果：

1. $A \times A = \underset{\sim}{0}$（本書為區別純量 0 與零向量，故零向量均以 $\underset{\sim}{0}$ 表之）
2. $A \times B = -B \times A$

此外它還有一個等式：

$$|A \times B|^2 + (A \cdot B)^2 = |A|^2 \cdot |B|^2$$

證明：$|A \times B|^2 + (A \cdot B)^2$

$$= \begin{vmatrix} a_2 & a_3 \\ b_2 & b_3 \end{vmatrix}^2 + \left(- \begin{vmatrix} a_1 & a_3 \\ b_1 & b_3 \end{vmatrix} \right)^2 + \begin{vmatrix} a_1 & a_2 \\ b_1 & b_2 \end{vmatrix}^2 + (a_1 b_1 + a_2 b_2 + a_3 b_3)^2$$

$$= (a_2 b_3 - a_3 b_2)^2 + (a_1 b_3 - a_3 b_1)^2 + (a_1 b_2 - a_2 b_1)^2 + (a_1 b_1 + a_2 b_2 + a_3 b_3)^2$$

$$= a_2^2 b_3^2 - 2 a_2 a_3 b_2 b_3 + a_3^2 b_2^2 + a_1^2 b_3^2 - 2 a_1 a_3 b_1 b_3 + a_3^2 b_1^2 + a_1^2 b_2^2 - 2 a_1 a_2 b_1 b_2$$
$$+ a_2^2 b_1^2 + a_1^2 b_1^2 + a_2^2 b_2^2 + a_3^2 b_3^2 + 2 a_1 a_2 b_1 b_2 + 2 a_1 a_3 b_1 b_3 + 2 a_2 a_3 b_2 b_3$$

$$= a_2^2 b_3^2 + a_3^2 b_2^2 + a_1^2 b_3^2 + a_3^2 b_1^2 + a_1^2 b_2^2 + a_2^2 b_1^2 + a_1^2 b_1^2 + a_2^2 b_2^2 + a_3^2 b_3^2$$

$$= a_2^2 (b_3^2 + b_1^2 + b_2^2) + a_3^2 (b_2^2 + b_1^2 + b_3^2) + a_1^2 (b_3^2 + b_2^2 + b_1^2)$$

$$= (a_1^2 + a_2^2 + a_3^2)(b_1^2 + b_2^2 + b_3^2)$$

$$= |A|^2 \cdot |B|^2$$

範例 4　求 $A = [-1, 0, 2]$ 及 $B = [0, 1, 1]$ 之叉積 $A \times B$

解：$A \times B = \begin{vmatrix} j & j & k \\ -1 & 0 & 2 \\ 0 & 1 & 1 \end{vmatrix}$

$= \begin{vmatrix} 0 & 2 \\ 1 & 1 \end{vmatrix} i - \begin{vmatrix} -1 & 2 \\ 0 & 1 \end{vmatrix} j + \begin{vmatrix} -1 & 0 \\ 0 & 1 \end{vmatrix} k$

$= -2i + j - k$ 或 $[-2, 1, -1]$

定理：A、B 為二個三維向量，則 $A \times B$ 與 A 垂直，亦與 B 垂直。

證明：只證 $A \times B$ 與 A 垂直部份（即 $(A \times B) \cdot A = 0$）

$(A \times B) \cdot A$

$= \left(\begin{vmatrix} a_2 & a_3 \\ b_2 & b_3 \end{vmatrix} i - \begin{vmatrix} a_1 & a_3 \\ b_1 & b_3 \end{vmatrix} j + \begin{vmatrix} a_1 & a_2 \\ b_1 & b_2 \end{vmatrix} k \right) \cdot (a_1 i + a_2 j + a_3 k)$

$= \begin{vmatrix} a_2 & a_3 \\ b_2 & b_3 \end{vmatrix} a_1 - \begin{vmatrix} a_1 & a_3 \\ b_1 & b_3 \end{vmatrix} a_2 + \begin{vmatrix} a_1 & a_2 \\ b_1 & b_2 \end{vmatrix} a_3$

$= a_2 b_3 a_1 - a_3 b_2 a_1 - a_1 b_3 a_2 + a_3 b_1 a_2 + a_1 b_2 a_3 - a_2 b_1 a_3 = 0$

範例 5　試證 $j \times k = -k$，$k \times j = -i$ 及 $i \times k = -j$

解：我們只證其中 $k \times j = -i$，其餘讀者可自行仿證。

$k \times j = \begin{vmatrix} i & j & k \\ 0 & 0 & 1 \\ 0 & 1 & 0 \end{vmatrix} = -i$

定理：A, B 為 R^3 中之向量，$|A \times B| = |A| |B| \sin\theta$

證明：$\because |A \times B|^2 = |A|^2 |B|^2 - (A \cdot B)^2$

$$\therefore |A \times B|^2 = |A|^2 |B|^2 - (A \cdot B)^2$$
$$= |A|^2 |B|^2 - (|A|^2 |B|^2 \cos^2 \theta)$$
$$= |A|^2 |B|^2 \sin^2 \theta$$
$$|A \times B| = |A| |B| \sin \theta$$

由上定理易知 $A \times B = (|A| |B| \sin \theta)u$，$u$ 是與 $A \times B$ 平行之單位向量，若 $A = B$ 或 $A // B$ 則 $A \times B = \underset{\sim}{0}$。

平行四邊形面積

如下圖，平行四邊形之面積為底 × 高

$$= h \cdot |B| = |A| \sin \theta \cdot |B| = |A| |B| \sin \theta = |A \times B|$$

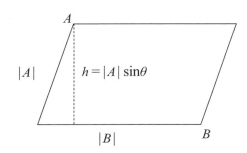

由此可推知，在 R^2 空間，以 A，B 為邊之三角形面積為 $\frac{1}{2} |A \times B|$。

範例 6　求以 $M(1, -1, 0)$，$N(2, 1, -1)$，$Q(-1, 1, 2)$ 為頂點之三角形面積

解：$\overrightarrow{MN} = [1, 2, -1]$，$\overrightarrow{MQ} = [-2, 2, 2]$

面積為 $\frac{1}{2} |\overrightarrow{MN} \times \overrightarrow{MQ}|$，

$$\overrightarrow{MN} \times \overrightarrow{MQ} = \begin{vmatrix} i & j & k \\ 1 & 2 & -1 \\ -2 & 2 & 2 \end{vmatrix}$$

$$= \begin{vmatrix} 2 & -1 \\ 2 & 2 \end{vmatrix} i - \begin{vmatrix} 1 & -1 \\ -2 & 2 \end{vmatrix} j + \begin{vmatrix} 1 & 2 \\ -2 & 2 \end{vmatrix} k = 6i + 6k$$

$$\therefore \text{面積} = \frac{1}{2}\sqrt{(6)^2 + 0^2 + (6)^2} = 3\sqrt{2}$$

三重積

本子節中我們將討論 $A \cdot (B \times C)$，通常以 $[ABC]$ 表之。

定理：$[ABC] = \begin{vmatrix} a_1 & a_2 & a_3 \\ b_1 & b_2 & b_3 \\ c_1 & c_2 & c_3 \end{vmatrix}$

證明：$A \cdot (B \times C) = (a_1 i + a_2 j + a_3 k) \cdot \begin{vmatrix} i & j & k \\ b_1 & b_2 & b_3 \\ c_1 & c_2 & c_3 \end{vmatrix}$

$$= a_1 \begin{vmatrix} b_2 & b_3 \\ c_2 & c_3 \end{vmatrix} - a_2 \begin{vmatrix} b_1 & b_3 \\ c_1 & c_3 \end{vmatrix} + a_3 \begin{vmatrix} b_1 & b_2 \\ c_1 & c_2 \end{vmatrix}$$

$$= \begin{vmatrix} a_1 & a_2 & a_3 \\ b_1 & b_2 & b_3 \\ c_1 & c_2 & c_3 \end{vmatrix}$$

$|A \cdot (B \times C)|$ 是有其特定之幾何意義的，如同下列定理所示：

定理：A，B，C 為 R^3 中三向量，則由 A，B，C 所成之平面六面體之體積為
$|A \cdot (B \times C)|$

證明：∵ $|B \times C|$ 為平行六面體之底面積

若 θ 為 A 與 $B \times C$ 之夾角，則

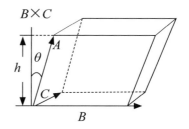

(1) $h = |A| \, |\cos\theta|$ 及

(2) $|\cos\theta| = \dfrac{|A \cdot (B \times C)|}{|A| \, |B \times C|}$

∴六面體之體積 $V = h|B \times C|$

$$= |A| \, |\cos\theta| \cdot |B \times C| = |A \cdot (B \times C)|$$

推論：A，B，C 為 R^3 之三向量若 $|A \cdot (B \times C)| = 0$ 則 A，B，C 共面。

範例 7　求以 $A = i + k$，$B = j - 2k$，$C = i + j + k$ 為邊之平行六面體之體積。

解：$V = |A \cdot (B \times C)| = \begin{Vmatrix} 1 & 0 & 1 \\ 0 & 1 & -2 \\ 1 & 1 & 1 \end{Vmatrix} = \begin{Vmatrix} 1 & -2 \\ 1 & 0 \end{Vmatrix} = 2$

三重積之性質

1. $(A \times B) \cdot C = A \cdot (B \times C)$

證明：　$(A \times B) \cdot C = \begin{vmatrix} i & j & k \\ a_1 & a_2 & a_3 \\ b_1 & b_2 & b_3 \end{vmatrix} \cdot (c_1 i + c_2 j + c_3 k)$

$$= \begin{vmatrix} a_2 & a_3 \\ b_2 & b_3 \end{vmatrix} c_1 - \begin{vmatrix} a_1 & a_3 \\ b_1 & b_3 \end{vmatrix} c_2 + \begin{vmatrix} a_1 & a_2 \\ b_1 & b_2 \end{vmatrix} c_3$$

$$= \begin{vmatrix} c_1 & c_2 & c_3 \\ a_1 & a_2 & a_3 \\ b_1 & b_2 & b_3 \end{vmatrix} = \begin{vmatrix} a_1 & a_2 & a_3 \\ b_1 & b_2 & b_3 \\ c_1 & c_2 & c_3 \end{vmatrix} = A \cdot (B \times C)$$

2. $(A \times B) \cdot A = (A \times B) \cdot B = 0$

3. $(A \times B) \cdot (C + D) = (A \times B) \cdot C + (A \times B) \cdot D$

2、3. 由行列式性質可得。

範例 8 六個向量 u, v, w 及 u', v', w' 滿足

$u' \cdot u = v' \cdot v = w' \cdot w = 1$

及 $u' \cdot v = u' \cdot w = v' \cdot u = v' \cdot w = w' \cdot u = w' \cdot v = 0$

求證 $u' = \dfrac{v \times w}{v \cdot w \times u}$。

解：$u' \cdot v = u' \cdot w = 0$，表示 u' 與 v, w 均垂直，即 $u' // v \times w$，

亦即 $\quad u' = \lambda v \times w$ ·· (1)

$\qquad u \cdot u' = \lambda u \cdot v \times w$ ··· (2)

得 $\qquad 1 = \lambda u \cdot v \times w$ ··· (3)

$\qquad \lambda = \dfrac{1}{u \cdot v \times w}$ ··· (4)

代 (4) 入 (1)

得 $u' = \dfrac{v \times w}{u \cdot v \times w} = \dfrac{v \times w}{v \cdot w \times u}$

◆ 習 題

1. 計算 $u \cdot v$：

  (1) $u = (\cos\theta)i + (\sin\theta)j - k$，$v = (\cos\theta)i + (\sin\theta)j + k$

  (2) $u = [1, -2, 3]$，$v = [0, 1, -1]$

2. 三角形頂點座標為 $P(2, -1, 1)$，$Q(1, 3, 2)$，$R(-1, 2, 3)$ 求面積。

3. 計算 $u \times v$：

  (1) $u = i - 2j$，$v = 3i - k$

(2) $u = 2i - 3i + 4k$，$v = 5i + 2j - 3k$

4. 計算下列各組向量之夾角：

  (1) $u = 3i + 4j + 5k$，$v = -4i + 3j - 5k$

  (2) $u = \sqrt{3}i - j$，$v = i - \sqrt{3}j$

5. A，B，C 為三個同維向量，試證 $A \cdot (B + C) = A \cdot B + B \cdot C$。

6. 試證 $|u \cdot v| \le |u| \, |v|$。

7. 求一單位向量 v 使得 v 同時垂直 $v_1 = i - j - 2k$ 及 $v_2 = -i + 2j + 3k$。

8. A，B，$C \in R^3$，試證 $(A \times B) \cdot A = 0$

9. $D = A \times B + B \times C + C \times A$ 求 $D \cdot (B - A)$

10. $R = V_1 \cos wt + V_2 \sin wt$，$V_1$，$V_2$ 為常數非共線向量，w 為常數純量。

  試證：(a) $R \times \dfrac{d}{dt}R = w(V_1 \times V_2)$ (b) $\dfrac{d^2}{dt^2}R + w^2R = 0$

7.3　空間之平面與直線

    本子節要討論空間之平面與直線之關係，包括如何決定平面方程式及直線方程式，平面與平面或直線之關係（平行、垂直或夾角），也涉及點與直線、平面間之距離等。

投影量與投影

    在物理應用上，我們常需了解一個向量沿某一方向有「多少」量，這就是**向量 v 沿向量 w 之投影**（Projection of v along vector w）

    給定二向量 v 及 w，若夾角為 θ，則定義 v 在 w 之投影量（Projection quantity）α 為

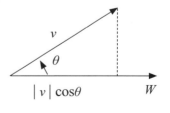

$$\alpha = |v| \cos\theta$$
$$= |v| \frac{v \cdot w}{|v| \, |w|} = \frac{v \cdot w}{|w|}$$

因此，v 在 w 上之投影量是 v 與 w 之單位向量的內積。

而 v 沿 w 之投影 $= \alpha \cdot \dfrac{w}{|w|}$，以 $proj_w v$ 表示，它表示 v 在 w 上之投影量與 w 之單位向量之內積。

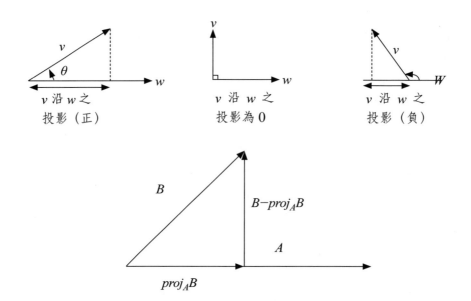

由上圖，可看出向量 B 可寫成：

$$B = proj_A B + (B - proj_A B)$$
$$= \underbrace{\left(\dfrac{B \cdot A}{A \cdot A}\right) A}_{\text{平行 } A} + \underbrace{\left(B - \dfrac{B \cdot A}{A \cdot A} A\right)}_{\text{垂直 } A}$$

亦即向量 B 可用一個平行向量 A 及一個垂直向量 A 之二個向量來合成。

範例 1　$A(1, 0, -1)$，$B(2, 1, 1)$，$C(0, 1, 2)$ 為空間中之三點：(a) 求 $\overrightarrow{AB}$ 到 $\overrightarrow{AC}$ 之投影　(b) B 到 $\overrightarrow{AC}$ 之最短距離

解：(a) $\overrightarrow{AB} = [1, 1, 2]$，$\overrightarrow{AC} = [-1, 1, 3]$

$\overrightarrow{AB}$ 在 $\overrightarrow{AC}$ 之投影量 $\alpha = \dfrac{\overrightarrow{AB} \cdot \overrightarrow{AC}}{\|\overrightarrow{AC}\|} = \dfrac{6}{\sqrt{11}}$

$\therefore \overrightarrow{AB}$ 沿 $\overrightarrow{AC}$ 之投影 $= \alpha \cdot \dfrac{\overrightarrow{AC}}{\|\overrightarrow{AC}\|} = \dfrac{6}{\sqrt{11}} \dfrac{1}{\sqrt{11}} [-1, 1, 3]$

$\qquad\qquad\qquad\qquad = \dfrac{6}{11} [-1, 1, 3]$

(b) 由畢氏定理：

$\alpha^2 + d^2 = \overline{AB}^2$

$\overline{AB} = \sqrt{(2-1)^2 + (1-0)^2 + (1-(-1))^2} = \sqrt{6}$

$\therefore d = \sqrt{\overline{AB}^2 - \alpha^2} = \sqrt{6 - \left(\dfrac{6}{\sqrt{11}}\right)^2} = \sqrt{\dfrac{30}{11}}$

範例 2 完成下列敘述

    (a) 點之射影是_____

    (b) 線段之射影_____

    (c) 角之射影是_____

    (d) 二平行線之射影是_____

    (e) 二歪斜線之射影是_____

解：我們可想像圖像上有一個燈泡，其照射圖像所造成之影子：

(a) 點

(b) 點、線段

(c) 直線、射線、角

(d) 二平行線、一條直線、二點

(e) 二相交直線、二平行線

空間之平面方程式

垂直於平面之非零向量稱為該平面之**法向量**（Normal vector），一般以 n 表之。

定理：給定平面上一點 $M_0(x_0, y_0, z_0)$ 及法向量 $n = [A, B, C]$ 則平面方程式為
$$A(x-x_0) + B(y-y_0) + C(z-z_0) = 0$$

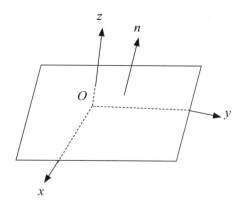

證明：$\because$ n 為平面之法向量，$M(x, y, z)$ 為平面上任一點則 $\overrightarrow{M_0M} \perp n$

即 $\overrightarrow{M_0M} \cdot n = 0$

$\therefore [x-x_0, y-y_0, z-z_0] \cdot [A, B, C] = 0$，

即 $A(x-x_0) + B(y-y_0) + C(z-z_0) = 0$

範例 3 若平面 E 過一點 $(2, 1, -1)$ 且 $n = [2, 1, -1]$ 求 E 之方程式

解：$2(x-2) + 1(y-1) - 1(z+1) = 0$

即 $2x + y - z = 6$

範例 4 給定平面方程式 $Ax + By + Cz = D$，試討論：

(a) $D = 0$

(b) $A = 0$

(C) $A = B = 0$

解：(a) $D = 0$ 時 $Ax + By + Cz = 0$ 表示此為一過原點之平面。

(b) $A = 0$ 時法向量 $n = [0, B, C]$ 垂直 x 軸，故 $Bx + Cy = D$ 平行於 x 軸。

(c) $A = B = 0$ 時法向量 $n = [0, 0, c]$ 同時垂直 x 軸與 y 軸，故 $z = \dfrac{D}{C}$ 平行於 z 軸。

範例 5 求過 $P_1(1, 0, 1)$，$P_2(-2, 1, 2)$，$P_3(-1, -1, 1)$ 之平面方程式。

解：令 $v = \overrightarrow{P_1P_2} = [-3, 1, 1]$

$w = \overrightarrow{P_1P_3} = [-2, -1, 0]$

v，w 均為平面 E 上之向量，

$$n = v \times w = \begin{vmatrix} i & j & k \\ -3 & 1 & 1 \\ -2 & -1 & 0 \end{vmatrix} = i - 2j + 5k$$

因 n 同時與 v，w 二向量垂直，故 n 為平面之法向量。由法向量 $n = [1, -2, 5]$ 及 E 之任一點 $P_1(1, 0, 1)$ 可得平面方程式：

$1(x-1) + (-2)(y-0) + 5(z-1) = 0$

即 $x - 2y + 5z = 6$

在上例中，我們已求出 $n = [1, -2, 5]$，若我們取 $P_2(-2, 1, 2)$，則仍可得到相同之平面方程式：

$1(x + 2) + (-2)(y-1) + 5(z-2) = 0$

即 $x - 2y + 5z = 6$

二平面之夾角

二個平面 E_1，E_2，E_1 之法向量為 n_1，E_2 之法向量為 n_2：

1. 若 $n_1 = kn_2$，$k \neq 0$，則 $E_1 // E_2$ 或 E_1，E_2 重合，又若 E_1、E_2 有共點時，則 E_1，E_2 為同一平面。

2. 若 n_1，n_2 不是平行，則 E_1，E_2 為相交平面，且 E_1，E_2 之夾角為此二法向量 n_1，n_2 之夾角，即

$$\cos \theta = \left| \frac{n_1 \cdot n_2}{|n_1| \ |n_2|} \right| ，0 \leq \theta \leq \frac{\pi}{2}$$

範例 6　$E_1 : 2x - 3y + z = 1$，$E_2 = 4x - 6y + 2z = 3$，$E_3 : 3x + y + z = 1$，

　　　　試問：(a) E_1 與 E_2 是否平行？

　　　　　　　(b) E_1 與 E_3 之夾角？

解：(a) E_1 之法向量 $n_1 = [2, -3, 1]$，E_2 之法向量 $n_2 = [4, -6, 2]$

$n_2 = 2n_1$　$\therefore E_1$ 與 E_2 平行或重合，又 $(\frac{1}{2}, 0, 0) \in E_1$ 但 $(\frac{1}{2}, 0, 0) \notin E_2$ 知 E_1 與 E_2 平行

(b) E_1，E_3 之夾角 θ：$n_3 = [3, 1, 1]$

$$\cos \theta = \left| \frac{n_1 \cdot n_3}{|n_1| \ |n_3|} \right| = \left| \frac{4}{\sqrt{14} \cdot \sqrt{11}} \right| = \frac{4}{\sqrt{154}}$$

$$\therefore \theta = \cos^{-1} \frac{4}{\sqrt{154}}$$

平面外一點 P 到平面之距離

給定平面 E 之方程式 $Ax + By + Cz = D$，現在要求 $P_0(x_0, y_0, z_0)$ 到 E 之距離 d（$P_0 \notin E$）：

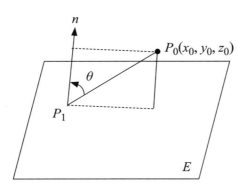

$d = |\ \overrightarrow{P_1P_0}$ 在 n 上之投影 $|$

$\quad = \dfrac{|\overrightarrow{P_1P_0} \cdot n|}{|n|}$

$n = [A, B, C]$，設 $P_1(x_1, y_1, z_1)$ 為 E 上任一點則

$\overrightarrow{P_1P_0} = [x_0 - x_1, y_0 - y_1, z_0 - z_1]$，

$$\therefore d = \frac{|\overrightarrow{P_1P_0} \cdot n|}{|n|} = \frac{|A(x_0 - x_1) + B(y_0 - y_1) + C(z_0 - z_1)|}{\sqrt{A^2 + B^2 + C^2}}$$

$$= \frac{|(Ax_0 + By_0 + Cz_0) - (Ax_1 + By_1 + Cz_1)|}{\sqrt{A^2 + B^2 + C^2}}$$

$$= \frac{|Ax_0 + By_0 + Cz_0 - D|}{\sqrt{A^2 + B^2 + C^2}}$$

因此我們可得：

$P_0(x_0, y_0, z_0)$ 到平面 $Ax + By + Cz = D$ 之距離 d 為：

$$d = \frac{|Ax_0 + By_0 + Cz_0 - D|}{\sqrt{A^2 + B^2 + C^2}}$$

範例 7 求 $(1, 0, -1)$ 到 $x + y + 2z = 4$ 之距離

解：$d = \dfrac{|1 \cdot 1 + 0 \cdot 1 + (-1)(2) - 4|}{\sqrt{1^2 + 1^2 + 2^2}} = \dfrac{5}{\sqrt{6}}$

空間中之直線

空間中之直線方程式之表現有**參數式方程式**（Parametric equation）與**對稱式方程式**（Symmetric equction）兩種：

對任一向量 $v = xi + yj + zk$ 而言，我們可想像它的始點為原點，終點為 $P(x, y, z)$，向量 v 稱為 P 之位置向量，因此每一點 P 都有一個位置向量與之對應，而其分量恰與 P 之坐標點相同。

設 $P_1(x_1, y_1, z_1)$ 與 $P_2(x_2, y_2, z_2)$ 為直線 L 上任二相異點。

設 $P(x, y, z)$ 為直線 L 上之動點，因 P_1, P, P_2 共線

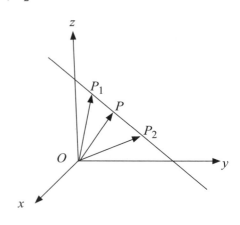

$\therefore \overrightarrow{P_1P} = t\overrightarrow{P_1P_2}$，$t \in R$

又 $\overrightarrow{OP_1} + \overrightarrow{P_1P} = \overrightarrow{OP}$

即 $\overrightarrow{OP} = \overrightarrow{OP_1} + t\overrightarrow{P_1P_2}$

$\therefore [x, y, z] = [x_1, y_1, z_1] + t[x_2 - x_1, y_2 - y_1, z_2 - z_1]$

得 L 方程式為

$$\begin{cases} x = x_1 + t(x_2 - x_1) \\ y = y_1 + t(y_2 - y_1)，t \in R \\ z = z_1 + t(z_2 - z_1) \end{cases} \quad \cdots\cdots (1)$$

上式之 x_2-x_1，y_2-y_1，z_2-z_1 稱為方向數。

$$\frac{x-x_1}{m}=\frac{y-y_1}{s}=\frac{z-z_1}{t}，\overrightarrow{P_1P_2}=[m,s,t] \cdots\cdots\cdots\cdots\cdots (2)$$

(1) 為 L 之參數方程式　(2) 為 L 之對稱方程式。

在 (2) 之 m, s, t 中有一個為 0 時，我們仍可用對稱方程式，如 $m=0$，則 L 之對稱方程式為

$$x=x_0，\frac{y-y_0}{s}=\frac{z-z_0}{t}$$

範例 8　求過 $P_1(1, 1, 2)$ 及 $P_2(-1, 0, 3)$ 之直線方程式

解：(a) $D=[-2, -1, 1]$，若用 $P_1(1, 1, 2)$ 則 L 之對稱式方程式為：

$$\frac{x-1}{-2}=\frac{y-1}{-1}=\frac{z-2}{1}$$

或

$$\frac{x+1}{-2}=\frac{y}{-1}=\frac{z-3}{1}$$

(b) L 之參數式方程式為：

$$\frac{x-1}{-2}=\frac{y-1}{-1}=\frac{z-2}{1}=t$$

$$\therefore \begin{cases} x=1-2t \\ y=1-t \\ z=2+t \end{cases}，t\in R$$

範例 9 求過點 $P(1, 2, 3)$ 且與 $3j + k$ 平行之直線方程式（用對稱方程式表之）

解：$D = [0, 3, 1]$

$$\therefore x = 1 \text{ , } \frac{y-2}{3} = \frac{z-3}{1}$$

範例 10 求過點 $P(1, 2, 3)$ 且與 $\frac{x-0}{1} = \frac{y-2}{2} = \frac{z+1}{-1}$ 及 $\frac{x-1}{3} = \frac{y+1}{2} = \frac{z-3}{4}$ 垂直之直線方程式（用對稱方程式表之）

解：$\frac{x-0}{1} = \frac{y-1}{2} = \frac{z+1}{-1}$ 與 $v = [1, 2, -1]$ 平行

$\frac{x-1}{3} = \frac{y+1}{2} = \frac{z-3}{4}$ 與 $w = [3, 2, 4]$ 平行

$\therefore$ 一個同時垂直 v 與 w 之向量為 $v \times w$：

$$v \times w = \begin{vmatrix} i & j & k \\ 1 & 2 & -1 \\ 3 & 2 & 4 \end{vmatrix} = 10i - 7j - 4k$$

過 $(1, 2, 3)$ 且平行上述向量之直線方程式為

$$\frac{x-1}{10} = \frac{y-2}{-7} = \frac{z-3}{-4}$$

範例 11 求 $\frac{x-0}{1} = \frac{y-1}{2} = \frac{z+1}{-1}$ 與平面 $2x + y - 3z = 11$ 之交點。

解：令 $\frac{x-0}{1} = \frac{y-1}{2} = \frac{z+1}{-1} = t$

$x = t$，$y = 1 + 2t$，$z = -1 - t$ 代入 $2x + y - 3z = 11$ 中：

$2t + (1 + 2t) - 3(-t-1) = 7t + 4 = 11$ 得 $t = 1$

∴交點坐標為 $(1, 3, -2)$

平面族

設 $E_1 : a_1x + b_1y + c_1z + d_1 = 0$，$E_2 : a_2x + b_2y + c_2z + d_2 = 0$ 則過 E_1 與 E_2 之交線的平面族方程式為

$$k_1(a_1x + b_1y + c_1z + d_1) + k_2(a_2x + b_2y + c_2z + d_2) = 0$$

其中 $k_1, k_2 \in R$，$k_1{}^2 + k_2{}^2 \neq 0$

【註】(1) $k_1 \neq 0$，$k_2 = 0$ 時表 E_1

(2) $k_1 = 0$，$k_2 \neq 0$ 時表 E_2

【證明】 設 $P_0(x_0, y_0, z_0) \in E_1 \cap E_2 = L_{12}$

則 $a_1x_0 + b_1y_0 + c_1z_0 + d_1 = 0$

且 $a_2x_0 + b_2y_0 + c_2z_0 + d_2 = 0$

設 $k_1, k_2 \in R$ 且 $k_1{}^2 + k_2{}^2 \neq 0$

則 $k_1(a_1x_0 + b_1y_0 + c_1z_0 + d_1) + k_2(a_2x_0 + c_2z_0 + d_2)$

$= k_1 \times 0 + k_2 \times 0 = 0$

故 $P_0(x_0, y_0, z_0)$ 在平面

$E : k_1(a_1x + b_1y + c_1z + d_1) +$

$k_2(a_2x + b_2y + c_2z + d_2) = 0$ 上

即 $L_{12} \subset E$

故 E 即為過 E_1, E_2 之交線的平面族。

範例 12　平面 E 過平面 E_1：$x+y-2z+1=0$ 與 E_2：$x+2y+z+3=0$ 之交線
且與平面 E_3：$2x+y+z+6=0$ 垂直，求 E 之方程式。

解：令 E：$t(x+y-2z+1)+(x+2y+z+3)=0$ ·· (1)

化簡得　$(1+t)x+(2+t)y+(1-2t)z+(3+t)=0$

$\therefore E$ 之法向量 $n_1=[1+t,\ 2+t,\ 1-2t]$

又 E_3 之法向量 $n_2=[2,\ 1,\ 1]$

又 $E \perp E_3$

$\therefore n_1 \cdot n_2 = [1+t,\ 2+t,\ 1-2t] \cdot [2,\ 1,\ 1]$

$\qquad\quad = 2(1+t)+(2+t)+(1-2t)=0$

解之 $t=-5$

代 $t=-5$ 入 (1)：

$-5(x+y-2z+1)+(x+2y+z+3)=-4x-3y+11z-2=0$

即　$4x+3y-11z=-2$

◆ 習 題

1. 求下列條件下平面 E 之方程式：

　(1) 過 $P(1,\ 0,\ -3)$ 而以 $n=[4,\ -2,\ 5]$ 為法向量之平面方程式

　(2) 過 $P(1,\ 0,\ -3)$ 且與平面 $3x+y+2z+1=0$ 平行之平面方程式

　(3) $A(1,\ 0,\ -2)$，$B(2,\ 1,\ -1)$ 為空間上任意二點，若 $\overrightarrow{AB} \perp E$，且 $A \in E$ 求 E 之平面方程式

　(4) 求由 $A(1,\ 0,\ -1)$，$B(1,\ 1,\ 1)$，$C(-2,\ 0,\ 0)$ 所決定平面之方程式

　(5) 求過 $A(a,\ 0,\ 0)$，$B(0,\ b,\ 0)$，$C(0,\ 0,\ c)$，$abc \neq 0$ 之平面方程式

2. 求直線 L：$\begin{cases} x-y+2z+1=0 \\ x+2y-z+1=0 \end{cases}$ 與平面 E：$2x-y+2z=10$ 之交點。

3. 求下列條件下直線 L 之方程式：

(1) 求過 $P_1(1, -2, 1)$，$P_2(3, 0, 5)$ 之直線 $\overleftrightarrow{P_1P_2}$ 的參數式直線方程式

(2) 求直線 $\begin{cases} x + 2y - z = 0 \\ 3x - y + 2z = 7 \end{cases}$ 之參數式直線方程式

(3) 求過 $(1, -2, 3)$ 且與 x 軸、直線 $\dfrac{x-4}{2} = 3 - y = \dfrac{z}{5}$ 均垂直之直線方程式

(4) 給定 $A(1, 3, 1)$，$B(2, 4, -1)$，若直線 L 過 $C(1, 1, 2)$ 且與 $\overleftrightarrow{AB}$ 平行，求 L 之方程式。

4. 求通過直線 $\dfrac{x+1}{3} = \dfrac{y-1}{2} = \dfrac{z-2}{4}$ 且垂直平面 $2x + y - 3z + 4 = 0$ 之平面方程式。

5. 直線 $L : \dfrac{x-1}{1} = \dfrac{y+1}{2} = \dfrac{z+3}{-1}$，平面 $E : x - y - z + 1 = 0$，問 L 與 E 有何關係？

6. 若平面 E 同時垂直二平面 $E_1 : x - y + 2z + 1 = 0$，$E_2 : 2x + y - 3z + 1 = 0$ 且含點（1, 1, 1）求此平面方程式。

7.4　向量函數之微分與積分

$A(t)$ 為一向量值函數（Vector-valued funtion），若 $A(t) = [A_1(t), A_2(t), A_3(t)]$，其中 $A_1(t), A_2(t), A_3(t)$ 均為 t 之可微分函數，則定義 $A(t)$ 之導數 $A'(t)$ 為

$$A'(t) = \lim_{\Delta t \to 0} \frac{A(t + \Delta t) - F(t)}{\Delta t}$$

$$A'(t) = \lim_{\Delta t \to 0} \frac{A(t + \Delta t) - A(t)}{\Delta t}$$

$$= \lim_{\Delta t \to 0} \frac{[A_1(t + \Delta t)i + A_2(t + \Delta t)j] + A_3(t + \Delta t)k] - [A_1(t)i + A_2(t)j + A_3(t)k]}{\Delta t}$$

$$= \lim_{\Delta t \to 0} \frac{[A_1(t + \Delta t) - A_1(t)]i + [A_2(t + \Delta t) - A_2(t)]j + [A_3(t + \Delta t) - A_3(t)]k}{\Delta t}$$

$$= \left(\lim_{\Delta t \to 0} \frac{A_1(t + \Delta t) - A_1(t)}{\Delta t} \right) i + \left(\lim_{\Delta t \to 0} \frac{A_2(t + \Delta t) - A_2(t)}{\Delta t} \right) j$$

$$+ \left(\lim_{\Delta t \to 0} \frac{A_3(t + \Delta t) - A_3(t)}{\Delta t} \right) k$$

$$= A_1'(t)i + A_2'(t)j + A_3'(t)k$$

範例 1　若 $F(t) = (t^2 - t)i + e^{2t}j + 3k$ 求 $F'(t)$，$F''(t)$ 及 $F'(0)$ 與 $F''(0)$ 之夾角 θ

解：$F(t) = [t^2 - t, e^{2t}, 3]$

$\therefore F'(t) = [2t - 1, 2e^{2t}, 0]$

$F''(t) = [2, 4e^{2t}, 0]$

又 $F'(0) = [2t - 1, 2e^{2t}, 0]|_{t=0} = [-1, 2, 0]$

$F''(0) = [2, 4e^{2t}, 0]|_{t=0} = [2, 4, 0]$

$\therefore \theta = \cos^{-1} \dfrac{F'(0) \cdot F''(0)}{|F'(0)| \cdot |F''(0)|}$

$= \cos^{-1} \dfrac{(-1)2 + 2 \cdot 4 + 0 \cdot 0}{\sqrt{(-1)^2 + 2^2 + 0^2} \sqrt{2^2 + 4^2 + 0^2}} = \cos^{-1} \dfrac{6}{\sqrt{5}\sqrt{20}} = \cos^{-1} \dfrac{3}{5}$

向量函數之微分公式

定理：若 $A(t) = A_1(t)i + A_2(t)j + A_3(t)k$，$B(t) = B_1(t)i + B_2(t)j + B_3(t)k$，均為 t 之可微分函數，則

(1) $\dfrac{d}{dt}[A(t) + B(t)] = A'(t) + B'(t)$

(2) $\dfrac{d}{dt}[cA(t)] = c\dfrac{d}{dt}[A'(t)] = cA'(t)$

(3) $\dfrac{d}{dt}[A(t) \cdot B(t)] = A'(t) \cdot B(t) + A(t) \cdot B'(t)$　（「·」為點積）

(4) $\dfrac{d}{dt}[A(h(t))] = A'(h(t))h'(t)$　（鏈鎖律）

(5) $\dfrac{d}{dt}[A(t) \times B(t)] = A'(t) \times B(t) + A(t) \times B'(t)$

我們只證 (3)：

$$\frac{d}{dt}(A(t) \cdot B(t))$$

$$= \frac{d}{dt}(A_1(t)B_1(t) + A_2(t)B_2(t) + A_3(t)B_3(t))$$

$$= A_1'(t)B_1(t) + A_1(t)B_1'(t) + A_2'(t)B_2(t) + A_2(t)B_2'(t) + A_3'(t)B_3(t) + A_3(t)B_3'(t)$$

$$= [A_1'(t)B_1(t) + A_2'(t)B_2(t) + A_3'(t)B_3(t)] + [A_1(t)B_1'(t) + A_2(t)B_2'(t) + A_3(t)B_3'(t)]$$

$$= A'(t) \cdot B(t) + A(t) \cdot B'(t)$$

至於 (5) 由行列式微分公式可得。

範例 2　$r(t) = x(t)i + y(t)j + z(t)k$，試證 $(r \times r')' = r \times r''$

解：$(r \times r')' = \dfrac{d}{dt} \begin{vmatrix} i & j & k \\ x(t) & y(t) & z(t) \\ x'(t) & y'(t) & z'(t) \end{vmatrix}$

$$= \begin{vmatrix} i & j & k \\ x'(t) & y'(t) & z'(t) \\ x'(t) & y'(t) & z'(t) \end{vmatrix} + \begin{vmatrix} i & j & k \\ x(t) & y(t) & z(t) \\ x''(t) & y''(t) & z''(t) \end{vmatrix}$$

$$= \begin{vmatrix} i & j & k \\ x(t) & y(t) & z(t) \\ x''(t) & y''(t) & z''(t) \end{vmatrix} = r \times r''$$

定理：若 u 為一長度一定之向量則 $u \cdot \dfrac{du}{dt} = 0$，其中逆亦真

證明：$|u|^2 = u \cdot u$

$$(1) \because \frac{d}{dt}|u|^2 = \frac{d}{dt}(u \cdot u) = \frac{d}{dt}u \cdot u + u \cdot \frac{d}{dt}u = 2u \cdot \frac{du}{dt}$$

又 $|u|$ 為某個常數 $\Rightarrow \dfrac{d}{dt}|u|^2 = 0$

$\therefore u \cdot \dfrac{du}{dt} = 0$

(2) $u \cdot \dfrac{du}{dt} = 0 \Rightarrow 2u \cdot \dfrac{du}{dt} = \dfrac{d}{dt}(u \cdot u) = \dfrac{d}{dt}\|u\|^2 = 0$

$\therefore |u| =$ 常數

向量函數之積分

$A(t) = A_1(t)i + A_2(t)j + A_3(t)k$，$A_1(t)$，$A_2(t)$，$A_3(t)$ 均為連續函數則可定義

及 $\begin{cases} \int A(t)dt = [\int A_1(t)dt]i + [\int A_2(t)dt]j + [\int A_3(t)dt]k \\ \int_a^b A(t)dt = [\int_a^b A_1(t)dt] + [\int_a^b A_2(t)dt]j + [\int_a^b A_3(t)dt]k \end{cases}$

範例 3 $\quad F(t) = t^2 i + tj$，求 $\int_0^1 F(t)dt$

解：

$\int_0^1 F(t)dt = [\int_0^1 t^2 dt]i + [\int_0^1 tdt]j = \dfrac{1}{3}i + \dfrac{1}{2}j$

◆ 習 題

1. 設 $r(t) = [\sin t, \cos t, t^2]$，求 (a) $|r(0)|$ (b) $\dfrac{d}{dt}r(t)$ (c) $\left|\dfrac{d}{dt}r(t)\right|$

   (d) $\left|\dfrac{d^2}{dt^2}r(t)\right|$ (e) $r'(t) \times r''(t)|_{t=0}$

2. $A = x^2 yzi - 2xz^3 j + xz^2 k,\ B = 2zi + yj - x^2 k$ 求 $\dfrac{\partial^2}{\partial x \partial y}(A \times B)\Big|_{(1,0,-2)}$

3. 若 $\phi\,(x, y, z) = xy^2 z,\ A = xzi - xy^2 j + yz^2 k$ 求 $\dfrac{\partial^3}{\partial x^2 \partial z}(\phi A)\Big|_{(2,-1,1)}$

4. 承第 1 題求 (a)$\int_0^1 r(t)dt$ (b)$\int_0^1 r'(t)r''(t)dt$

7.5 梯度、散度與旋度

若 $f(x, y, z)$ 為一佈於純量體之可微分函數，則定義一個向量運算子∇（∇讀作「del」）為

$$\nabla \equiv i\frac{\partial}{\partial x} + j\frac{\partial}{\partial y} + k\frac{\partial}{\partial z}$$

若純量函數 $\phi(x, y, z)$，向量函數 A(x, y, z) 在某一區域 R 內之每一點之一階偏導函數為連續，則有下列 3 個重要定義式：

1. 梯度（Gradient）：

ϕ 之梯度記做 grad ϕ 或$\nabla\phi$ 定義為

$$\text{grad}\,\phi = \nabla\phi = \left(i\frac{\partial}{\partial x} + j\frac{\partial}{\partial y} + k\frac{\partial}{\partial z}\right)\phi$$

$$= i\frac{\partial}{\partial x}\phi + j\frac{\partial}{\partial y}\phi + k\frac{\partial}{\partial z}\phi$$

$$= \frac{\partial\phi}{\partial x}i + \frac{\partial\phi}{\partial y}j + \frac{\partial\phi}{\partial z}k$$

梯度之物理意義是一純量在某一方向的變化率，向量 A 之梯度仍為向量。

2. 散度（Divergence）：

A 之散度定義為 $\nabla \cdot A$，記做 div A　則

$$\text{div } A = \nabla \cdot A = \left(i \frac{\partial}{\partial x} + j \frac{\partial}{\partial y} + k \frac{\partial}{\partial z} \right) \cdot (iA_1 + jA_2 + kA_3)$$

$$= \frac{\partial}{\partial x} A_1 + \frac{\partial}{\partial y} A_2 + \frac{\partial}{\partial z} A_3$$

3. 旋度（Curl 或 Rotation）定義為 $\nabla \times A$，記做 curl A 或 rot A，則

$$\text{curl } A = \nabla \times A = \begin{vmatrix} i & j & k \\ \dfrac{\partial}{\partial x} & \dfrac{\partial}{\partial y} & \dfrac{\partial}{\partial z} \\ A_1 & A_2 & A_3 \end{vmatrix}$$

範例 1　若 $f(x, y, z) = xyz$，求 ∇f

解：$\nabla f = \dfrac{\partial f}{\partial x} i + \dfrac{\partial f}{\partial y} j + \dfrac{\partial f}{\partial z} k$
$\qquad = yzi + xzj + xyk = [yz, xz, xy]$

範例 2　若 $V = xyi + x^2 j + (x + 2y - z)k$，求 div V。

解：$\nabla \cdot V = \dfrac{\partial}{\partial x} xy + \dfrac{\partial}{\partial y} x^2 + \dfrac{\partial}{\partial z} (x + 2y - z)$
$\qquad\quad = y - 1$

範例 3　$F = (x^2 + 3y)i + (yz)j + (x + 2y + z^2)k$，求 Curl F（即 $\nabla \times F$）

解： $\text{Curl } F = \begin{vmatrix} i & j & k \\ \dfrac{\partial}{\partial x} & \dfrac{\partial}{\partial y} & \dfrac{\partial}{\partial z} \\ x^2+3y & yz & x+2y+z^2 \end{vmatrix}$

$= \left[\dfrac{\partial}{\partial y}(\ +2y+z^2) - \dfrac{\partial}{\partial z}yz\right]i - \left[\dfrac{\partial}{\partial x}(x+2y+z^2) - \dfrac{\partial}{\partial z}(x^2+3y)\right]j$

$\quad + \left[\dfrac{\partial}{\partial x}yz - \dfrac{\partial}{\partial y}(x^2+3y)\right]k$

$= (2-y)i - (1-0)j + (0-3)k$

$= (2-y)i - j - 3k$

範例 4　設 f，g 為可微分函數，試證 $\nabla(f+g) = \nabla f + \nabla g$

解： $\nabla(f+g) = \dfrac{\partial}{\partial x}(f+g)i + \dfrac{\partial}{\partial y}(f+g)j + \dfrac{\partial}{\partial z}(f+g)k$

$= \dfrac{\partial}{\partial x}fi + \dfrac{\partial}{\partial x}gi + \dfrac{\partial}{\partial y}fi + \dfrac{\partial}{\partial}gi + \dfrac{\partial}{\partial z}fk + \dfrac{\partial}{\partial z}gk$

$= \left(\dfrac{\partial}{\partial x}fi + \dfrac{\partial}{\partial y}fj + \dfrac{\partial}{\partial z}fk\right) + \left(\dfrac{\partial}{\partial x}gi + \dfrac{\partial}{\partial y}gj + \dfrac{\partial}{\partial z}gk\right)$

$= \nabla f + \nabla g$

在範例 5 ～ 6，u, v 為向量函數，ϕ 為純量函數。

範例 5　ϕ 為 u 之函數，u 為 x, y, z 之函數，即 $\phi = \phi(u)$，$u = u(x,y,z)$，試證
$\nabla\phi = \dfrac{d\phi}{du}\nabla u$

解： $\nabla\phi = \dfrac{\partial\phi}{\partial x}i + \dfrac{\partial\phi}{\partial y}j + \dfrac{\partial\phi}{\partial z}k$

$= \dfrac{d\phi}{du}\cdot\dfrac{\partial u}{\partial x}i + \dfrac{d\phi}{du}\cdot\dfrac{\partial u}{\partial y}j + \dfrac{d\phi}{du}\cdot\dfrac{\partial u}{\partial z}k$

$$= \frac{d\phi}{du}\left(\frac{\partial u}{\partial x}i + \frac{\partial u}{\partial y}j + \frac{\partial u}{\partial z}k\right) = = \frac{d\phi}{du}\nabla u$$

在上面範例中，因為 $\phi = \phi(u)$，ϕ 為 u 之單一變數函數 $\therefore$ 用 $\dfrac{d\phi}{du}$ ，而 $u = u(x, y, z)$，對 x, y, z 偏微分，故用 $\dfrac{\partial u}{\partial x}$，$\dfrac{\partial u}{\partial y}$，$\dfrac{\partial u}{\partial z}$。

範例 6　試證：$\nabla \cdot (\phi V) = \phi \nabla \cdot V + V \cdot \nabla \phi$

解：$\nabla \cdot (\phi V) = \nabla \cdot [\phi(v_1 i + v_2 j + v_3 k)]$，$V = [v_1，v_2，v_3]$

$\quad = \dfrac{\partial}{\partial x}(\phi v_1) + \dfrac{\partial}{\partial y}(\phi v_2) + \dfrac{\partial}{\partial z}(\phi v_3)$

$\quad = \left(\phi\dfrac{\partial v_1}{\partial x} + v_1\dfrac{\partial \phi}{\partial x}\right) + \left(\phi\dfrac{\partial v_2}{\partial y} + v_2\dfrac{\partial \phi}{\partial y}\right) + \left(\phi\dfrac{\partial v_3}{\partial z} + v_3\dfrac{\partial \phi}{\partial z}\right)$

$\quad = \phi\left(\dfrac{\partial v_1}{\partial x} + \dfrac{\partial v_2}{\partial y} + \dfrac{\partial v_3}{\partial z}\right) + \left(v_1\dfrac{\partial \phi}{\partial x} + v_2\dfrac{\partial \phi}{\partial y} + v_3\dfrac{\partial \phi}{\partial z}\right)$

$\quad = \phi \nabla \cdot V + V \cdot \nabla \phi$

範例 7　試證 $\nabla \cdot (\nabla \times F) = 0$，$F = F_1 i + F_2 j + F_3 k$，$F_1$，$F_2$，$F_3$ 之一二階偏導函數均為連續。

解：$\nabla \cdot (\nabla \times F) = \nabla \cdot \begin{vmatrix} i & j & k \\ \dfrac{\partial}{\partial x} & \dfrac{\partial}{\partial y} & \dfrac{\partial}{\partial z} \\ F_1 & F_2 & F_3 \end{vmatrix}$

$\qquad = \left(i\dfrac{\partial}{\partial x} + j\dfrac{\partial}{\partial y} + k\dfrac{\partial}{\partial z}\right) \cdot \begin{vmatrix} i & j & k \\ \dfrac{\partial}{\partial x} & \dfrac{\partial}{\partial y} & \dfrac{\partial}{\partial z} \\ F_1 & F_2 & F_3 \end{vmatrix}$

$\qquad = \left(i\dfrac{\partial}{\partial x} + j\dfrac{\partial}{\partial y} + k\dfrac{\partial}{\partial z}\right) \cdot \left[\left(\dfrac{\partial}{\partial y}F_3 - \dfrac{\partial}{\partial z}F_2\right)i\right.$

$$- \left(\frac{\partial}{\partial x}F_3 - \frac{\partial}{\partial z}F_1 \right)j + \left(\frac{\partial}{\partial x}F_2 - \frac{\partial}{\partial y}F_1 \right)k \Big]$$

$$= \frac{\partial}{\partial x}\left[\left(\frac{\partial}{\partial y}F_3 - \frac{\partial}{\partial z}F_2 \right) - \frac{\partial}{\partial y}\left[\left(\frac{\partial}{\partial x}F_3 - \frac{\partial}{\partial z}F_1 \right) \right]$$

$$+ \frac{\partial}{\partial z}\left[\left(\frac{\partial}{\partial x}F_2 - \frac{\partial}{\partial y}F_1 \right) \right]$$

$$= \frac{\partial^2}{\partial x \partial y}F_3 - \frac{\partial^2}{\partial x \partial z}F_2 - \frac{\partial^2}{\partial y \partial x}F_3 + \frac{\partial^2}{\partial y \partial z}F_1 + \frac{\partial^2}{\partial z \partial x}F_2$$

$$- \frac{\partial^2}{\partial z \partial y}F_1 = 0$$

範例 8　若 $R = \overrightarrow{OP}$，$r = |R|$，A 為常數單位向量，求 $\nabla \cdot [(A \cdot R)A]$

解：$A = A_1 j + A_2 j + A_3 k$

$R = \overrightarrow{OP} = xi + yj + zk$

$\nabla \cdot [(A \cdot R)A] = \nabla \cdot \{[(A_1 i + A_2 j + A_3 k) \cdot (xi + yj + zk)](A_1 i + A_2 j + A_3 k)\}$

$\quad = \nabla \cdot \{[A_1 x + A_2 y + A_3 z](A_1 i + A_2 j + A_3 k)\}$

$\quad = \nabla \cdot \{A_1(A_1 x + A_2 y + A_3 z)i + A_2(A_1 x + A_2 y + A_3 z)j$

$\quad\quad + A_3(A_1 x + A_2 y + A_3 z)k\}$

$\quad = \frac{\partial}{\partial x}[A_1(A_1 x + A_2 y + A_3 z)] + \frac{\partial}{\partial y}[A_2(A_1 x + A_2 y + A_3 z)]$

$\quad\quad + \frac{\partial}{\partial z}[A_3(A_1 x + A_2 y + A_3 z)] = A_1^2 + A_2^2 + A_3^2 = |A|^2 = 1$

方向導數

u 為一單位向量，我們定義函數 f 在點 P 於 u 方向之**方向導數**（Directional derivative）記做 $D_u f(P)$，定義為

$$D_u f(P) = \lim_{h \to 0} = \frac{f(P + hu) - f(P)}{h}$$

我們可證明的是：若 $U = [u_1, u_2]$ 則

$$D_u f(P) = U \cdot \nabla f|_P$$
$$= [u_1, u_2] \cdot [f_x, f_y]|_P = u_1 f_x + u_2 f_y|_P$$

範例 9 若 $f(x, y) = x^2 y$，求 f 沿 $a = i + 2j$ 之方向在 $(1, 1)$ 之方向導數

解：$a = [1, 2]$

$$\therefore U = \frac{1}{\|a\|} a = \left[\frac{1}{\sqrt{5}}, \frac{2}{\sqrt{5}}\right], \quad \nabla f = \left[\frac{\partial}{\partial x} f, \frac{\partial}{\partial y} f\right] = [2xy, x^2]$$

$$\therefore D_u(P) = U \cdot \nabla f|_P$$
$$= \left[\frac{1}{\sqrt{5}}, \frac{2}{\sqrt{5}}\right] \cdot [2xy, x^2]\Big|_{(1,1)}$$
$$= \frac{2}{\sqrt{5}} xy + \frac{2}{\sqrt{5}} x^2\Big|_{(1,1)} = \frac{2}{\sqrt{5}} + \frac{2}{\sqrt{5}} = \frac{4}{\sqrt{5}}$$

範例 10 若 $f(x, y, z) = x + y \sin z$，求 f 沿 $a = i + 2j + 2k$ 之方向在 $\left(1, 1, \frac{\pi}{2}\right)$ 之方向導數

解：$a = i + 2j + 2k$

$$\therefore U = \frac{1}{\|a\|} a = \frac{1}{3}[1, 2, 2] = \left[\frac{1}{3}, \frac{2}{3}, \frac{2}{3}\right],$$

$$\nabla f = \left[\frac{\partial}{\partial x} f, \frac{\partial}{\partial y} f, \frac{\partial}{\partial z} f\right] = [1, \sin z, y \cos z]$$

$$D_u(P) = U \cdot \nabla f|_P = \left[\frac{1}{3}, \frac{2}{3}, \frac{2}{3}\right] \cdot [1, \sin z, y \cos z]\Big|_{(1,1,\frac{\pi}{2})}$$

$$= \frac{1}{3} + \frac{2}{3} \sin z + \frac{2}{3} y \cos z\Big|_{(1,1,\frac{\pi}{2})} = \frac{1}{3} + \frac{2}{3} + 0 = 1$$

曲面之切平面方程式

給定曲面方程式 $f(x, y, z)$，及其上一點 P，P 之座標為 (x_0, y_0, z_0)，若 (x_0, y_0, z_0) 處 $\dfrac{\partial f}{\partial x}$，$\dfrac{\partial f}{\partial y}$，$\dfrac{\partial f}{\partial z}$ 均存在，則可證明過 (x_0, y_0, z_0) 之切面方程式為

$$\left.\frac{\partial f}{\partial x}\right|_{(x_0, y_0, z_0)}(x - x_0) + \left.\frac{\partial f}{\partial y}\right|_{(x_0, y_0, z_0)}(y - y_0) + \left.\frac{\partial f}{\partial z}\right|_{(x_0, y_0, z_0)}(z - z_0) = 0$$

其點積表現形式為

$$\nabla f|_{(x_0, y_0, z_0)} \cdot [x - x_0, y - y_0, z - z_0] = 0$$

範例 11 試求曲面 $z^3 + 3xz - 2y = 0$ 在 $(1, 7, 2)$ 處之切平面方程式

解：令 $f(x, y, z) = z^3 + 3xz - 2y$

則 $\nabla f|_{(1,7,2)} = [3z, -2, 3(z^2 + x)]|_{(1,7,2)} = [6, -2, 15]$

∴ 所求之切面方程式為

$$\begin{aligned}
\nabla f|_{(1,7,2)} \cdot [x - 1, y - 7, z - 2] &= [6, -2, 15] \cdot [x-1, y-7, z-2] \\
&= 6(x-1) - 2(y-7) + 15(z-2) \\
&= 0
\end{aligned}$$

即 $6x - 2y + 15z = 22$

範例 12 求 $x^2 + y^2 - 4z^2 = 4$ 在 $(2, -2, 1)$ 處切面方程式

解：令 $f(x, y, z) = x^2 + y^2 - 4z^2 - 4$

則 $\nabla f|_{(2,-2,1)} = [2x, 2y, -8z]|_{(2,-2,1)}$
$= [4, -4, -8]$

∴ 所求之切面方程式為

$$\nabla f|_{(2,-2,1)} \cdot [x-2, y+2, z-1]$$
$$= [4, -4, -8] \cdot [x-2, y+2, z-1]$$
$$= 4(x-2)-4(y+2)-8(z-1)=0$$

即 $4x-4y-8z=8$ 或 $x-y-2z=2$

◆ 習 題

1. $F(x, y, z) = 2x^2y + yz^2 + 3xz$，求 $\nabla F(-1, 2, 3)$

2. 若 $R = xi + yj + zk$，$r = |R|$，求 $\nabla \times (r^2R)$

3. $F(x, y, z) = x + xy - y + z^2$，求 ∇F

4. 若 $R = xi + yj + zk$，A 為任意常數向量，試證 $\nabla(A \cdot R) = A$

5. 試證 $\nabla r^2 = 2R$，$r = \sqrt{x^2 + y^2 + z^2}$，$R = xi + yj + zk$

6. 求 $F = x^2i - 2x^2yj + 2yz^4k$ 在點 $(1, -1, 1)$ 上之散度 $\nabla \cdot F$ 及旋度 $\nabla \times F$

7. $f(x, y) = 3x^2y + 4x$

   (1) 沿由 $(-1, 4)$ 至 $(2, 8)$ 之方向，求 f 在 $(-1, 4)$ 處之方向導數

   (2) f 在 $(-1, 4)$ 處之最大方向導數

8. 求 $f(x, y, z) = 2x^2 + 3y^2 + z^2$ 在 $(1, 2, 3)$ 處沿 $i + 2j - 3k$ 方向導數

9. 設 V 是空間內一體積，$P(1, 1, 0)$ 是 V 內一點，已知 V 內各點之密度為 $\tau(x, y, z) = x^3 - xy^2 - z + 5$，則在 P 點朝 $2\vec{i} - 3\vec{j} + 6\vec{k}$ 方向，求密度變化率。

10. 求下列曲面在指定點之切面方程式

    (1) $4x^2 - 9y^2 - 9z^2 = 36$，$P(3\sqrt{3}, 2, 2)$

    (2) $z^3 + 3xy - 2y = 0$，$P(1, 7, 2)$

    (3) $z = xy^2 + y$，$P(3, -2, 10)$

11. 求 (a) $\nabla \cdot [(A \times R) \times A]$　　(b) $\nabla \times [(A \cdot R)A]$

    (c) $\nabla \times [(A \times R) \times A]$，其中 $A = [a, b, c]$，$|A| = 1$，$R = [x, y, z]$

12. A, B 為常數向量，$R = \overrightarrow{OP}$，$E = R - A$，$F = R - B$，試證：

    (a) $\nabla \cdot (E \times F) = 0$　　(b) $\nabla(E \cdot F) = E + F$

7.6 向量導數之幾何意義

單位切向量、單位法向量

$r(t) = x(t)i + y(t)j + z(t)k$ 為空間之一條
曲線，$r'(t_0)$ 可解釋為曲線在點 $(x(t_0), y(t_0),$
$z(t_0))$ 處之切向量。

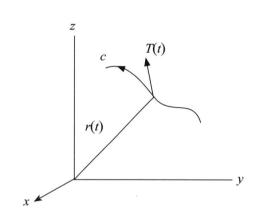

若 $r'(t) \neq 0$ 則向量 $T(t)$ 定義為

$$T(t) = \frac{r'(t)}{|r'(t)|}$$

它是沿 t 增加之方向與曲線 C 在 t 相切之**單位切向量**（Unit targent vector
to C at t），我們稍後將証明 $T = \dfrac{dr}{ds}$，s 為曲線弧長。

有了單位切向量便會聯想到單位法向量，在
2 維空間，一定點上 1 個單位切向量便有 2 個向
量與之垂直，到 3 維空間，便有無數個單位向量
在該定點上與 $T(t)$ 垂直，因此，我們定義在曲線
C 之 t 點上的**單位法向量**（Unit normal vector）
$N(t)$ 為

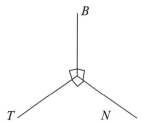

$$N(t) = \frac{T'(t)}{|T'(t)|}$$

在 3 維空間之曲線 C，對 t 點之每一個向量而言，$T(t)$，$N(t)$ 均存在則定
義 C 在 t 點之副法向量（Binormal vector to C at t）
$B(t)$ 為 $B(t) = T(t) \times N(t)$，
顯然 $B(t)$ 同時垂直 $T(t)$ 與 $N(t)$

由右手法則，由 T 向 N 之方向旋轉，則大姆指
方向便是 B。

因為 T, N, B 是同時互相垂直，因此 TNB 是一個三元組（Triad），T, N, B 所成之坐標系統，稱為 Frenet 坐標，如上圖，由圖易見 B, N, T 間有 $B = T \times N$（定義）及 $N = B \times T$、$T = N \times B$ 之關係：

定理：$r(t)$ 是 2 維空間或 3 維空間之向量函數，則 C 上任一點 t 之 單位切向量 $T(t)$ 與單位法向量 $N(t)$ 垂直。

證明：

因 $T(t)$ 為單位切向量 $\therefore T(t) \cdot T(t) = 1$，兩邊同時對 t 微分

$$\frac{dT(t)}{dt} \cdot T(t) + T(t) \cdot \frac{d}{dt}T(t) = 2T(t) \cdot \frac{d}{dt}T(t) = 0$$

即 $T(t) \cdot T'(t) = 0 \therefore T(t) \cdot \frac{T'(t)}{|T'(t)|} = T(t) \cdot N(t) = 0$

範例 1 求 $r(t) = \rho \cos ti + \rho \sin tj + ctk$，$\rho > 0$ 之 T, B, N。

解：$r(t) = (\rho \cos t)i + (\rho \sin t)j + ctk$

$\therefore r'(t) = (-\rho \sin t)i + (\rho \cos t)j + ck$ 及 $\|r'(t)\| = \sqrt{\rho^2 + c^2}$

$\therefore$ 單位切向量 $T(t) = \frac{r'(t)}{|r'(t)|}$

$$= \frac{-\rho \sin t}{\sqrt{\rho^2 + c^2}}i + \frac{\rho \cos t}{\sqrt{\rho^2 + c^2}}j + \frac{c}{\sqrt{\rho^2 + c^2}}k$$

單位法向量：$T'(t) = \frac{-\rho \cos t}{\sqrt{\rho^2 + c^2}}i + \frac{-\rho \sin t}{\sqrt{\rho^2 + c^2}}j$

$$|T'(t)| = \left| \frac{-\rho \cos t}{\sqrt{\rho^2 + c^2}}i + \frac{-\rho \sin t}{\sqrt{\rho^2 + c^2}}j \right| = \frac{\rho}{\sqrt{\rho^2 + c^2}}$$

$$\therefore N(t) = \frac{T'(t)}{|T'(t)|} = \frac{\frac{-\rho \cos t}{\sqrt{\rho^2 + c^2}}i + \frac{-\rho \sin t}{\sqrt{\rho^2 + c^2}}j}{\frac{\rho}{\sqrt{\rho^2 + c^2}}} = -\cos ti - \sin tj$$

由上式易知 $N(t)$ 上點指向 z 軸，對所有 t 均成立。

副法向量：

$$B(t) = T(t) \times N(t)$$

$$= \begin{vmatrix} i & j & k \\ \dfrac{-\rho\sin t}{\sqrt{\rho^2 + c^2}} & \dfrac{\rho\cos t}{\sqrt{\rho^2 + c^2}} & \dfrac{c}{\sqrt{\rho^2 + c^2}} \\ -\cos t & -\sin t & 0 \end{vmatrix}$$

$$= \frac{c}{\sqrt{\rho^2 + c^2}}\sin t\, i - \frac{c\cos t}{\sqrt{\rho^2 + c^2}}j + \frac{\rho}{\sqrt{\rho^2 + c^2}}k$$

範例 2 $r(t) = e^t\cos t\, i + e^t\sin t\, j + e^t k$，在 $t = 0$ 處之 T, N, B

解：$r'(t) = e^t(\cos t - \sin t)i + e^t(\sin t + \cos t)j + e^t k$

$|r'(t)| = \sqrt{3}e^t$

  (a) $T(t) = \dfrac{r'(t)}{|r'(t)|} = \dfrac{1}{\sqrt{3}}(\cos t - \sin t)i + \dfrac{1}{\sqrt{3}}(\sin t + \cos t)j + \dfrac{1}{\sqrt{3}}k$

     $\therefore T(0) = \dfrac{1}{\sqrt{3}}i + \dfrac{1}{\sqrt{3}}j + \dfrac{1}{\sqrt{3}}k$

  (b) $T'(t) = \dfrac{1}{\sqrt{3}}(-\sin t - \cos t)i + \dfrac{1}{\sqrt{3}}(\cos t - \sin t)j$

     $|T'(t)| = \sqrt{\dfrac{2}{3}}$

$\therefore N(t) = \dfrac{T'(t)}{|T'(t)|} = \dfrac{-1}{\sqrt{2}}(\sin t + \cos t)i + \dfrac{1}{\sqrt{2}}(\cos t - \sin t)j$

     $N(0) = -\dfrac{1}{\sqrt{2}}i + \dfrac{1}{\sqrt{2}}j$

  (c) $B(t) = T(t) \times N(t)$

$$= \begin{vmatrix} i & j & k \\ \dfrac{1}{\sqrt{3}}(\cos t - \sin t) & \dfrac{1}{\sqrt{3}}(\sin t + \cos t) & \dfrac{1}{\sqrt{3}} \\ \dfrac{-1}{\sqrt{2}}(\sin t + \cos t) & \dfrac{1}{\sqrt{2}}(\cos t - \sin t) & 0 \end{vmatrix}$$

$$= \frac{-1}{\sqrt{6}}(\cos t - \sin t)i + \frac{1}{\sqrt{6}}(\sin t + \cos t)j + \frac{2}{\sqrt{6}}k$$

$$\therefore B(0) = \frac{-1}{\sqrt{6}}i + \frac{1}{\sqrt{6}}j + \frac{2}{\sqrt{6}}k \quad （此亦可由 B(0) = T(0) \times N(0) \text{ 得解}）$$

範例 3　求範例 1 之 $\dfrac{dr}{ds}$

解：$s = \displaystyle\int^t \sqrt{\left(\frac{d}{dt}x\right)^2 + \left(\frac{d}{dt}y\right)^2 + \left(\frac{d}{dt}z\right)^2}\,dt$

$\qquad = \displaystyle\int^t \sqrt{(-\rho\sin t)^2 + (\rho\cos t)^2 + c^2}\,dt = \int^t \sqrt{\rho^2 + c^2}\,dt$

$\therefore \dfrac{dr}{ds} = \dfrac{dt}{ds} \cdot \dfrac{dr}{dt} = \dfrac{1}{\dfrac{ds}{dt}} \cdot \dfrac{dr}{dt}$

$\qquad = \dfrac{1}{\sqrt{\rho^2 + c^2}}\,(-\rho\sin t\,i + \rho\cos t\,j + ck)$

與範例 1 之單位切向量 T 相同，此在一般情況均成立，證明如下：

取　$r(t) = x(t)i + y(t)j + z(t)k$

則

$\dfrac{dr}{dt} = \left(\dfrac{dx}{dt}\right)i + \left(\dfrac{dy}{dt}\right)j + \left(\dfrac{dz}{dt}\right)k$

$\left|\dfrac{dr}{dt}\right| = \sqrt{\left(\dfrac{dx}{dt}\right)^2 + \left(\dfrac{dy}{dt}\right)^2 + \left(\dfrac{dz}{dt}\right)^2} = \dfrac{ds}{dt}$

$T = \dfrac{r'(t)}{|r'(t)|} = \dfrac{1}{|r'(t)|}\dfrac{dr}{dt} = \dfrac{1}{ds/dt}\dfrac{dr}{dt} = \dfrac{dr}{ds}$

設 $r(t) = x(t)i + y(t)j + z(t)k$，$a \le t \le b$ 為空間平滑曲線，則 $t = a$ 至 $t = t$ 間之曲線長 s 為

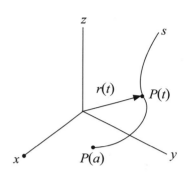

$$s = \int_a^t |r'(t)| \, dt$$
$$= \int_a^t \sqrt{\left(\frac{dx}{dt}\right)^2 + \left(\frac{dy}{dt}\right)^2 + \left(\frac{dz}{dt}\right)^2} \, dt$$

若 t 表時間，則可定義速度，速率及加速度為：

速度（Velocity） $v(t) = r'(t)$

速率（Speed） $\dfrac{ds}{dt} = |r'(t)| = |v(t)|$

加速度（Acceleration）：$a(t) = \dfrac{d^2}{dt^2} r = r''(t)$

$\therefore \dfrac{dt}{ds} = \dfrac{1}{ds/dt} = \dfrac{1}{|v(t)|}$

$\therefore$ 前述之單位切向量 $T(t) = \dfrac{r'(t)}{|r'(t)|} = \dfrac{v(t)}{|v(t)|}$

範例 4 $r(t) = a \cos ti + a \sin tj + ctk$，$a > 0$。

            求速度、速率、加速度。

解：$r(t) = a \cos ti + a \sin tj + ctk$

$\therefore v(t) = r'(t) = -a \sin ti + a \cos tj + ck$

$v = \dfrac{ds}{dt} = |r'(t)| = \sqrt{a^2 + c^2}$ 及

$a(t) = r''(t) = -a \cos ti - a \sin tj$

曲率

在工程學中，我們常需了解一個曲線彎曲之程度，例如鋼筋在某個重量負荷下會產生彎曲變形，從而會影響到工程設計。此時便要用**曲率**（Curture）來描述曲線彎曲之程度。

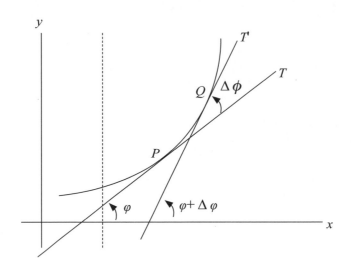

定義：曲線 Γ 在 Γ 上一點 (x, y) 之曲率 κ 為

$$\kappa = \left| \frac{d\phi}{ds} \right|$$

其中　ϕ 為 Γ 在 (x, y) 點處切線與 x 軸之夾角，s 為沿 Γ 測度之弧長。

現在我們推導 $y = f(x)$ 之曲率通式：

定理：$y = f(x)$ 在圖上一點 (x, y) 之 y'' 存在則 $y = f(x)$ 在 (x, y) 之曲率 κ 為

$$\kappa = \frac{|y''|}{[1 + (y')^2]^{\frac{3}{2}}}$$

證明：設 P 為曲線 Γ 上任一點，P 之坐標為 (x_0, y_0)，且過 P 切線 T 之斜率為

$$\tan\phi = \frac{dy}{dx} \quad \text{，即}$$

$$\phi = \tan^{-1}\left(\frac{dy}{dx}\right) = \tan y'$$

由定義

$$\kappa = \left|\frac{d\phi}{ds}\right| = \left|\frac{d\phi}{dx} \cdot \frac{dx}{ds}\right| = \left|\frac{d\phi}{dx} \middle/ \frac{ds}{dx}\right| \quad\cdots\cdots\cdots\cdots\cdots\cdots\cdots\cdots\cdots (1)$$

在 (1)：

$$\frac{d\phi}{dx} = \frac{d}{dx}(\tan^{-1}y') = \frac{y''}{1 + (y')^2} \quad\cdots\cdots\cdots\cdots\cdots\cdots\cdots\cdots\cdots (2)$$

又由曲線弧長之公式（參數方程式）：$(ds)^2 = (dx)^2 + (dy)^2$

$$\therefore \left(\frac{ds}{dx}\right)^2 = 1 + \left(\frac{dy}{dx}\right)^2 = 1 + (y')^2 \quad\cdots\cdots\cdots\cdots\cdots\cdots\cdots\cdots\cdots (3)$$

即 $\dfrac{ds}{dx} = \sqrt{1 + (y')^2}$

代 (2)，(3) 入 (1) 得：

$$\kappa = \left|\frac{d\phi}{dx} \middle/ \frac{ds}{dx}\right| = \left|\frac{\dfrac{y''}{1 + (y')^2}}{\sqrt{1 + (y')^2}}\right| = \frac{|y''|}{(1 + (y')^2)^{\frac{3}{2}}}$$

範例 5　直線之曲率 $\kappa =$ ？

解：$y = f(x)$ 為任一直線則 $y'' = 0$

$\qquad \therefore \kappa = 0$

範例 6　求圓 $x^2 + y^2 = r^2$ 之曲率

解：圓上任一點之彎曲程度都很均勻，因此我們似可猜測它的曲率應是某個常數，現在我們用定理解之：

$\because x^2 + y^2 = r^2$，$2x + 2yy' = 0$

$\therefore y' = -\dfrac{x}{y}$ .... (1)

$$y'' = -\frac{y - xy'}{y^2} = -\frac{y - x \cdot \left(-\dfrac{x}{y}\right)}{y^2} = -\frac{x^2 + y^2}{y^3} = -\frac{r^2}{y^3}$$ .... (2)

$$\therefore \quad \kappa = \frac{|y''|}{(1+(y')^2)^{\frac{3}{2}}} = \frac{\left|-\dfrac{r^2}{y^3}\right|}{\left(1 + \left(-\dfrac{x}{y}\right)^2\right)^{\frac{3}{2}}} = \frac{\left|\dfrac{r^2}{y^3}\right|}{\left(1 + \dfrac{x^2}{y^2}\right)^{\frac{3}{2}}}$$

$$= \frac{\left|\dfrac{r^2}{y^3}\right|}{\left(\dfrac{x^2+y^2}{y^2}\right)^{\frac{3}{2}}} = \frac{\left|\dfrac{r^2}{y^3}\right|}{\left(\dfrac{r^2}{y^2}\right)^{\frac{3}{2}}} = \frac{1}{r} \quad (\because r>0)$$

r 是半徑故為一常數與我們猜測一致。

我們又可定義出 $y = f(x)$ 在 (x, y) 之**曲率半徑**（Radius of curture）：

設曲線 Γ 在 $P(x, y)$ 處之曲率為 κ，則我們在曲線 Γ 凹向一側作一法線 N，在法線 N 上取一點為 D，使 $\overline{PD}$ 之長度為 $\dfrac{1}{\kappa} = \rho$，我們再以 D 為圓心，ρ 為半徑作一圓 C，則我們稱圓 C 為點 P 處之曲率圓，D 為曲線 Γ 在點 P 之曲率中心，更重要的是，$\rho = \dfrac{1}{\kappa}$ 為曲線 Γ 在點 P 之曲率半徑。

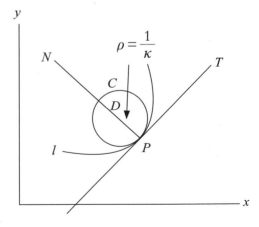

範例 7　求 $y = x^2$ 在 $(1, 1)$ 處之曲率及曲率半徑。

解：$y' = 2x$，$y'' = 2$

$\therefore$ 曲率 $\kappa = \dfrac{|y''|}{(1 + (y')^2)^{\frac{3}{2}}}\bigg|_{x=1} = \dfrac{2}{(1 + (2x)^2)^{3/2}}\bigg|_{x=1} = \dfrac{2}{5\sqrt{5}}$

及曲率半徑 $\rho = \dfrac{1}{\kappa} = \dfrac{5\sqrt{5}}{2}$

範例 8　求拋物線 $y = px^2 + qx + r$ 之曲率最大處。

解：我們先要求 $y = px^2 + qx + r$ 之曲率，然後根據所得結果再想辦法求其最大值（不必一定要訴諸微分）。

$y' = 2px + q$，$y'' = 2p$

$\therefore \kappa = \dfrac{|y''|}{(1 + (y')^2)^{\frac{3}{2}}} = \dfrac{|2p|}{(1 + (2px + q)^2)^{\frac{3}{2}}}$

在式中 κ 之分子 $|2p|$ 為常數，因此求 κ 之最大相當於求 $(1 + (2px + q)^2)^{\frac{3}{2}}$ 之最小值，顯然 $2px + q = 0$ 時有最小值，即 $x = -\dfrac{q}{2p}$ 時曲率最大，剛好是拋物線之頂點。

參數方程式之曲率

定理：設 $x = x(t)$，$y = y(t)$，$a \leq t \leq b$ 定義一個平滑曲線，則曲線之曲率為

$$\kappa(t) = \dfrac{|x'y'' - x''y'|}{[(x')^2 + (y')^2]^{3/2}}$$

證明：略。

範例 9　求擺線 $x(t) = t - \sin t$，$y(t) = 1 - \cos t$ 之在 $t = \dfrac{\pi}{2}$ 曲率及曲率半徑。

解：$x' = 1 - \cos t$，$x'' = \sin t$

$y' = \sin t$，$y'' = \cos t$

$\therefore \kappa = \dfrac{|x'y'' - x''y'|}{[(x')^2 + (y')^2]^{3/2}}\bigg|_{t = \frac{\pi}{2}} = \dfrac{|(1 - \cos t)\cos t - (\sin t)(\sin t)|}{[(1 - \cos t)^2 + (\sin t)^2]^{3/2}}\bigg|_{t = \frac{\pi}{2}}$

$\qquad = \dfrac{1}{2\sqrt{2}}$

$\rho = \dfrac{1}{\kappa} = 2\sqrt{2}$

曲率之向量表示

我們用向量方式定義曲線 C 在點 P 處之曲率 κ 為

$\kappa = \left|\dfrac{dT}{ds}\right|$，即曲率 κ 為 $\dfrac{dT}{ds}$ 之長度，

$\therefore \left|\dfrac{dT}{ds}\right| = \left|\dfrac{dT}{dt}\dfrac{dt}{ds}\right| = \left|\dfrac{dT}{dt}\bigg/\dfrac{ds}{dt}\right| = \left|\dfrac{T'(t)}{v(t)}\right|$

即 $\kappa = \left|\dfrac{dT}{ds}\right| = \dfrac{|T'(t)|}{|v(t)|} = \dfrac{|T'(t)|}{|r'(t)|}$

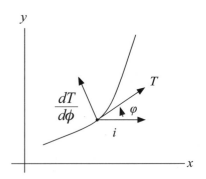

若 ϕ 為由 i 到 T 以反時鐘方向測得之角度，

則 $T = \cos\phi\, i + \sin\phi\, j$

$\therefore \dfrac{dT}{d\phi} = -\sin\phi\, i + \cos\phi\, j$ 及 $\left|\dfrac{dT}{d\phi}\right| = 1$　。

$\dfrac{dT}{ds} = \dfrac{dT}{d\phi}\dfrac{d\phi}{ds}$

$\therefore \kappa = \left|\dfrac{dT}{ds}\right| = \left|\dfrac{dT}{d\phi}\dfrac{d\phi}{ds}\right| = \left|\dfrac{dT}{d\phi}\right|\left|\dfrac{d\phi}{ds}\right| = \left|\dfrac{d\phi}{ds}\right|$

曲率之向量表示是 $\kappa = \left|\dfrac{dT}{ds}\right|$，$T$ 為單位切向量，則我們有下列定理。

定理：

$$\kappa = \frac{|T'|}{|r'|} = \frac{|r' \times r''|}{|r'|^3}$$

證明：(1) $\dfrac{dT}{ds} = \dfrac{dT}{dt} \cdot \dfrac{dt}{ds} = \dfrac{dT}{dt} \Big/ \dfrac{ds}{dt} = \dfrac{dT}{dt} \Big/ |r'(t)|$

$\therefore \kappa = \left| \dfrac{dT}{ds} \right| = \dfrac{|dT/dt|}{|r'(t)|} = \dfrac{|T'(t)|}{|r'(t)|}$

(2) $T = \dfrac{r'}{|r'|}$ 且 $|r'| = \dfrac{ds}{dt}$

$\therefore r' = |r'|T = \dfrac{ds}{dt}T$

$\quad r'' = \dfrac{d^2s}{dt^2}T + \dfrac{ds}{dt}\dfrac{d}{dt}T = \dfrac{d^2s}{dt^2}T + \dfrac{ds}{dt}T'$

$\Rightarrow r' \times r'' = \left(\dfrac{ds}{dt}T\right) \times \left(\dfrac{d^2s}{dt^2}T + \dfrac{ds}{dt}T'\right)$

$\qquad\qquad = \left(\dfrac{ds}{dt}\right)\left(\dfrac{d^2s}{dt^2}\right)\underbrace{T \times T}_{0} + \left(\dfrac{ds}{dt}\right)^2 T \times T'$

$\qquad\qquad = \left(\dfrac{ds}{dt}\right)^2 T \times T'$

$\Rightarrow |r' \times r''| = \left|\left(\dfrac{ds}{dt}\right)^2 T \times T'\right| = \left(\dfrac{ds}{dt}\right)^2 |T \times T'|$

$\qquad\qquad = \left(\dfrac{ds}{dt}\right)^2 |T||T'| \sin\angle\,(T, T') = \left(\dfrac{ds}{dt}\right)^2 |T'|$

$\because |T| = 1 \quad \therefore T \cdot \dfrac{dT}{dt} = 0$ 及 $\sin \angle\,(T, T') = 1$）

$\therefore |T'| = |r' \times r''| \Big/ \left(\dfrac{ds}{dt}\right)^2 = \dfrac{|r' \times r''|}{|r'|^2}$

$\quad \kappa = \dfrac{|r' \times r''|}{|r'|^3}$

加速度與曲率之關係

定理：若一粒子沿空間曲線 $r = r(t)$ 運動，t 是從某一時間開始之時間長。κ 為
曲率 a 為加速度則

$$a = \frac{d^2s}{dt^2}T + \left(\frac{ds}{dt}\right)^2 \kappa N$$

$$= a_T T + a_N N \,,\; \left(a_T = \frac{d^2s}{dt^2} \,,\; a_N = \left(\frac{ds}{dt}\right)^2 \kappa\right)$$

證明：

$$N = \frac{dT/ds}{|dT/ds|} = \frac{1}{\kappa}\frac{dT}{ds}$$

即 $\dfrac{dT}{ds} = \kappa N$ .... (1)

$v = |v|T = \dfrac{ds}{dt}T$ .... (2)

$$\therefore a = \frac{dv}{dt} = \frac{d}{dt}\left(\frac{ds}{dt}T\right)$$

$$= \frac{d^2s}{dt^2}T + \frac{ds}{dt}\frac{dT}{dt}$$

$$= \frac{d^2s}{dt^2}T + \frac{ds}{dt} \cdot \frac{dT}{ds} \cdot \frac{ds}{dt}$$

$$= \frac{d^2s}{dt^2}T + \left(\frac{ds}{dt}\right)^2 \kappa N \quad \text{... (3)}$$

◆ **習　題**

1. 計算下列各題之曲率及曲率半徑

   (1) $x^2-y^2=1$，$x=2$　(2) $y=\cos x$, $x=0$　(3) $y=e^x$, $x=0$

   (4) $x^2+xy+y^2=3$, $(1,1)$　(5) $\begin{cases} x=t^2 \\ y=\dfrac{2}{t} \end{cases}$，$t=1$

2. 計算 $y=\ln x$ 曲率最大處之坐標及 κ

3. 設 $y=f(x)$ 在 $x=a$ 處有一反曲點，問 $y=f(x)$ 在 $x=a$ 處之曲率為何？

4. 求證 $y=a\cos h\left(\dfrac{x}{a}\right)$ 在任一點之曲率均為 $\dfrac{a}{y^2}$

5. 一粒子沿曲線 $x=3t^2$，$y=2t^3$，$z=3t$ 運動。求 $t=1$ 時之 v, a

6. 一粒子沿 $x=\sin t$，$y=\cos t$，$z=2t$ 運動，求 $t=\dfrac{\pi}{2}$ 時之 v, a，路徑之 T, N, B, κ, τ

7.7　線積分

　　在初等微積分，我們的定積分大抵是沿著 X 軸（或 Y 軸）切割許許多多的小長方形，然後求它們的 Riemann 和，本節之**線積分**（Line integral）則是求兩變數函數所代表之曲面與 X, Y 平面上之曲線所包圍區域之面積，因此線積分是單變數定積分之一般化。

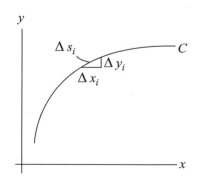

　　C 為一定義於二維空間之正方向（Positively oriented）即對應 t 值增加之正方向，亦即反時鐘方向）平滑曲線，且 x, y 之參數方程式為 $x=x(t)$，$y=y(t)$，$a\le t\le b$，$f(x,y)$ 為 x, y 之函數，它代表空間之一曲面。如同單變數定積分之精神，我們先將 C 切割許多小的弧形，設第 i 個弧

長為 Δs_i，則因 Δx_i，Δy_i 很小時，$\Delta s_i \approx \sqrt{\Delta x_i^2 + \Delta y_i^2}$。現在我們便可求出曲面與曲線間所夾之面積：$\lim\limits_{|P| \to 0} \sum\limits_{i=1}^{n} f(\overline{x}_i, \overline{y}_i) \Delta s_i \triangleq \int_c f(x, y)\, ds$，$P_i$ 是曲線 C 上之第 i 個分割。因此透過微分之中值定理 $\int_c f(x, y)\, ds = \int_a^b f(x(t), y(t)) \sqrt{[x'(t)]^2 + [y'(t)]^2}\, dt$。

上述結果可擴充至 3 維空間，設 f 為 x, y, z 之函數，$x = x(t)$, $y = y(t)$, $z = z(t)$, $a \le t \le b$ 則

$$\int_c (x, y, z)\, ds = \int_a^b f(x(t), y(t), z(t)) \sqrt{(x'(t))^2 + (y'(t))^2 + (z'(t))^2}\, dt$$

令 $f(x, y)$，$g(x, y)$ 為包含曲線 C 之某開區域之連續函數，則

$$\int_c f(x, y)\, dx = \int_a^b f(x(t), y(t)) x'(t)\, dt$$

$$\int_c g(x, y)\, dy = \int_a^b g(x(t), y(t)) y'(t)\, dt$$

$\int_c f(x, y)\, dx$ 稱為 x 沿曲線 C 之線積分，$\int_c g(x, y)\, dy$ 為 y 沿曲線 C 之線積分。

線積分性質

(1) $\int_c P(x, y)\, dx + Q(x, y)\, dy = \int_c P(x, y)\, dx + \int_c Q(x, y)\, dy$

(2) 若 C 表示曲線沿某個方向延伸，則 $-C$ 表示延反方向沿伸，

$$\int_{-c} P(x, y)\, dx + Q(x, y)\, dy = - \int_c P(x, y)\, dx + Q(x, y)\, dy$$

或 $\int_{(a_1, b_1)}^{(a_2, b_2)} f(x, y)\, dx + g(x, y)\, dy = - \int_{(a_2, b_2)}^{(a_1, b_1)} f(x, y)\, dx + g(x, y)\, dy$

(3) 若 C 可分段成 $C_1, C_2 \cdots C_n$（n 為有限）n 個分段平滑（Piecewise smooth）曲線，則 $\int_c = \int_{c_1} + \int_{c_2} + \cdots + \int_{c_n}$

範例 1　求下列條件之 $\int_c y dx - x dy$

(a) $x = t$，$y = 2t$，$0 \le t \le 1$

(b) $C：(0, 0)$ 至 $(1, 2)$，沿 $y^2 = 4x$

(c) $C：x^2 + y^2 = 4$ 上，$(0, 2)$ 至 $(2, 0)$ 之圓弧

解：(a) $\int_c y dx - x dy = \int_c y dx - \int_c x dy = \int_0^1 (2t) dt - \int_0^1 t d(2t)$

$$= 2 \int_0^1 t dt - 2 \int_0^1 t dt = 0$$

(b) 設 $x = t$ 則 $y = 2\sqrt{t}$，$0 \le t \le 1$，$t：0 \to 1$

$\therefore \int_c y dx - x dy = \int_c y dx - \int_c x dy = \int_0^1 2\sqrt{t} dt - \int_0^1 t d(2\sqrt{t})$

$$= \frac{4}{3} t^{\frac{3}{2}} \Big]_0^1 - \int_0^1 t^{\frac{1}{2}} dt = \frac{4}{3} - \frac{2}{3} t^{\frac{3}{2}} \Big]_0^1 = \frac{2}{3}$$

(c) 取 $x = 2\cos t$，$y = 2\sin t$，$0 \le t \le \frac{\pi}{2}$，$t：0 \to \frac{\pi}{2}$

$\therefore \int_c y dx - x dy = \int_c y dx - \int_c x dy = \int_0^{\frac{\pi}{2}} (2\sin t) d(2\cos t) -$

$$\int_0^{\frac{\pi}{2}} (2\cos t) d(2\sin t) = -\int_0^{\frac{\pi}{2}} 4\sin^2 t dt - \int_0^{\frac{\pi}{2}} 4\cos^2 t dt$$

$$= -\int_0^{\frac{\pi}{2}} (4\sin^2 t + 4\cos^2 t) dt = -\int_0^{\frac{\pi}{2}} 4 dt = -2\pi$$

範例 2　求 $\int_c y dx - x dy$，c 之路徑如下：

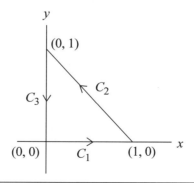

解：(1) C_1：$x = t$，$y = 0$，$0 \le t \le 1$（在 C_1：$dy = 0$），$t : 0 \to 1$

$\therefore \int_{C_1} y\,dx - x\,dy = \int_{C_1} y\,dx + \int_{C_1} x\,dy = 0$

(2) C_2：$x + y = 1$，取 $x = 1 - t$，$y = t$，$0 \le t \le 1$，$t : 1 \to 0$

$\therefore \int_{C_2} y\,dx - x\,dy = \int_{C_2} y\,dx - \int_{C_2} x\,dy$

$\qquad\qquad = \int_1^0 t\,d(1 - t) - \int_1^0 (1 - t)\,dt = \int_0^1 t\,dt + \int_0^1 (1 - t)\,dt$

$\qquad\qquad = 1$

(3) C_3：$x = 0$，$y = t$，$0 \le t \le 1$，$t : 1 \to 0$

$\int_{C_3} y\,dx - x\,dy = \int_{C_3} y\,dx - \int_{C_3} x\,dy = 0$

$\therefore \int_C y\,dx - x\,dy = \int_{C_1} y\,dx - x\,dy + \int_{C_2} y\,dx - x\,dy + \int_{C_3} y\,dx - x\,dy = 1$

範例 3　若 C：$(0, 0, 0) \to (1, 1, 0) \to (1, 1, 1) \to (0, 0, 0)$ 之路徑（為一三維空間上之三角形）求 $\int_c xy\,dx + yz\,dy + xz\,dz$

解：C_1：$(0, 0, 0) \to (1, 1, 0)$：$x = t$，$y = t$，$z = 0$，$0 \le t \le 1$

$\therefore \int_{C_1} xy\,dx + yz\,dy + xz\,dz$

$\quad = \int_0^1 t \cdot t\,dt = \dfrac{1}{3}$

C_2：$(1, 1, 0) \to (1, 1, 1)$：$x = 1$，$y = 1$，$z = t$，$0 \le t \le 1$

$\therefore \int_{C_2} xy\,\underbrace{dx}_{=0} + yz\,\underbrace{dy}_{=0} + xz\,dz = \int_0^1 1t\,dt = \dfrac{1}{2}$

C_3：$(1, 1, 1) \to (0, 0, 0)$：$x = 1 - t$，$y = 1 - t$，$z = 1 - t$，$1 \ge t \ge 0$

$\int_c xy\,dx = \int_0^1 (1 - t)(1 - t)\,d(1 - t) = -\int_0^1 (1 - t)^2\,dt = \dfrac{1}{3}(1 - t)^3 \Big]_0^1 = -\dfrac{1}{3}$

$\therefore \int_{C_3} xy\,dx + yz\,dy + xz\,dz = 3\left(-\dfrac{1}{3}\right) = -1$

$\int_C xy\,dx + yz\,dy + xz\,dz = \int_{C_1} + \int_{C_2} + \int_{C_3} = \dfrac{1}{3} + \dfrac{1}{2} - 1 = -\dfrac{1}{6}$

範例 4 根據下圖求 $\int_C ydx - xdy$

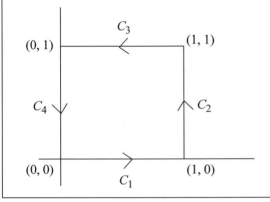

解： $\int_C ydx - xdy = \int_{C_1} ydx - xdy + \int_{C_2} ydx - xdy + \cdots + \int_{C_4} ydx - xdy$

(1) C_1：$x = t$，$y = 0$，$1 \geqslant t \geqslant 0$（在 C_1 中 $y = 0 \therefore dy = 0$），$t : 0 \to 1$

$\therefore \int_{C_1} ydx - xdy = 0$

(2) C_2：$x = 1$，$y = t$，$1 \geq t \geq 0$（在 C_2 中 $dx = 0$），$t : 0 \to 1$

$\therefore \int_{C_2} ydx - xdy = \int_0^1 - 1dt = - t]_0^1 = - 1$

(3) C_3：$x = t$，$y = 1$，$1 \geq t \geq 0$，$t : 1 \to 0$

$\therefore \int_{C_3} ydx + xdy = \int_1^0 1dt = - 1$

(4) C_4：$x = 0$，$y = t$，$1 \geq t \geq 0$，$t : 1 \to 0$

$\therefore \int_{C_4} ydx - xdy = 0$

$\oint_C ydx - xdy = \int_{C_1} ydx - xdy + \int_{C_2} ydx - xdy \cdots + \int_{C_4} ydx - xa$

$= 0 + (-1) + (-1) + 0 = -2$

線積分之向量形式

線積分 $\int_c P(x,y)dx + Q(x,y)dy$ 常用向量形式表示以便應用：

C_2：$x = x(t)$，$y = y(t)$，$a \leq x \leq b$ 用 $r(t) = x(t)i + y(t)j$ 表示，此時，

$$\frac{dr}{dt} = \frac{dx}{dt}i + \frac{dy}{dt}j \ , \ dr = \frac{dr}{dt} \ , \ dr = [dx, dy]$$

且令 $F(x, y) = P(x, y)i + Q(x, y)j$ 則

$$F(x, y) \cdot dr = [P(x, y), Q(x, y)] \cdot [dx, dy]$$

$$= P(x, y)dx + Q(x, y)dy$$

$$\therefore \int_c F \cdot dr = \int_c P(x,y)dx + Q(x,y)dy$$

因此，計算以向量表示之線積分時，利用 $dr = dxi + dyj$（或 $dr = dxi + dyj + dzk$）之關係，化成線積分標準式，以利計算。

範例 5　若 $F(x, y) = x^2yi + j$，$C：r(t) = e^t i + e^{-t} j$，$0 \leq t \leq 1$，求 $\int_c F \cdot dr$。

解：$\displaystyle \int_c F \cdot dr = \int_0^1 \left[F(x(t), y(t)) \cdot \frac{dr}{dt} \right] dt$

$$= \int_0^1 [e^{2t} \cdot e^{-t}, 1] \cdot [e^t, -e^{-t}] dt$$

$$= \int_0^1 (e^{2t} - e^{-t}) dt = \frac{1}{2}e^{2t} + e^{-t} \Big|_0^1 = \frac{1}{2}e^2 + e^{-1} - \frac{3}{2}$$

範例 6　若 $F(x, y) = x^2 i + xyj$，$C：r(t) = 2\cos t\, i + 2\sin t\, j$，$0 \leq t \leq \pi/2$，　求 $\int_c F \cdot dr$。

解：$\displaystyle \int_c F \cdot dr = \int_0^{\frac{\pi}{2}} \left[F(x(t), y(t)) \cdot \frac{dr}{dt} \right] dt$

$$= \int_0^{\frac{\pi}{2}} \{ [4\cos^2 t, 4\cos t \sin t] \cdot [-2\sin t, 2\cos t] \} dt$$

$$= \int_0^{\frac{\pi}{2}} (-8\cos^2 t \sin t + 8\cos t \sin t \cos t) dt = \int_0^{\frac{\pi}{2}} 0\, dt = 0$$

本節所述之方法可擴張到三維之情況。

範例 7 　求 $\int_c F \cdot dr$，$F = (3x^2 - 6y)i - 14yzj + 20xz^2k$；$c：x = t$，$y = t^2$，$z = t^3$，$(0, 0, 0) \rightarrow (1, 1, 1)$

解：
$$\int_c F \cdot dr = \int_c [3x^2 - 6y, -14yz, 20xz^2] \cdot [dx, dy, dz]$$
$$= \int_c (3x^2 - 6y)dx - 14yzdy + 20xz^2dz$$
$$= \int_0^1 (3t^2 - 6t^2)dt - 14t^2 \cdot t^3(2tdt) + 20t(t^3)^2(3t^2dt)$$
$$= \int_0^1 (-3t^2 - 28t^6 + 60t^9)dt = -t^3 - 4t^7 + 6t^{10}\big|_0^1 = 1$$

範例 8 　求 $\int_c F \cdot dr$，$F = y^2i - x^4j$，$c：ti + \dfrac{1}{t}j$，$1 \leq t \leq 3$

解：
$$\int_c F \cdot dr = \int_c [y^2, -x^4] \cdot [dx, dy]$$
$$= \int_c y^2 dx - x^4 dy$$
$$= \int_1^3 \frac{1}{t^2}dt - \int_1^3 t^4 d(-\frac{1}{t})$$
$$= \int_1^3 \left(\frac{1}{t^2} + t^2\right)dt = -\frac{1}{t} + \frac{t^3}{3}\bigg|_1^3 = \frac{28}{3}$$

線積分之物理意義

在物理上，線積分可解釋為力場 F 沿曲線路徑 C 對質點所做的功（**Work**）：

設 $R(x, y, z)$ 為 C 之任一位置向量，T 為曲線上之單位切線向量，$F(x, y, z) = M(x, y, z)i + N(x, y, z)j + P(x, y, z)k$。

我們定義一個粒子沿曲線 C 在 a 到 b 間移動所作之功為

$$W = \int_c F \cdot T \, ds$$

但　$T = \dfrac{dr}{dt} \cdot \dfrac{dt}{ds}$

$\therefore W = \int_c F \cdot T \, ds = \int_c F \cdot \dfrac{dr}{dt} dt = \int_c F \cdot dr$

◆ 習　題

1. $C : x^2 + y^2 = 1$，從 $(1, 0)$ 至 $(0, 1)$，求 $\int_c xy \, dx + (x^2 + y^2) dy$

2. 求 $\int_c y \, dx - x \, dy$

(1)

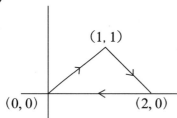

(2)

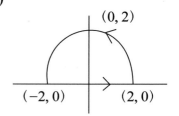

3. 根據下圖求 $\int_c xy \, dx + x \, dy$

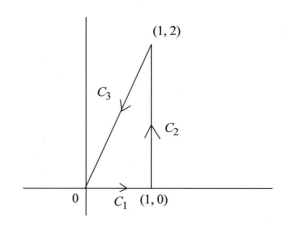

4. $\int_c 2xy\,dx + (x^2+y^2)\,dy$，$c：x = \cos t$，

   $y = \sin t$，$0 \le t \le \dfrac{\pi}{2}$

5. 若 $F = yzi + xzj + xyk$，$r(t) = ti + t^2j + t^3k$，$2 \ge t \ge 0$，求 $\int_c F \cdot dr$

6. $\int_c F \cdot dr$，$F = yi + 2xj$，$c：$如下圖。

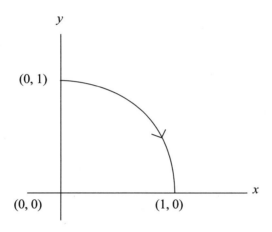

7. $A = (3x^2 + 6y)i - 14yzj + 20xz^2k$，$r = xi + yj + zk$ 求 $\int_c A \cdot dr$，起點 $(0, 0, 0)$，
   終點 $(1, 1, 1)$，$c：x = t$，$y = t^2$，$z = t^3$

8. 若 $\begin{cases} x = t \\ y = t^2 + 1 \end{cases}$，$c$ 為由 $(0, 1)$ 到 $(1, 2)$ 之有向曲線，求 $\int_c (x^2 - y)dx +$

   $(y^2 + x)dy$

9. $F = \dfrac{2i + j}{x^2 + y^2}$，求 $\int_c F \cdot dr$

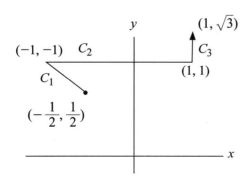

7.8 平面上的格林定理

平面上的格林定理

格林定理（Green theorem）主要是討論沿著某種性質之封閉曲線 c 之線積分。

定義：平面曲線 $r = r(t)$，$a \leq t \leq b$，若 r 之兩個端點間不相交者稱為簡單曲線，如果一簡單曲線圍成一封閉之平面區域，則此平面稱為**簡單連通區域**（simply-connected regions）。

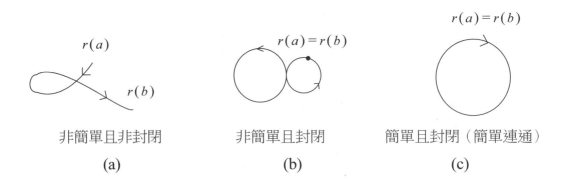

非簡單且非封閉   非簡單且封閉   簡單且封閉（簡單連通）

(a)   (b)   (c)

定理（Green 定理）

R 為簡單連通區域，其邊界 c 為以逆時針方向通過之簡單封閉分段之平滑曲線，P，Q 為包含 R 之某開區間內之一階偏導函數均為連續，則

$$\int_c (Pdx + Qdy) = \iint_R \left(\frac{\partial Q}{\partial x} - \frac{\partial P}{\partial y} \right) dxdy$$

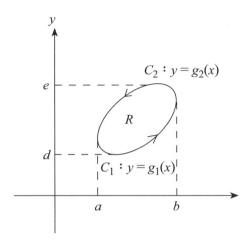

證明：我們只需證明：

(1) $\displaystyle\int_c P(x,y)\,dx = -\iint_R \frac{\partial P}{\partial y}\,dx\,dy$　及

(2) $\displaystyle\int_c Q(x,y)\,dy = \iint_R \frac{\partial Q}{\partial x}\,dx\,dy$　：

(1) $\displaystyle\because \iint_R \frac{\partial P}{\partial y}\,dx\,dy - \int_a^b\left[\int_{g_1(x)}^{g_2(x)}\frac{\partial P}{\partial y}\,dy\right]dx$

$\displaystyle = -\int_a^b\left[P(x,y)\Big|_{g_1(x)}^{g_2(x)}\right]dx = -\int_a^b[P(x,g_2(x)) - P(x,g_1(x))]dx$

$\displaystyle = \int_a^b[P(x,g_1(x)) - P(x,g_2(x))]dx$

$\displaystyle = \int_a^b P(x,g_1(x))dx - \int_a^b P(x,g_2(x))dx$

$\displaystyle = \int_{c_1} P(x,y)dx - \int_{c_2} P(x,y)dx$

$\displaystyle = \int_{c_1} P(x,y)dx + \int_{-c_2} P(x,y)dx = \int_c P(x,y)dx$

同法

$\displaystyle\iint_R \frac{\partial Q}{\partial x}\,dx\,dy = \int_d^e\left[\int_{v_1(y)}^{v_2(y)}\frac{\partial}{\partial x}Q\,dx\right]dy$

$\displaystyle\qquad\qquad = \int_d^e\left[Q(x,y)\Big|_{v_1(y)}^{v_2(y)}\right]dy$

$$= \int_d^e Q\,(v_2\,(y),y) - Q\,(v_1\,(y),y)\,dy$$

$$= \int_d^e Q\,(v_2\,(y),y)dy - \int_d^e Q\,(v_1\,(y),y)\,dy$$

$$= \int_{c_2} Q\,(x,y)\,dy - \int_{c_1} Q\,(x,y)\,dy$$

$$= \int_c Q\,(x,y)\,dy$$

故

$$\int_c (Pdx + Qdy) = \iint_R \left(\frac{\partial Q}{\partial x} - \frac{\partial P}{\partial y}\right) dx\,dy$$

或 $\quad \iint_R \begin{vmatrix} \dfrac{\partial}{\partial x} & \dfrac{\partial}{\partial y} \\ P & Q \end{vmatrix} dx\,dy \quad$ 便於記憶。

我們習慣上用積分符號 $\oint_c$ 來特別表示 c 為封閉曲線，因此 Green 定理可寫成：

$$\oint_c (Pdx + Qdy) = \iint_R \left(\frac{\partial Q}{\partial x} - \frac{\partial P}{\partial y}\right) dx\,dy$$

範例 1　求 $\oint_c (2y - e^{\cos x})\,dx + (3x + e^{\sin y})\,dy$，$c : x^2 + y^2 = 4$

解：$\because \begin{vmatrix} \dfrac{\partial}{\partial x} & \dfrac{\partial}{\partial y} \\ 2y - e^{\cos x} & 3x + e^{\sin y} \end{vmatrix} = 1$

$$\therefore \oint_c (2y - e^{\cos x})dx + (3x + e^{\sin y})dy$$

$$= \iint\limits_{x^2+y^2=4} dx\,dy$$

$$= \iint\limits_{x^2+y^2=4} dx\,dy$$

$$= （x^2+y^2=4 圍成之面積）$$

$$= 4\pi$$

範例 2　求 $\oint_c x^2 dx + xy\,dy$，c：由 $(1,0)$，$(0,0)$，$(0,1)$ 所圍成之三角形區域

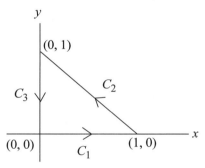

解：$\begin{cases} P = x^2 \\ Q = xy \end{cases}$, $\begin{vmatrix} \dfrac{\partial}{\partial x} & \dfrac{\partial}{\partial y} \\ x^2 & xy \end{vmatrix} = y$

$$\therefore \oint_c x^2 dx + xy\,dy = \int_0^1 \int_0^{1-x} y\,dy\,dx$$

$$= \int_0^1 \frac{(1-x)^2}{2}dx = \frac{-1}{6}(1-x)^3\Big]_0^1 = \frac{1}{6}$$

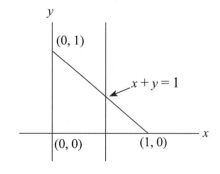

範例 3　求 $\oint_c y\,dx + x\,dy$，c：$\dfrac{x^2}{16} + \dfrac{y^2}{9} = 1$

解：$P = y$，$Q = x$

$$\begin{vmatrix} \dfrac{\partial}{\partial x} & \dfrac{\partial}{\partial y} \\ y & x \end{vmatrix} = 0$$

$$\therefore \oint_c ydx + xdy = \iint_A 0\,dA = 0$$

範例 4 　求 $\oint_c (2xy+x^2)dx + (x^2+x+y)dy$，$c$ 為 $y=x^2$ 與 $y=x$ 所圍成之區域。

解： $P=2xy+x^2$，$Q=x^2+x+y$

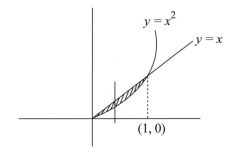

$$\begin{vmatrix} \dfrac{\partial}{\partial x} & \dfrac{\partial}{\partial y} \\ 2xy+x^2 & x^2+x+y \end{vmatrix} = 1$$

$$\therefore \oint_c (2xy+x^2)dx + (x^2+x+y)dy$$
$$= \int_0^1 \int_{x^2}^x 1\,dy\,dx$$
$$= \int_0^1 (x-x^2)dx = \frac{1}{6}$$

路徑無關

　　c 為連結兩端點 $(x_0, y_0)(x_1, y_1)$ 之任意分段平滑曲線，若 $\int_c M(x,y)dx + N(x,y)dy$ 之值不會因路徑 c 而不同，則我們稱此線積分與**路徑 c 無關**（Independent of path c）。

定理：c 為區域 R 中之路徑，則

$$\int_c Pdx + Qdy$$

為路徑 c 獨立（即無關）之充要條件為 $\dfrac{\partial P}{\partial y} = \dfrac{\partial Q}{\partial x}$（假定 $\dfrac{\partial P}{\partial y}$，$\dfrac{\partial Q}{\partial x}$ 為連續）

即 $\begin{vmatrix} \dfrac{\partial}{\partial x} & \dfrac{\partial}{\partial y} \\ P & Q \end{vmatrix} = 0$

在第一章之正合方程式中，我們說一階微分方程式 $Pdx + Qdy = 0$ 為正合之充要條件為 $\dfrac{\partial P}{\partial y} = \dfrac{\partial Q}{\partial x}$，若滿足此條件，我們便可找到一個函數 ϕ，使得 $Pdx + Qdy = d\phi$，如此

$$\int_{(x_0, y_0)}^{(x_1, y_1)} Pdx + Qdy = \int_{(x_0, y_0)}^{(x_1, y_1)} d\phi = \phi\big|_{(x_0, y_0)}^{(x_1, y_1)} = \phi(x_1, y_1) - \phi(x_0, y_0)$$

推論： c 為封閉曲線且 $\int_c Pdx + Qdy$ 為路徑無關，則 $\oint_c Pdx + Qdy = 0$

因 c 為封閉曲線，故其始點與終點合而為一，即 $x_0 = x_1$，$y_0 = y_1$，由上述定理即可得到此結果。

範例 5 求 $\int_c 2xydx + x^2dy$ ，c 為連結 $(-1, 1)$，$(0, 2)$ 之曲線。

解： $\int_c 2xydx + x^2dy$ 中 $\begin{vmatrix} \dfrac{\partial}{\partial x} & \dfrac{\partial}{\partial y} \\ 2xy & x^2 \end{vmatrix} = 0$

∴我們可找到一個函數 ϕ，$\phi = x^2y$

$\int_c 2xydx + x^2dy = x^2y\big|_{(-1, 1)}^{(0, 2)} = -1$

範例 6 （承範例 5）求 $\oint_c 2xydx + x^2dy$，$c : x^2 + y^2 = 4$。

解： ∵ $\oint_c 2xy\, dx + x^2dy$ 與路徑無關又 c 為一封閉曲線

$$\therefore \oint_c 2xy\,dx + x^2 dy = 0$$

範例 7　求 $\oint_c \dfrac{-ydx+xdy}{x^2+y^2}$ ，C 為封閉平滑曲線

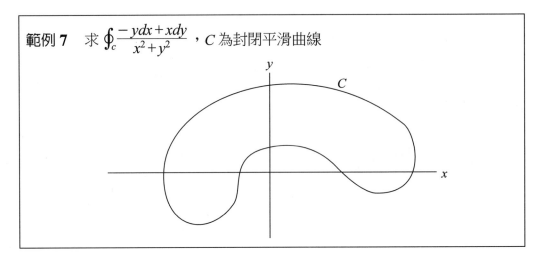

解：因 $(0, 0)$ 不在 C 圍成之封閉區域 R 內，故：

$$\begin{vmatrix} \dfrac{\partial}{\partial x} & \dfrac{\partial}{\partial y} \\ \dfrac{-y}{x^2+y^2} & \dfrac{x}{x^2+y^2} \end{vmatrix} = \dfrac{y^2-x^2}{x^2+y^2} + \dfrac{x^2-y^2}{x^2+y^2} = 0$$

$$\therefore \oint_c \dfrac{-ydx+xdy}{x^2+y^2} = \iint\limits_R 0\,dA = 0$$

範例 7 之封閉曲線 C 圍成區域內若含 $(0, 0)$，造成 $f(x, y)$ 在 $(0, 0)$ 處不連續，則不可用 Green 定理，因觀念上較難，故從略。

保守與位函數

$\int_c P(x,y)dx + Q(x,y)dy$ 之向量積分形成為 $\int_c F \cdot dr$ ，若 $F(x, y)$ 在某一開區域為函數 $\varphi(x, y)$ 之梯度，則稱 F 在該區域為保守（Conservative），ϕ 為 F 之位

函數，換言之，F 為保守之條件為 $\dfrac{\partial P}{\partial y} = \dfrac{\partial Q}{\partial x}$ 或 $\begin{vmatrix} \dfrac{\partial}{\partial x} & \dfrac{\partial}{\partial y} \\ P & Q \end{vmatrix} = 0$，$F$ 為保守時，

便有**勢能函數**（Potential function），F 不保守便無勢能函數。

範例 8　（承範例 5）若 $F(x, y) = 2xyi + x^2j$ 是否為保守？若是，求其勢能函數。

解：$M = 2xy$，$\dfrac{\partial M}{\partial y} = 2x$

$N = x^2$，$\dfrac{\partial N}{\partial x} = 2x$

(1) $\because \dfrac{\partial P}{\partial y} = \dfrac{\partial Q}{\partial x}$ $\therefore F$ 為保守

(2) 由觀察法可知勢能函數 $\phi = x^2y + c$

線積分在面積求法之應用

定理：c 為簡單封閉曲線，s 為 c 所圍成之區域，則區域 s 之面積 $A(s)$ 為

$$A(s) = \frac{1}{2} \oint_c x\,dy - y\,dx$$

證明：$\begin{vmatrix} \dfrac{\partial}{\partial x} & \dfrac{\partial}{\partial y} \\ -y & x \end{vmatrix} = 2$

$$\oint_c x\,dy - y\,dx = \iint_s dA = 2A$$

$$\therefore \frac{1}{2} \oint_c x\,dy - y\,dx = A$$

範例 9　求 $x^2 + y^2 = b^2$，$b > 0$ 之面積

解：取 $x = b \cos\theta$，$y = b \sin\theta$，$2\pi \geq \theta \geq 0$

則 $A(s) = \dfrac{1}{2} \displaystyle\int_c x\,dy - y\,dx$

$\qquad = \dfrac{1}{2} \displaystyle\int_0^{\frac{\pi}{2}} b\cos\theta\,(b\cos\theta)d\theta - (b\sin\theta)(-b\sin\theta)d\theta$

$\qquad = \dfrac{1}{2} \displaystyle\int_0^{\frac{\pi}{2}} b^2(\cos^2\theta + \sin^2\theta)d\theta = \dfrac{1}{2}2\pi \cdot b^2 = \pi b^2$

◆ 習　題

1. 求證 $\dfrac{x^2}{a^2} + \dfrac{y^2}{b^2} = 1$, $a, b > 0$ 圍成區域之面積為 πab

2. 求 $\displaystyle\oint_c (6xy^2 - y^3)dx + (6x^2y - 3xy^2)dy$，$c : x^{\frac{2}{3}} + y^{\frac{2}{3}} = a^{\frac{2}{3}}$

3. 求 $\displaystyle\oint_c y\tan^2 x\,dx + \tan x\,dy$，$c : (x+2)^2 + (y-1)^2 = 4$

4. 求 $\displaystyle\int_{(1,1)}^{(2,2)} \left(e^x \ln y - \dfrac{e^y}{x}\right)dx + \left(\dfrac{e^x}{y} - e^y \ln x\right)dy$

5. 求 $\displaystyle\oint_c \dfrac{-y\,dx + x\,dy}{x^2 + y^2}$，$c : \dfrac{(x-2)^2}{2} + \dfrac{y^2}{9} = 1$

6. 求 $\displaystyle\oint_c (xy - x^2)\,dx + x^2y\,dy$，$c$：由 $y = 0$，$x = 1$，$y = x$ 所圍成之三角形。

7. 若 c 為點 (x_1, y_1) 到點 (x_2, y_2) 之線段，試證 $\displaystyle\int_c x\,dy - y\,dx = \begin{vmatrix} x_1 & x_2 \\ y_1 & y_2 \end{vmatrix}$

8. 求 $\displaystyle\oint_c (x^3 - x^2y)dx + xy^2dy$，$c = x^2 + y^2 = 1$ 與 $x^2 + y^2 = 9$ 所圍區域之邊界。

9. 承第一題，若 c：$|x| + |y| \leq 1$ 之周界。

10. c 為簡單封閉曲線，求

(1) $\displaystyle\oint_c xe^{x^2+y^2}dx + ye^{x^2+y^2}dy$

(2) $\displaystyle\oint_c e^x \sin y\,dx + e^x \cos y\,dy$

7.9　面積分

面積分（Surface integrals）與線積分類似，只不過面積分在曲面而非曲線上積分。

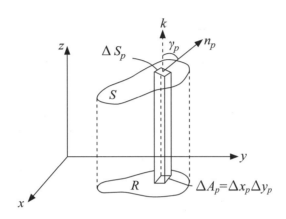

曲線 S 之方程式為 $z = f(x, y)$，設 $f(x, y)$ 在 R 內為連續，將 R 分成 n 個子區域，令第 p 個子區域之面積為 ΔA_p，$p = 1, 2 \cdots n$，想像在第 p 個子區域作一垂直柱與曲面 S 相交，令相交曲區域之面積為 ΔS_p。

設 ΔS_p 之一點 (a_p, b_p, c_p) 均為單值且連續，當 $n \to \infty$ 時 $\Delta S_p \to 0$，故我們可定義 $\phi(x, y, z)$ 在 S 內之面積分為

$$\iint_s \phi(x, y, z)ds \approx \lim_{n \to \infty} \sum_{p=1}^{n} \phi(a_p, b_p, c_p)\Delta S_p$$

（這個定義是不是和我們單變數定積分定義很像？）

但我們無法應用上式解面積分問題，因此我們必須再引介下列 2 個引理：

引理 1　　若 S 之法線與正 z 軸間之夾角為 γ_p，則

$$\Delta S_p = |\sec \gamma_p| \, \Delta A_p$$

證明：（略）

引理 **2**　若 S 之方程式為 $F(x, y, z) = 0$ 則

$$|\sec \gamma| = \sqrt{F_x^2 + F_y^2 + F_z^2} \,/ |F_z|$$

證明：S 之方程式為 $F(x, y, z) = 0$，則 S 在點 (x, y, z) 之法向量為

$$\nabla F = F_x\, i + F_y\, j + F_z\, k$$

$$\nabla F \cdot k = \|\nabla F\| \; \|k\| \cos \gamma = \|\nabla F\| \cos \gamma = \sqrt{F_x^2 + F_y^2 + F_z^2} \cos \gamma$$

$$又\ \nabla F \cdot k = (F_x\, i + F_y\, j + F_z\, k) \cdot (0i + 0j + 1k) = F_z$$

$$\therefore |\sec \gamma| = \frac{\sqrt{F_x^2 + F_y^2 + F_z^2}}{|F_z|}$$

若 S 之方程式為 $z = f(x, y)$ 時，$F(x, y, z) = z - f(x, y) = 0$

則由引理 2 得：

$$|\sec \gamma| = \frac{\sqrt{1 + \left(-\dfrac{\partial z}{\partial x}\right)^2 + \left(-\dfrac{\partial z}{\partial y}\right)^2}}{1} = \sqrt{1 + \left(\dfrac{\partial z}{\partial x}\right)^2 + \left(\dfrac{\partial z}{\partial y}\right)^2}$$

因此，$z = f(x, y)$ 之偏導數在 R 內為連續或分段連續，則面積分

$$\iint\limits_{\Sigma} \phi\,(x, y, z)\, ds = \iint\limits_{R} \phi\,(x, y, z) \sqrt{1 + \left(\dfrac{\partial z}{\partial x}\right)^2 + \left(\dfrac{\partial z}{\partial y}\right)^2}\; dx\, dy$$

若 Σ 之方程式為 $F(x, y, z) = 0$ 則

$$\iint\limits_{\Sigma} \phi\,(x, y, z)\, ds = \iint\limits_{R} \phi\,(x, y, z) \frac{\sqrt{(F_x)^2 + (F_y)^2 + (F_z)^2}}{|F_z|}\; dx\, dy$$

上面之推導是基於曲面 S 投影到 xy 平面之區域 R 之前提下進行的，若 S 投影到 xz，yz 平面之情形時，積分變數自然要隨之改變。

我們便可用上式計算面積分

> **範例 1**　求 $\displaystyle\iint_\Sigma xyz\, ds$，$\Sigma$ 為 $2x + 3y + z = 6$ 在第一象限之部份，我們將依 Σ 在 (a) xy 平面　(b) xz 平面　之投影用二重積分表示面積分，不必計算出結果。

解：(a) Σ 在 xy 平面之投影：

$\because z = 6 - 2x - 3y$

$\therefore R$ 為（取 $z = 0$）$2x + 3y = 6$，$x = 0$，$y = 0$ 圍成之區域

$$\iint_\Sigma xyz\, ds = \iint_R xy(6 - 2x - 3y)\sqrt{1 + \left(\frac{\partial z}{\partial x}\right)^2 + \left(\frac{\partial z}{\partial y}\right)^2}\, dx\, dy$$

$$= \iint_R xy(6 - 2x - 3y)\sqrt{1 + (-2)^2 + (-3)^2}\, dx\, dy$$

$$= \sqrt{14}\int_0^3 \int_0^{2 - \frac{2}{3}x} xy(6 - 2x - 3y)\, dx\, dy$$

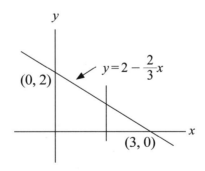

(b) Σ 在 xz 平面之投影：

$\because y = \frac{1}{3}(12 - 2x - 4z)$

$\therefore R$ 為（取 $y = 0$）$x + 2z = 6$，$x = 0$，$z = 0$ 圍成

$$\iint_{\Sigma} xyz\,ds = \iint_{R} xz\Big(\frac{12-2x-4z}{3}\Big)\sqrt{1+\Big(\frac{\partial y}{\partial x}\Big)^2+\Big(\frac{\partial y}{\partial z}\Big)^2}\,dxdz$$

$$= \frac{\sqrt{29}}{9}\iint_{R} xz(12-2x-4z)\,dx\,dz$$

$$= \frac{\sqrt{29}}{9}\int_0^6\int_0^{3-\frac{x}{2}} xz(12-2x-4z)\,dx\,dz$$

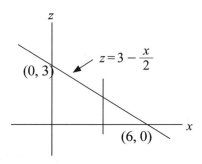

範例 2　求 $\iint_{\Sigma} z^2 ds$，Σ 為錐面 $z=\sqrt{x^2+y^2}$ 在 $z=1$ 與 $z=2$ 間之部份。

解：$f(x,y)=\sqrt{x^2+y^2}$ 得 $\sqrt{f_x^2+f_y^2+1}=\sqrt{\Big(\frac{x}{\sqrt{x^2+y^2}}\Big)^2+\Big(\frac{y}{\sqrt{x^2+y^2}}\Big)^2+1}$

$$= \sqrt{2}$$

$$\therefore \iint_{\Sigma} z^2 ds = \iint_{R} \phi(x,y,z)\sqrt{1+\Big(\frac{\partial z}{\partial x}\Big)^2+\Big(\frac{\partial z}{\partial y}\Big)^2}\,dx\,dy$$

$$= \iint_{R} (\sqrt{x^2+y^2})^2\sqrt{2}\,dx\,dy$$

$$= \sqrt{2}\iint_{R} (x^2+y^2)\,dx\,dy \quad，取\ x=r\cos\theta，y=r\sin\theta，|J|=r，$$
$$2\pi\geq\theta\geq 0，2\geq r\geq 1$$

$$= \sqrt{2}\int_0^{2\pi}\int_1^2 r\,(r^2)dr\,d\theta = \frac{15}{2}\sqrt{2}\pi$$

範例 3　求 $\iint_{\Sigma} z\,ds$，Σ 為 $x + y + z = 1$ 在第一象限之部份。

解：Σ 方程式為 $z = 1-x-y$，其在 xy 平面區域 R 作投影，故可令 $z = 0$

得 $x + y = 1$。

$\therefore R$ 為 $x + y = 1$，$x = 0$，$y = 0$ 所圍成區域

$$\iint_{\Sigma} z\,ds = \iint_{R} (1 - x - y)\sqrt{\left(\frac{\partial z}{\partial x}\right)^2 + \left(\frac{\partial z}{\partial y}\right)^2 + 1}\,dx\,dy$$

$$= \sqrt{3}\iint_{R} (1 - x - y)\,dx\,dy$$

$$= \sqrt{3}\int_0^1 \int_0^{1-y} (1 - x - y)\,dx\,dy$$

$$= \frac{-\sqrt{3}}{6}$$

範例 4　求 $\iint_{\Sigma} z^2\,ds$，Σ 為錐體 $z = \sqrt{x^2 + y^2}$ 在 $z = 1$，$z = 2$ 所夾之部份。

解：$z = \sqrt{x^2 + y^2}$

$\therefore \dfrac{\partial z}{\partial x} = \dfrac{x}{\sqrt{x^2 + y^2}}$，$\dfrac{\partial z}{\partial y} = \dfrac{y}{\sqrt{x^2 + y^2}}$

$$\iint_{\Sigma} z^2\,ds = \iint_{R} \cdot (\sqrt{x^2 + y^2})^2 \sqrt{\left(\frac{\partial z}{\partial x}\right)^2 + \left(\frac{\partial z}{\partial y}\right)^2 + 1}\,dx\,dA$$

$$= \iint_{R} \sqrt{2}(\sqrt{x^2 + y^2})^2\,dx\,dy \quad\text{...} (1)$$

取 $x = r\cos\theta$，$y = r\sin\theta$，$0 \le \theta \le 2\pi$，$1 \le r \le 2$

$$|J| = \begin{vmatrix} \dfrac{\partial x}{\partial r} & \dfrac{\partial x}{\partial \theta} \\[2mm] \dfrac{\partial y}{\partial r} & \dfrac{\partial y}{\partial \theta} \end{vmatrix}_+ = \begin{vmatrix} \cos\theta & -r\sin\theta \\ \sin\theta & r\cos\theta \end{vmatrix}_+ = r$$

$$\therefore (1) = \sqrt{2} \int_0^{2\pi} \int_1^2 r \cdot r^2 \, dr \, d\theta$$

$$= \sqrt{2} \int_0^{2\pi} \left. \frac{r^4}{4} \right]_1^2 d\theta = \sqrt{2} \cdot \frac{15}{4} \cdot 2\pi = \frac{15}{\sqrt{2}} \pi$$

◆ 習　題

1. 求 $\iint\limits_{\Sigma} xyz\,ds$，$\Sigma$ 為錐體 $z^2 = x^2 + y^2$ 在 $z = 1$ 至 $z = 4$ 間之部份。

2. $\iint\limits_{\Sigma} (x + y + z)\,ds$，$s : z = x + y$，$0 \le y \le x$，$0 \le x \le 1$。

3. $\iint\limits_{\Sigma} ds$，$\Sigma : x + y + z = a$，$a > 0$ 在第一象限之部份。

4. $\iint\limits_{\Sigma} xy\,ds$，$\Sigma$：圓柱面 $x^2 + z^2 = 1$，在 $y = 0$ $y = 1$ 間且位於 xy 平面上方部份。

5. $\iint\limits_{\Sigma} (x^2 + y^2)z\,ds$，$\Sigma : x^2 + y^2 + z^2 = 4$，在平面 $z = 1$ 上方部份。

6. $\iint\limits_{\Sigma} (x^2 + y^2)\,ds$，$\Sigma : z^2 = 2(x^2 + y^2)$，$z = 0$ 與 $z = 2$ 所圍成之曲面。

7. $\iint\limits_{\Sigma} \dfrac{1}{z}\,ds$，$\Sigma : x^2 + y^2 + z^2 = a^2$ 與 $z = b$ 間之部份。$(a > b > 0)$

7.10　向量函數之面積分與散度定理

曲面上之法向量

曲面 σ 在 $P(x, y, z)$ 上有一非零之法向量，則它在點 $P(x, y, z)$ 上恰有 2 個方向相反之單位法向量（如右圖）n 與 $-n$，往上之單位法向量概稱為**向上單位法向量**（upward unit normal），往下之單位法向量則稱**向下單位法向量**（downward unit normal）。

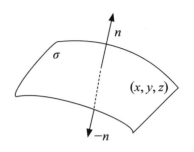

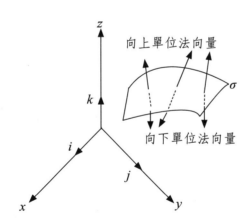

向上單位法向量

向下單位法向量

範例 1　（論例）曲面方程式 $z = z(x, y)$ 之單位法向量

解：$z = z(x, y)$，取 $G(x, y, z) = z - z(x, y)$

則　$$\dfrac{\nabla G}{|\nabla G|} = \dfrac{-\dfrac{\partial z}{\partial x}i - \dfrac{\partial z}{\partial y}j + k}{\left| -\dfrac{\partial z}{\partial x}i - \dfrac{\partial z}{\partial y}j + k \right|}$$

$$= \frac{-\dfrac{\partial z}{\partial x}i - \dfrac{\partial z}{\partial y}j + k}{\sqrt{\left(\dfrac{\partial z}{\partial x}\right)^2 + \left(\dfrac{\partial z}{\partial y}\right)^2 + 1}}$$

因 k 分量為正，故為向上單位法向量（見表），

又 $-\dfrac{\nabla G}{|\nabla G|} = \dfrac{\dfrac{\partial z}{\partial x}i + \dfrac{\partial z}{\partial y}j - k}{\sqrt{\left(\dfrac{\partial z}{\partial x}\right)^2 + \left(\dfrac{\partial z}{\partial y}\right)^2 + 1}}$ 之 k 分量為負

$\therefore -\dfrac{\nabla G}{|\nabla G|}$ 為向下單位法向量。

$\sum$ 方程式		
$z = z(x, y)$	向上單位法向量 $\dfrac{-\dfrac{\partial z}{\partial x}i - \dfrac{\partial z}{\partial y}j + k}{\sqrt{\left(\dfrac{\partial z}{\partial x}\right)^2 + \left(\dfrac{\partial z}{\partial y}\right)^2 + 1}}$ （k 分量為正）	向下單位法向量 $\dfrac{\dfrac{\partial z}{\partial x}i + \dfrac{\partial z}{\partial y}j - k}{\sqrt{\left(\dfrac{\partial z}{\partial x}\right)^2 + \left(\dfrac{\partial z}{\partial y}\right)^2 + 1}}$ （k 分量為負）
$y = y(x, z)$	向右單位法向量 $\dfrac{-\dfrac{\partial y}{\partial x}i + j - \dfrac{\partial y}{\partial z}k}{\sqrt{\left(\dfrac{\partial y}{\partial x}\right)^2 + \left(\dfrac{\partial y}{\partial z}\right)^2 + 1}}$ （j 分量為正）	向左單位法向量 $\dfrac{\dfrac{\partial y}{\partial x}i - j + \dfrac{\partial y}{\partial z}k}{\sqrt{\left(\dfrac{\partial y}{\partial x}\right)^2 + \left(\dfrac{\partial y}{\partial z}\right)^2 + 1}}$ （j 分量為負）

$\sum$ 方程式		
	向前單位法向量	向後單位法向量
$x = x(y, z)$	$\dfrac{i - \dfrac{\partial x}{\partial y}j - \dfrac{\partial x}{\partial z}k}{\sqrt{\left(\dfrac{\partial x}{\partial y}\right)^2 + \left(\dfrac{\partial x}{\partial z}\right)^2 + 1}}$	$\dfrac{-i + \dfrac{\partial x}{\partial y}j + \dfrac{\partial x}{\partial z}k}{\sqrt{\left(\dfrac{\partial x}{\partial y}\right)^2 + \left(\dfrac{\partial x}{\partial z}\right)^2 + 1}}$
	（i 分量為正）	（i 分量為負）

範例 2　求 $x + 2y + z = 4$ 上在點 $(1, 1, 1)$ 之正單位法向量。

解：正單位法向量有三：

(a) 向上單位法向量：$z = z(x, y) = 4 - x - 2y$

$$\frac{-\dfrac{\partial z}{\partial x}i - \dfrac{\partial z}{\partial y}j + k}{\sqrt{\left(\dfrac{\partial z}{\partial x}\right)^2 + \left(\dfrac{\partial z}{\partial y}\right)^2 + 1}} = \frac{i + 2j + k}{\sqrt{1 + 4 + 1}} = \frac{1}{\sqrt{6}}(i + 2j + k)$$

(b) 向右單位法向量：$y = y(x, z) = \dfrac{1}{2}(4 - x - z)$

$$\frac{-\dfrac{\partial y}{\partial x}i + j - \dfrac{\partial y}{\partial z}k}{\sqrt{\left(\dfrac{\partial y}{\partial x}\right)^2 + \left(\dfrac{\partial y}{\partial z}\right)^2 + 1}} = \frac{\dfrac{i}{2} + j + \dfrac{1}{2}k}{\sqrt{\dfrac{1}{4} + \dfrac{1}{4} + 1}} = \frac{1}{\sqrt{6}}(i + 2j + k)$$

(c) 向前單位法向量：$x = x(y, z) = 4 - 2y - z$

$$\frac{i - \dfrac{\partial x}{\partial y} - \dfrac{\partial x}{\partial z}}{\sqrt{1 + \left(\dfrac{\partial x}{\partial y}\right)^2 + \left(\dfrac{\partial x}{\partial z}\right)^2}} = \frac{i + 2j + k}{\sqrt{1 + 4 + 1}} = \frac{1}{\sqrt{6}}(i + 2j + k)$$

範例 3　若 $F(x, y, z) = xi + yj + 2zk$，$\Sigma : z = 1 - x^2 - y^2$ 在 xy 平面，n 為 Σ 平面之向上單位法向量，求 $\displaystyle\oiint_{\Sigma} F \cdot n\, ds$。

解：先求向上單位法向量 n：

$$n = \frac{-\dfrac{\partial z}{\partial x}i - \dfrac{\partial z}{\partial y}j + k}{\sqrt{1 + \left(\dfrac{\partial z}{\partial x}\right)^2 + \left(\dfrac{\partial z}{\partial y}\right)^2}} = \frac{2xi + 2yj + k}{\sqrt{1 + 4x^2 + 4y^2}}$$

$$\therefore F \cdot n = (xi + yj + 2zk) \cdot \frac{2xi + 2yj + k}{\sqrt{1 + 4x^2 + 4y^2}}$$

$$= \frac{2x^2 + 2y^2 + 2z}{\sqrt{1 + 4x^2 + 4y^2}}$$

$$\oiint_{\Sigma} F \cdot n\, ds = \iint_{R} \frac{2x^2 + 2y^2 + 2z}{\sqrt{1 + 4x^2 + 4y^2}} \cdot \sqrt{1 + 4x^2 + 4y^2}\, dx\, dy$$

$$\text{（取 } z = 0 : R \text{ 為 } x^2 + y^2 = 1 \text{ 圍成之區域）}$$

$$= \iint_{R} 2x^2 + 2y^2 + 2(1 - x^2 - y^2)\, dx\, dy$$

$$= 2\iint_{R} dx\, dy = 2\pi$$

範例 4　若 $F(x, y, z) = (x + y)i + (y + z)j + (x + z)k$，$\Sigma : x + y + z = 2$，$n$ 為Σ 平面之向上正單位法向量，求 $\displaystyle\oiint_{\Sigma} F \cdot n\, ds$。

解：先求向上單位法向量 n：$z = 2 - x - y$

$$n = \frac{-\left(\dfrac{\partial z}{\partial x}\right)i - \left(\dfrac{\partial z}{\partial y}\right)j + k}{\sqrt{1 + \left(\dfrac{\partial z}{\partial x}\right)^2 + \left(\dfrac{\partial z}{\partial y}\right)^2}} = \frac{i + j + k}{\sqrt{3}}$$

$$\therefore F \cdot n = ((x + y)i + (y + z)j + (x + z)k) \cdot \left(\frac{i + j + k}{\sqrt{3}}\right)$$

$$= \frac{2}{\sqrt{3}}(x + y + z)$$

$$\oiint_{\Sigma} F \cdot n\, ds = \iint_{R} \frac{2(x + y + z)}{\sqrt{3}} \cdot \sqrt{3}\, dx\, dy$$

$$= 2\iint_{R}(x + y + (2 - x - y))\, dx\, dy$$

$$= 4\iint_{R} dx\, dy，（取 z = 0，R 為 x + y = 2，x = 0，y = 0$$

所圍成之三角形區域）$= 4R$ 之面積

$$= 4 \cdot \left(\frac{2 \cdot 2}{2}\right) = 8$$

如同重積分，面積分有時亦須考慮到對稱性，以簡化計算。

範例 5　求 $\displaystyle\oiint_{\Sigma} F \cdot n\, ds$，其中 $F(x, y, z) = xi + yj + zk$，$\Sigma : x^2 + y^2 + z^2 = a^2$，而 n 為向外單位法向量。

解：$\Sigma : x^2 + y^2 + z^2 = a^2$ 是一個球，它具有對稱性，因此，我們將 Σ 分成

Σ_1 與 Σ_2 二個部份：

$$\Sigma_1 : z = \sqrt{a^2 - x^2 - y^2} \;;\; \Sigma_2 : -\sqrt{a^2 - x^2 - y^2}$$

我們先求 $\oiint_{\Sigma} F \cdot n\, ds$，然後利用對稱關係

$$\oiint_{\Sigma} F \cdot n\,ds = 2 \oiint_{\Sigma_1} F \cdot n\,ds$$

設 n_1 為 Σ_1 之向上單位法向量，則 $z = \sqrt{a^2 - x^2 - y^2}$

$$
\begin{aligned}
n_1 &= \frac{-\left(\dfrac{\partial z}{\partial x}\right)i - \left(\dfrac{\partial z}{\partial y}\right)j + k}{\sqrt{1 + \left(\dfrac{\partial z}{\partial x}\right)^2 + \left(\dfrac{\partial z}{\partial y}\right)^2}} \\[2mm]
&= \frac{-\dfrac{-x}{\sqrt{a^2 - x^2 - y^2}}i - \dfrac{-y}{\sqrt{a^2 - x^2 - y^2}}j + k}{\sqrt{1 + \left(\dfrac{-x}{\sqrt{a^2 - x^2 - y^2}}\right)^2 + \left(\dfrac{-y}{\sqrt{a^2 - x^2 - y^2}}\right)^2}} \\[2mm]
&= \frac{xi + yj + \sqrt{a^2 - x^2 - y^2}\,k}{a} = \frac{1}{a}(xi + yj + zk)
\end{aligned}
$$

$$F \cdot n_1 = (xi + yj + zk) \cdot \frac{1}{a}(xi + yj + zk) = a$$

$$
\begin{aligned}
\therefore \oiint_{\Sigma_1} F \cdot n_1\,ds &= \iint_R a\sqrt{1 + \left(\dfrac{\partial z}{\partial x}\right)^2 + \left(\dfrac{\partial z}{\partial y}\right)^2}\,dxdy \\[2mm]
&= a^2 \iint_R \left(\frac{1}{\sqrt{a^2 - x^2 - y^2}}\right) dxdy
\end{aligned}
$$

取 $x = r\cos\theta$，$y = r\sin\theta$，$\pi \geq \theta \geq 0$，$a \geq r \geq 0$，$|J| = r$

$$
\begin{aligned}
\text{則上式} &= a^2 \int_0^{\pi} \int_0^a r/\sqrt{a^2 - r^2}\,dr\,d\theta \\[2mm]
&= a^2 \cdot \int_0^{\pi} -2(a^2 - r^2)^{\frac{1}{2}} \Big]_0^a\,d\theta \\[2mm]
&= 2\pi a^3
\end{aligned}
$$

同法

$$\iint\limits_{\Sigma_2} F \cdot n_2\, ds = 2\pi a^3$$

$$\therefore \oiint\limits_{\Sigma} F \cdot n\, ds = \oiint\limits_{\Sigma_1} F \cdot n\, ds + \oiint\limits_{\Sigma_2} F \cdot n\, ds = 4\pi a^3$$

定理（散度定理 Divergence theorem）：

設 Σ 是封閉之有界曲面，其包覆之立體體積為 V，且 n 是 Σ 向外之單位法線向量。若 $F = F_1 i + F_2 j + F_3 k$（$F_1$，$F_2$，$F_3$ 在曲線區域內有連續之一階偏導函數），則

$$\iiint\limits_{V} \nabla \cdot F\, dV = \oiint\limits_{\Sigma} F \cdot n\, ds，n = \cos\alpha i + \cos\beta j + \cos\gamma k$$

範例 6 用散度定理求 $\oiint\limits_{\Sigma} F \cdot n\, ds$，其中 $\Sigma : x^2 + y^2 + z^2 = 1$，$z \geq 0$，$F = xi + yj + zk$。

解：G 為 s 所圍成之球體

$$\nabla \cdot F = \frac{\partial}{\partial x}x + \frac{\partial}{\partial y}y + \frac{\partial}{\partial z}z = 3$$

則 $\oiint\limits_{\Sigma} F \cdot n\, ds = \iiint\limits_{V} \nabla \cdot F\, dV = \iiint\limits_{V} 3\, dV$

$$= 3 \text{ 倍 } V \text{ 之體積} = 3\left(\frac{4}{3}\pi(1)^3\right) = 4\pi$$

若不用散度定理則本例之解法：
先求 n： $z = \sqrt{1 - x^2 - y^2}$

$$\therefore n = \frac{-\dfrac{\partial z}{\partial x} i - \dfrac{\partial z}{\partial y} j + k}{\sqrt{1 + \left(\dfrac{\partial z}{\partial x}\right)^2 + \left(\dfrac{\partial z}{\partial y}\right)^2}}$$

$$= \frac{-\dfrac{-x}{\sqrt{1-x^2-y^2}} i - \dfrac{-y}{\sqrt{1-x^2-y^2}} j + k}{\sqrt{1 + \left(\dfrac{-x}{\sqrt{1-x^2-y^2}}\right)^2 + \left(\dfrac{-y}{\sqrt{1-x^2-y^2}}\right)^2}}$$

$$= xi + yj + \sqrt{1-x^2-y^2}\, k$$

$$= xi + yj + zk$$

$$\therefore F \cdot n = (xi + yj + zk) \cdot (xi + yj + zk)$$

$$= x^2 + y^2 + z^2 = 1$$

$$\oiint_{\Sigma} F \cdot n\, ds = \oiint_{\Sigma} ds = \text{球之表面積} = 4\pi r^3 = 4\pi 1^2 = 4\pi$$

範例 7　用散度定理求 $\displaystyle\oiint_{\Sigma} F \cdot n\, ds$，其中 $F(x, y, z) = y^2 z i - \sin e^z j + x \ln |y|$，

$\Sigma : x^3 + y^3 + z^3 = 1$

解：$\because \nabla F = \dfrac{\partial}{\partial x}(y^2 z) + \dfrac{\partial}{\partial y}(-\sin e^z) + \dfrac{\partial}{\partial z}(x \ln |y|) = 0$

$\therefore \displaystyle\oiint_{\Sigma} F \cdot n\, ds = \iiint_{V} \nabla \cdot F\, dV = \iiint_{V} 0\, dV = 0$

範例 8　用散度定理及上節方法分別求 $\displaystyle\oiint_{\Sigma} F \cdot n\, ds$，$F = xyi + x^2 z j + 3yz^2 k$，$\Sigma$

為由 $0 \le x \le 1$，$0 \le y \le 2$，$0 \le z \le 1$ 所圍成之長方體

解：

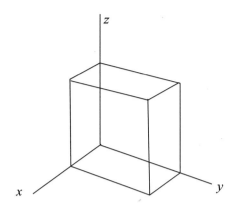

方法一：（散度定理）

$$\oiint_{\Sigma} F \cdot n ds = \iiint_{v} \nabla \cdot F dv$$

$$= \int_0^1 \int_0^2 \int_0^1 (y + 0 + 6yz) dx dy dz$$

$$= \int_0^1 \int_0^2 xy + 6xyz|_0^1 \, dy dz$$

$$= \int_0^1 \int_0^2 (y + 6yz) \, dy dz = \int_0^1 \frac{y^2}{2} + 3y^2 z \Big|_0^2 \, dz$$

$$= \int_0^1 2 + 12z dz = 2z + 6z^2|_0^1 = 8$$

方法二：（上節方法）

① $x = 1$ 時：$F = yi + zj + 3yz^2 k$，$n = i$ ∴ $F \cdot n = y$

$$\oiint_{\Sigma} F \cdot n ds = \int_0^1 \int_0^2 y dy dz = \int_0^1 \frac{y^2}{2}\Big|_0^2 dz = \int_0^1 2 dz = 2$$

② $x = 0$ 時：$F = 3yz^2 k$，$n = -i$

∴ $F \cdot n = x^2 y$

③ $y = 2$ 時：$F = 2xi + x^2 zj + 6z^2 k$，$n = j$

∴ $F \cdot n = x^2 z$

$$\oiint_{\Sigma} F \cdot n ds = \int_0^1 \int_0^2 x^2 z dx dz = \int_0^1 \frac{1}{3} x^2 z\Big|_0^1 dz = \frac{1}{3} \int_0^1 z dz = \frac{1}{6}$$

④ $y = 0$ 時：$F = x^2zj$，$n = -j$

$\therefore F \cdot n = -x^2$

$$\oiint_{\Sigma} F \cdot nds = \int_0^1 \int_0^1 -x^2z\,dx\,dz$$

$$= \int_0^1 -\frac{x^2}{3}z\Big|_0^1 dz = -\frac{1}{3}\int_0^1 z\,dz = -\frac{1}{6}$$

⑤ $z = 1$ 時：$F = xyi + x^2j + 3yk$，$n = k$

$\therefore F \cdot n = 3y$

$$\oiint_{\Sigma} F \cdot nds = \int_0^2 3y\,dy = \frac{3}{2}y^2\Big|_0^2 = 6$$

⑥ $z = 0$ 時：$F = xyi$，$n = -k$ $\therefore F \cdot n = 0$

$$\oiint_{\Sigma} F \cdot nds = \oiint 0\,ds = 0$$

$$\therefore \oiint_{\Sigma} F \cdot nds = 2 + 0 + \frac{1}{6} + \left(-\frac{1}{6}\right) + 6 + 0 = 8$$

我們可將上列計算結果歸納成下表

面	n	$F \cdot n$	$\iint F \cdot nds$
$x = 1$	i	y	2
$x = 0$	$-i$	0	0
$y = 2$	j	x^2z	$\frac{1}{6}$
$y = 0$	$-j$	$-x^2z$	$-\frac{1}{6}$
$z = 1$	k	$3y$	6
$z = 0$	$-k$	0	0

◆ 習　題

1. 若 $F = (y^2+z^2)^{\frac{1}{2}} + \sin(x^2+z^2)j + e^{x^2+2y^2}k$，$s$ 為 $x^2 + \dfrac{y^2}{3} + \dfrac{z^2}{4} = 1$ 之橢球圍成之區域，n 為 s 對外單位法向量，求 $\displaystyle\iint_s F \cdot nds$。

2. 若 R 為位置向量（即 $R = xi + yj + zk$），$r = \|R\|$，n 為封閉曲面 s 之對外單位法向量。（設原點在曲面 s 之外部），求 $\displaystyle\iint_s \dfrac{R}{r^3} \cdot nds$。

3. 若 $F(x, y, z) = 2xi + yj + 3zk$，$s$ 為 $x = 1$，$y = 1$，$z = 1$ 所圍成之立體表面，n 為 s 對外之單位法向量，求 $\displaystyle\iint_\Sigma F \cdot n\, ds$

4. 若 $F(x, y, z) = xi + yj + zk$，$\Sigma$ 為 $x^2 + y^2 + z^2 = 9$ 之球面，n 為 s 對外單位法向量，求 $\displaystyle\iint_\Sigma F \cdot n\, ds$

5. 求 $\displaystyle\iint_\Sigma F \cdot n\, ds$，此處 $F = xi + yj + zk$，Σ 為圓柱體 $x^2 + y^2 \leq 4$，$0 \leq z \leq 3$ 之表面。

6. 若 Σ 為由 $x = 1$，$x = -1$，$y = 1$，$y = -1$，$z = 1$，$z = -1$ 所圍成之正方體，n 為向外單位法向量，求 $\displaystyle\iint_\Sigma F \cdot n\, ds$。

   (a) $F(x, y, z) = yi$

   (b) $F(x, y, z) = xi + yj + zk$

   (c) $F(x, y, z) = x^2i + y^2j + z^2k$

7. 求 $\displaystyle\iint_\Sigma F \cdot n\, ds$，$F : xi + (3y + 2z)j + (6x-z)k$，$\Sigma : 4 \leq x^2 + y^2 + z^2 \leq 9$

8. 求證 $\displaystyle\iint_\Sigma r \cdot n\, ds = 3V$，$\Sigma :$ 閉曲面，V 為 Σ 所圍成之體積，$r = xi + yj + zk$。

第八章
複變數分析

8.1 複數系

8.2 複變數函數

8.3 複變函數之解析性

8.4 基本解析函數

8.5 複變函數積分與 Cauchy 積分定理

8.6 羅倫展開式

8.7 留數定理

8.8 留數定理在實特殊函數定積分上應用

8.1 複數系

因為沒有一個實數能滿足像 $x^2 = -1$ 這類方程式,因此引進了**複數**(Complex numbers)z,使得 $z^2 = -1$。任一個複數 z 均可寫成 $z = a + bi$(有時我們也寫成 $z = a + ib$)之形式,其中 a,b 為實數,$i = \sqrt{-1}$,在此我們稱 a 為複數 z 之實部(Real parts),b 為 z 之虛部(Imaginary parts)。

複數之四則運算

加法:$(a + bi) + (c + di) = (a + c) + (b + d)i$

減法:$(a + bi) - (c + di) = (a - c) + (b - d)i$

乘法:$(a + bi)(c + di) = ac + adi + bci + bdi^2$

$\qquad = ac + adi + bci - bd = (ac - bd) + (ad + bc)i$

除法:$\dfrac{a + bi}{c + di} = \dfrac{a + bi}{c + di} \cdot \dfrac{c - di}{c - di} = \dfrac{(ac + bd) + (bc - da)i}{c^2 - d^2 i^2}$

$\qquad = \dfrac{(ac + bd) + (bc - ad)i}{c^2 + d^2}$

共軛複數

若 $z = x + yi$ 則 z 之絕對值或**模數**(Modulus)$|z| = \sqrt{x^2 + y^2}$,而 z 之共軛複數 $\bar{z}$,定義為 $\bar{z} = \overline{x + yi} = x - yi$,則:

1. $\bar{\bar{z}} = z$

2. $|\bar{z}| = |z| = \sqrt{x^2 + y^2}$

3. $z \cdot \bar{z} = |z|^2$

4. $\overline{z_1 \pm z_2} = \overline{z_1} \pm \overline{z_2}$

5. $\overline{z_1 \cdot z_2} = \overline{z_1} \cdot \overline{z_2}$

6. $\left(\overline{\dfrac{z_1}{z_2}} \right) = \dfrac{\overline{z_1}}{\overline{z_2}}$,$z_2 \neq 0$

這些證明都很容易,我們只證其中 5,6 如下:

證明：5. 令 $z_1 = a_1 + b_1 i$，$z_2 = a_2 + b_2 i$

$$\overline{z_1 \cdot z_2} = \overline{(a_1 + b_1 i) \cdot (a_2 + b_2 i)} = \overline{(a_1 a_2 - b_1 b_2) + (a_1 b_2 + a_2 b_1)i}$$

$$= (a_1 a_2 - b_1 b_2) - (a_1 b_2 + a_2 b_1)i \cdots\cdots\cdots (1)$$

$$\overline{z_1} \cdot \overline{z_2} = (a_1 - b_1 i)(a_2 - b_2 i)$$

$$= (a_1 a_2 - b_1 b_2) - (a_1 b_2 + a_2 b_1)i \cdots\cdots\cdots (2)$$

比較得 (1)、(2) 得 $\overline{z_1 \cdot z_2} = \overline{z_1} \cdot \overline{z_2}$

6. 令 $z_1 = a_1 + b_1 i$，$z_2 = a_2 + b_2 i$

$$\overline{\left(\frac{z_1}{z_2}\right)} = \overline{\frac{a_1 + b_1 i}{a_2 + b_2 i}} = \overline{\frac{(a_1 + b_1 i)(a_2 - b_2 i)}{(a_2 + b_2 i)(a_2 - b_2 i)}}$$

$$= \overline{\frac{(a_1 a_2 + b_1 b_2) + (a_2 b_1 - a_1 b_2)i}{a_2^2 + b_2^2}}$$

$$= \frac{(a_1 a_2 + b_1 b_2) - (a_2 b_1 - a_1 b_2)i}{a_2^2 + b_2^2}$$

$$= \frac{(a_1 - b_1 i)(a_2 + b_2 i)}{a_2^2 + b_2^2} = \frac{a_1 - b_1 i}{a_2 - b_2 i} = \frac{\overline{z_1}}{\overline{z_2}}$$

因為 $z = x + iy$，$|z| = \sqrt{x^2 + y^2} \geq |x| \geq x = \operatorname{Re}(z)$

同理 $|z| \geq Im(z)$，同時我們也很容易得到下列基本關係式：

$$\operatorname{Re}(z) = \frac{z + \overline{z}}{2} \quad , \operatorname{Im}(z) = \frac{z - \overline{z}}{2i} \quad ,$$

即若 $z = x + iy$

則　$x = \dfrac{z + \overline{z}}{2}$ 、 $y = \dfrac{z - \overline{z}}{2i}$

範例 1　求證 $|z - a| = |\overline{z} - a|$，$a$ 為實數。

解：利用 $|z|=|\bar{z}|$ 之性質：

$$|z-a|=|\overline{z-a}|$$
$$=|\bar{z}-a|$$

範例 2 求 $\left|\dfrac{1}{1+i}-\dfrac{1}{1-i}\right|$

解：$\left|\dfrac{1}{1+i}-\dfrac{1}{1-i}\right|=\left|\dfrac{(1-i)-(1+i)}{(1+i)(1-i)}\right|=\left|\dfrac{-2i}{1-i^2}\right|$

$$=\left|\dfrac{-2i}{1-(-1)}\right|=|-i|=1$$

範例 3 （論例）z_1, z_2 為二複數，試證 $\mathrm{Re}\,(z_1\bar{z}_2)=\dfrac{1}{2}\,(z_1\bar{z}_2+\bar{z}_1 z_2)$

解：設 $u=z_1\bar{z}_2$，則

$$\mathrm{Re}\,(z_1\bar{z}_2)=\mathrm{Re}\,(u)=\dfrac{u+\bar{u}}{2}=\dfrac{1}{2}\,(z_1\bar{z}_2+\overline{z_1\,\bar{z}_2})$$

$$=\dfrac{1}{2}\,(z_1\bar{z}_2+\bar{z}_1 z_2)$$

複數平面

對任一複數 $z=x_0+y_0 i$ 而言，都可在直角坐標系統中找到一點 (x_0, y_0) 與之對應，這種圖稱為阿岡圖（Argand diagram）或複數平面（Complex plane）。

範例 4 若點 z 滿足 $|z+3|=|z-2|$，求點 z 所成之軌跡

解：令 $z=x+yi$

$$|z+3| = |z-2| \Rightarrow |x+yi+3| = |x+yi-2|$$
$$\Rightarrow |(x+3)+yi| = |(x-2)+yi|$$
$$\Rightarrow \sqrt{(x+3)^2+y^2} = \sqrt{(x-2)^2+y^2}$$
$$\Rightarrow (x+3)^2+y^2 = (x-2)^2+y^2$$
$$\Rightarrow 10x = -5 \quad \therefore x = -\frac{1}{2}$$

範例 5 若點 z 滿足 $|z-i| = (\text{Im}z)-2$，求點 z 所形成之軌跡。

解：$z = x+yi$

$|z-i| = (\text{Im}z)-2$

$\Rightarrow |x+yi-i| = y-2$

$\Rightarrow \sqrt{x^2+(y-1)^2} = (y-2)$

$\Rightarrow x^2+(y-1)^2 = y^2-4y+4$

$\Rightarrow x^2 = -2y+3 \quad \therefore$ 為一拋物線

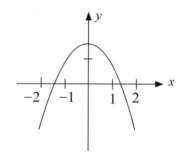

複數之向量

複數 $z = x+iy$ 可視為起點為原點，終點為 $P(x, y)$ 之向量 $\overrightarrow{OP}$，$\overrightarrow{OP} = x+iy$ 稱為 P 之位置向量（Position vector），若 $\overrightarrow{AB}$ 平行 $\overrightarrow{OP}$，且 $\overrightarrow{AB}$ 與 $\overrightarrow{OP}$ 有相同長度（即相同模數）則 $OP = AB = x+iy$。

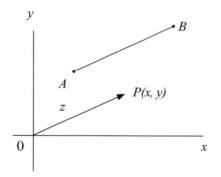

如同向量加法，若 z_1，z_2 之向量表示分別為 $\overrightarrow{OA}$，$\overrightarrow{OC}$，則依向量之平行四邊形法則 $\overrightarrow{OD} = z_1+z_2$，在本節 z 有二個角色，一是複數 z，一是向量 z。

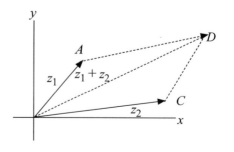

範例 6 若 $z_1 = 2 + 3i$，$z_2 = 1 - i$ 以 向 量 方 式 表 示 (a) z_1，z_2 (b) $\bar{z_1}$ (c) $z_1 + z_2$ (d) $z_1 - z_2$

解：(a)

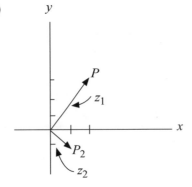

(b)

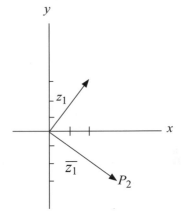

(c)

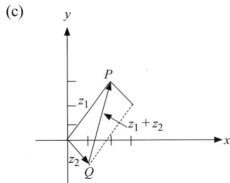

(d)

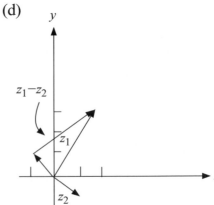

範例 7 試證 $|z_1 + z_2| \leq |z_1| + |z_2|$

解：$|z_1|$，$|z_2|$，$|z_1 + z_2|$ 代表三角形三個邊，

由三角形兩邊和大於第三邊

$\therefore |z_1| + |z_2| \geq |z_1 + z_2|$

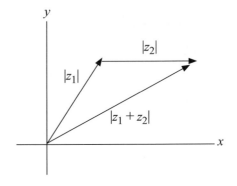

我們也可用代數方法，透過 Cauchy-Schwartz 不等式得到範例 7 之結果。

範例 8　（承範例 7）由範例 7 之結果導出下列 2 個不等式

(a) $|z_1 + z_2 + z_3| \leq |z_1| + |z_2| + |z_3|$

(b) $|z_1 - z_2| \geq |z_1| - |z_2|$

解：(a) $|z_1 + z_2 + z_3| = |(z_1 + z_2) + z_3| \leq |z_1 + z_2| + |z_3| \leq |z_1| + |z_2| + |z_3|$

(b) $|z_1| = |(z_1 - z_2) + (z_2)| \leq |z_1 - z_2| + |z_2|$

$\therefore |z_1 - z_2| \geq |z_1| - |z_2|$

複數之極式

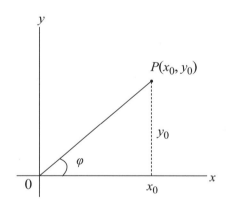

前已說過，任一複數 $z = x_0 + iy_0$ 均可在複數平面上找到一點 P，P 之坐標為 (x_0, y_0)，$\overrightarrow{OP}$ 與 x 軸正向之夾角 ϕ 稱為**幅角**（Argument），通常以 $\arg(z) = \phi$ 表示。任一複數 $z = a + bi$ 均可寫成下列形式：

$$z = (a + bi) = \rho(\cos\phi + i\sin\phi)，\rho = |z| = \sqrt{a^2 + b^2}，\phi = \tan^{-1}\frac{y}{x}$$ 為 z 之幅角

上式稱為複數 z 之極式（Polar form），

$z = \rho(\cos\phi + i\sin\phi)$ 也常用 $z = \rho\text{cis }\phi$ 表示

因此， $z = |z|[\cos(\arg(z)) + i\sin(\arg(z))]$

若 $\arg(z)$ 滿足 $-\pi < \arg(z) \le \pi$，則為幅角之主值（Principal value）以 $\text{Arg}(z)$ 表之，因此 $\arg(z)$ 與 $\text{Arg}(z)$ 有以下關係：

$\arg(z) = \text{Arg}(z) + 2k\pi$，$k$ 為整數

範例 9 試化 (a) $z_1 = 1 + i$ (b) $z_2 = -1 + i$ (c) $z_3 = -1 - i$ (d) $z_4 = 1 - i$ 之極式。

解：(a) $z_1 = 1 + i = \sqrt{2}\left(\dfrac{1}{\sqrt{2}} + \dfrac{i}{\sqrt{2}}\right) = \sqrt{2}\left(\cos\dfrac{\pi}{4} + i\sin\dfrac{\pi}{4}\right)$

(b) $z_2 = -1 + i = \sqrt{2}\left(-\dfrac{1}{\sqrt{2}} + \dfrac{i}{\sqrt{2}}\right) = \sqrt{2}\left(\cos\dfrac{3\pi}{4} + i\sin\dfrac{3}{4}\pi\right)$

(c) $z_3 = -1 - i = \sqrt{2}\left(-\dfrac{1}{\sqrt{2}} - \dfrac{i}{\sqrt{2}}\right) = \sqrt{2}\left(\cos\dfrac{5\pi}{4} + i\sin\dfrac{5\pi}{4}\right)$

(d) $z_4 = 1 - i = \sqrt{2}\left(\dfrac{1}{\sqrt{2}} - \dfrac{i}{\sqrt{2}}\right) = \sqrt{2}\left(\cos\dfrac{7\pi}{4} + i\sin\dfrac{7\pi}{4}\right)$

範例 **10** （論例）若 $z = x + iy$ 試證：

    (1) $\text{Arg}(z) = \tan^{-1}\left(\dfrac{y}{x}\right)$ ，$x > 0$ ，$y > 0$

    (2) $\text{Arg}(z) = \tan^{-1}\left(\dfrac{y}{x}\right) + \pi$ ，$x < 0$ ，$y \geq 0$

    (3) $\text{Arg}(z) = \tan^{-1}\left(\dfrac{y}{x}\right) - \pi$ ，$x < 0$ ，$y < 0$

    (4) $\text{Arg}(z) = \dfrac{\pi}{2}$ ，$x = 0$ ，$y > 0$

    (5) $\text{Arg}(z) = -\dfrac{\pi}{2}$ ，$x = 0$ ，$y < 0$

解：由正切函數之定義： $\tan^{-1} x = \theta$ ，$\dfrac{\pi}{2} > \theta > -\dfrac{\pi}{2}$

  (1) 令 $\text{Arg}(z) = \theta$ 則

    $x = |z|\cos\theta$ ，$y = |z|\sin\theta$ ，$-\pi < \theta \leq \pi$

    又 $\tan\theta = \dfrac{y}{x}$ ，$x > 0$ ，$y > 0$

    $\theta = \tan^{-1}\dfrac{y}{x}$ 即 $\text{Arg}(z) = \tan^{-1}\dfrac{y}{x}$

  (2) $\text{Arg}(z) = \theta$ ，$x < 0$ ，$y \geq 0$ $\therefore \pi \geq \theta > \dfrac{\pi}{2}$ 即 $0 \geq \theta - \pi > \dfrac{-\pi}{2}$

    又 $\tan(\theta - \pi) = \tan\theta = \dfrac{y}{x}$

    $\tan^{-1}\left(\dfrac{y}{x}\right) = \theta - \pi$

    即 $\theta = \tan^{-1}\left(\dfrac{y}{x}\right) + \pi$

  (3) $x < 0$ ，$y < 0$ 時，$-\pi < \theta < -\dfrac{\pi}{2}$ $0 < \theta + \pi < \dfrac{\pi}{2}$

    又 $\tan(\theta + \pi) = \tan\theta = \dfrac{y}{x}$

    $\therefore \tan^{-1}\left(\dfrac{y}{x}\right) = \theta + \pi$ ，$\theta = \tan^{-1}\left(\dfrac{y}{x}\right) - \pi$ ，即 $\text{Arg}(z) = \tan^{-1}\left(\dfrac{y}{x}\right) - \pi$

  (4) $x = 0$ ，$y > 0$ ，則 $\theta = \dfrac{\pi}{2}$ $\therefore \text{Arg}(z) = \dfrac{\pi}{2}$

  (5) $x = 0$ ，$y < 0$ ，則 $\theta = -\dfrac{\pi}{2}$ $\therefore \text{Arg}(z) = -\dfrac{\pi}{2}$

範例 11 求 (a) $z_1 = 4 + 4i$　(b) $z_2 = -4 + 4i$　(c) $z_3 = -4-4i$ 幅角之主值。

解：(a) $z_1 = 4 + 4i$，$x = 4 > 0$，$y = 4 > 0$

$$\therefore \text{Arg}(z_1) = \tan^{-1}\frac{y}{x} = \tan^{-1}1$$

$$= \frac{\pi}{4}$$

(b) $z_2 = -4 + 4i$，$x = -4 < 0$，$y = 4 > 0$

$$\therefore \text{Arg}(z_2) = \tan^{-1}\left(\frac{4}{-4}\right) + \pi = \tan^{-1}(-1) + \pi$$

$$= -\frac{\pi}{4} + \pi = \frac{3}{4}\pi$$

(c) $z_3 = -4 - 4i$，$x = -4 < 0$，$y = -4 < 0$

$$\therefore \text{Arg}(z_3) = \tan^{-1}\left(\frac{-4}{-4}\right) - \pi = \frac{\pi}{4} - \pi = \frac{-3}{4}\pi$$

隸莫弗定理及其應用

隸莫弗定理（De Moivre 定理）

定理：設 $z_1 = \rho_1(\cos\phi_1 + i\sin\phi_1)$，$z_2 = \rho_2(\cos\phi_2 + i\sin\phi_2)$ 則

$$z_1 z_2 = \rho_1\rho_2(\cos(\phi_1 + \phi_2) + i\sin(\phi_1 + \phi_2))$$

$$z_1/z_2 = \rho_1/\rho_2(\cos(\phi_1 - \phi_2) + i\sin(\phi_1 - \phi_2))，z_2 \neq 0$$

證明：$z_1 z_2 = \rho_1(\cos\phi_1 + i\sin\phi_1) \cdot \rho_2(\cos\phi_2 + i\sin\phi_2)$

$$= \rho_1\rho_2[\cos\phi_1\cos\phi_2 + i(\cos\phi_1\sin\phi_2 + \sin\phi_1\cos\phi_2) + i^2\sin\phi_1\sin\phi_2]$$

$$= \rho_1\rho_2 \underbrace{[(\cos\phi_1\cos\phi_2 - \sin\phi_1\sin\phi_2)}_{= \cos(\phi_1 + \phi_2)} + \underbrace{i(\cos\phi_1\sin\phi_2 + \sin\phi_1\cos\phi_2)]}_{= \sin(\phi_1 + \phi_2)}$$

$$= \rho_1\rho_2(\cos(\phi_1 + \phi_2) + i\sin(\phi_1 + \phi_2))$$

上述結果亦可表成

$$z_1 z_2 = \rho_1 \rho_2 \text{cis}(\phi_1 + \phi_2)$$

讀者可自行證明（見本節習題第 6 題）

$$z_1/z_2 = \rho_1/\rho_2[\cos(\phi_1-\phi_2) + i\sin(\phi_1-\phi_2)]，但 z_2 \neq 0$$
$$或 \rho_1/\rho_2 \text{cis}(\phi_1-\phi_2)$$

定理：若 $z = \rho(\cos\phi + i\sin\phi)$ 則 $z^n = \rho^n(\cos n\phi + i\sin n\phi)$ 或 $z^n = \rho^n\text{cis}(n\phi)$

此即有名之隸莫弗定理

讀者可用數學歸納法證明（見本節習題第 8 題）

範例 12 若 $z_1 = \sqrt{2}\,(\cos 35° + i\sin 35°)$，$z_2 = \sqrt{3}\,(\cos 25° + i\sin 25°)$ 求 (a) $|z_1|$，$|z_2|$ (b) $z_1 \cdot z_2$ (c) $z_1 \cdot z_2^4$

解：(a) $|z_1| = \sqrt{2}$，$|z_2| = \sqrt{3}$

(b) $z_1 \cdot z_2 = \sqrt{2}\,(\cos 35° + i\sin 35°) \cdot \sqrt{3}\,(\cos 25° + i\sin 25°)$

$\qquad = \sqrt{6}\,(\cos(35° + 25°) + i\sin(35° + 25°))$

$\qquad = \sqrt{6}\,(\cos 60° + i\sin 60°) = \sqrt{6}\left(\dfrac{1}{2} + \dfrac{\sqrt{3}}{2}i\right)$

(c) $z_1 \cdot z_2^4 = [\sqrt{2}\,(\cos 35° + i\sin 35°)] \cdot [\sqrt{3}\,(\cos 25° + i\sin 25°)]^4$

$\qquad = \sqrt{2}\,(\cos 35° + i\sin 35°) \cdot (\sqrt{3})^4(\cos 4 \cdot 25° + i\sin 4 \cdot 25°)$

$\qquad = 9\sqrt{2}\,(\cos 35° + i\sin 35°)(\cos 100° + i\sin 100°)$

$\qquad = 9\sqrt{2}\,(\cos(35° + 100°) + i\sin(35° + 100°))$

$\qquad = 9\sqrt{2}(\cos 135° + i\sin 135°)$

$\qquad = 9\sqrt{2}\left(-\dfrac{\sqrt{2}}{2} + i\dfrac{\sqrt{2}}{2}\right) = 9(-1 + i)$

範例 **13** 求 $z = (-1 + i)^{10}$

解 : $-1 + i = \sqrt{2}\left(\dfrac{-1}{\sqrt{2}} + \dfrac{i}{\sqrt{2}}\right)$

$$= \sqrt{2}\left(\cos\frac{3}{4}\pi + i\sin\frac{3}{4}\pi\right)$$

$$\therefore (-1 + i)^{10} = (\sqrt{2})^{10}\left(\cos\frac{30}{4}\pi + i\sin\frac{30}{4}\pi\right)$$

$$= 32\left(\cos\left(\frac{6}{4}\pi + 6\pi\right) + i\sin\left(\frac{6}{4}\pi + 6\pi\right)\right)$$

$$= 32\left(\cos\frac{3}{2}\pi + i\sin\frac{3}{2}\pi\right) = -32i$$

求方根

若 $\omega^n = z$ 則 ω 為 z 之 n 次方根，利用隸莫弗定理，

$$\omega = z^{\frac{1}{n}} = [\rho(\cos\phi + i\sin\phi)]^{\frac{1}{n}} , \ 0 < \phi \leq 2\pi$$

$$= \rho^{\frac{1}{n}}\left(\cos\frac{\phi + 2k\pi}{n} + i\sin\frac{\phi + 2k\pi}{n}\right) , \ k = 0, 1, 2\cdots, n-1$$

範例 **14** $z^3 = (-1 + i)$ ，求 z

解 : 由範例 13 知

$$z = -1 + i = \sqrt{2}\left(\cos\frac{3}{4}\pi + i\sin\frac{3}{4}\pi\right)$$

$$\therefore z^{\frac{1}{3}} = (-1 + i)^{\frac{1}{3}} = \sqrt{2}^{\frac{1}{3}}\left(\cos\frac{\frac{3}{4}\pi + 2k\pi}{3} + i\sin\frac{\frac{3}{4}\pi + 2k\pi}{3}\right)$$

$$= 2^{\frac{1}{6}}\left(\cos\dfrac{\dfrac{3\pi}{4}+2k\pi}{3}+i\sin\dfrac{\dfrac{3}{4}\pi+2k\pi}{3}\right)，k=0,1,2$$

$\therefore k=0$ 時，$z^{\frac{1}{3}}=2^{\frac{1}{6}}\left(\cos\dfrac{\pi}{4}+i\sin\dfrac{\pi}{4}\right)$

$k=1$ 時，$z^{\frac{1}{3}}=2^{\frac{1}{6}}\left(\cos\dfrac{\dfrac{3\pi}{4}+2\pi}{3}+i\sin\dfrac{\dfrac{3}{4}\pi+2\pi}{3}\right)$

$$=2^{\frac{1}{6}}\left(\cos\dfrac{11}{12}\pi+i\sin\dfrac{11}{12}\pi\right)$$

$k=2$ 時，$z^{\frac{1}{3}}=2^{\frac{1}{6}}\left(\cos\dfrac{\dfrac{3\pi}{4}+4\pi}{3}+i\sin\dfrac{\dfrac{3}{4}\pi+4\pi}{3}\right)$

$$=2^{\frac{1}{6}}\left(\cos\dfrac{19}{12}\pi+i\sin\dfrac{19}{12}\pi\right)$$

範例 15 若 $z^4=-16$，求 z

解：$z^4=-16=16(-1+0i)=16(\cos\pi+i\sin\pi)$

$\therefore z=2\left(\cos\dfrac{\pi+2k\pi}{4}+i\sin\dfrac{4\pi+2k\pi}{4}\right)$

$\qquad=2\left(\cos\dfrac{(2k+1)\pi}{4}+i\sin\dfrac{(2k+1)\pi}{4}\right)$，$k=0,1,2,3$

$k=0$ 時，$z=2\left(\cos\dfrac{\pi}{4}+i\sin\dfrac{\pi}{4}\right)=\sqrt{2}+\sqrt{2}i$

$k=1$ 時，$z=2\left(\cos\dfrac{3\pi}{4}+i\sin\dfrac{3\pi}{4}\right)=-\sqrt{2}+\sqrt{2}i$

$k=2$ 時，$z=2\left(\cos\dfrac{5\pi}{4}+i\sin\dfrac{5\pi}{4}\right)=-\sqrt{2}-\sqrt{2}i$

$k=3$ 時，$z=2\left(\cos\dfrac{7\pi}{4}+i\sin\dfrac{7\pi}{4}\right)=\sqrt{2}-\sqrt{2}i$

　　如果將上面四個根描繪下來，將會發現它們落在以 $\rho = 2$ 為半徑之圓內接正方形的四個頂點上。

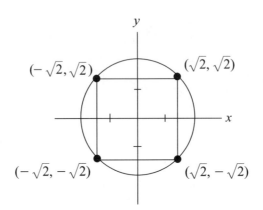

定理：$e^{x+yi} = e^x(\cos y + i \sin y)$

證明：$e^{x+yi} = e^x \cdot e^{yi}$

$$= e^x\left(1 + yi + \frac{(yi)^2}{2!} + \frac{(yi)^3}{3!} + \frac{(yi)^4}{4!} + \frac{(yi)^5}{5!} + \cdots\right)$$

$$= e^x\left[\left(1 - \frac{y^2}{2!} + \frac{y^4}{4!} - \frac{y^6}{6!} + \cdots\right) + i\left(y - \frac{y^3}{3!} + \frac{y^5}{5!} - \cdots\right)\right]$$

$$= e^x(\cos y + i \sin y)$$

　　根據上一定理，對任一複數 $z = x + yi$ 之極式 $z = \rho(\cos\phi + i\sin\phi)$，均可寫成 $z = \rho e^{i\phi}$ 之形式，因此，若 $z = \rho e^{i\phi}$ 則 $z^n = \rho^n e^{in\phi}$ 且 $z_1 = \rho_1 e^{i\phi_1}$，$z_2 = \rho_2 e^{i\phi_2}$ 則 $z_1 \cdot z_2 = \rho_1\rho_2 e^{i(\phi_1+\phi_2)}$ 及 $\dfrac{z_1}{z_2} = \dfrac{\rho_1}{\rho_2} e^{i(\phi_1-\phi_2)}$，$z_2 \neq 0$

範例 16　試繪 $\dfrac{\pi}{2} \geq \mathrm{Arg}\, z \geq \dfrac{\pi}{4}$

解：

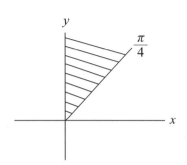

範例 17 試證 $\arg(z_1 z_2) = \arg(z_1) + \arg(z_2)$，又 $\arg\left(\dfrac{1}{z}\right)$ 與 $\arg(z)$ 之關係為何？

解：(a) $z_1 z_2 = \rho_1 e^{i\phi_1} \cdot \rho_2 e^{i\phi_2} = \rho_1 \rho_2 e^{i(\phi_1 + \phi_2)}$

$\qquad \therefore \arg(z_1 z_2) = \phi_1 + \phi_2 = \arg(z_1) + \arg(z_2)$

(b) $\dfrac{1}{z} = \dfrac{1}{\rho e^{i\phi}} = \dfrac{1}{\rho} e^{-i\phi} = \dfrac{1}{\rho} e^{i(-\phi)}$

$\qquad \therefore \arg\left(\dfrac{1}{z}\right) = -\phi = -\arg(z)$

範例 18 若 z 滿足 $\text{Re}(z) = 1$，$0 \le \text{Arg}(z) \le \dfrac{\pi}{4}$ ，求所有 z 所成之軌跡。

解：$\text{Re}(z) \ge 1$　$\therefore x \ge 1$

又 $0 \le \text{Arg}(z) \le \dfrac{\pi}{4}$ 得 $\dfrac{y}{x} \le 1$ 及 $\dfrac{y}{x} \ge 0$

即 $x \ge 1$ 與 $y \le x$，$y \ge 0$ 所圍之斜線區域。

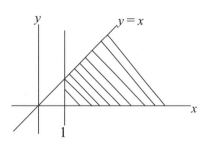

◆ 習 題

1. 求 (a) $\left(\dfrac{1}{2}+\dfrac{\sqrt{3}}{2}i\right)^8$ (b) $(1+i)^5$ (c) $(1+\sqrt{3}i)^{-10}$

2. 求 (a) $z^5=-32$ (b) $z^5=1+\sqrt{3}i$ 所有 z 值

3. 試證 (a) $\overline{iz}=-i\bar{z}$ (b) $\mathrm{Im}(iz)=\mathrm{Re}(z)$

4. 用 $z=\rho\,\mathrm{cis}\,\phi$ 表示

    (a) $\sqrt{3}+i$ (b) $-1-i$ (c) 3 (d) $-3i$ (e) $2-2\sqrt{3}i$

5. 試證：$\mathrm{Re}(z_1 z_2)=\mathrm{Re}(z_1)\,\mathrm{Re}(z_2)-\mathrm{Im}(z_1)\mathrm{Im}(z_2)$

6. 設 $z_1=\rho_1(\cos\theta_1+i\sin\theta_1)$，$z_2=\rho_2(\cos\theta_2+i\sin\theta_2)$，$z_2\neq 0$，試證
$$\frac{z_1}{z_2}=\frac{\rho_1}{\rho_2}\left(\cos(\theta_1-\theta_2)+i\sin(\theta_1-\theta_2)\right)$$

7. 試證 (a) $\mathrm{Arg}(\bar{z})=-\mathrm{Arg}(z)$ (b) $\mathrm{Arg}\dfrac{z_1}{z_2}=\mathrm{Arg}(z_1)-\mathrm{Arg}(z_2)$

    (c) $\mathrm{Arg}(z^n)=n\,\mathrm{Arg}(z)$ (d) $\mathrm{Arg}(z_1\bar{z}_2)=\mathrm{Arg}(z_1)-\mathrm{Arg}(z_2)$

8. 若 $z=\rho(\cos\theta+i\sin\theta)$，試證 $z^n=\rho^n(\cos n\theta+i\sin n\theta)$，$n$ 為正整數

9. 若 $|a|=|b|=1$，試證 $\left|\dfrac{a-b}{1-\bar{a}b}\right|=1$ （提示：$1=a\cdot\bar{a}=|\bar{a}|^2$）

10. 由 $(1+ia)$、$(1+ib)$ 與 $(1+ia)(1+ib)$ 幅角之關係試證，$\tan^{-1}a+$
    $\tan^{-1}b=\tan^{-1}\dfrac{a+b}{1-ab}$ （在此假設 a>0, b>0），由此結果求 $\tan^{-1}\dfrac{1}{2}+\tan^{-1}\dfrac{1}{3}$

11. 求證 (a) $|e^{i\theta}|=1$ (b) $\overline{e^{i\theta}}=e^{-i\theta}$ (c) $(e^{i\theta})^{-1}=e^{i(-\theta)}$

12. 求 $\left|\dfrac{\pi+i}{\pi-i}\right|^8$

13. 試繪 (a) $z-\bar{z}=2i$ (b) $\mathrm{Im}(z^2)=1$ (c) $|2z-i|\leq|iz+2|$

14. 求滿足 $|z-1|=\mathrm{Re}(z)+1$ 之點所成之軌跡

15. （是非題）下列敘述何者成立？ z_1，z_2 均為複數

(a) $|z|^2=z^2$

(b) $|z_1|=|z_2|$ 則 $z_1=\pm z_2$

(c) 若 $\text{Re}(z_1) = 0$ 則 z_1 為純虛數

(d) $z_1 - z_2 \geq 0$ 則 $z_1 \geq z_2$

(e) $(\sin\theta + i\cos\theta)^n = \sin n\theta + i\cos n\theta$

(f) $(\cos\theta - i\sin\theta)^n = \cos n\theta - i\sin n\theta$

16. 用隸莫弗定理證明：

   (1) $\cos 3\theta = 4\cos^3\theta - 3\cos\theta$

   (2) $\cos 4\theta = 8\sin^4\theta - 8\sin^2\theta + 1$

8.2 複變數函數

複變數函數

若 $z = x + yi$，且 u，v 均為 x，y 之實函數則

$$\omega = f(z) = u(x, y) + iv(x, y)$$

稱為複變數函數。

範例 1　試求下列函數之定義域

   (a) $f_1(z) = \dfrac{1}{z}$　　(b) $f_2(z) = \dfrac{1}{z+1}$　　(c) $f_3(z) = \dfrac{1}{1+z^2}$

   (d) $f_4(z) = \dfrac{z^2}{z+\bar{z}}$

解：在本書，我們以 C 表示複數系。

   (a) $f_1(z) = \dfrac{1}{z}$ 之定義域為 $z \in C$，$z \neq 0$，即 $C - \{0\}$

   (b) $f_2(z) = \dfrac{1}{z+1}$ 之定義域為 $z \in C$，$z \neq -1$，即 $C - \{-1\}$

(c) $f_3(z) = \dfrac{1}{1+z^2}$ 之定義域為 $z \in C$，$z \neq \pm i$，即 $C - \{i, -i\}$

(d) $f_4(z) = \dfrac{z^2}{z+\bar{z}}$ 之定義域為 $z + \bar{z} = 2\mathrm{Re}(z) \neq 0$，即 $\mathrm{Re}(z) \neq 0$

對任意一複數 z 而言，$f(z)$ 可用 $u(x, y) + iv(x, y)$ 表示。

範例 2 試用 $u(x, y) + iv(x, y)$ 表示 $\bar{z}^2$，$z = x + yi$

解：$\omega = \bar{z}^2 = (x - yi)^2 = (x^2 - y^2) + (-2xyi)$，則

$u = x^2 - y^2$，$v = -2xy$

範例 3 試用 $u(x, y) + iv(x, y)$ 表示 e^{z^2}。

解：$\omega = e^{z^2} = e^{(x+yi)^2} = e^{(x^2 - y^2) + 2xyi}$

$\qquad = e^{(x^2 - y^2)} e^{2xyi} = e^{(x^2 - y^2)}(\cos 2xy + i\sin 2xy)$

$\therefore u = e^{(x^2 - y^2)}\cos 2xy$

$\qquad v = e^{x^2 - y^2}\sin 2xy$

若 $z = x + yi$，則函數 $\omega = f(z)$ 可表成 $u(x, y) + iv(x, y)$ 之形式，反之，若已知 $g(x, y) = u(x, y) + iv(x, y)$，則我們可用 $x = \dfrac{1}{2}(z + \bar{z})$，$y = \dfrac{1}{2i}(z - \bar{z})$ 來把 $g(x, y)$ 化成 $\omega = f(z)$ 之形式。

範例 4　(a) 將 $f(z) = z^2$ 表成 $u(x, y) + iv(x, y)$ 之形式

　　　　(b) 繪 $\mathrm{Re}(z^2) = 0$ 之圖形

　　　　(c) 將 $f(x, y) = (x^2 - y^2) + 2ixy$，表成 $w = f(z)$ 之形式。

解：(a) $z = x + yi$

$\therefore f(z) = (x + yi)^2 = x^2 + 2xyi - y^2$

$\qquad = (x^2 - y^2) + 2xyi$，

即 $u(x, y) = x^2 - y^2$，$v(x, y) = 2xy$

(b) $\mathrm{Re}(z^2) = x^2 - y^2 = 0$ 之 圖 形 為 $y = x$，

$\quad y = -x$

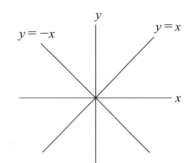

(c) $x = \dfrac{1}{2}(z + \bar{z})$，$y = \dfrac{1}{2i}(z - \bar{z})$

則 $w = f(z) = \left[\dfrac{1}{2}(z + \bar{z})\right]^2 - \left[\dfrac{1}{2i}(z - \bar{z})\right]^2 + 2i\left[\dfrac{1}{2}(z + \bar{z})\right]\left[\dfrac{1}{2i}(z - \bar{z})\right]$

$\qquad = \dfrac{1}{4}(z^2 + 2z\bar{z} + \bar{z}^2) + \dfrac{1}{4}(z^2 - 2z\bar{z} + \bar{z}^2) + \dfrac{1}{2}(z^2 - \bar{z}^2) = z^2$

範例 5　(a) 將 $f(z) = \dfrac{1}{z}$ 表成 $u(x, y) + iv(x, y)$ 之形式

　　　　(b) 將 $f(x, y) = \dfrac{x}{x^2 + y^2} + \dfrac{-y}{x^2 + y^2}i$ 表 $f(z)$

　　　　(c) $f(z) = \dfrac{1}{z}$，求 $f(1)$ 及 $f(1 + i)$

解：(a) $f(z) = \dfrac{1}{z} = \dfrac{1}{x + yi} = \dfrac{(x - yi)}{(x + yi)(x - yi)} = \dfrac{x}{x^2 + y^2} + \dfrac{-y}{x^2 + y^2}i$

(b) $x = \dfrac{1}{2}(z + \bar{z})$，$y = \dfrac{1}{2i}(z - \bar{z})$

則 $w = f(z) = \dfrac{\dfrac{1}{2}(z + \bar{z})}{\left[\dfrac{1}{2}(z + \bar{z})\right]^2 + \left[\dfrac{1}{2i}(z - \bar{z})\right]^2} + \dfrac{-\dfrac{1}{2i}(z - \bar{z})}{\left[\dfrac{1}{2}(z + \bar{z})\right]^2 + \left[\dfrac{1}{2i}(z - \bar{z})\right]^2}i$

$$= \frac{z+\bar{z}}{2z\bar{z}} - \frac{z-\bar{z}}{2z\bar{z}} = \frac{2\bar{z}}{2z\bar{z}} = \frac{1}{z}$$

(c) $f(1) = \frac{1}{1} = 1$ 或 $f(1) = f(1+0i) = \frac{x}{x^2+y^2} + \frac{-y}{x^2+y^2}i\Big|_{x=1,y=0} = 1$

$f(1+i) = \frac{1}{1+i} = \frac{1-i}{2}$ 或 $f(1+i) = \frac{x}{x^2+y^2} + \frac{-y}{x^2+y^2}i\Big|_{x=1,y=1} = \frac{1}{2} - \frac{1}{2}i$

★複數平面之轉換

給定一複數 $z = x + iy$ 及一個複變函數 $w = f(z)$，其中 $w = u + iv$，u, v 均為 $x,$ y 之實函數，現在我們要求 $w = f(z)$ 之像（即值域）是什麼？這在工程學上有很重要之應用，但是它的理論較深，超出本書程度，因此，僅就有關之基本構想由淺而深作一介紹。下面例子中，我們的解題策略都是令 $w = f(z) = u + iv = u(x,$ $y) + iv(x, y)$，然後利用 x, y 之關係或條件代入 u, v，最後設法消去 x, y 而得到一個純然是 u, v 的結果。

範例 6 求 $y = 3x-2$ 透過 $w = f(z) = \bar{z}$ 之轉換後之像為何？

解：$w = f(z) = \bar{z} = \overline{x+iy} = x - iy$ ·· (1)

令 $x-iy = u + iv$ 得

$x = u$，$y = -v$ ·· (2)

代入 $y = 3x-2$ 得

$-v = 3u - 2$

$\therefore 3u + v = 2$ 是為所求

範例 7 求複平面之正半平面 $\text{Re}z \geq 1$ 透過線性轉換 $w = iz + i$ 後之像。

解：$w = iz + i = i(x + iy) + i = -y + (x + 1)i = u + iv$

得 $x = v - 1$，又已知 $\mathrm{Re}\, z = x \geq 1$

∴ $v - 1 \geq 1$ 即 $v \geq 2$

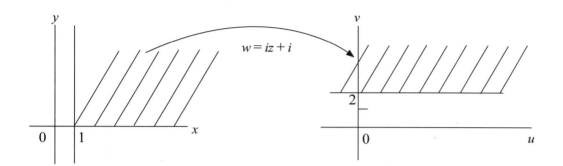

範例 8　求圓 $|z-1| = 1$ 透過 $w = 3z$ 之線性轉換後之像。

解：$w = f(z) = 3z = 3(x + iy) = u + iv$

∴ $u = 3x$，$v = 3y$

$|z - 1| = |x + iy - 1| = \left| \left(\dfrac{u}{3} - 1 \right) + i \dfrac{v}{3} \right| = 1$

∴ $|u + iv - 3| = 3$，即 $|w - 3| = 3$，故為一圓，本例亦可如下作法：

∵ $w = 3z$　∴ $z = \dfrac{w}{3}$

$|z - 1| = \left| \dfrac{w}{3} - 1 \right| = 1$　　∴ $|w - 3| = 3$

範例 9　求水平線 $y = 1$ 透過 $w = z^2$ 之轉換後之像。

解：∵ $z = x + iy$

∴ $z^2 = (x + iy)^2 = \underbrace{(x^2 - y^2)}_{u} + \underbrace{2ixy}_{v}$

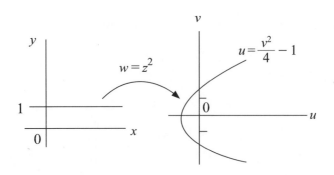

即 $u = x^2 - y^2$，$v = 2xy$

$\quad y = 1 \therefore u = x^2 - 1$，$v = 2x$

$\quad (即 x = \dfrac{v}{2})$

$\quad \therefore u = x^2 - 1 = \left(\dfrac{v}{2}\right)^2 - 1 = \dfrac{v^2}{4} - 1$ 是為所求。

範例 10 求 $xy = 1$，透過 $w = z^2$ 之轉換後之像。

解：$xy = 1$，$y = \dfrac{1}{x}$

$\quad z = x + iy = x + i\dfrac{1}{x}$

$\quad z^2 = \left(x + i\dfrac{1}{x}\right)^2 = x^2 - \dfrac{1}{x^2} + 2i$，

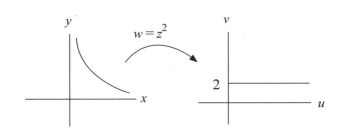

取 $u = x^2 - \dfrac{1}{x^2} \in R$，$v = 2$，

即 $v = 2$，$u \in R$ 之直線

◆ 習　題

1. 試將下列函數用 $u(x, y) + iv(x, y)$ 表示，u, v 為實函數

(a) z^3　(b) $\dfrac{z}{1+z}$　(c) $\dfrac{1}{z}$

2. 試求 $\ln z$ 之 $u(x, y) + iv(x, y)$ 之表示，u, v 為實函數（提示用 $z = \rho e^{i\phi}$）

3. $x + y = 1$ 透過 $w = z^2$ 轉換後之像

4. $y = 2x + 3$ 透過 $w = \bar{z}$ 轉換後之像

5. $|z| = \dfrac{1}{3}$，求 $w = \dfrac{1}{z}$ 轉換後之像

6. 將 (1) $(x^3 - 3xy^2) + i(3x^2 y - y^3)$

　　(2) $\dfrac{x}{x^2 + y^2} - i\dfrac{y}{x^2 + y^2}$

　化成 $f(z)$ 之形式

7. 若 $\operatorname{Im} z = 2$，求 $w = \dfrac{1}{z}$ 轉換後之像

8. $y = x + 4$　在 $w = z^2$ 轉換後之像

8.3　複變函數之解析性

複變函數極限

複變函數極限之定義與微積分所述相似：

定義：若給定任一個正數 ε，都存在一個 δ，$\delta > 0$，無論何時只要 $0 < |z - z_0| < \delta$ 均能滿足 $|f(x) - \ell| < \varepsilon$，則稱 z 趨近 z_0 時，$f(z)$ 之極限為 ℓ，以 $\lim\limits_{z \to z_0} f(z) = \ell$

範例 **1**　求 $\lim\limits_{z \to 0} \dfrac{\bar{z}}{z}$

解：$\lim\limits_{z \to 0} \dfrac{\bar{z}}{z} = \lim\limits_{\substack{x \to 0 \\ y \to 0}} \dfrac{x - iy}{x + iy}$

(1) $\lim\limits_{x \to 0} \left(\lim\limits_{y \to 0} \dfrac{x - iy}{x + iy} \right) = \lim\limits_{x \to 0} \dfrac{x}{x} = 1$

(2) $\lim\limits_{y \to 0} \left(\lim\limits_{x \to 0} \dfrac{x - iy}{x + iy} \right) = \lim\limits_{y \to 0} \dfrac{-iy}{iy} = -1$

$\because \lim\limits_{x \to 0} \left(\lim\limits_{y \to 0} \dfrac{\bar{z}}{z} \right) \neq \lim\limits_{y \to 0} \left(\lim\limits_{x \to 0} \dfrac{\bar{z}}{z} \right) \therefore \lim\limits_{z \to 0} \dfrac{\bar{z}}{z}$ 不存在。

定理：$f(z) = u(x, y) + iv(x, y)$，$z_0 = x_0 + iy_0$

若且唯若 $\lim\limits_{\substack{x \to x_0 \\ y \to y_0}} u(x, y) = a$，$\lim\limits_{\substack{x \to x_0 \\ y \to y_0}} v(x, y) = b$

則 $\lim\limits_{z \to z_0} f(z) = a + bi$

證明：（略）

範例 **2**　求 $\lim\limits_{z \to 1 + i} \left(\dfrac{2x}{x^2 + y^2} + ixy \right)$

解：$\because \lim\limits_{\substack{x \to 1 \\ y \to 1}} \dfrac{2x}{x^2 + y^2} = 1$　，$\lim\limits_{\substack{x \to 1 \\ y \to 1}} xy = 1$

$\therefore \lim\limits_{z \to 1 + i} \left(\dfrac{2x}{x^2 + y^2} + ixy \right) = 1 + i$

根據定義，複變函數之極限定理如下：

定理：若 $\lim\limits_{z \to z_0} f(z) = A$，$\lim\limits_{z \to z_0} g(z) = B$　則

(1) $\lim_{z \to z_0} (f(z) \pm g(z)) = \lim_{z \to z_0} f(z) \pm \lim_{z \to z_0} g(z) = A \pm B$

(2) $\lim_{z \to z_0} (f(z)g(z)) = \lim_{z \to z_0} f(z) \lim_{z \to z_0} g(z) = AB$

(3) $\lim_{z \to z_0} \dfrac{f(z)}{g(z)} = \dfrac{\lim_{z \to z_0} f(z)}{\lim_{z \to z_0} g(z)} = \dfrac{A}{B}$ ，但 $B \neq 0$

範例 **3** 計算 (a) $\lim_{z \to i} (z^2 + z - 1)$ (b) $\lim_{z \to 1+i} \dfrac{z^2 - 1}{z - 1}$

解：(a) $\lim_{z \to i} (z^2 + z - 1) = (\lim_{z \to i} z^2) + (\lim_{z \to i} z) + (\lim_{z \to i} (-1))$

$$= -1 + i - 1 = i - 2$$

(b) $\lim_{z \to 1+i} \dfrac{z^2 - 1}{z - 1} = \lim_{z \to 1+i} (z + 1) = 2 + i$

定義：若 $f(z)$ 同時滿足下列三條件則稱 $f(z)$ 在 $z = z_0$ 處為連續。

(1) $\lim_{z \to z_0} f(z)$ 存在

(2) $f(z_0)$ 存在

(3) $\lim_{z \to z_0} f(z) = f(z_0)$

範例 **4** 若 $f(z) = \begin{cases} \dfrac{\text{Im}(z)}{|z|} & , z \neq 0 \\ 0 & , z = 0 \end{cases}$，問 $f(z)$ 在 $z = 0$ 處為連續？

解：$f(z) = \dfrac{\text{Im}(z)}{|z|} = \dfrac{y}{\sqrt{x^2 + y^2}}$

$$\because \lim_{x \to 0}\left(\lim_{y \to 0}\frac{y}{\sqrt{x^2+y^2}}\right)=0 \text{ , } \lim_{y \to 0}\left(\lim_{x \to 0}\frac{y}{\sqrt{x^2+y^2}}\right)=\lim_{y \to 0}\frac{y}{\sqrt{y^2}} \text{ 不存在}$$

$$(\lim_{y \to 0}\frac{y}{\sqrt{y^2}}=\lim_{y \to 0}\frac{y}{|y|} \quad \because \lim_{y \to 0^+}\frac{y}{|y|}=1 \text{ , } \lim_{y \to 0^-}\frac{y}{|y|}=-1 \text{ , } \therefore \lim_{y \to 0}\frac{y}{\sqrt{y^2}} \text{ 不存在})$$

$\therefore \lim_{z \to 0}f(z)$ 不存在，故 $f(z)$ 在原點不連續。

範例 5　判斷下列函數在何處不連續？

(a) $f_1(z)=\dfrac{z^2}{z+i}$　(b) $f_2(z)=\dfrac{z^2}{z+1}$

解：(a) $z=-i$ 處

(b) $z=-1$ 處

微分定義與可解析性

定義：$f(z)$ 之導數記做 $f'(z)$ 定義為

$$f'(z)=\lim_{\Delta z \to 0}\frac{f(z+\Delta z)-f(z)}{\Delta z}$$

可解析性

若 $\lim_{\Delta z \to 0}\dfrac{f(z+\Delta z)-f(x)}{\Delta z}$ 存在，我們稱 $f'(z)$ 在 $z=z_0$ 處為可微分，若此極限值在區域 R 均存在則稱 $f(z)$ 在 R 中為**可解析**（Analytic），由定義我們可確定的是 $f(z)$ 在 R 中為可解析則它在 R 中之任一點 $z=z_0$ 必為可微分，但 $f(z)$ 在 R 中一點 $z=z_0$ 可微分未必在 R 中均可解析。

範例 6 若 $f(z) = z^2$，求 $f'(z)$。

解：
$$f'(z) = \lim_{\Delta z \to 0} \frac{f(x + \Delta z) - f(z)}{\Delta z} = \lim_{\Delta z \to 0} \frac{(z + \Delta z)^2 - z^2}{\Delta z}$$

$$= \lim_{\Delta z \to 0} \frac{2z\Delta z + (\Delta z)^2}{\Delta z}$$

$$= \lim_{\Delta z \to 0} (2z + \Delta z) = 2z$$

範例 7 試證 $f(z) = \bar{z}$ 不是到處可微分。

解：
$$\frac{d}{dz} f(z) = \lim_{\Delta z \to 0} \frac{f(x + \Delta z) - f(z)}{\Delta z} , z = x + yi , \Delta z = \Delta x + i\Delta y$$

$$= \lim_{\Delta z \to 0} \frac{\overline{z + \Delta z} - \bar{z}}{\Delta z} = \lim_{\substack{\Delta x \to 0 \\ \Delta y \to 0}} \frac{\overline{(x + iy) + (\Delta x + i\Delta y)} - \overline{x + iy}}{\Delta x + i\Delta y}$$

$$= \lim_{\substack{\Delta x \to 0 \\ \Delta y \to 0}} \frac{x - iy + \Delta x - i\Delta y - x + iy}{\Delta x + i\Delta y} = \lim_{\substack{\Delta x \to 0 \\ \Delta y \to 0}} \frac{\Delta x - i\Delta y}{\Delta x + i\Delta y}$$

(1) $\lim_{\Delta x \to 0} \left(\lim_{\Delta y \to 0} \frac{\Delta x - i\Delta y}{\Delta x + i\Delta y} \right)$

$= \lim_{\Delta x \to 0} \frac{\Delta x}{\Delta x} = 1$

(2) $\lim_{\Delta y \to 0} \left(\lim_{\Delta x \to 0} \frac{\Delta x - i\Delta y}{\Delta x + i\Delta y} \right)$

$= \lim_{\Delta y \to 0} \frac{-i\Delta y}{i\Delta y} = -1$

$\because (1) \neq (2)$ $\quad \therefore f'(z)$ 不存在

範例 7 是一個證明 $f(z)$ 不可微分典型之作法，細心的讀者可發現，它所用

之技巧與偏微分所用的方法很像。再看範例 8

範例 8 問 $f(z) = \text{Re}(z)$ 是不是到處可微分？

解：$\dfrac{d}{dz} f(z) = \lim\limits_{\Delta z \to 0} \dfrac{\text{Re}(z + \Delta z) - \text{Re}(z)}{\Delta z}$，$z = x + yi$，$\Delta z = \Delta x + i\Delta y$

$= \lim\limits_{\substack{\Delta x \to 0 \\ \Delta y \to 0}} \dfrac{\text{Re}[(x + \Delta x) + i(y + \Delta y)] - \text{Re}(x + yi)}{\Delta x + i\Delta y} = \lim\limits_{\substack{\Delta x \to 0 \\ \Delta y \to 0}} \dfrac{\Delta x}{\Delta x + i\Delta y}$

(1) $\lim\limits_{\Delta x \to 0} \left(\lim\limits_{\Delta y \to 0} \dfrac{\Delta x}{\Delta x + i\Delta y} \right) = \lim\limits_{\Delta x \to 0} \dfrac{\Delta x}{\Delta x} = 1$

(2) $\lim\limits_{\Delta y \to 0} \left(\lim\limits_{\Delta x \to 0} \dfrac{\Delta x}{\Delta x + i\Delta y} \right) = \lim\limits_{\Delta y \to 0} \dfrac{0}{0 + i\Delta y} = 0$

$\because (1) \neq (2)$

$\therefore f(z) = \text{Re}(z)$ 時，不是到處可微分

如同實變數函數之微分公式，複變數函數亦有以下之微分公式：

定理：f，g 為二個可微分複變數函數，則

(1) $(f + g)' = f' + g'$

(2) $(fg) = f'g + fg'$

(3) $(kf)' = kf'$，k 為常數

(4) $\left(\dfrac{f}{g} \right) = \dfrac{gf' - fg'}{g^2}$，但 $g \neq 0$

(5) $\dfrac{d}{dz} f(g) = f'(g)g'$

(6) $\dfrac{d}{dz} z^n = nz^{n-1}$

其證明方式大抵與實變函數微分法相似，故從略。

範例 9　若 $f(z) = z^2 + 1$，$g(z) = z^3 + iz + 2i$

則　$\dfrac{d}{dz}(f(z) + g(z)) = f'(z) + g'(z) = 2z + 3z^2 + i$

$\dfrac{d}{dz}(f(z)g(z)) = \dfrac{d}{dz}(z^2 + 1)(z^3 + iz + 2i)$

$= 2z(z^3 + iz + 2i) + (z^2 + 1)(3z^2 + i)$

$= 5z^4 + 3(i + 1)z^2 + 4iz + i$

定理：$f(z)$，$g(z)$ 在 $z = z_0$ 可微分，

若 $\lim\limits_{z \to z_0} f(z) = \lim\limits_{z \to z_0} g(z) = 0$ 或 ∞

則 $\lim\limits_{z \to z_0} \dfrac{f(z)}{g(z)} = \dfrac{f'(z_0)}{g'(z_0)}$。

證明：

$$\lim_{z \to z_0} \frac{f(z)}{g(z)} = \lim_{z \to z_0} \frac{\dfrac{f(z) - g(z_0)}{z - z_0}}{\dfrac{g(z) - g(z_0)}{z - z_0}} = \frac{\lim\limits_{z \to z_0} \dfrac{f(z) - f(z_0)}{z - z_0}}{\lim\limits_{z \to z_0} \dfrac{g(z) - g(z_0)}{z - z_0}} = \frac{f'(z)}{g'(z)}$$

此即複變數函數下之 L'Hospital 法則。

範例 10　求 $\lim\limits_{z \to 1} \dfrac{z^3 - 1}{z^2 - 1}$

解：$\lim\limits_{z \to 1} \dfrac{z^3 - 1}{z^2 - 1} = \lim\limits_{z \to 1} \dfrac{3z^2}{2z} = \dfrac{3}{2}$

如同微積分：若 $f(z)$ 在 $z = z_0$ 可微分則 $f(z)$ 在 $z = z_0$ 必為連續，反之未必成立。

可解析函數與歌西——黎曼方程式（Cauchy-Riemann 方程式）

Cauchy-Riemann 方程式是複變數分析裡最重要的定理之一。它是判斷一個複變函數是否可解析之最重要工具。

定理：$\omega = f(z) = u(x, y) + iv(x, y)$，在區域 R 中，$\dfrac{\partial u}{\partial x}$，$\dfrac{\partial u}{\partial y}$，$\dfrac{\partial v}{\partial x}$，$\dfrac{\partial v}{\partial y}$ 均為連續。若且唯若 u，v 滿足 Cauchy-Riemann 方程式

$$\frac{\partial u}{\partial x} = \frac{\partial v}{\partial y} \ , \ \frac{\partial u}{\partial y} = -\frac{\partial v}{\partial x}$$

則 $f(z)$ 在 R 中為可解析。

在此我們只證明：若 $f(z) = u(x, y) + iv(x, y)$ 為可解析則 $\dfrac{\partial u}{\partial x} = \dfrac{\partial v}{\partial y}$ 且 $\dfrac{\partial u}{\partial y} = -\dfrac{\partial v}{\partial x}$：

$$\begin{aligned}
f'(z) &= \lim_{\Delta z \to 0} \frac{f(x + \Delta z) - f(z)}{\Delta z} \\
&= \lim_{\substack{\Delta x \to 0 \\ \Delta y \to 0}} \frac{\{u(x + \Delta x, y + \Delta y) + iv(x + \Delta x, y + \Delta y) - [u(x, y) + iv(x, y)]\}}{\Delta x + i\Delta y}
\end{aligned}$$

$$\cdots\cdots\cdots\cdots (1)$$

1. 若 $\Delta x = 0$：則 (1) 變為

$$\begin{aligned}
&\lim_{\Delta y \to 0} \frac{u(x, y + \Delta y) + iv(x, y + \Delta y) - [u(x, y) + iv(x, y)]}{i\Delta y} \\
&= \lim_{\Delta y \to 0} \frac{[u(x, y + \Delta y) - u(x, y)] + i[v(x, y + \Delta y) - v(x, y)]}{i\Delta y} \\
&= \frac{1}{i} \lim_{\Delta y \to 0} \frac{u(x, y + \Delta y) - u(x, y)}{\Delta y} + \lim_{\Delta y \to 0} \frac{v(x, y + \Delta y) - v(x, y)}{\Delta y} \\
&= \frac{1}{i} \frac{\partial u}{\partial y} + \frac{\partial v}{\partial y} = -i \frac{\partial u}{\partial y} + \frac{\partial v}{\partial y}
\end{aligned}$$

2. 若 $\Delta y = 0$：同法可證，(1) 之極限為 $\dfrac{\partial u}{\partial x} + i \dfrac{\partial v}{\partial x}$

∴若 (1) 存在勢必需滿足

$$-i\frac{\partial u}{\partial y} + \frac{\partial v}{\partial y} = \frac{\partial u}{\partial x} + i\frac{\partial v}{\partial x}$$

亦即 $\dfrac{\partial u}{\partial x} = \dfrac{\partial v}{\partial y}$ 且 $-\dfrac{\partial u}{\partial y} = \dfrac{\partial v}{\partial x}$ 兩個條件。

這個定理是說，某個區域 R 內如果 $f(z) = u(x, y) + iv(x, y)$（$\dfrac{\partial u}{\partial x}$, $\dfrac{\partial u}{\partial y}$, $\dfrac{\partial v}{\partial x}$ 及 $\dfrac{\partial v}{\partial y}$ 在 R 中均為連續函數）滿足 $\dfrac{\partial u}{\partial x} = \dfrac{\partial v}{\partial y}$，$\dfrac{\partial u}{\partial y} = -\dfrac{\partial v}{\partial x}$ 這個條件，那麼 $f(z)$ 在 R 中是可解析的，如果有任何一個條件不滿足，則 $f(z)$ 在 R 中便不可解析。反之，若 $f(z)$ 在 R 中為可解析，且 $\dfrac{\partial u}{\partial x}$, $\dfrac{\partial v}{\partial y}$, $\dfrac{\partial u}{\partial y}$, $\dfrac{\partial v}{\partial x}$ 在 R 中為連續函數，那 Cauchy-Riemann 方程式必然成立。

範例 **11** $f(z) = e^x(\cos y - i\sin y)$ 在複平面 z 上是否可解析？

解：由 Cauchy-Riemann 方程式

$u = e^x \cos y$，$v = -e^x \sin y$

$\therefore \dfrac{\partial u}{\partial x} = e^x \cos y$，$\dfrac{\partial v}{\partial y} = -e^x \cos y$，$\dfrac{\partial u}{\partial x} \neq \dfrac{\partial v}{\partial y}$

∴ $f(z)$ 在平面 z 上不可解析

範例 **12** 判斷 $f(z) = z^2$ 是否可解析？

解：設 $z = x + yi$，則 $f(z) = z^2 = (x + yi)^2 = (x^2 - y^2) + 2xyi$

取 $u = x^2 - y^2$，$v = 2xy$

$$\therefore \begin{cases} \dfrac{\partial u}{\partial x} = 2x \quad , \quad \dfrac{\partial v}{\partial y} = 2x \, , \, \dfrac{\partial u}{\partial x} = \dfrac{\partial v}{\partial y} \\[4mm] \dfrac{\partial u}{\partial y} = -2y \, , \, \dfrac{\partial v}{\partial x} = 2y \, , \, \dfrac{\partial u}{\partial y} = -\dfrac{\partial v}{\partial x} \end{cases}$$

$\therefore f(z) = z^2$ 為可解析

範例 13 判斷 $f(z) = e^z$ 是否可解析？

解：設 $z = x + yi$，則 $f(z) = e^z = e^{x+yi} = e^x(\cos y + i \sin y)$

取 $u = e^x \cos y$，$v = e^x \sin y$

$$\therefore \begin{cases} \dfrac{\partial u}{\partial x} = e^x \cos y \quad , \quad \dfrac{\partial v}{\partial y} = e^x \cos y \, , \, \dfrac{\partial u}{\partial x} = \dfrac{\partial v}{\partial y} \\[4mm] \dfrac{\partial u}{\partial y} = -e^x \sin y \, , \, \dfrac{\partial v}{\partial x} = e^x \sin y \, , \, \dfrac{\partial u}{\partial y} = -\dfrac{\partial v}{\partial x} \end{cases}$$

$\therefore f(z) = e^z$ 為可解析

範例 14 若 $f(z)$ 在鄰域 D 中為可解析函數且若 $\mathrm{Re}(f(z)) = 0$ 試證 $f(z)$ 為常數函數。

解：令 $f(z) = u + iv$

$\mathrm{Re}(f(z)) = u = 0$

$\therefore f(z) = iv$

又 $f(z)$ 為解析，由 Cauchy-Riemann 方程式

$$\begin{cases} \dfrac{\partial u}{\partial x} = \dfrac{\partial v}{\partial y} = 0 \quad (\because u = 0 \quad \therefore \dfrac{\partial u}{\partial x} = 0) \\[4mm] \dfrac{\partial u}{\partial y} = -\dfrac{\partial v}{\partial x} = 0 \end{cases}$$

$$\dfrac{\partial v}{\partial x} = \dfrac{\partial v}{\partial y} = 0$$

$\therefore v$ 為常數函數，得 $f(z)$ 為常數函數

定理：若 $f(z) = u(x, y) + iv(x, y)$ 在區域 D 中為可解析，則

$$f'(z) = \frac{\partial u}{\partial x} + i\frac{\partial v}{\partial x} = -i\frac{\partial u}{\partial y} + \frac{\partial v}{\partial y}$$

證明：$f(z)$ 為可解析，

$$f'(z) = \lim_{\Delta z \to 0} \frac{f(z + \Delta z) - f(z)}{\Delta z}$$

$$= \lim_{\substack{\Delta x \to 0 \\ \Delta y \to 0}} \frac{\{u(x + \Delta x, y + \Delta y) + iv(x + \Delta x, y + \Delta y)\} - \{u(x, y) + iv(x, y)\}}{\Delta x + i\Delta y} \quad \text{................①}$$

(1) $\Delta y = 0$，$\Delta x \to 0$ 則

$$① = \lim_{\Delta x \to 0} \frac{u(x + \Delta x, y) + iv(x + \Delta x, y) - u(x, y) - iv(x, y)}{\Delta x}$$

$$= \lim_{\Delta x \to 0} \frac{u(x + \Delta x, y) - u(x, y)}{\Delta x} + i \lim_{\Delta x \to 0} \frac{v(x + \Delta x, y) - v(x, y)}{\Delta x}$$

$$= \frac{\partial u}{\partial x} + i\frac{\partial v}{\partial x}$$

(2) $\Delta x = 0$，$\Delta y \to 0$ 則

$$① = \lim_{\Delta y \to 0} \frac{u(x, y + \Delta y) + iv(x, y + \Delta y) - u(x, y) - iv(x, y)}{i\Delta y}$$

$$= \lim_{\Delta y \to 0} \frac{u(x, y + \Delta y) - u(x, y)}{i\Delta y} + \lim_{\Delta y \to 0} \frac{v(x, y + \Delta y) - v(x, y)}{i\Delta y}$$

$$= -i\frac{\partial u}{\partial y} + \frac{\partial v}{\partial y}$$

因此，$f'(z)$ 若存在必須 $\frac{\partial u}{\partial x} + i\frac{\partial v}{\partial x} = -i\frac{\partial u}{\partial y} + \frac{\partial v}{\partial y}$

由上定理，$f(z)$ 為可解析時，$f'(z)$ 之求算有兩種方法：(1) $f'(z) = \frac{\partial u}{\partial x} + i\frac{\partial v}{\partial x}$ 或 (2) $f'(z) = -i\frac{\partial u}{\partial y} + \frac{\partial v}{\partial y}$ 。本書通常用 (1)。(1) 在記憶上似乎比較容易些。

在 $f(z) = u(x, y) + v(x, y)i$ 為可解析函數時，一旦我們知道了 $f(z)$ 之實部，便能導出 $f(z)$ 之虛部；同樣地，我們知道了 $f(z)$ 之虛部，也能導出 $f(z)$ 的實部。

範例 15 若 $f(z)$ 為可解析函數，且已知其實部為 $e^x \cos y$，求 $f(z)$。

解：由 Cauchy-Riemann 方程式

$$\begin{cases} \dfrac{\partial u}{\partial x} = e^x \cos y = \dfrac{\partial v}{\partial y} & \therefore v = \displaystyle\int e^x \cos y \, dy = e^x \sin y + F(x) \quad\text{·······················}(1) \\[4mm] \dfrac{\partial u}{\partial y} = -e^x \sin y = \dfrac{-\partial v}{\partial x} & \therefore v = \displaystyle\int e^x \sin y \, dx = e^x \sin y + G(y) \quad\text{·······················}(2) \end{cases}$$

由 (1)，(2)，$F(x) = G(y) = c$

即 $v = e^x \sin y + c$，$f(z) = e^x \cos y + i(e^x \sin y + c) = e^{x+yi} + c' = e^z + c'$

範例 15 之 v 其實是由 (1), (2) 之不同項（不考慮 $F(x), G(y)$）合起來再加一常數 c 即得。

範例 16 若 $f(z)$ 為可解析函數，且已知虛部為 $2xy$，求 $f(z)$。

解：由 Cauchy-Riemann 方程式

$$\begin{cases} \dfrac{\partial u}{\partial x} = \dfrac{\partial v}{\partial y} = \dfrac{\partial}{\partial y}(2xy) = 2x & \therefore u = \displaystyle\int 2x \, dx = x^2 + F(y) \quad\text{················}(1) \\[4mm] \dfrac{\partial u}{\partial y} = \dfrac{-\partial v}{\partial x} = -\dfrac{\partial}{\partial x}(2xy) = -2y & \therefore u = \displaystyle\int -2y \, dy = -y^2 + G(x) \quad\text{··········}(2) \end{cases}$$

比較 (1)，(2)

$F(y) = -y^2 + c$，$G(x) = x^2 + c$

$\therefore u = x^2 - y^2 + c$

即 $f(z) = (x^2 - y^2 + c) + (2xy)i$

$\qquad = (x^2 + 2xyi - y^2) + c$

$\qquad = (x + yi)^2 + c = z^2 + c$

調和函數

定義：$\varphi(x, y)$ 為二實變數 x, y 之函數，若 $\varphi(x, y)$ 滿足 Laplace 方程式

$$\varphi_{xx} + \varphi_{yy} = 0$$

則 $\varphi(x, y)$ 為調和函數（Harmonic function）。

定理：若 $u(x, y)$ 在含 (x_0, y_0) 之某個鄰域為調和，則在同一鄰域中存在一個共軛調和函數（Conjugate harmonic function，或譯和諧函數）$v(x, y)$ 使得 $f(z) = u(x, y) + iv(x, y)$ 為可解析。

範例 17 試證 $u(x, y) = x^2 - y^2$ 為和諧函數，試求一個共軛調和函數 $v(x, y)$ 使得 $f(z) = u(x, y) + iv(x, y)$ 為可解析。

解：(a) $u_x = 2x$，$u_{xx} = 2$，$u_y = -2y$，$u_{yy} = -2$

$\qquad \because u_{xx} + u_{yy} = 2 - 2 = 0$

$\qquad \therefore u(x, y)$ 為調和函數

(b) 取 $v(x, y) = \int u_x(x, y)\, dy + g(x)$

$\qquad\qquad\qquad = \int 2x\, dy + g(x) = 2xy + g(x)$

利用 Cauchy-Riemann 方程式

$$v_x = -u_y \Rightarrow 2y + g'(x) = 2y$$

$$\therefore g'(x) = 0 \text{，得 } g(x) = c$$

即 $v(x, y) = 2\,xy + c$

範例 18 問 $u(x, y) = e^x \cos y$ 是否為調和函數，若是，請求一個共軛調和函數 $v(x, y)$，使得 $f(z) = u(x, y) + iv(x, y)$ 為可解析。

解：(a) $u_x = e^x \cos y$，$u_{xx} = e^x \cos y$，$u_y = -e^x \sin y$，$u_{yy} = -e^x \cos y$

　　　 $u_{xx} + u_{yy} = 0$ $\therefore u(x, y)$ 為調和函數

　　(b) 取 $v(x, y) = \int u_x(x, y)\,dy + g(x)$

　　　　　　　　　 $= \int e^x \cos y\,dy + g(x) = e^x \sin y + g(x)$

利用 Cauchy-Riemann 方程式

$$v_x = -u_y \Rightarrow e^x \sin y + g'(x) = -(-e^x \sin y)$$

$$\therefore g'(x) = 0 \text{，得 } g(x) = c$$

即 $v(x, y) = e^x \sin y + c$ 是為所求。

範例 19 （論例）若 $f(z) = u(x, y) + iv(x, y)$ 在某個鄰域 D 中為可解析且若 $u(x, y)$，$v(x, y)$ 在 D 中對 x, y 之二階導函數均為連續，則 $u(x, y)$，$v(x, y)$ 均為調和函數。

解：$f(z)$ 在 D 中可解析，由 Cauchy-Riemann 方程式知

$$\frac{\partial u}{\partial x} = \frac{\partial v}{\partial y}\ ,\ \frac{\partial u}{\partial y} = -\frac{\partial v}{\partial x}$$

又 $\begin{cases} \dfrac{\partial u}{\partial x} = \dfrac{\partial v}{\partial y} \Rightarrow \dfrac{\partial^2 u}{\partial x^2} = \dfrac{\partial^2 v}{\partial x \partial y} \\[3mm] \dfrac{\partial u}{\partial y} = -\dfrac{\partial v}{\partial x} \Rightarrow \dfrac{\partial^2 u}{\partial y^2} = -\dfrac{\partial^2 v}{\partial y \partial x} \end{cases}$

$\because v(x, y)$ 對 x, y 均有連續之二階導數存在　$\therefore \dfrac{\partial^2 v}{\partial x \partial y} = \dfrac{\partial^2 v}{\partial y \partial x}$

得 $\dfrac{\partial^2 u}{\partial x^2} + \dfrac{\partial^2 u}{\partial y^2} = 0$，即 $u(x, y)$ 為和諧函數，同法可證 $v(x, y)$ 為調和函數。

$\dfrac{\partial}{\partial z} f(z, \bar{z})$ 與 $\dfrac{\partial}{\partial \bar{z}} f(z, \bar{z})$

範例 20 (1) $w = a_1 z + a_2 z^2 + a_3 z^3$，則 $\dfrac{\partial w}{\partial z} = a_1 + 2a_2 z + 3a_3 z^2$，$\dfrac{\partial w}{\partial \bar{z}} = 0$

(2) $w = z^2 + 2z\bar{z} + \bar{z}^3$，則 $\dfrac{\partial w}{\partial z} = 2z + 2\bar{z}$，$\dfrac{\partial w}{\partial \bar{z}} = 2z + 3\bar{z}^2$

在範例 18，$w = f(z, \bar{z})$ 中之 z，$\bar{z}$ 可看作不同之變數。

範例 21 $w = (1 + x^2 + y^2)^2$，求 $\dfrac{\partial w}{\partial z}$，$\dfrac{\partial w}{\partial \bar{z}}$（用 $u(x, y) + iv(x, y)$ 表示）

解：因為 $x^2 + y^2 = (x + iy)(x - iy) = z\bar{z}$，$z = x + iy$

$\therefore$ (a) $\dfrac{\partial w}{\partial z} = \dfrac{\partial}{\partial z}(1 + z\bar{z})^2 = 2(1 + z\bar{z})\bar{z} = 2(1 + x^2 + y^2)(x - iy)$

$\qquad\qquad = 2x(1 + x^2 + y^2) - 2iy(1 + x^2 + y^2)$

(b) $\dfrac{\partial w}{\partial \bar{z}} = \dfrac{\partial}{\partial \bar{z}}(1 + z\bar{z})^2 = 2(1 + z\bar{z})z = 2(1 + x^2 + y^2)(x + iy)$

$\qquad\qquad = 2x(1 + x^2 + y^2) + 2iy(1 + x^2 + y^2)$

範例 22 $\dfrac{\partial}{\partial z}\ln(1 + x^2 + y^2)$，求 (a) 及 $\dfrac{\partial}{\partial \bar{z}}\ln(1 + x^2 + y^2)$ (b) $\dfrac{\partial}{\partial \bar{z}}\ln(1 + x^2 + y^2)$

解：$z = x + iy$，$\ln(1 + x^2 + y^2) = \ln(1 + \bar{z}z)$

$$\therefore \text{(a)} \frac{\partial}{\partial z} \ln(1+x^2+y^2) = \frac{\partial}{\partial z} \ln(1+\bar{z}z) = \frac{\bar{z}}{1+\bar{z}z} \quad \left(\text{或} \frac{x-iy}{1+x^2+y^2}\right)$$

$$\text{(b)} \frac{\partial}{\partial \bar{z}} \ln(1+x^2+y^2) = \frac{\partial}{\partial \bar{z}} \ln(1+\bar{z}z) = \frac{z}{1+\bar{z}z} \quad \left(\text{或} \frac{x+iy}{1+x^2+y^2}\right)$$

◆ 習 題

1. $f(z) = (x+y) + i2xy$ 是否為解析？

2. $f(z) = \text{Re}(z^2)$ 是否為可解析？

3. $f(z) = (x^3 - 3xy^2) + i(3x^2y - y^3)$ 是否為可解析？

4. $f(z) = e^{\bar{z}}$ 是否為可解析？

5. $f(z) = |z|$ 是否可解析？

6. 若 $f(z) = u + iv$ 為可解析，且 $v = u^2$，試證 $f(z)$ 為常數函數。

7. 若 $f(z)$ 在區域 R 內可解析且 $|f(z)|$ 在區域 R 內為常數，試證 $f(z)$ 在 R 內亦為常數函數。

   提示：$|f(z)| = c$，$u^2 + v^2 = c^2$ 然後取偏微分，看是否符合 Cauchy-Riemann 方程式。

8. 驗證 $f(z) = \bar{z}$ 為調和函數但不可解析。

9. 若 $z = u(x, y) + iv(x, y)$ 為可解析函數，且已知 $u(x, y) = x$ 求 $v(x, y)$。

10. (a) $u(x, y) = \dfrac{x}{x^2 + y^2}$ 是否為一調和函數？ (b) 若 (a) 為是，則求 $v(x, y)$ 使得 $z = u(x, y) + iv(x, y)$ 為可解析函數。

11. $u(x, y) = x^3 - 3xy^2$：(a) 驗證 $u(x, y)$ 為調和函數 (b) 求 $v(x, y)$ 使得 $z = u(x, y) + iv(x, y)$ 為可解析。

12. 求 (a) $\dfrac{\partial}{\partial z}(1+z^2)^2$，(b) $\dfrac{\partial}{\partial \bar{z}}(1+z^2)^2$，(c) $\dfrac{\partial}{\partial z}(z^2 + |z|^2 + \bar{z}^2)$

   (d) $w = f(z) = \dfrac{1+z}{1-z}$ 求 $\dfrac{dw}{dz}$，又 $f(z)$ 在何處不可解析。

8.4　基本解析函數

本節主要介紹一些基本的解析函數，包括指數函數、三角函數與對數函數。

指數函數 e^z

我們前由 Maclaurine 展開而得：

$$e^{iy} = \cos y + i \sin y$$

所以我們可定義

$$e^z = e^{x+iy} = e^x \cdot e^{iy} = e^x(\cos y + i \sin y)$$

我們由上節範例 13 已證明 $f(z) = e^z$ 具有解析性，此外，e^z 有許多我們熟悉之性質如：

1. $e^{z_1 + z_2} = e^{z_1} \cdot e^{z_2}$
2. $e^{z_1 - z_2} = e^{z_1} / e^{z_2}$
3. $(e^z)^n = e^{nz}$

但 e^z 有一些特殊之性質：

1. $|e^z| = e^x$

證明：$|e^z| = |e^x(\cos y + i \sin y)| = |e^x||\cos y + i \sin y| = e^x$

2. 若且唯若 $e^z = 1$ 則 $z = 2k\pi i$，$k = 0,\ \pm 1,\ \pm 2 \cdots\cdots$

證明：（$\Rightarrow$）

$$|e^z| = e^x = 1 \ \therefore x = 0$$

$$\Rightarrow e^z = e^{iy} = \cos y + i \sin y = 1$$

$$\Rightarrow \cos y = 1 \ , \ \sin y = 0$$

$$\Rightarrow y = 2k\pi$$

$$\therefore z = x + iy = 0 + i \cdot 2k\pi = 2k\pi i$$

$(\Leftarrow)$

$$e^z = e^{2k\pi i} = \cos 2k\pi + i \sin 2k\pi = 1$$

此與實數系若且唯若 $e^x = 1$ 則 $x = 0$ 之結果不同。

3. 若且唯若 $e^{z_1} = e^{z_2}$ 則 $z_1 = z_2 + 2k\pi i$

證明：$e^{z_1} = e^{z_2}$ 之充要條件為 $e^{z_1 - z_2} = 1$

$\therefore z_1 - z_2 = 2k\pi i$，即 $z_1 = z_2 + 2k\pi i$

上一性質說明了 e^z 為一週期為 2π 週期函數，這個性質在解指數方程式時很有用。

範例 1　求 $e^{2 + \frac{\pi}{2}i}$

解：$e^{2 + \frac{\pi}{2}i} = e^2 \left(\cos \frac{\pi}{2} + i \sin \frac{\pi}{2} \right) = e^2 i$

範例 2　試證：不存在一個 z 滿足 $e^z = 0$

解：利用反證法，設存在 1 個 z 使得 $e^z = 0$，則

$$e^z = e^x(\cos y + i\sin y) = 0$$

$$\therefore \begin{cases} e^x\cos y = 0 \text{ , } x, y \in R & (1) \\ e^x\sin y = 0 & (2) \end{cases}$$

由 (1)，(2) 可得 $\cos y = 0$ 及 $\sin y = 0$，但不存在一個 $y \in R$ 同時滿足 $\cos y = 0$ 及 $\sin y = 0$

$$\therefore e^z \neq 0$$

範例 3　（論例）驗證 $e^{\bar{z}} = \overline{e^z}$

解：$e^{\bar{z}} = e^{x-iy} = e^x\{(\cos(-y) + i\sin(-y))\}$

$\qquad = e^x\{\cos y - i\sin y\} = \overline{e^x\{\cos y + i\sin y\}} = \overline{e^z}$

指數方程式

範例 4　解 $e^{4z} = 1$

解：$e^{4z} = 1 = e^{2k\pi i}$

兩邊取對數

$4z = 2k\pi i$

$z = \dfrac{k\pi}{2}i$ ，$k = 0, \pm 1, \pm 2\cdots$

範例 5　解 $e^z = \dfrac{1}{\sqrt{2}}(1+i)$

解：$e^z = \dfrac{1}{\sqrt{2}}(1+i) = \cos\dfrac{\pi}{4} + i\sin\dfrac{\pi}{4} = e^{i\frac{\pi}{4}}$

$\qquad \therefore z = i\dfrac{\pi}{4} + 2k\pi i = \dfrac{\pi}{4}i(1+8k)$ ，$k = 0, \pm 1, \pm 2\cdots$

定理：（有關 e^z 之微分）

$$1. \frac{d}{dz}e^z = e^z$$

$$2. \frac{d}{dz}e^{az} = ae^z$$

證明：

1. $e^z = e^x(\cos y + i\sin y)$，$u = e^x\cos y$，$v = e^x \sin y$

$$\frac{d}{dz}e^z = \frac{\partial}{\partial x}u + i\frac{\partial}{\partial x}v$$

$$= e^x\cos y + ie^x\sin y = e^z$$

2. $e^{az} = e^{a(x+iy)} = e^{ax}(\cos ay + i \sin ay)$

$$\frac{d}{dz}e^{az} = \frac{\partial}{\partial x}e^{ax}\cos ay + i\frac{\partial}{\partial x}e^{ax}\sin ay$$

$$= ae^{ax}\cos ay + iae^{ax}\sin ay = ae^{az}$$

範例 6　$\dfrac{d}{dz}e^{z^2} = 2ze^{z^2}$，$\dfrac{d}{dz}e^{(3z^2+2z+1)} = (6z+2)e^{(3z^2+2z+1)}$

三角函數

在上節，我們知

$$e^{iy} = \cos y + i\sin y \quad\text{·······································(1)}$$

$$\therefore e^{-iy} = \cos(-y) + i\sin(-y) = \cos y - i\sin y \quad\text{··························(2)}$$

由 (1)、(2) 易知

$$\sin y = \frac{e^{iy} - e^{-iy}}{2i}\text{，}\cos y = \frac{e^{iy} + e^{-iy}}{2}$$

因此，我們可將上述成果應用到複變數函數，得

$$\sin z = \frac{e^{iz} - e^{-iz}}{2i} \; , \; \cos z = \frac{e^{iz} + e^{-iz}}{2}$$

如同實三角函數，我們定義：

$$\tan z = \frac{\sin z}{\cos z} \; , \; \cot z = \frac{\cos z}{\sin z} \; , \; \sec z = \frac{1}{\cos z} \; , \; \csc z = \frac{1}{\sin z}$$

讀者要特別注意的是：$\sin z$，$\cos z$ 只保有 $\sin x$，$\cos x$ 部份之性質，換言之，實三角函數有一些性質在複三角函數中不成立。

定理

(1) $\sin z$，$\cos z$ 均為可解析

(2) $\dfrac{d}{dz} \sin z = \cos z$ ，$\dfrac{d}{dz} \cos z = -\sin z$

證明：

(1) e^{iz}，e^{-iz} 均為可解析，$\therefore \sin z$，$\cos z$ 亦為可解析

(2) $\dfrac{d}{dz}\sin z = \dfrac{d}{dz}\left[\dfrac{1}{2i}(e^{iz} - e^{-iz})\right] = \dfrac{1}{2i}(ie^{iz} + ie^{-iz}) = \dfrac{1}{2}(e^{iz} + e^{-iz})$

$\qquad = \cos z$

同法 $\dfrac{d}{dz}\cos z = -\sin z$

範例 7 試證 $\cos(z + 2\pi) = \cos z$

解：$\cos(z + 2\pi) = \dfrac{e^{i(z + 2\pi)} + e^{-i(z + 2\pi)}}{2} = \dfrac{e^{iz}e^{2\pi i} + e^{-iz}e^{-2\pi i}}{2}$

$\qquad\qquad = \dfrac{e^{iz}(\cos 2\pi + i\sin 2\pi) + e^{-iz}(\cos(-2\pi) + i\sin(-2\pi))}{2}$

$\qquad\qquad = \dfrac{e^{iz} + e^{-iz}}{2} = \cos z$

因此，$\cos z$ 是一個週期為 2π 之週期函數

範例 8 試證：若且唯若 $z = k\pi$，則 $\sin z = 0$

解：「$\Rightarrow$」$z = k\pi$ 則 $\sin z = 0$：

$$\sin z = \frac{e^{ik\pi} - e^{-ik\pi}}{2i} = \frac{(\cos k\pi + i\sin k\pi) - (\cos(-k\pi) - i\sin(-k\pi))}{2i}$$

$$= \frac{(\cos k\pi + i\sin k\pi) - (\cos k\pi + i\sin k\pi)}{2i} = 0$$

「$\Leftarrow$」$\sin z = 0$ 則 $z = k\pi$：

$$\sin z = \frac{e^{iz} - e^{-iz}}{2i} = 0 \Rightarrow e^{iz} = e^{-iz}$$

$$\therefore iz = -iz + 2k\pi i$$

化簡得 $z = k\pi$

範例 9 求 $\cos(1 + 2i)$

解：$\cos(1 + 2i) = \dfrac{1}{2}(e^{i(1+2i)} + e^{-i(1+2i)})$

$$= \frac{1}{2}(e^{-2} \cdot e^i + e^2 \cdot e^{-i})$$

$$= \frac{1}{2}[e^{-2}(\cos 1 + i\sin 1) + e^2(\cos(-1) + i\sin(-1))]$$

$$= \frac{1}{2}[e^{-2}(\cos 1 + i\sin 1) + e^2(\cos 1 - i\sin 1)]$$

由複三角函數之定義，讀者可試證：

$$\sin^2 z + \cos^2 z = 1$$

$$\sin(z + 2\pi) = \sin z，\cos(z + 2\pi) = \cos z$$

$$\sin(-z) = -\sin z \text{,} \quad \cos(-z) = \cos z$$

$$\sin(2z) = 2\sin z \cos z \text{,} \quad \cos(2z) = \cos^2 z - \sin^2 z$$

$$\sin(z_1 \pm z_2) = \sin z_1 \cos z_2 \pm \cos z_1 \sin z_2$$

$$\cos(z_1 \pm z_2) = \cos z_1 \cos z_2 \mp \sin z_1 \sin z_2$$

雙曲函數

實雙曲函數之回顧

雙曲函數（Hyperbolic function）也是用指數函數定義的：

$$\sin hx = \frac{e^x - e^{-x}}{2} \text{,} \qquad \cos hx = \frac{e^x + e^{-x}}{2}$$

$$\tan hx = \frac{\sin hx}{\cos hx} = \frac{e^x - e^{-x}}{e^x + e^{-x}} \text{,} \qquad \cot hx = \frac{\cos hx}{\sin hx} = \frac{1}{\tan hx} = \frac{e^x + e^{-x}}{e^x - e^{-x}}$$

$$\sec hx = \frac{1}{\cos hx} = \frac{2}{e^x + e^{-x}} \text{,} \qquad \csc hx = \frac{1}{\sin hx} = \frac{2}{e^x - e^{-x}}$$

雙曲函數有一些基本恆等式與我們習知之三角函數性質相同，但有些則不同，例如：

（相同）$\sin h(x \pm y) = \sin hx \cos hy \pm \cos hx \sin hy$

（不同）$\cos h(x \pm y) = \cos hx \cos hy \pm \sin hx \sin hy$

$\quad\quad (\cos(x \pm y) = \cos x \cos y \mp \sin x \sin y)$

（不同）$\tan h(x \pm y) = \dfrac{\tan hx \pm \tan hy}{1 \pm \tan hx \tan hy}$

$\quad\quad \left(\tan(x \pm y) = \dfrac{\tan x \pm \tan y}{1 \mp \tan x \tan y} \right)$

複雙曲函數

我們可仿實雙曲線函數定義複雙曲函數如下：

$$\cos hz = \frac{e^z + e^{-z}}{2}$$

$$\cot hz = \frac{\cos hz}{\sin hz}$$

$$\sin hz = \frac{e^z - e^{-z}}{2}$$

$$\sec hz = \frac{1}{\cos hz}$$

$$\tan hz = \frac{\sin hz}{\cos hz}$$

$$\csc hz = \frac{1}{\sin hz}$$

$$\cos iw = \frac{1}{2}(e^{i(iw)+e^{-i(iw)}}) = \frac{1}{2}(e^w - e^{-w}) = \cos hw$$

$$\sin iw = \frac{1}{2i}(e^{i(iw)} - e^{-i(iw)}) = \frac{1}{2i}(e^{-w} - e^w) = \frac{i}{2}(e^w - e^{-w}) = i\sin hw$$

下面是複三角函數之重要定理

定理：若 $z = x + yi$，則 $\sin z = \sin x \cos hy + i \cos x \sin hy$

$\cos z = \cos x \cos hy - i \sin x \sin hy$

證明：我們只證明 $\sin z = \sin x \cos hy + i \cos x \sin hy$：

$$\sin z = \frac{1}{2i}(e^{iz} - e^{-iz})$$

$$= \frac{1}{2i}(e^{i(x+iy)} - e^{-i(x+iy)})$$

$$= \frac{1}{2i}(e^{-y+ix} - e^{y-ix})$$

$$= \frac{1}{2i}[e^{-y}(\cos x + i\sin x) - e^y(\cos x - i\sin x)]$$

$$= \sin x\left(\frac{e^y + e^{-y}}{2}\right) + \cos x\left(\frac{e^y - e^{-y}}{2}\right)$$

$$= \sin x \cos hy + i \cos x \sin hy$$

$\cos z = \cos x \cos hy - i \sin x \sin hy$ 同理可證。

利用上述定理及 $\sin z = \dfrac{1}{2i}(e^{iz} - e^{-iz})$ 及 $\cos z = \dfrac{1}{2}(e^{iz} + e^{-iz})$ 之事實，我們可得到一些有用之結果。

定理：對每個複數 z，$e^{iz} = \cos z + i\sin z$

證明：$e^{iz} = e^{i(x+iy)} = e^{-y+ix} = e^{-y}(\cos x + i\sin x)$ ························· (1)

其次，我們來看看 $\cos z, \sin z$：

$$\begin{aligned}
\cos(z) &= \cos(x+iy) = \cos x\cos(iy) - \sin x\sin(iy) \\
&= \cos x(\cos hy) - i\sin x(\sin hy) \\
&= \cos x\left(\frac{e^y + e^{-y}}{2}\right) - i\sin x\left(\frac{e^y - e^{-y}}{2}\right) \quad\text{(2)}
\end{aligned}$$

$$\begin{aligned}
\sin(z) &= \sin(x+iy) = \sin x\cos(iy) + \cos x\sin(iy) \\
&= \sin x(\cos hy) + i\cos x(\sin hy) \\
&= \sin x\left(\frac{e^y + e^{-y}}{2}\right) + i\cos x\left(\frac{e^y - e^{-y}}{2}\right)
\end{aligned}$$

$$i\sin z = i\sin x\left(\frac{e^y + e^{-y}}{2}\right) - \cos x\left(\frac{e^y - e^{-y}}{2}\right) \quad\text{(3)}$$

比較 (1) 與 (2) + (3) 得

$$e^{iz} = \cos z + i\sin z$$

由上述定理，我們可得到一些有趣的結果如下例：

範例 10 （論例）$|\sin z| \geq |\sin x|$

解：$\sin z = \sin(x+iy) = \sin x\cos hy + i\cos x\sin hy$

$$\therefore |\sin z|^2 = |\sin x \cos hy + i \cos x \sin hy|^2$$
$$= \sin^2 x \cos h^2 y + \cos^2 x \sin h^2 y$$
$$\geq \sin^2 x \cos h^2 y \geq \sin^2 x \ (\because \cos hy = \frac{e^y + e^{-y}}{2} \geq 1)$$

得 $|\sin z| \geq |\sin x|$

對數函數

在微積分，我們知 $e^{\ln x} = x$，$x>0$

因為 $e^{z_1 + z_2} = e^{z_1} \cdot e^{z_2}$ 及 $e^{2\pi i} = 1$，$e^{\ln z + 2\pi i} = z$ $\therefore$若 $z = re^{i\theta}$，我們定義 $\ln z$ 為：

$$\ln z = \ln r + i \ (\theta + 2k\pi), \ k = 0, \pm 1, \pm 2...$$

由定義 $\ln z$ 為一多值函數（Multiple-valued function），$\ln z$ 之主值（Principal value）或主分支（Principal branch）為 $\ln z = \ln r + i\theta$，$-\pi < \theta \leq \pi$。

有許多書之作者是用 log 來表示「以 e 為底之自然對數」，亦即相當於本書之 ln。

範例 **11** 求 (a) $\ln(-i)$ (b) $\ln(-1)$ (c) $\ln i$ (d) $\ln(1+i)$

解：(a) $\ln(-i) = \ln|-i| + i\left(\frac{-\pi}{2} + 2k\pi\right) = i\left(\frac{-1}{2}\pi + 2k\pi\right)$

(b) $\ln(-1) = \ln|-1| + i(\pi + 2k\pi) = i(2k+1)\pi$

(c) $\ln i = \ln|i| + i\left(\frac{\pi}{2} + 2k\pi\right) = i\left(\frac{\pi}{2} + 2k\pi\right)$

(d) $\ln(1+i) = \ln|1+i| + i\left(\frac{\pi}{4} + 2k\pi\right)$
$$= \ln\sqrt{2} + i\left(\frac{\pi}{4} + 2k\pi\right)$$

z^α

定義：設 α 為複數，$z \neq 0$，定義 $z^\alpha = e^{\alpha \ln z}$，由下例可知 z^α 為一多值函數，因此，我們又定義 z^α 之主值為 $e^{\alpha \ln z}$

範例 12 求 (a)$(-2)^i$ (b)i^i (c)$i^{\sqrt{3}}$

解：(a) $-2 = 2(\cos \pi + i \sin \pi)$

$\therefore (-2)^i = e^{i \ln(-2)} = e^{i(\ln 2 + (\pi + 2k\pi)i)} = e^{i \ln 2 - (2k+1)\pi}$, $k = 0, \pm 1, \pm 2 \cdots$

(b) $i = \left(\cos \dfrac{\pi}{2} + i \sin \dfrac{\pi}{2}\right)$

$\therefore i^i = e^{i \ln i} = e^{i\left[\ln 1 + \left(\frac{\pi}{2} + 2k\pi\right)i\right]} = e^{-\left(2k + \frac{1}{2}\right)\pi}$, $k = 0, \pm 1, \pm 2$

(c) $i^{\sqrt{3}} = e^{\sqrt{3} \ln i} = e^{\sqrt{3}\left(\ln 1 + \left(\frac{\pi}{2} + 2k\pi\right)i\right)} = e^{\sqrt{3}\left(\frac{\pi}{2} + 2k\pi\right)i}$, $k = 0, \pm 1, \pm 2 \cdots$

範例 13 試解 $\sin z = 2$

解：$\sin z = \sin(x + iy) = \sin z \cos hy + i \cos x \sin hy = 2$

$\therefore \begin{cases} \sin x \cos hy = 2 & \text{\dotfill (1)} \\ \cos x \sin hy = 0 & \text{\dotfill (2)} \end{cases}$

由 (2) 得

$\cos x = 0 \quad \therefore x = \left(n + \dfrac{1}{2}\right)\pi$ .... (3)

或 $\because \sin hy = \dfrac{e^y - e^{-y}}{2} = 0$ 得 $y = 0$

若 $y = 0$

則 $\cos hy = \dfrac{1}{2}(e^y + e^{-y}) = 1$

代入 (1) 得 $\sin x = 2$（矛盾）

代 (3) 入 (1) 得 $\cos hy = 2$

即　$\cos hy = \dfrac{e^y + e^{-y}}{2} = 2$

$e^{2y} - 4e^y + 1 = 0$

$\therefore e^y = \dfrac{4 \pm \sqrt{12}}{2} = 2 \pm \sqrt{3}$

$y = \ln(2 \pm \sqrt{3})$

$\therefore z = \left(2m + \dfrac{1}{2}\right)\pi + i\ln(2 \pm \sqrt{3})$ ，$m = 0,\ \pm 1,\ \pm 2 \cdots\cdots$

◆ 習　題

1. 試證 $\sin(\bar{z}) = \sin x \cos hy - i \cos x \sin hy$

2. 試證 (a) $\sin(z + 2\pi) = \sin z$ ，(b) $\dfrac{d}{dz}\cos z = -\sin z$

3. 試證 $\sin^2 z + \cos^2 z = 1$

4. 試證 $\cos h(iz) = \cos z$

5. 試證 $\overline{\sin z} = \sin \bar{z}$

6. 試證 (a) $e^{z_1}/e^{z_2} = e^{z_1 - z_2}$

　　　(b) $|e^{iz}| = e^{-y}$

　　　(c) $|e^z| = 1$ 則 z 為純虛數。

7. 若 $|z| < 1$ 試證 (a) $1 + z + z^2 + z^3 + \cdots\cdots = \dfrac{1}{1-z}$ ，以此結果證 (b) $1 + a\cos\theta + a^2$

$\cos 2\theta + a^3\cos 3\theta + \cdots\cdots = \dfrac{1 - a\cos\theta}{1 - 2a\cos\theta + a^2}$ ，$|a| < 1$

（提示：取 $z = ae^{i\theta}$ 代入 (a) 之結果，最後取實部）

(c) 求 $\dfrac{\sin\theta}{2} + \dfrac{\sin 2\theta}{2^2} + \dfrac{\sin 3\theta}{2^3} + \cdots\cdots = ?$

8. 若 $e^z = 1 + i\sqrt{3}$ 求 $z = $?

9. 求 (a) $(1+i)^i$　(b) 3^i　(c) $|(-i)^{-i}|$　(d) $(1+i)^{1-i}$ 之主值　(e) $2^{\pi i}$ 之主值

　(f) $\ln\left(-\dfrac{1}{2} - \dfrac{\sqrt{3}}{2}i\right)$

10. (a) sin (2i)　(b) sin (1+2i)　(c) cos(ln (1+i))　(d) $e^{\sin(2-i)}$　(e) sin (e^i)

11. 試證 cos($-z$) = cos$z$

12. 試證 sin2z = 2sin$z$cos$z$

8.5　複變函數積分與 Cauchy 積分定理

我們在一有限長度之曲線 C 上，將 C 分成 n 個部分，其分割點為 $z_1, z_2, \cdots$ z_{n-1}，$a = z_0$，$b = z_n$，對任 z_{k-1} 至 z_k 之一弧中任取一點 ξ_k，且令 $z_k - z_{k-1} = \Delta z_k$，定義 S_n 為

$$S_n = f(\zeta_1)(z_1 - a) + f(\zeta_2)(z_2 - z_1) + \cdots + f(\zeta_n)(b - z_{n-1})$$

$$= \sum_{k=1}^{n} f(\zeta_k)(z_k - z_{k-1})$$

$$= \sum_{k=1}^{n} f(\zeta_k)\Delta z_k$$

則定義 $f(z)$ 沿曲線 C 在 $[a, b]$ 之線積分 $\int_c f(z)dz$ 為

$$\int_c f(z)dz = \lim_{n\to\infty} S_n = \lim_{n\to\infty} \sum_{k=1}^{n} f(\zeta_k)\Delta z_k$$

若 $f(z) = u(x, y) + iv(x, y) = u + iv$ 則上式

$$\int_c f(z)dz = \int_c (u + iv)(dx + idy)$$

$$= \int_c udx - vdy + i\int_c vdx + udy$$

根據上述定義，我們有下列定理：

定理：若 $f(z)$，$g(z)$ 在曲線上 c 上可積分，

1. $\int_c \{f(z) + g(z)\} dz = \int_c f(z) dz + \int_c g(z) dz$

2. $\int_c kf(z) dz = k \int_c f(z) dz$

3. $\int_a^b f(z) dz = - \int_b^a f(z) dz$

4. $\int_a^b f(z) dz = \int_a^m f(z) dz = + \int_m^b f(z) dz$　　m 為 $[a, b]$ 中之一點

若 $f(z) = u(x, y) + iv(x, y)$ 在區域 R 中為一個連續函數，曲線 C 屬於區域 R 則 $f(z)$ 沿 C 之線積分為：

$$\int_c f(z) dz = \int_c (u + iv)(dx + idy)$$
$$= \int_c (udx - vdy) + i (vdx + udy)$$

因此，複變函數之線積分保有下列性質：

1. $\int_c kf(z) dz = k \int_c f(z) dz$

2. $\int_c (f_1(z) + f_2(z)) dz = \int_c f_1(z) dz + \int_c f_2(z) dz$

3. $\int_{c_1 + c_2} f_1(z) dz = \int_{c_1} f_1(z) dz + \int_{c_2} f_1(z) dz$

範例 1　　求 $\int_{1+i}^{2+4i} z dz$ ：

(1) 一般定義法

(2) 沿拋物線 $x = t$，$y = t^2$　$1 \le t \le 2$

解：(1) $\int_{1+i}^{2+4i} z dz = \dfrac{z^2}{2} \Big|_{1+i}^{2+4i} = \dfrac{1}{2}[(2 + 4i)^2 - (1 + i)^2] = -6 + 7i$

(2) $\int_{1+i}^{2+4i} (x + yi)(dx + idy) = \int_{1+i}^{2+4i}(xdx - ydy) + i \int_{1+i}^{2+4i}(xdy + ydx)$

$$= \int_1^2 (tdt - t^2(2tdt)) + i\int_1^2 (t(2t)dt - t^2dt)$$

$$= \int_1^2 (t - 2t^3)dt + i\int_1^2 3t^2dt = -6 + 7i$$

範例 2　求 $\int_0^{1+i} (z+1)dz$ ，$C：y = x^2$

解：$\int_0^{1+i} (z+1)dz = \int_0^{1+i} (x+yi+1)d(x+iy)$

$$= \left(\int_{0,0}^{1,1}(x+1)dx - ydy\right) + i\left(\int_{0,0}^{1,1}ydx + (x+1)dy\right)\cdots\cdots\cdots (1)$$

利用參數法：令 $x = t, y = t^2, 1 \geq t \geq 0$ 則

$$(1) = \int_0^1 (t+1)dt - t^2(2tdt) + i\int_0^1 t^2dt + (1+t)(2tdt)$$

$$= \int_0^1 (-2t^3 + t + 1)dt + i\int_0^1 (3t^2 + 2t)dt$$

$$= 1 + 2i$$

範例 3　求 $\int_c z^2 dz$ ，$c：y = x^2, 1 \leq x \leq 2$

解：$\int_c z^2 dz = \int_c (x+iy)^2 d(x+iy) = \int_c (x^2-y^2+2ixy)d(x+iy)$

$$= \left[\int_c (x^2-y^2)dx - 2xydy\right] + i\left[\int_c 2xydx + (x^2-y^2)dy\right]\cdots\cdots\cdots (1)$$

利用參數法，取 $x = t, y = t^2, 2 \geq t \geq 1$

$$(1) = \left[\int_1^2 (t^2-t^4)dt - 2t(t^2)(2tdt)\right] + i\left[\int_1^2 2t(t^2)dt + (t^2-t^4)(2tdt)\right]$$

$$= \int_1^2 (t^2 - 5t^4)dt + i\int_1^2 (4t^3 - 2t^5)dt$$

$$= \frac{86}{3} - 6i$$

範例 4　求 $\int_i^{1} \overline{z}\, dz$ ，$C : y = (x-1)^2$

解：$\int_i^{1} \overline{z}\, dz = \int_{0,1}^{1,0} (x - iy) d\,(x + iy)$

$$= \int_{0,1}^{1,0} x\,dx + y\,dy + i \int_{0,1}^{1,0} x\,dy - y\,dx \quad\cdots\cdots\cdots\cdots\cdots\cdots (1)$$

利用參數法：取 $x = t, y = (t-1)^2, 1 \geq t \geq 0$

則　$(1) = \left(\int_0^1 t\,dt + (t-1)^2(2(t-1)dt) \right) + i \left(\int_0^1 t(2(t-1)dt) - (t-1)^2 dt \right)$

$$= \int_0^1 t + 2(t-1)^3 dt + i \int_0^1 (t^2 - 1) dt$$

$$= -\frac{2}{3} i$$

範例 5　求 $\oint_c e^z dz$ ，c 之路徑如右圖

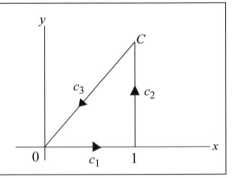

解：$\oint_c e^z dz = \oint_c e^{x+iy} d\,(x + iy) = \oint_c e^x(\cos y + i \sin y)(dx + i\,dy)$

$$= \left(\oint_c e^x \cos y\, dx - e^x \sin y\, dy \right) + i \left(\oint_c e^x \sin y\, dx + e^x \cos y\, dy \right) \cdots\cdots\cdots\cdots (1)$$

c_1：取 $x = t, y = 0, 1 \geq t \geq 0$

$$\left(\int_{c_1} e^x \cos y\, dx - e^x \sin y\, dy \right) + i \left(\int_{c_1} e^x \sin y\, dx + e^x \cos y\, dy \right)$$

$$= \int_0^1 e^x dt + 0 = e - 1$$

c_2：取 $x = 1, y = t, 1 \geq t \geq 0, (dx = 0)$

$$\left(\int_{c_2} e^x \cos y\, dx - e^x \sin y\, dy \right) + i \left(\int_{c_2} e^x \sin y\, dx + e^x \cos y\, dy \right)$$

$$= -\int_0^1 e \sin t\, dt + i \int_0^1 dt = e(\cos 1 - 1 + \sin 1)$$

c_3：取 $x = t, y = t$

$$\left(\int_{c_3} e^x \cos y\, dx - e^x \sin y\, dy \right) + i \left(\int_{c_3} e^x \sin y\, dy + e^x \cos y\, dy \right)$$

$$= \left(\int_1^0 e^t \cos t\, dt - e^t \sin t\, dt \right) + i \left(\int_1^0 (e^t \sin t + e^t \cos t)\, dt \right)$$

$$= 1 - e\cos 1 - ie\sin 1 \text{（自證之）}$$

$$\therefore \int_{c_1} + \int_{c_2} + \int_{c_3} = 0$$

當我們遇到路徑為圓或圓之一部份時，往往可用 $z = e^{i\theta}$ 之參數表示以簡化計算：

範例 6 試分別依右列之路徑分別求 $\int_c \dfrac{1}{z} dz$，(a) c_1：$|z| = 1$ 之下半平面，(b) c_2：$|z| = 1$ 之上半平面，(c) c_3：$|z| = 1$ 之左半平面。

解：令 $z = e^{i\theta}$，$\pi \leq \theta \leq 2\pi$，$dz = ie^{i\theta} d\theta$

$\therefore$ (a) $\displaystyle \int_{c_1} \frac{1}{z} dz = \int_{2\pi}^{\pi} \frac{ie^{i\theta} d\theta}{e^{i\theta}} = i \int_{2\pi}^{\pi} d\theta = -\pi i$

(b) $\displaystyle \int_{c_2} \frac{1}{z} dz = \int_0^{\pi} \frac{ie^{i\theta} d\theta}{e^{i\theta}} = \pi i$

(c) $\displaystyle \int_{c_3} \frac{1}{z} dz = \int_{\frac{3\pi}{2}}^{\frac{\pi}{2}} \frac{ie^{i\theta} d\theta}{e^{i\theta}} = -\pi i$

範例 7　求 $\int_2^{i-} \bar{z}\, dz$，c：$\dfrac{x^2}{4} + y^2 = 1$ 之第一

象限之部分。

解：取　$x = 2\cos t, y = \sin t, \dfrac{\pi}{2} \geq t \geq 0$

則　$\displaystyle\int_2^{i-} \bar{z}\, dz = \int_{2,0}^{0,1} (x\,dx + y\,dy) + i\int_{2,0}^{0,1} (x\,dy - y\,dx)$

$\displaystyle = \left(\int_0^{\frac{\pi}{2}} 2\cos t\,(-2\sin t)dt + \sin t(\cos t\,dt) \right)$

$\displaystyle \quad + i\left(\int_0^{\frac{\pi}{2}} (2\cos t \cos t\,dt) - \sin t\,(-2\sin t\,dt) \right)$

$\displaystyle = -\frac{3}{2} + \pi i$

一個重要之不等式

定理：若 $|f(z)|$ 在路徑 c 之上界（Upper bound）為 M，即 $|f(z)| \leq M$，L 為路徑 c 之長度則

$$\left| \int_c f(z)dz \right| \leq ML$$

證明：

由定義：$\displaystyle\int_c f(z)dz = \lim_{n \to \infty} \sum_{k=1}^{n} f(\xi_k)\Delta z_k$

現：

$$\left| \sum_{k=1}^{n} f(\xi_k)\Delta z_k \right| \leq \sum_{k=1}^{n} |f(\xi_k)|\,|\Delta z_k|$$

$$\leq M \sum_{k=1}^{n} |\Delta z_k|$$

$$\leq ML$$

$|\Delta z_k|$ 表示 z_{k-1} 到 z_k 之折線長度，上述定理也可寫成：

$$\left| \int_c f(z)dz \right| \leq \int_c |f(z)| \, |dz|$$

上述定理在用留數定理求某些實數函數積分之應用上有關鍵性功能

範例 8 試證 $\left| \int_c \dfrac{e^z}{z^2+1}dz \right| \leq \dfrac{e^2}{3} \cdot 4\pi$; $c : |z| = 2$ 之反時鐘方向

解：$|e^z| = |e^{x+iy}| = |e^x(\cos y + i \sin y)| = e^x$

但 $|z| = 2$，我們有 $|z| = \sqrt{x^2 + y^2} \geq x$

$\therefore |e^z| = e^x \leq e^2$

又 $|z^2 + 1| \geq |z|^2 - 1 = 2^2 - 1 = 3$，$\dfrac{1}{|z^2 + 1|} \leq \dfrac{1}{3}$

從而 $|f(z)| = \left| \dfrac{e^z}{z^2 + 1} \right| \leq \dfrac{e^2}{3} = M$

$\therefore \left| \int_c \dfrac{e^z}{z^2 + 1}dz \right| \leq \dfrac{e^2}{3} \cdot 4\pi$, $(L = 2\pi r = 2\pi \cdot 2 = 4\pi)$

範例 9 證 $\left| \int_i^1 e^{\frac{1}{z}}dz \right| \leq e\dfrac{\pi}{2}$, $c : |z| = 1$, $0 \leq \arg z \leq \dfrac{\pi}{2}$

解：$e^{\frac{1}{z}} = e^{\frac{1}{x+iy}} = e^{\frac{x}{x^2+y^2}} e^{\frac{-iy}{x^2+y^2}} = e^{x-iy}$

$\therefore \left| e^{\frac{1}{z}} \right| = |e^{x-iy}| = e^x \leq e^x$

又 $|z| = \sqrt{x^2 + y^2} = 1 \geq x$

得 $\left| e^{\frac{1}{z}} \right| \leq e = M$

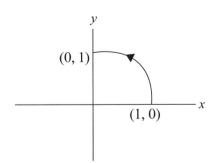

$$\therefore \left| \int_i^1 e^{\frac{1}{z}} dz \right| \le e\frac{\pi}{2}$$

Cauchy 積分定理

定理：若 c 為簡單之封閉曲線，$f(z)$ 在 c 上或 c 之內部區域為可解析，則 $\oint_c f(z) = 0$ （當 c 為簡單封閉曲線時，我們用 $\oint_c$ 表示沿 c 之線積分，換言之，$\oint_c$ 是強調 c 為簡單封閉曲線）

證明：$\oint_c f(z)dz = \oint_c (u + iv)(dx + idy)$

$$= \oint_c (udx - vdy) + i\oint_c (vdx + udy)$$

由 Green 定理：

$$\oint_c (udx - vdy) = \iint_R \left(\frac{\partial v}{\partial x} + \frac{\partial u}{\partial y}\right) dxdy \quad \dots\dots\dots (1)$$

$$\oint_c (vdx + udy) = \iint_R \left(\frac{\partial u}{\partial x} - \frac{\partial v}{\partial y}\right) dxdy \quad \dots\dots\dots (2)$$

但 $f(z)$ 在 c 為可解析，由 Riemann-Cauchy 方程式，

$\frac{\partial u}{\partial x} = \frac{\partial v}{\partial y}$，$\frac{\partial v}{\partial x} = -\frac{\partial u}{\partial y}$，代之入 (1)，(2)，可得 (1) = 0，(2) = 0

$$\therefore \oint_c f(z) = 0$$

推論：若 c 為一簡單封閉曲線，$z = a$ 在 c 之內部，則

$$\oint_c \frac{dz}{(z-a)^n} = \begin{cases} 2\pi i & , n = 1 \\ 0 & , n = 2, 3, 4 \end{cases}$$

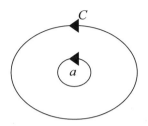

Cauchy 積分公式

定理：c 為一簡單的封閉曲線，$z = a$ 為 c 之內部任一點，若 $f(z)$ 在曲線 c 上或在曲線 c 內部均為可解析，則

$$f(a) = \frac{1}{2\pi i} \oint_c \frac{f(z)}{z-a} dz$$

$$f^{(n)}(a) = \frac{n!}{2\pi i} \oint_c \frac{f(z)}{(z-a)^{n+1}} dz$$

（本定理之證明超過本書，範圍故證明從略）

我們在應用 Cauchy 積分公式時，不妨改寫成下列形式，以便於應用：

$$\oint_c \frac{f(z)}{z-a} dz = 2\pi i f(a)$$

$$\oint_c \frac{f(z)}{(z-a)^n} dz = \frac{2\pi i}{(n-1)!} f^{(n-1)}(a)$$

定理：若 $f(z)$ 在兩個簡單封閉區域 C 與 C_1（C_1 在 C 區域內）所夾之區域內為可解析則 $\oint_c f(z)dz = \oint_{c_1} f(z)dz$

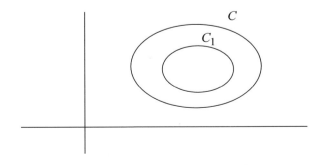

範例 **10** 求 (a) $\oint_c \dfrac{e^z}{z}dz$ ，$c : |z| = 2$　(b) $\oint_c \dfrac{e^z}{z}dz$ ，$c : |z| = 2$　(c) $\oint_c \dfrac{e^z}{z^3}dz$ ，$c : |z| = 2$

解：$z = 0$ 落在 $c : |z| = 2$，$f(z) = e^z$ 在 c 中為可解析

(a) $\oint_c \dfrac{e^z}{z}dz = 2\pi i f(0) = 2\pi i \cdot e^0 = 2\pi i$

(b) $\oint_c \dfrac{e^z}{z^2}dz = \dfrac{2\pi i}{1!}f'(0) = 2\pi i \cdot e^0 = 2\pi i$

(c) $\oint_c \dfrac{e^z}{z^3}dz = \dfrac{2\pi i}{2!}f''(0) = \pi i \cdot e^0 = \pi i$

範例 **11** 求 (a) $\oint_c \dfrac{\sin z}{z - \pi}dz$ ，$c : |z - 1| = 3$，(b) $\oint_c \dfrac{\cos z}{z\left(z - \dfrac{\pi}{2}\right)}dz$ ，$c : |z| = 1$

解：(a) $z = \pi$ 落在 $|z - 1| = 3$ 之內部，$f(z) = \sin z$ 在 c 上為可解析，

$$\therefore \oint_c \dfrac{\sin z}{z - \pi}dz = 2\pi i f(\pi) = 2\pi i \sin \pi = 0$$

(b) $\oint_c \dfrac{\cos z}{z\left(z - \dfrac{\pi}{2}\right)}dz = \oint_c \dfrac{\cos z / \left(z - \dfrac{\pi}{2}\right)}{z}dz = 2\pi i f(0) = 2\pi i \cdot \dfrac{1}{-\dfrac{\pi}{2}} = -4i$ ，

其中 $f(z) = \dfrac{\cos z}{z - \dfrac{\pi}{2}}$

範例 **12** 求 $\oint_c \dfrac{e^z}{z(z - 1)}dz$ ，$c : |z| = 2$

解：$\oint_c \dfrac{e^z}{z(z-1)}dz = \oint_c e^z\left(\dfrac{1}{z-1} - \dfrac{1}{z}\right)dz$

$\qquad\qquad\qquad = \oint_c \dfrac{e^z}{z-1}dz - \oint_c \dfrac{e^z}{z}dz$

$f(z) = e^z$ 在 c 為可解析，且 $z=0$，$z=1$ 均落在 c 內部

$\therefore \oint_c \dfrac{e^z}{z-1}dz = 2\pi i \cdot f(1) = 2\pi i \cdot e$

$\oint_c \dfrac{e^z}{z}dz = 2\pi i \cdot f(0) = 2\pi i \cdot e^0 = 2\pi i \cdot 1 = 2\pi i$

故　$\oint_c \dfrac{e^z}{z(z-1)}dz = 2\pi i e - 2\pi i = 2\pi i\,(e-1)$

範例 13　求 $\oint_c \dfrac{z^2 e^z}{2z+1}dz$，$c：|z| = 2$

解：$\oint_c \dfrac{z^2 e^z}{2z+1}dz = \dfrac{1}{2}\oint_c \dfrac{z^2 e^z}{z+\dfrac{1}{2}}dz$ .... (1)

其中 $f(z) = z^2 e^z$ 在 c 中為可解析，同時 $z = -\dfrac{1}{2}$ 落在 c 內

$\therefore \oint_c \dfrac{z^2 e^z}{2z+1}dz = \dfrac{1}{2}\oint_c \dfrac{z^2 e^z}{z+\dfrac{1}{2}}dz = \dfrac{1}{2}(2\pi i)f\left(-\dfrac{1}{2}\right)$

$\qquad\qquad\qquad = \pi i\left(\dfrac{1}{4}e^{-\frac{1}{2}}\right)$

$\qquad\qquad\qquad = \dfrac{1}{4}\pi i e^{-\frac{1}{2}}$

本例雖然並不複雜，但許多同學常忽略 (1) 之步驟而計算錯誤。

範例 14　求 $\oint_c \dfrac{e^{3z}}{(z+1)^3}dz$，$c：|z| = 2$

解：$f(z) = e^{3z}$ 在 c 中為可解析且 $z = -1$ 落在 c 之內部

$$\therefore \oint_c \frac{e^{3z}}{(z+1)^3} dz = \frac{2\pi i}{2!} f''(-1) = \pi i 9 e^{3(-1)} = 9\pi i e^{-3}$$

◆ 習 題

1. 求 $\oint_c \frac{ze^z}{z+1} dz$ ，$c : |z-1| = 2$

2. 求 $\oint_c \frac{e^{z^2}}{z^2(z-i)} dz$ ，$c : |z-i| = 3$

3. 求 $\oint_c \frac{z^2 + 3z + 1}{z+1} dz$ ，$c : |z+i| = 1$

4. 求 $\oint_c \frac{e^z}{z^3} dz$ ，$c : |z| = 2$

5. 求 $\oint_c \frac{z+3}{z^3 + 2z^2} dz$ ，$c : |z-2-i| = 2$

（提示：$\oint_c \frac{z+3}{z^3 + 2z^2} dz = \oint_c \frac{\frac{z+3}{z^2} dz}{z+2}$ ）

6. $\oint_c \frac{f(z)}{(z-m)(z-n)} dz$ ，$c : |z| = 1$，$|m| < 1$，$|n| < 1$，且 $m \neq n$

7. 求 $\oint_c \frac{e^{2z}}{z(z-1)} dz$ ，$c : |z| = 2$

8. 求 $\oint_c \frac{e^{2z}}{z^2(z-1)} dz$ ，$c : |z| = 2$

9. 求 $\oint_c \frac{\sin z}{z - \frac{\pi}{2}} dz$ ，$c : |z| = 2$

10. 求 $\oint_c \frac{e^z}{2z+3} dz$ ，$c : |z| = 1$

11. $\int_c \bar{z} \, dz$ ；$c : y = x^2$，c：由 0 到 $i+1$ 之線段

12. $\int_c Re\,(z) dz$ ；c：0 到 $1+i$ 之直線

13. $\int_i^{i+1} z \, dz$

14. $\displaystyle\int_0^{\pi i} z\cos z\,dz$

15. $\displaystyle\int_{-\pi i}^{\pi i} \cos z\,dz$

16. $\displaystyle\oint_c Re\,(z^2)dz$；$c$：頂點為 0，1，$1+i$，i（順時針方向）之正方形邊界

8.6 羅倫展開式

在微積分課程內已學過泰勒級數，在複數系也有一類似之結果，這就是**羅倫級數**（Laurent's Series）。

奇異點與極點

函數 $f(z)$ 若在 $z=a$ 處不可解析，則 $z=a$ 為 $f(z)$ 的奇異點。例如 $f(z)=\dfrac{z}{z+2}$ 則 $z=-2$ 為 $f(z)$ 的奇異點。

若 $z=a$ 為 $f(z)$ 的奇異點且 $f(z)=\dfrac{\phi(z)}{(z-a)^n}$，$\phi(a)\neq0$，$\phi(z)$ 於包含 $z=a$ 在內的區域具解析性，則 $z=a$ 為 $f(z)$ 的 n 階極點，例如 $f(z)=\dfrac{z^2+4}{(z-2)^5}$，則 $z=2$ 為 $f(z)$ 的 5 階極點。

若 $f(z)$ 在 $z=a$ 處為一無限多階極點則稱 $z=a$ 為 $f(z)$ 的**本性奇異點**（Essential singularity）。 $f(z)=e^{\frac{1}{z}}=1+\dfrac{1}{z}+\dfrac{1}{2!\,z^2}+\dfrac{1}{3!\,z^3}+\cdots$ 則 $z=0$ 便為 $f(z)$ 的本性奇異點。

若 $f(z)$ 在區域 c 中除 $z=a$ 外其餘各處均為可解析，則稱 $z=a$ 為 $f(z)$ 之**孤立奇異點**（Isolated singularity）。例：$f(z)=\dfrac{z^2}{(z-1)^2}$ 之 $z=1$ 為 $f(z)$ 之孤立奇異點。

若 $f(z)=\dfrac{\phi(z)}{(z-a)^n}$，$n$ 為正整數 $\phi(a)\neq0$，且 $\phi(z)$ 在包含 $z=a$ 之區域內處處可解析，則稱 $f(z)$ 在 $z=a$ 有一孤立奇異點，稱為 n 階**極點**（pole），$n=1$ 時特稱**簡單極點**（Simple pole），例如：

$$f(z) = \frac{z}{(z-1) \quad (z-2)^2 \quad (z-3)^3}$$

有 3 個奇異點：$z=1$ 為簡單極點，$z=2$ 為 2 階極點，$z=3$ 為 3 階極點。

羅倫級數

有了奇異點、極點之觀念，我們便可步入本節之核心——羅倫級數。

若函數 $f(z)$ 在 $z=a$ 有一 n 階極點，且在圓心為 a 之圓 c 所圍區域內（包括圓周及其圓形區域）（即 $|z-a| \le r$，但 a 除外）之所有點均為可解析，則

$$f(z) = \frac{a_{-n}}{(z-a)^n} + \frac{a_{-(n-1)}}{(z-a)^{n-1}} + \cdots + \frac{a_{-1}}{z-a} + a_0 + a_1(z-a)$$

$$+ a_2(z-a)^2 + \cdots\cdots \dots\dots\dots\dots\dots\dots\dots\dots\dots\dots\dots\dots\dots\dots\dots(1)$$

(1) 便為 $f(z)$ 之羅倫級數。

羅倫級數中之 a_{-1} 非常重要，它是 $f(z)$ 在極點 $z=a$ 之**留數**（Residue）。留數在複數積分中扮演極其關鍵之角色。

複函數 $f(z)$ 羅倫級數之求法大致可歸納以下：

1. $|z| < 1$ 時，$f(z)$ 利用 $\dfrac{1}{1-z} = \sum\limits_{n=0}^{\infty} z^n$ 表示。

2. $|z| > k$ 時，利用 $\zeta = \dfrac{k}{z}$ 行變數變換來求 $f(z)$。

範例 1　求 $f(z) = \dfrac{1}{z-2}$，$|z-1| > 1$ 之羅倫級數。

解：$|z-1| > 1$　$\therefore \left| \dfrac{1}{z-1} \right| < 1$

因此

$$f(z) = \frac{1}{z-2} = \frac{1}{(z-1)-1} = \frac{1}{z-1} \cdot \frac{1}{1-\frac{1}{z-1}}$$

$$= \frac{1}{z-1}\left(1 + \frac{1}{z-1} + \frac{1}{(z-1)^2} + \frac{1}{(z-1)^3} + \cdots\right)$$

$$= \frac{1}{z-1} + \frac{1}{(z-1)^2} + \frac{1}{(z-1)^3} + \frac{1}{(z-1)^4} + \cdots$$

在上例中，若 $|z-1| < 1$，則

$$f(z) = \frac{1}{z-2} = -\frac{1}{2-z} = -\frac{1}{(1-z)+1} =$$
$$-(1-(1-z) + (1-z)^2 - (1-z)^3 + \cdots)$$
$$= -1 + (1-z) - (1-z)^2 + (1-z)^3 - \cdots$$

範例 2　$f(z) = \dfrac{1}{z-1}$，分別求 $|z|<1$ 與 $|z|>1$ 之羅倫級數。

解：(1) $|z| < 1$：

$$f(z) = \frac{1}{z-1} = -\frac{1}{1-z} = -(1 + z + z^2 + \cdots) = -1 - z - z^2 - \cdots$$

(2) $|z| > 1$，$\therefore \left|\dfrac{1}{z}\right| < 1$

$$f(z) = \frac{1}{z-1} = \frac{1}{z} \cdot \frac{1}{1-\frac{1}{z}} = \frac{1}{z}\left(1 + \frac{1}{z} + \frac{1}{z^2} + \frac{1}{z^3} + \cdots\right)$$

$$= \frac{1}{z} + \frac{1}{z^2} + \frac{1}{z^3} + \frac{1}{z^4} + \cdots$$

範例 3　$f(z) = \dfrac{1}{z^2 + 1}$ 分別求 $|z| > 1$ 及 $|z - i| > 2$ 之羅倫級數。

解：(1) $|z| > 1$ 時 $\left| \dfrac{1}{z} \right| < 1$，從而 $\left| \dfrac{1}{z^2} \right| < 1$

$$\therefore f(z) = \frac{1}{z^2 + 1} = \frac{1}{z^2} \cdot \frac{1}{1 + \dfrac{1}{z^2}} = \frac{1}{z^2}\left(1 - \frac{1}{z^2} + \frac{1}{z^4} - \frac{1}{z^6} + \cdots \right)$$

$$= \frac{1}{z^2} - \frac{1}{z^4} + \frac{1}{z^6} - \frac{1}{z^8} + \cdots$$

(2) $|z - i| > 2$　$\therefore \left| \dfrac{2i}{z - i} \right| < 1$

$$f(z) = \frac{1}{1 + z^2} = \frac{1}{z - i} \cdot \frac{1}{z + i} = \frac{1}{z - i} \cdot \frac{1}{z - i} \cdot \frac{1}{\dfrac{z + i}{z - i}}$$

$$= \frac{1}{z - i} \cdot \frac{1}{z - i} \cdot \frac{1}{1 + \dfrac{2i}{z - i}}$$

$$= \frac{1}{(z - i)^2}\left[1 - \left(\frac{2i}{z - i} \right) + \left(\frac{2i}{z - i} \right)^2 - \left(\frac{2i}{z - i} \right)^3 + \cdots \right]$$

$$= \frac{1}{(z - i)^2} - \frac{2i}{(z - i)^3} - \frac{4}{(z - i)^4} + \frac{8i}{(z - i)^5} - \cdots$$

範例 3 之 (2)，部份讀者可能會有下列想法：

$\because |z - i| > 2$ $\therefore \left| \dfrac{2}{z - i} \right| < 1$　，如此

$f(z) = \dfrac{1}{z^2 + 1}$ 便無法表成 $\sum a_n (z - i)^{-n}$ 之形式。

我們再看下列較複雜的例子：

範例 4　求 $f(z) = \dfrac{1}{z^2 - 3z + 2}$ 在 $2 > |z| > 1$ 之羅倫級數。

解：$f(z) = \dfrac{1}{z^2 - 3z + 2} = \dfrac{1}{(z-1)(z-2)} = \dfrac{1}{z-2} - \dfrac{1}{z-1}$

(1) $\because |z| > 1 \quad \therefore \left| \dfrac{1}{z} \right| < 1$

$$\dfrac{1}{z-1} = \dfrac{1}{z} \cdot \dfrac{1}{1 - \dfrac{1}{z}} = \dfrac{1}{z}\left(1 + \dfrac{1}{z} + \dfrac{1}{z^2} + \dfrac{1}{z^3} + \cdots \right)$$

$$= \dfrac{1}{z} + \dfrac{1}{z^2} + \dfrac{1}{z^3} + \cdots$$

(2) $2 > |z| \quad \therefore \left| \dfrac{z}{2} \right| < 1$

$$\dfrac{1}{z-2} = -\dfrac{1}{2} \dfrac{1}{1 - \dfrac{z}{2}} = \dfrac{-1}{2}\left(1 + \dfrac{z}{2} + \dfrac{z^2}{4} + \dfrac{z^3}{8} + \cdots \right)$$

由 (1)(2) 知 $2 > |z| > 1$ 下，$f(z) = \dfrac{1}{z^2 - 3z + 2}$ 之羅倫級數為

$$f(z) = \dfrac{-1}{2} - \dfrac{z}{4} - \dfrac{z^2}{8} - \cdots - \dfrac{1}{z} - \dfrac{1}{z^2} - \dfrac{1}{z^3} \cdots$$

或　$\cdots \dfrac{-1}{z^3} - \dfrac{1}{z^2} - \dfrac{1}{z} - \dfrac{1}{2} - \dfrac{z}{4} - \dfrac{z^2}{8} \cdots$

範例 5　試依下列 z 之定義域分別求 $f(z) = \dfrac{1}{(z+1)(z+3)}$ 之羅倫級數
　　　(1) $1 < |z| < 3$　(2) $|z| < 1$

解：$f(z) = \dfrac{1}{(z+1)(z+3)} = \dfrac{1}{2}\left(\dfrac{1}{z+1} - \dfrac{1}{z+3} \right)$

(1) $1 < |z| < 3$ 時，仿範例 4

依① $|z| > 1 \therefore |\dfrac{1}{z}| < 1$，及② $|z| < 3 \therefore |\dfrac{z}{3}| < 1$ 分別展開：

$$f(z) = \frac{1}{2}\frac{1}{z+1} - \frac{1}{2}\frac{1}{z+3}$$

$$= \frac{1}{2z}\frac{1}{1+\frac{1}{z}} - \frac{1}{2} \cdot \frac{1}{3}\frac{1}{1+\frac{z}{3}}$$

$$= \frac{1}{2z}\left(1 - \frac{1}{z} + \frac{1}{z^2} - \frac{1}{z^3} + \cdots\right)$$

$$\quad - \frac{1}{6}\left(1 - \frac{z}{3} + \frac{z^2}{9} - \frac{z^3}{27} + \cdots\right)$$

(2) $|z|<1$

$$f(z) = \frac{1}{2}\frac{1}{1+z} - \frac{1}{2}\frac{1}{3+z}$$

$$= \frac{1}{2}\frac{1}{1+z} - \frac{1}{6}\frac{1}{1+\frac{z}{3}}$$

$$= \frac{1}{2}(1 - z + z^2 - z^3 + \cdots)$$

$$\quad - \frac{1}{6}\left(1 - \frac{z}{3} + \frac{z^2}{9} - \frac{z^3}{27} + \cdots\right)$$

範例 6　將 $f(z) = \dfrac{1}{(z+1)^2}$ 在點 $z=1$ 展開成冪級數。

解：$f(z) = \dfrac{1}{(z+1)^2} = \dfrac{1}{[(z-1)+2]^2} = \dfrac{1}{4}\dfrac{1}{\left(1+\dfrac{z-1}{2}\right)^2}$

取 $u = \dfrac{z-1}{2}$

則 $f(z) = \dfrac{1}{(z+1)^2} = \dfrac{1}{4}\dfrac{1}{(1+u)^2} = \dfrac{1}{4}(1+u)^{-2}$

$$= \frac{1}{4}\left[1 + (-2)u + \frac{(-2)(-3)}{2!}u^2 + \frac{(-2)(-3)(-4)}{3!}u^3 + \cdots\right]$$

$$= \frac{1}{4}(1 - 2u + 3u^2 - 4u^3 + \cdots)$$

$$= \frac{1}{4}\left(1 - 2\left(\frac{z-1}{2}\right) + 3\left(\frac{z-1}{2}\right)^2 - 4\left(\frac{z-1}{2}\right)^3 + \cdots\right)$$

$$= \frac{1}{4}\left(1 - (z-1) + \frac{3}{4}(z-1)^2 - \frac{1}{2}(z-1)^3 + \cdots\right) \text{，} |z-1| < 2$$

在範例 6 中，我們利用二次展開式展開：

$$(1+u)^n = 1 + \frac{n}{1!}u + \frac{n(n-1)}{2!}u^2 + \frac{n(n-1)(n-2)}{3!}u^3 + \cdots$$

範例 7 　將 $f(z) = \dfrac{z+1}{2-2z}$ 在點 z = 0 展開成冪級數

解： $f(z) = \dfrac{z+1}{2-2z} = \dfrac{1}{2} \cdot \dfrac{1+z}{1-z} = \dfrac{1}{2}\left(-1 + \dfrac{2}{1-z}\right)$

$\qquad = \dfrac{-1}{2} + \dfrac{1}{1-z} = \dfrac{-1}{2} + (1 + z + z^2 + \cdots) = \dfrac{-1}{2} + \sum\limits_{n=0}^{\infty} z^n \text{，} |z| < 1$

◆ 習 題

1. $f(z) = \dfrac{1}{z-3}$ 分別求 (1) $|z| < 3$ 與 (2) $|z| > 3$ 之羅倫級數

2. $f(z) = \dfrac{1}{1+z^2}$ 求 $|z - i| < 2$ 之羅倫級數

3. $f(z) = \dfrac{1}{z(1+z)}$，分別求 (1)$|z| > 1$ 及 (2)$|z+1| > 1$ 之羅倫級數

4. $f(z) = \dfrac{z-2}{z^2-4z+3}$，分別求 (1)$|z| < 1$　(2)$1 < |z| < 3$　(3)$|z| > 3$ 之羅倫級數

5. $f(z) = \dfrac{e^z}{(z-1)^2}$，求 $z_0 = 1$ 之展開式

6. $f(z) = \dfrac{1}{(z-1)(z-3)}$，求 (a) $3 > |z| > 1$，(b) $|z| > 3$ 之羅倫級數

8.7 留數定理

$f(z)$ 之羅倫級數為

$$f(z) = \frac{a_{-n}}{(z-a)^n} + \frac{a_{-(n-1)}}{(z-a)^{n-1}} + \cdots + \frac{a_{-1}}{(z-a)} + a_0 +$$

$$a_1(z-a) + a_2(z-a)^2 + \cdots$$

定理：1. 若 $z = a$ 為 $f(z)$ 之簡單極點，則 $f(z)$ 在 $z = a$ 之留數

a_{-1} 或 $\mathrm{Res}\,(a) = \lim\limits_{z \to a} (z-a) f(z)$

2. 若 $z = a$ 為 $f(z)$ 之 k 階極點，則 $f(z)$ 在 $z = a$ 之留數

a_{-1} 或 $\mathrm{Res}\,(a) = \lim\limits_{z \to a} \dfrac{1}{(k-1)!} \dfrac{d^{k-1}}{dz^{k-1}} \{(z-a)^k f(z)\}$

證明：(a) 若 $f(z)$ 在 a 處有一簡單極點，則羅倫級數為：

$$f(z) = \frac{a_{-1}}{z-a} + a_0 + a_1(z-a) + a_2(z-a)^2 + \cdots$$

$$\therefore \lim_{z \to a} (z-a) f(z) = \lim_{z \to a} [a_{-1} + a_0(z-a) + a_1(z-a)^2 + a_2(z-a)^3 + \cdots]$$

$$= a_{-1} = \mathrm{Res}\,(a)$$

(b) 若 $f(z)$ 在 a 處有 k 階極點，則羅倫級數為：

$$f(z) = \frac{a_{-k}}{(z-a)^k} + \frac{a_{-k+1}}{(z-a)^{k-1}} + \cdots + \frac{a_{-1}}{z-a} + a_0 + a_1(z-a) + a_2(z-a)^2 + \cdots$$

$$\therefore (z-a)^k f(z) = a_{-k} + a_{-k+1}(z-a) + \cdots + a_{-1}(z-a)^{k-1} + a_0(z-a)^k + \cdots$$

及 $\dfrac{d^{k-1}}{dz^{k-1}}[(z-a)^k f(z)] = (k-1)!a_{-1} + k!a_0(z-a) + (k+1)!a_1(z-a)^2 + \cdots$

$$\therefore \lim_{z \to a} \frac{d^{k-1}}{dz^{k-1}}[(z-a)^k f(z)] = (k-1)!a_{-1} = (k-1)! \,\mathrm{Res}(a)$$

即 $\mathrm{Res}\,(a) = \dfrac{1}{(k-1)!} \lim\limits_{z \to a} \dfrac{d^{k-1}}{dz^{k-1}}[(z-a)^k f(z)]$

範例 1　求 $f(z) = \dfrac{z}{(z-1)(z^2+1)}$ 極點之留數

解：由觀察法可知，$z=1$，$\pm i$ 均為 $f(z)$ 之簡單極點：

$$\therefore \text{Res}(1) = \lim_{z \to 1} (z-1) \cdot \frac{z}{(z-1)(z^2+1)}$$

$$= \lim_{z \to 1} \frac{z}{z^2+1} = \frac{1}{2}$$

$$\text{Res}(i) = \lim_{z \to i} (z-i) \cdot \frac{z}{(z-1)(z^2+1)}$$

$$= \lim_{z \to i} (z-i) \cdot \frac{z}{(z-1)(z+i)(z-i)}$$

$$= \lim_{z \to i} \frac{z}{(z-1)(z+i)}$$

$$= \frac{i}{2i(i-1)} = \frac{-1-i}{4}$$

$$\text{Res}(-i) = \lim_{z \to -i} (z+i) \cdot \frac{z}{(z-i)(z^2+1)}$$

$$= \lim_{z \to -i} (z+i) \cdot \frac{z}{(z-1)(z+i)(z-i)}$$

$$= \lim_{z \to -i} \frac{z}{(z-1)(z-i)} = \frac{-1+i}{4}$$

範例 2　求 $f(z) = \dfrac{1}{z^3(z+1)}$ 極點之留數

解：由觀察法知 $f(z)$ 有二個極點 $z=0$（3階），$z=-1$（單階）

$$\therefore \text{Res}(0) = \lim_{z \to 0} \frac{1}{2!} \cdot \frac{d^2}{dz^2} \left\{ z^3 \cdot \frac{1}{z^3(z+1)} \right\}$$

$$= \frac{1}{2} \lim_{z \to 0} \frac{d^2}{dz^2} \frac{1}{1+z} = \frac{1}{2} \lim_{z \to 0} \frac{d^2}{dz^2} (1+z)^{-1}$$

$$= \frac{1}{2} \lim_{z \to 0} \frac{d}{dz} \left(-(1+z)^{-2} \right)$$

$$= \lim_{z \to 0} (1+z)^{-3} = 1$$

$$\text{Res}\,(-1) = \lim_{z \to -1} (z+1) \cdot \frac{1}{z^3(z+1)} = \lim_{z \to -1} \frac{1}{z^3} = -1$$

範例 3　求 $f(z) = \cot z$，$z = \pi$ 之留數

解：$z = \pi$ 為 $\cot z = \dfrac{\cos z}{\sin z}$ 之單階極點

$$\therefore \text{Res}\,(\pi) = \lim_{z \to \pi} (z - \pi) \cot z = \lim_{z \to \pi} (z - \pi) \frac{\cos z}{\sin z}$$

$$= \lim_{z \to \pi} \frac{z - \pi}{\sin z} \cdot \lim_{z \to \pi} \cos z = \lim_{z \to \pi} \frac{1}{\cos z} \cdot (-1)$$

$$= (-1)(-1) = 1$$

下面之範例 4，範例 5 將是 2 個較為複雜變函數極點留數之求法。

範例 4　求 $f(z) = \dfrac{1}{1 - e^z}$ 奇異點之留數

解：由羅倫級數

$$f(z) = \frac{1}{1 - e^z} = \frac{1}{1 - \left(1 + z + \dfrac{z^2}{2!} + \dfrac{z^3}{3!} + \cdots \right)}$$

$$= \frac{1}{-z - \dfrac{z^2}{2} - \dfrac{z^3}{6} - \cdots}$$

$$= -1\left(\frac{1}{z}\right) + \frac{1}{2} - \frac{z}{12} + \cdots \quad , \ 0 < |z| < \infty \ \cdots\cdots\cdots\cdots\cdots\cdots\cdots\cdots\cdots\cdots\cdots\cdots (1)$$

$\underset{a_{-1}}{\uparrow}$

∴ $f(z)$ 在奇異點之留數為 -1

(1) 之計算如下：

$$-z - \frac{z^2}{2} - \frac{z^3}{6} \cdots \overline{\smash{\big)}\ 1} \quad \begin{array}{c} \dfrac{-1}{z} + \dfrac{1}{2} \\ \hline \end{array}$$

$$\begin{array}{c} 1 + \dfrac{z}{2} + \dfrac{z^2}{6} \cdots \\ \hline -\dfrac{z}{2} - \dfrac{z^2}{6} \cdots \\ -\dfrac{z}{2} - \dfrac{z^2}{4} \\ \hline \dfrac{z^2}{12} + \cdots \end{array}$$

範例 5 求 $f(z) = \dfrac{1}{z - \sin z}$ 在 $z = 0$ 處之留數

解： $f(z) = \dfrac{1}{z - \sin z} = \dfrac{1}{z - \left(z - \dfrac{z^3}{3!} + \dfrac{z^5}{5!}\right)} = \dfrac{1}{\dfrac{z^3}{6} - \dfrac{z^5}{120} - \cdots}$ $\cdots\cdots\cdots\cdots\cdots\cdots\cdots\cdots (1)$

$$= \frac{6}{z^3} + \frac{6}{20}\frac{1}{z} + \cdots$$

$\underset{a_{-1}}{\uparrow}$

∴ $\text{Res}(0) = \dfrac{6}{20} = \dfrac{3}{10}$

(1) 之計算如下：

$$
\begin{array}{r}
\dfrac{6}{z^3} + \dfrac{6}{20z}\cdots \\[2mm]
\dfrac{z^3}{6} - \dfrac{z^5}{120} + \dfrac{z^7}{840}\cdots \overline{\smash{\big)}\ 1} \\[2mm]
1 - \dfrac{z^2}{20} + \dfrac{z^4}{140}\cdots \\[2mm]
\hline
\dfrac{z^2}{20} - \dfrac{z^4}{140}\cdots \\[2mm]
\dfrac{z^2}{20} - \dfrac{z^4}{400}\cdots \\[2mm]
\hline
\dfrac{-13}{2800}z^4\cdots
\end{array}
$$

留數積分

定理：若 $f(z)$ 在簡單曲線 c 及其內部區域，除了 c 內之極點 $z = z_1$，$z_2, \cdots, z_n$ 外均可解析，則

$$\oint_c f(z)\,dz = 2\pi i\,(\mathrm{Res}(z_1) + \mathrm{Res}(z_2) + \cdots + \mathrm{Res}(z_n))\quad （路徑 c 之反時針方向）$$

基本上，Cauchy 積分公式及積分定理都是上述定理之特例。

範例 6 　根據下列不同曲線 c，分別計算 $\oint_c \dfrac{z^2-1}{z^2+1}dz$

(1) $|z-1| = 1$　(2) $|z-i| = 1$　(3) $|z| = 2$

解：$f(z) = \dfrac{z^2-1}{z^2+1}$ 有兩個極點 i 與 $-i$

$$\mathrm{Res}\,(i) = \lim_{z \to i}(z-i)\frac{z^2-1}{z^2+1} = \lim_{z \to i}\frac{z^2-1}{z+i} = \frac{-2}{2i} = i$$

$$\mathrm{Res}\,(-i) = \lim_{z \to -i}(z+i)\frac{z^2-1}{z^2+1} = \lim_{z \to -i}\frac{z^2-1}{z-i} = \frac{-2}{-2i} = -i$$

(1) $c：|z-1|=1：z=i, -i$ 均落在 c 之外

$$\therefore \oint_c \frac{z^2-1}{z^2+1}dz = 0$$

(2) $c：|z-i|=1：$ 只有 $z=i$ 落在 c 內

$$\therefore \oint_c \frac{z^2-1}{z^2+1}dz = 2\pi i \text{Res}(i) = 2\pi i \cdot i = -2\pi$$

(3) $c：|z|=2：z=\pm i$ 均落在 c 內

$$\therefore \oint_c \frac{z^2-1}{z^2+1}dz = 2\pi i(\text{Res}(i) + \text{Res}(-i))$$

$$= 2\pi i(i-i) = 0$$

範例 7 求 $\oint_c \dfrac{dz}{z^2(z-1)}$，$c$ 之閉曲線圖如下圖：

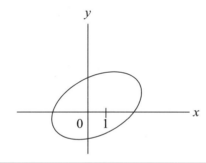

解：$\oint_c \dfrac{dz}{z^2(z-1)} = 2\pi i\{\text{Res}(0) + \text{Res}(1)\}$ .... (1)

$$\text{Res}(0) = \frac{1}{1!}\lim_{z \to 0}\frac{d}{dz}z^2 \cdot \frac{1}{z^2(z-1)} = \lim_{z \to 0}\frac{-1}{(z-1)^2} = -1$$

$$\text{Res}(1) = \lim_{z \to 1}(z-1) \cdot \frac{1}{z^2(z-1)} = \lim_{z \to 1}\frac{1}{z^2} = 1$$

代入上述結果 (1) 得

$$\therefore \oint_c \frac{dz}{z^2(z-1)} = 2\pi i(-1+1) = 0$$

範例 8　求 $\oint_{\Gamma} f(z)dz$，$f(z) = \dfrac{1}{z^2 - 1}$

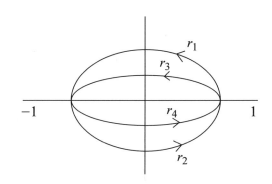

解：$\oint_{\Gamma_1} \dfrac{dz}{z^2 - 1} = 2\pi i(\text{Res}(-1))$

$$= 2\pi i \lim_{z \to -1} (z + 1) \cdot \dfrac{1}{z^2 - 1}$$

$$= 2\pi i \lim_{z \to -1} \dfrac{1}{z - 1} = 2\pi i \left(-\dfrac{1}{2}\right) = -\pi i$$

範例 9，10 我們都分別用 Cauchy 積分定理與留數定理來解題，希讀者從中體會、比較。

範例 9　求 $\int_{\Gamma} \dfrac{1}{z} dz$，(a) $\Gamma : r_1 + r_2$　(b) $\Gamma : r_3 + r_4$

解：方法一：

$$\int_{r_1} \dfrac{1}{z} dz = \int_{r_3} \dfrac{1}{z} dz$$

$$\int_{r_2} \dfrac{1}{z} dz = \int_{r_4} \dfrac{1}{z} dz$$

$$\therefore \int_{r_1 + r_2} \dfrac{1}{z} dz = \oint_{|z| = 1} \dfrac{1}{z} dz = 2\pi i$$

$$\int_{r_3+r_4} \frac{1}{z}dz = \oint_{|z|=1} \frac{1}{z}dz = 2\pi i$$

方法二：

$$\int_{r_1+r_2} \frac{1}{z}dz = 2\pi i[\text{Res}(0)]$$

$$= 2\pi i \lim_{z\to 0} z \cdot \frac{1}{z} = 2\pi i$$

$$\int_{r_3+r_4} \frac{1}{z}dz = 2\pi i[\text{Res}(0)]$$

$$= 2\pi i \lim_{z\to 0} z \cdot \frac{1}{z} = 2\pi i$$

範例 **10** 求下列各子題之 $\oint_{\Gamma} \frac{1}{z^2+1}dz$

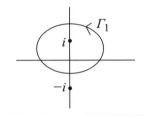 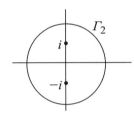 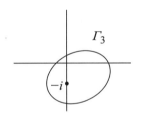

解：(a) $\oint_{\Gamma_1} \frac{1}{z^2+1}dz = \int_{\Gamma_1} \frac{1}{2i}\left(\frac{1}{z-i} - \frac{1}{z+i}\right)dz$

$$= \frac{1}{2i}\int_{\Gamma_1} \frac{1}{z-i}dz - \frac{1}{2i}\int_{\Gamma_1} \frac{1}{z+i}dz$$

$$= \frac{1}{2i} \cdot 2\pi i - \frac{1}{2i} \cdot 0 = \pi$$

(a') $\oint_{\Gamma_1} \frac{dz}{z^2+1} = 2\pi i\text{Res}\,(i)$

$$= 2\pi i \cdot \lim_{z\to i} (z-i) \cdot \frac{1}{z^2+1} = 2\pi i \cdot \frac{1}{2i} = \pi$$

(b) $\oint_{\Gamma_2} \frac{dz}{z^2+1} = \frac{1}{2i}\int_{\Gamma_2} \frac{1}{z-i}dz - \frac{1}{2i}\int_{\Gamma_2} \frac{1}{z+i}dz$

$$= \frac{1}{2i} \cdot 2\pi i - \frac{1}{2i} \cdot (2\pi i) = 0$$

(b') $\oint_{\Gamma_2} \dfrac{1}{z^2+1} dz = 2\pi i(\text{Res }(i) + \text{Res }(-i))$

$\text{Res }(i) = \lim\limits_{z \to i} (z-i) \dfrac{1}{z^2+1} = \lim\limits_{z \to i} \dfrac{1}{z+1} = \dfrac{1}{2i}$

$\text{Res }(-i) = \lim\limits_{z \to -i} (z+i) \dfrac{1}{z^2+1} = \lim\limits_{z \to -i} \dfrac{1}{z+i} = -\dfrac{1}{2i}$

$\therefore \int_{\Gamma_2} \dfrac{1}{z^2+1} dz = 2\pi i(\text{Res }(i) + \text{Res }(-i))$

$= 2\pi i \left(\dfrac{1}{2i} - \dfrac{1}{2i} \right) = 0$

(c) $\oint_{\Gamma_3} \dfrac{1}{z^2+1} dz = \dfrac{1}{2i} \int_{\Gamma_3} \dfrac{1}{z-i} dz - \dfrac{1}{2i} \int_{\Gamma_3} \dfrac{1}{z+i} dz$

$= \dfrac{1}{2i} \cdot 0 - \dfrac{1}{2i} \cdot 2\pi i = -\pi$

(c') $\oint_{\Gamma_2} \dfrac{1}{z^2+1} dz = 2\pi i(\text{Res }(-i))$

$= 2\pi i \lim\limits_{z \to i} (z+i) \dfrac{1}{z^2+1} = 2\pi i \left(\dfrac{1}{-2i} \right) = -\pi$

◆ 習 題

1～10 題，求下列各題在奇異點之留數：

1. $f(z) = \dfrac{ze^z}{z^2-1}$

2. $f(z) = \dfrac{1}{z} e^z$

3. $f(z) = \dfrac{e^z}{(z-1)(z+3)^2}$

4. $f(z) = \dfrac{\sin z}{z^4}$

5. $f(z) = \dfrac{\cos z}{z}$

6. $f(z) = \sin\left(\dfrac{1}{2z} \right)$

7. $f(z) = \left(\dfrac{z-1}{z+1}\right)^3$

8. $f(z) = e^{\frac{1+z}{z}}$

以下之 c 均為反時鐘方向：

9. 求 $\displaystyle\oint_c \frac{z^2-1}{z^2+1}\,dz$ ，(a)$c：|z-2i|=2$　(b)$c：|z+i|=1$

10. 求 $f(z) = \dfrac{\cos z}{z^3}$ 在 $z=0$ 處之留數，以此結果求 $\displaystyle\oint_c \frac{\cos z}{z^3}\,dz$ ，$c：|z|=1$

11. 求 $\displaystyle\oint_c \frac{\sin z}{\left(z-\dfrac{1}{2}\right)^5}$ ，$c：|z|=1$

12. 求 $\displaystyle\oint_c \frac{e^{2z}}{z^3}\,dz$ ，$c：|z|=1$

13. 求 $\displaystyle\oint_c \frac{5z+3}{z^2(z+2)}\,dz$ ，(a) $c：|z|=1$ ；(b) $c：|z|=3$

14. $\displaystyle\oint_c \frac{z^2+\dfrac{1}{3}}{z^3+z}\,dz$ ，$c：|z-\dfrac{1}{2}|=3$（順時鐘方向）

8.8　留數定理在特殊函數定積分上應用

　　留數定理一個重要之應用即是計算某些瑕積分，在應用時之基本步驟是選擇適當之 $f(z)$ 及適當之路徑 c，經由留數定理而完成。

　　在微積分：若 f 在 $[0, \infty)$ 為連續則 $\displaystyle\int_0^\infty f(x)dx = \lim_{b\to\infty}\int_0^b f(x)dx$ ，同樣地，若 f 在 $(-\infty, 0]$ 為連續則 $\displaystyle\int_{-\infty}^0 f(x)dx = \lim_{c\to -\infty}\int_c^0 f(x)dx$ ，若 f 在 $(-\infty, \infty)$ 中為連續且上述二個積分都存在則

$$\int_{-\infty}^{\infty} f(x)dx = \lim_{b\to\infty}\int_0^b f(x)dx + \lim_{c\to-\infty}\int_c^0 f(x)dx \quad\cdots\cdots (1)$$

若 (1) 式存在，則

$$\int_{-\infty}^{\infty} f(x)dx = \lim_{R\to\infty}\int_{-R}^R f(x)dx \quad\cdots\cdots (2)$$

要注意的是：$\int_{-\infty}^{\infty} f(x)dx = \lim_{R\to\infty}\int_{-R}^R f(x)dx$ 存在，並不保證 (1) 之右端存在。

例如 $\int_{-\infty}^{\infty} x\,dx$ 在微積分是不存在，但

$$\lim_{R\to\infty}\int_{-R}^R x\,dx = \lim_{R\to\infty}\left(\frac{R^2}{2} - \frac{(-R)^2}{2}\right) = 0$$

定義：f 在 $(-\infty, \infty)$ 中為連續，則 f 在 $(-\infty, \infty)$ 之 **Cauchy 主值**（Cauchy principal value，以 **PV** 表示）$\lim_{R\to\infty}\int_{-R}^R f(x)dx$

$$\text{PV}\int_{-\infty}^{\infty} f(x)dx \equiv \lim_{R\to\infty}\int_{-R}^R f(x)dx$$

瑕積分 $\int_{-\infty}^{\infty} f(x)dx$ 存在則它必等於其主值。

我們將以例題說明如何應用留數定理選擇適當路徑計算一些特殊函數之瑕積分。

定理：$z = Re^{i\theta}$，若 $|f(z)| \le \dfrac{M}{R^k}$，$k>1$，$M$ 為常數，Γ 為半徑是 R 之上半圓（如右圖）。則有

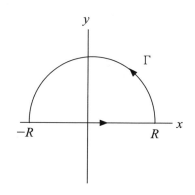

(1) $\lim_{R\to\infty}\int_\Gamma f(z)\,dz = 0$

(2) $\lim_{R\to\infty}\int_\Gamma e^{imz} f(z)\,dz = 0$

證明：

(1) $|\int_\Gamma f(z)\,dz| \le \int_\Gamma |f(z)|\,|dz| \le \dfrac{M}{R^k} \cdot \pi R = \dfrac{\pi M}{R^{k-1}}$

$\therefore \lim_{R\to\infty} |\int_\Gamma f(z)\,dz| \le \lim_{R\to\infty} \dfrac{\pi M}{R^{k-1}} = 0$

即 $\lim_{R\to\infty} \int_\Gamma f(z)\,dz = 0$

(2) $\int_\Gamma e^{imz} f(z)\,dz = \int_0^\pi e^{imRe^{i\theta}} f(Re^{i\theta}) iRe^{i\theta}\,d\theta$

$\therefore |\int_0^\pi e^{imRe^{i\theta}} f(Re^{i\theta}) iRe^{i\theta}\,d\theta| \le \int_0^\pi |e^{imRe^{i\theta}} f(Re^{i\theta}) iRe^{i\theta}|\,d\theta$

$= \int_0^\pi |e^{imR\cos\theta - mR\sin\theta} f(Re^{i\theta}) iRe^{i\theta}|\,d\theta$

$= \int_0^\pi e^{-mR\sin\theta} |f(Re^{i\theta})| R\,d\theta$

$\le \dfrac{M}{R^{k-1}} \int_0^\pi e^{-mR\sin\theta}\,d\theta = \dfrac{2M}{R^{k-1}} \int_0^{\pi/2} e^{-mR\sin\theta}\,d\theta$

又 $0 \le \theta \le \dfrac{\pi}{2}$ 時，$\sin\theta \ge \dfrac{2}{\pi}\theta$

$\therefore \dfrac{2M}{R^{k-1}} \int_0^{\frac{\pi}{2}} e^{-mR\sin\theta}\,d\theta \le \dfrac{2M}{R^{k-1}} \int_0^{\frac{\pi}{2}} e^{-mR \cdot \frac{2}{\pi}\theta}\,d\theta$

$= \left[\dfrac{2M}{R^{k-1}} \cdot \dfrac{\pi}{mR2\theta}(-e^{-mR\frac{2}{\pi}\theta})\right]_0^{\frac{\pi}{2}} = \dfrac{\pi M}{mR^k}(1 - e^{-mR})$

$\lim_{R\to\infty} \int_\Gamma e^{imz} f(z)\,dz = \lim_{R\to\infty} \dfrac{\pi M}{mR^k}(1 - e^{-mR}) = 0$

因此，我們可得到以下定理：

定理：若 $P(x)$，$Q(x)$ 分別是 n 次與 m 次之 x 的多項式，$m-n \ge 2$，且對所有之實數 $P(x) \ne 0$，則 $\int_{-\infty}^{\infty} \dfrac{Q(x)}{P(x)}dx = 2\pi i \times$ 所有 $\left(\dfrac{Q(x)}{P(x)}\right)$ 在上半平面留數之和）

範例 1　求 $\int_{-\infty}^{\infty} \dfrac{dx}{(x^2+1)^2}$

解：$f(z) = \dfrac{1}{(z^2+1)^2} = \dfrac{1}{(z+i)^2(z-i)^2}$ 有兩個極點 $z = \pm i$，其中僅 $z = i$（二階）位在上半平面

$$\begin{aligned} \operatorname{Res}(i) &= \lim_{z \to i} \frac{d}{dz}\left[(z-i)^2 \cdot \frac{1}{(z+i)^2(z-i)^2}\right] \\ &= \lim_{z \to i} \frac{-2}{(z+i)^3} = \frac{1}{4i} \end{aligned}$$

$$\therefore \int_{-\infty}^{\infty} \frac{dx}{(x^2+1)^2} = 2\pi i\left(\frac{1}{4i}\right) = \frac{\pi}{2}$$

範例 2　求 $\int_{-\infty}^{\infty} \dfrac{x^2}{(x^2+1)(x^2+4)}dx$

解：$f(z) = \dfrac{z^2}{(z^2+1)(z^2+4)} = \dfrac{z^2}{(z+i)(z-i)(z+2i)(z-2i)}$ ，有四個極點其中

$z = i$，$2i$ 在上半平面

$$\begin{aligned} \operatorname{Res}(i) &= \lim_{z \to i} (z-i) \cdot \frac{z^2}{(z+i)(z-i)(z+2i)(z-2i)} \\ &= \frac{i}{6} \end{aligned}$$

$$\operatorname{Res}(2i) = \lim_{z \to 2i} (z-2i) \frac{z^2}{(z+i)(z-i)(z+2i)(z-2i)} = \frac{-i}{3}$$

$$\therefore \int_{-\infty}^{\infty} \frac{x^2\,dx}{(x^2+1)(x^2+4)} = 2\pi i(\operatorname{Res}(i) + \operatorname{Res}(2i)) = \frac{\pi}{3}$$

範例 3　求 $\int_{-\infty}^{\infty} \frac{dx}{1+x^4}$

解：$f(z) = \frac{1}{1+z^4}$，$1+z^4 = 0$ 時得 $z_1 = e^{\pi i/4}, z_2 = e^{3\pi i/4}, z_3 = e^{5\pi i/4}, z_4 = e^{7\pi i/4}$

為 4 個極點，其中 $z_1 = e^{\pi i/4}, z_2 = e^{3\pi i/4}$ 在上半平面

$$\text{Res } (z_1) = \lim_{z \to z_1} (z - z_1) \cdot \frac{1}{1+z^4}$$

$$= \lim_{z \to z_1} \frac{1}{4z^3} \quad (\text{L'Hospital 法則})$$

$$= \frac{1}{4} e^{-3\pi i/4}$$

$$\text{Res } (z_2) = \lim_{z \to z_2} (z - z_2) \cdot \frac{1}{1+z^4}$$

$$= \lim_{z \to z_2} \frac{1}{4z^3} = \frac{1}{4} e^{-9\pi i/4}$$

$$\therefore \int_{-\infty}^{\infty} \frac{dx}{1+x^4} = 2\pi i(\text{Res } (z_1) + \text{Res } (z_2))$$

$$= 2\pi i \left(\frac{1}{4} e^{-\frac{3\pi i}{4}} + \frac{1}{4} e^{-9\pi i/4} \right)$$

$$= \frac{2\pi i}{4} \left[\left(-\frac{\sqrt{2}}{2} - \frac{\sqrt{2}}{2}i \right) + \left(\frac{\sqrt{2}}{2} - \frac{\sqrt{2}}{2}i \right) \right] = \frac{\sqrt{2}}{2}\pi$$

定理：$P(x)$，$Q(x)$ 都是 x 之實函數，$P(x) \neq 0$，$v > 0$ 則

(1) $\int_{-\infty}^{\infty} \cos vx \frac{Q(x)}{P(x)} dx = \text{Re} \left[2\pi i \left(\frac{Q(z)}{P(z)} e^{ivz} \text{ 之留數和} \right) \right]$

(2) $\int_{-\infty}^{\infty} \sin vx \frac{Q(x)}{P(x)} dx = \text{Im} \left[2\pi i \left(\frac{Q(z)}{P(z)} e^{ivz} \text{ 之留數和} \right) \right]$

> **範例 4**　求 $\int_{-\infty}^{\infty} \dfrac{\cos mx}{x^2+a^2}dx$

解：$\int_{-\infty}^{\infty} \dfrac{\cos mx}{x^2+a^2}dx = \mathrm{Re}\left\{\int_{-\infty}^{\infty} \dfrac{e^{imx}}{x^2+a^2}dx\right\}, m>0, a>0$

$f(z) = \dfrac{e^{imz}}{z^2+a^2} = \dfrac{e^{imz}}{(z+ai)(z-ai)}$　，有二個極點 $z=ai$ 及 $z=-ai$，其中 $z=ai$

在上半平面：

$\mathrm{Res}\,(ai) = \lim_{Z \to ai}(z-ai)\cdot \dfrac{e^{imz}}{(z+ai)(z-ai)}$

$\qquad\qquad = \dfrac{e^{im(ai)}}{2ai} = \dfrac{e^{-am}}{2ai}$

$\therefore \int_{-\infty}^{\infty} \dfrac{\cos mx}{x^2+a^2}dx = 2\pi i(\mathrm{Res}\,(ai))$

$\qquad\qquad\qquad = 2\pi i \cdot \dfrac{e^{-am}}{2ai} = \dfrac{\pi}{a}e^{-am}$

$$I = \int_0^{2\pi} f(\cos,\sin\theta)\,d\theta$$

在計算 $\int_0^{2\pi} f(\cos\theta,\sin\theta)d\theta$ 時，我們可藉 $z=e^{i\theta}$ 將它轉化成解析函數在閉曲線上積分，如此可用留數定理計算出所求之積分。

取 $z=e^{i\theta}$，則 $z=e^{i\theta}=\cos\theta+i\sin\theta$ $\therefore$ $0\le\theta\le2\pi$ 時按逆時針方向繞單位圓一週，便形成一閉曲線。

$\cos\theta = \dfrac{e^{i\theta}+e^{-i\theta}}{2} = \dfrac{z+\dfrac{1}{z}}{2}$

$\sin\theta = \dfrac{e^{i\theta}-e^{-i\theta}}{2i} = \dfrac{z-\dfrac{1}{z}}{2i}$

又　$z=e^{i\theta}$，$\dfrac{dz}{d\theta}=ie^{i\theta}=iz$

$\therefore I = \int_0^{2\pi} f(\cos\theta,\sin\theta)d\theta$

$$= \int_{|z|=1} f\left(\frac{z+\frac{1}{z}}{2}, \frac{z-\frac{1}{z}}{2i}\right)\frac{dz}{iz}$$

透過留數定理

$$I = 2\pi i\left(\text{所有 } f\left(\frac{z+\frac{1}{z}}{2}, \frac{z-\frac{1}{z}}{2i}\right)\frac{1}{iz} \text{ 之留數和}\right)$$

範例 5　求 $\int_0^{2\pi}\cos^2\theta d\theta$

解：取 $z = e^{i\theta}$

則 $\cos\theta = \dfrac{z+\frac{1}{z}}{2}$，$d\theta = \dfrac{dz}{iz}$

$\therefore$ 原式 $= \int_{|z|=1}\left(\dfrac{z+\frac{1}{z}}{2}\right)^2\dfrac{dz}{iz} = \int_{|z|=1}\dfrac{z^4+2z^2+1}{4iz^3}dz$ $\cdots\cdots$ (1)

$f(z) = \dfrac{z^4+2z^2+1}{4iz^3}$ 在 $z=0$ 處之留數為：

$$\text{Res}(0) = \lim_{z\to 0}\frac{1}{2!}\frac{d^2}{dz^2}\left(z^3\cdot\frac{z^4+2z^2+1}{4iz^3}\right)$$

$$= \frac{1}{2}\lim_{z\to 0}\frac{d}{dz}\left(\frac{4z^3+4z}{4i}\right) = \frac{1}{2i}\lim_{z\to 0}(3z^2+1) = \frac{1}{2i}$$

$\therefore$ (1) $= 2\pi i\left(\dfrac{1}{2i}\right) = \pi$

範例 6　求 $\int_0^{2\pi}\dfrac{d\theta}{3+2\cos\theta}$

解：取 $z = e^{i\theta}$ 則 $\cos\theta = \dfrac{1}{2}\left(z + \dfrac{1}{z}\right)$，$d\theta = \dfrac{dz}{iz}$

$$\int_0^\pi \frac{d\theta}{3+2\cos\theta} = \frac{1}{2}\int_0^{2\pi}\frac{d\theta}{3+2\cos\theta}$$

$$= \frac{1}{2}\int_{|z|=1}\frac{1}{3+2\cdot\frac{1}{2}\left(z+\frac{1}{z}\right)}\frac{dz}{iz} = \frac{1}{2i}\int_{|z|=1}\frac{dz}{z^2+3z+1}$$

$$= \frac{1}{2i}\int_{|z|=1}\frac{dz}{(z-p)(z-q)} \quad\cdots\cdots (1)$$

$\left(p = \dfrac{-3+\sqrt{5}}{2},\ q = \dfrac{-3-\sqrt{5}}{2}\right)$ （但 $q = \dfrac{-3-\sqrt{5}}{2}$ 落在 $|z|=1$ 外部）

$\therefore (1) = 2\pi i\,(\mathrm{Res}(p))$

又　$\mathrm{Res}\,(p) = \lim_{z\to p}(z-p)\cdot\dfrac{1}{(z-p)(z-q)} = \dfrac{1}{p-q} = \dfrac{1}{\sqrt{5}}$

$\therefore (1) = \dfrac{1}{2i}\left(2\pi i\dfrac{1}{\sqrt{5}}\right) = \dfrac{\sqrt{5}}{5}\pi$

範例 7　計算 $\displaystyle\int_0^{2\pi}\frac{dt}{\sqrt{2}+\sin t}$

解：令 $z = e^{it}$ 則 $\sin t = \dfrac{1}{2i}\left(z - \dfrac{1}{z}\right)$，$dt = \dfrac{dz}{iz}$

$$\therefore 原式 = \int_{|z|=1}\frac{\frac{dz}{iz}}{\sqrt{2}+\frac{1}{2i}\left(z-\frac{1}{z}\right)} = \int_{|z|=1}\frac{2dz}{z^2+2\sqrt{2}iz-1}$$

解 $z^2+2\sqrt{2}iz-1 = 0$ 得：

$$\begin{cases} z_1 = (-\sqrt{2}+1)i \Rightarrow |z_1| = |(-\sqrt{2}+1)i| = |-\sqrt{2}+1| < 1 \\ z_2 = (-\sqrt{2}-1)i \Rightarrow |z_2| = |(-\sqrt{2}-1)i| = |\sqrt{2}+1| > 1 \end{cases}$$

$$\therefore 原式 = 2\pi i \operatorname{Res}(z_1) = 2\pi i \lim_{z \to z_1} (z - z_1) \frac{2}{(z-z_1)(z-z_2)}$$

$$= 4\pi i \lim_{z \to z_1} \frac{1}{z - z_2} = 4\pi i \frac{1}{z_1 - z_2}$$

$$= 4\pi i \left(\frac{1}{(-\sqrt{2}+1)i - (-\sqrt{2}-1)i} \right) = 2\pi$$

複變分析在反拉氏轉換上之應用

在第 3 章我們學會求反拉氏轉換之一般方法，因 $\mathcal{L}(f(t)) = F(s) = \int_0^\infty e^{-st} f(t)\, dt$，我們直覺地想到可用複變分析中之留數求積分之方法求 $\mathcal{L}^{-1}(F(s)) = f(t)$ ，它的過程較難，故在此只列結果：

$$f(t) = \frac{1}{2\pi i} \oint_c e^{zt} f(t)\, dt = \Sigma e^{zt} f(z) \text{ 在 } f(z) \text{ 之留數和}$$

範例 8　求 $\mathcal{L}^{-1}\left(\dfrac{1}{(s+1)(s+2)} \right)$

解：取 $g(z) = \dfrac{e^{zt}}{(z+1)(z+2)}$

$$\operatorname{Res}(-1) = \lim_{z \to -1} (z+1) \cdot \frac{e^{zt}}{(z+1)(z+2)} = e^{-t}$$

$$\operatorname{Res}(-2) = \lim_{z \to -2} (z+2) \cdot \frac{e^{zt}}{(z+1)(z+2)} = -e^{-2t}$$

$$\therefore \mathcal{L}^{-1}\left(\frac{1}{(s+1)(s+2)} \right) = e^{-t} - e^{-2t}$$

範例 **9**　求 $\mathcal{L}^{-1}\left(\dfrac{1}{(s(s-1)^2}\right)$

解：取 $g(z) = \dfrac{e^{zt}}{z(z-1)^2}$

$$\text{Res}(0) = \lim_{z \to 0} z \cdot \frac{e^{zt}}{z(z-1)^2} = 1$$

$$\text{Res}(1) = \lim_{z \to 1} \frac{d}{dz}(z-1)^2 \cdot \frac{e^{zt}}{z(z-1)^2} = \lim_{z \to 1}\frac{d}{dz}\frac{e^{zt}}{z}$$

$$= \lim_{z \to 1}\frac{tze^{zt} - e^{zt}}{z^2} = te^t - e^t$$

$$\therefore \mathcal{L}^{-1}\left(\frac{1}{s(s-1)^2}\right) = 1 + te^t - e^t$$

◆ **習　題**

1. $\displaystyle\int_{-\infty}^{\infty}\frac{dx}{(x^2+1)(x^2+9)}$

2. $\displaystyle\int_{0}^{\infty}\frac{dx}{1+x^2}$

3. $\displaystyle\int_{-\infty}^{\infty}\frac{dx}{x^2+2x+2}$

4. $\displaystyle\int_{-\infty}^{\infty}\frac{x^2}{(x^2+1)^2}dx$

5. $\displaystyle\int_{-\infty}^{\infty}\frac{dx}{x^2+x+1}$

6. $\displaystyle\int_{0}^{\infty}\frac{x^2}{x^4+1}dx$

7. $\displaystyle\int_{-\infty}^{\infty}\frac{\cos x}{x^2+9}dx$

8. $\displaystyle\int_{0}^{\infty}\frac{\cos x}{(x^2+1)^2}dx$

9. 求 $\displaystyle\int_{0}^{2\pi}\frac{dx}{2+\cos x}$

10. 求 $\displaystyle\int_{0}^{2\pi}\frac{dx}{2+\sin x}$

11. 求 $\displaystyle\int_{0}^{2\pi}\frac{dx}{2-\sin x}$

用本節方法求 12 ～ 14。

12. $\mathcal{L}^{-1}\left(\dfrac{s}{s^2+4s+20}\right)$

13. $\mathcal{L}^{-1}\left(\dfrac{s^2}{(s-1)^3}\right)$

14. $\mathcal{L}^{-1}\left(\dfrac{s}{s^2+a^2}\right)$

習題解答

1.1

1. $y = x^3 + 2; R = -6$

4. 無

5. (a) $y = \sin x$，初始條件

   (b) y 不存在，邊界條件

6. (a) $y'' = y'$ (b) $y'' - 2y' + y = 0$

1.2

1. $\ln(1 + y^2) + \tan^{-1} x = c$

2. $e^y = xe^x - e^x + 3 = (x - 1)e^x + 3$

3. $x + y + \ln|xy| = c$

4. $\dfrac{1}{2}x^2 + y^2 = c$

5. $\dfrac{x^2}{2} + \dfrac{y^3}{3} = \dfrac{19}{6}$

6. $\sin^{-1} x + \sin^{-1} y = c$

7. $y = 0$ 為一解

  $y > 0$ 時，$y = ce^{-\frac{x^2}{2}}$，$c > 0$

  $y < 0$ 時，$y = ce^{\frac{x^2}{2}}$，$c < 0$

8. $y^2 = -2x + c$

1.3

1. $e^x + e^y + xy^2 = c$

2. $\dfrac{x^3}{3} + \dfrac{y^2}{2} - y\cos x = c$

3. $\dfrac{x^2}{2} + y\sin x = \dfrac{\pi^2}{8}$

4. $\dfrac{1}{2}(x^2 + y^2) + 2xy + 3y = c'$

5. $x^2 y + 2x^2 + y^2 = c$

6. $x^2 y + x^4 = c$

7. $x\sin y + x^2 - y^2 = c$

8. $\dfrac{y^3}{3} - xy = c$

1.4

1. $\dfrac{x}{y} + \ln|x| = c$

2. $y = x(\ln|x| + c)$

3. $y^2 + 2xy - x^2 = c$

4. $2\tan^{-1}\left(\dfrac{y}{x}\right) = \dfrac{1}{2}\ln|x^2 + y^2| + c'$

5. $\ln|y| + 2\sqrt{\dfrac{x}{y}} = c$

6. $x^2 + y^2 = c'y$

7. $y = \dfrac{-x}{\ln|x| + c}$

8. $c'(y + 2) = e^{\frac{x-1}{y+2}}$

1.5

1. $\dfrac{1}{2}\ln(x^2 + y^2) + y = c$

2. $2\tan^{-1}\dfrac{x}{y} + x + y = c$

3. $\dfrac{x^2}{2} - \dfrac{2y}{x} + \dfrac{y^2}{2} = c$

4. $\sqrt{x^2 + y^2} + x + y = c$

5. $\dfrac{y}{x} = e^x + c$

6. $y + \dfrac{x}{y} = c$

7. $y + x^2 + 1 = cx$

8. $\dfrac{x}{y} + y = c$

9. $\sqrt{x^2 - y^2} - y = c$

1.6

1. $x^4 + x^3 y^2 = c$

2. $x^3 y^2 + x^2 y = c$

3. $2x + y^2 = cx^3$

4. $y = \dfrac{x}{x - c}$

5. $xy = c$

6. $y = ce^{x^2} + \dfrac{1}{2}$

7. $2x^5 + 5x^4 y^2 = c$

8. $\dfrac{2}{5} x^5 + x^2 y = c$

9. $e^{x^2}(1 + xy) = c$

10. $\dfrac{x^4}{4} + x^2 + \dfrac{1}{2} x^2 y^2 = c$

1.7

1. $y = ce^{-\frac{x^2}{2}} + 2$

2. $y = (x + c)e^{-x}$

3. $y = x^2 + \dfrac{c}{x}$

4. $y = cx^2 + \dfrac{x^2}{3}\sin 3x$

5. $y = -x - 1 + ce^x$

6. $\dfrac{1}{y} = ce^{\frac{x^2}{2}} + 1$

7. $y = e^{-x}(-\cos x + c)$

8. $\dfrac{1}{y} = ce^x + 1$

9. $y = \dfrac{1}{2}(\sin x - \cos x) + ce^{-x}$

1.8

1. $(y - x + c)(y - ce^x) = 0$

2. $y = e^{3x} + \dfrac{2}{e^{-3x} + 2ce^{-x}}$

3. $y = 2 + \dfrac{3}{-1 + 3ce^{-3x}}$

4. $\dfrac{1}{y - \sin x} = e^{-\cos x}\left(c - \displaystyle\int e^{-\cos x}\,dx\right)$

5. $y = \dfrac{c' + 2x^3}{c' - x^3}$

6. $y = 1 + \dfrac{1}{-x + ce^x}$

7. $y = cx + \sqrt[3]{1 + c + c^2}$

2.1

1. 線性獨立

2. 否

3. 線性獨立

6. 線性相依（$c_1 x + c_2 |x| = 0$，當 $x > 0$ 時 $c_1 = 1$，$c_2 = -1$；$x < 0$ 時 $c_1 = 1$，$c_2 = 1$）

2.2

1. e^{2x}

2. $\dfrac{x^3}{6}e^x$

3. $\dfrac{-1}{2}e^{3x}\cos x$

4. $-\dfrac{1}{20}e^{-2x}(\cos 2x + 2\sin 2x)$

5. $\dfrac{x}{2} + \dfrac{3}{4}$

6. $x + 2$

7. $\dfrac{1}{2}(\cos x + \sin x)$

8. $\dfrac{x^3}{6} + 2x^2$

9. $-x$

10. $\dfrac{1}{4}e^{-2x}$

12. $\dfrac{x^2}{4}e^{2x} - \dfrac{x}{4}e^{2x}$

2.3

1. $y = e^{-2x}(4x + 1)$

2. $y = (c_1 + c_2 x) + c_3 e^{-x}$

3. $(c_1 + c_2 x) + [(c_3 + c_4 x + c_5 x^2)\cos 3x$
   $+ (c_6 + c_7 x + c_8 x^2)\sin 3x]$

4. $y = (c_1 + c_2) + (c_3 \cos x + c_4 \sin x)$

5. $y = c_1 e^{2x} + c_2 e^{-2x} + c_3 \cos 2x + c_4 \sin 2x$

6. $e^{-2x}(c_1 \cos x + c_2 \sin x)$

7. $y = (c_1 + c_2 x)e^{-3x} + c_3 e^{2x}$

8. $y = (c_1 + c_2 x)\cos x + (c_3 + c_4 x)\sin x$

9. $y = e^{-x}\left(2\cos\sqrt{2}x - \dfrac{\sqrt{2}}{2}\sin\sqrt{2}x\right)$

2.4

1. $y = (c_1 + x)e^{-2x} + c_2 e^{-3x}$

2. $y = c_1\cos 3x + c_2\sin 3x - \dfrac{x\cos 3x}{3}$

3. $y = c_1 e^x + c_2 e^{-x} - x$

4. $y = -e^x + e^{2x} - xe^x$

5. $y = c_1 e^x + c_2 e^{-x} + \dfrac{1}{3}e^{2x} - \dfrac{1}{2}\sin x$

6. $y = c_1\cos 3x + c_2\sin 3x + \dfrac{1}{8}x\cos x$
   $+ \dfrac{1}{32}\sin x$

7. $y = c_1 e^{2x} + c_2 xe^{2x} + \dfrac{1}{20}x^5 e^{2x}$
   $+ \dfrac{1}{6}x^3 e^{2x}$

2.5

1. $y = c_1\cos 3x + c_2\sin 3x - \dfrac{x\cos 3x}{3}$
   $+ \dfrac{\sin 3x}{18}$

2. $y = c_1 e^x + c_2' e^{-x} + \dfrac{1}{2}xe^x$

3. $y = c_1 e^x + xe^x(c_2 + \ln|x|)$

4. $y = c_1\cos x + c_2\sin x - x\cos x$
   $+ \sin x\ln|\sin x|$

5. $y = c_1\cos x + c_2\sin x$
   $+ \sin x\ln|\csc x - \cot x|$

2.6

1. $y_h = c_1 e^{-3t} + c_2 e^{2t} = c_1 x^{-3} + c_2 x^2$

2. $y = c_1 x + \dfrac{c_2}{x} + x^3$

3. $y = x^{-3}(c_1 + c_2 \ln |x|)$

4. $y = (c_1 x + c_2 x) \ln |x| + \ln |x| + 2$

5. $y = c_1 + c_2 \ln |x| + \dfrac{1}{8} x^4$

6. $y_h = c_1 (x-2)^{-3} + c_2 (x-2)^2$

7. $y = c_1(x + 1) + c_2 (x + 1) \ln |x + 1|$
   $\qquad + (x + 1) \ln^2 |x + 1| - 1$

2.7

1. $y = (c_1 + c_2 e^{-x})/x$

2. $e^x y = c_1 x \int \dfrac{1}{x^2} e^x dx + c_2 x$

3. $\dfrac{\ln x}{x - 1}$

4. $y_2 = -x$

5. $(y - c)(y - 2x - c)(y - ce^{-x}) = 0$

6. $y = \dfrac{x^2}{2} + c_1 \ln |x| + c_2$

7. $-\cos x$

8. xe^{-x}

9. $(y - cx^{-2})(y - cx) = 0$

10. $(y-c)(2y-x^2-c)(y-ce^x) = 0$

11. $(x-1)e^x y = (x^2 - 2x + 2 + c_1) e^x + c_2$

3.1

1. $\dfrac{1}{4}$

2. $\dfrac{3}{8}$

3. $\Gamma(y)/x^y$

4. $\dfrac{\pi}{2}$

5. 1

7. $\dfrac{8}{105}$

8. $\dfrac{1}{x}$

10. $\dfrac{1}{2} \Gamma\left(\dfrac{3}{4}\right) \Gamma\left(\dfrac{1}{4}\right)$

3.2

1. (1) $\dfrac{1}{3} \cdot \dfrac{2}{s^3}$ (2) $\sqrt{2} \cdot \dfrac{\frac{1}{3}\Gamma\left(\frac{1}{3}\right)}{s^{\frac{4}{3}}}$

    (3) $\sqrt{\dfrac{\pi}{s}}$ (4) $\dfrac{2}{(s-1)^3}$

    (5) $\dfrac{2}{(s+1)^3}$ (6) $\dfrac{2}{s^2} - \dfrac{1}{s}$

2. (1) $\dfrac{\sqrt{2}}{s^2 + 2}$ (2) $\dfrac{s}{s^2 - 4}$ (3) $\dfrac{s}{s^2 + 3}$

    (4) $\dfrac{1}{s^2 + 4}$

4. (1) $\dfrac{\sqrt{2}}{11}$ (2) $\dfrac{1}{4}$

6. (1) $\dfrac{s - a}{(s - a)^2 + b^2}$ (2) $\dfrac{b}{(s - a)^2 + b^2}$

3.3

1. $\dfrac{1}{(s - a)^2}$

2. $\dfrac{6}{(s + 2)^4}$

3. $\sqrt{\dfrac{\pi}{s + 2}}$

4. $\dfrac{2bs}{(b^2 + s^2)^2}$

5. $\dfrac{2s^2}{(s^2 + 1)^2}$

6. $\dfrac{3}{s(s^2-10s+34)}$

7. $\dfrac{1}{(s-\ln 2)^2}$

9. $s^3F(s)-s^2f(0)-sf'(0)-f''(0)$

10. $\dfrac{F(s-a)}{s-a}$

11. $\dfrac{1}{s-\ln b}F\left(\dfrac{s-\ln b}{a}\right)$

12. $\dfrac{2}{s\,(s^2+4)}$

13. $\ln\dfrac{a}{b}$

14. $\ln\dfrac{a}{b}$

16. $\dfrac{\pi}{3}$

3.4

2. (a) e^{-3} (b) $-\dfrac{1}{s}(e^{-2s}-2e^{-s}+1)$

   (c) $\dfrac{1}{s}-\dfrac{1}{s^2}e^{-s}+\dfrac{1}{s^2}e^{-2s}$

3. $\dfrac{1-e^{-s}}{s(1+e^{-s})}$

4. $\dfrac{1+e^{-\pi s}}{s^2+1}$

5. $\dfrac{1}{s^2}-\dfrac{e^{-s}}{s(1-e^{-s})}$

6. $\dfrac{1}{s}\tanh\dfrac{s}{2}$

7. $\dfrac{1}{s^2}\tanh\dfrac{s}{2}$

3.5

1. $\dfrac{3}{5}e^{2t}+\dfrac{2}{5}e^{-3t}$

2. $2e^{-t}-e^{t}$

3. $\dfrac{1}{4}e^{4t}+\dfrac{3}{4}e^{-4t}$

4. $e^{2t}(3\cos 4t+\sin 4t)$

5. $e^{-t}\cos 3t-e^{-t}\sin 3t$

6. $\dfrac{1}{9}(e^{3t}-1)-\dfrac{t}{3}$

7. $\dfrac{1}{4}(1-\cos 2t)$

8. $te^{-t}+2e^{-t}+t-2$

9. $e^{-2t}(\cos 3t-\dfrac{2}{3}\sin 3t)$

10. $u(t-a)\left[\dfrac{1}{9}e^{3(t-a)}-\dfrac{1}{3}(t-a)-\dfrac{1}{9}\right]$

11. $\dfrac{1}{2}(\sin t-t\cos t)$

12. $\cos t+\dfrac{t^2}{2}-1$

3.6

1. $y(t)=(-2+t)e^{-t}+e^{-2t}$

2. $y(t)=\dfrac{1}{8}e^{t}+\dfrac{3}{4}e^{-t}-\dfrac{7}{8}e^{-3t}$

3. $y=\cos t+\sin t+t$

4. $y=-\dfrac{3}{4}e^{-t}+\dfrac{7}{4}e^{3t}$

5. $y(t)=2t^2+\dfrac{2}{3}t^3$

6. $f(t)=3t^2-t^3+1-2e^{-t}$

7. $y(t)=1-t$

8. $y(t)=e^{-t}$

9. $y(t) = 1 + \dfrac{1}{2}t^2$

4.1

1.(a) RSP：$x = \pm 1$　　(b) ISP：$x = 0$

(c) ISP：$x = -1$

(d) RSP：$x = \pm 1$，ISP：$x = 0$

4.2

1. RR：$a_{n+1} = \dfrac{1}{n+1}a_n$，

$y = ce^x + x + 1$

2. RR：$a_{n+1} = \dfrac{1}{n+1}a_n$，$y = -1 + ce^x$

3. RR：$a_{n+2} = \dfrac{-1}{(n+2)(n+1)}a_n$，

$y = a_0 \sin x + a_1 \cos x$

4. RR：$a_n = -\dfrac{a_{n-4}}{n(n-1)}$，$n = 4, 5, \cdots$，

$y = 1 + 2x - \dfrac{x^4}{12} - \dfrac{x^5}{10} + \cdots$。

5. RR：$a_{n+2} = \dfrac{2(n-1)a_n}{(n+2)(n+1)}$，

$y = a_0\left(1 - x^2 - \dfrac{1}{6}x^4 - \dfrac{1}{30}x^6 + \cdots\right)$

$+ a_1 x$

6. RR：$a_{n+2} = a_n$，$y = \dfrac{a_0 + a_1 x}{1 - x^2}$

7. RR：$a_{n+2} = \dfrac{-n}{n+2}a_n$；$y = \tan^{-1} x$

4.3

1. $y_1 = a_0 x\left(1 - \dfrac{x}{3} + \dfrac{1}{15}x^2 - \dfrac{1}{105}x^3 + \cdots\right)$

$y_2 = a_0\sqrt{x}\left(1 - \dfrac{x}{2} + \dfrac{1}{8}x^2 - \dfrac{1}{48}x^3 + \cdots\right)$

$y = y_1 + y_2$

（RR：$a_n = \dfrac{-1}{2(\lambda+n)-1}a_{n-1}$　）

2. $y_1 = a_0\left(1 + x + \dfrac{1}{4}x^2 + \dfrac{1}{36}x^3 + \cdots\right)$

$y_2 = y_1 \ln x - a_0\left(2x + \dfrac{3}{4}x^2 + \cdots\right)$

$y = y_1 + y_2$

（RR：$a_n = \dfrac{1}{(\lambda+n)^2}a_{n-1}$　）

4.4

2. $xJ_0(x)$

8. $y = AJ_2(x) + BY_2(x)$

9. $y = AJ_2\left(\sqrt{x}\right) + BY_2\left(\sqrt{x}\right)$

5.1

1. 奇函數：(7)

偶函數：(1)，(2)，(3)，(4)，(6)

(5) 既非奇函數亦非偶函數

5.2

1. $-\dfrac{1}{2} + \dfrac{12}{\pi^2}\left(\cos\dfrac{\pi}{3}x + \dfrac{1}{9}\cos\dfrac{3\pi x}{3}\right.$

$\left. + \dfrac{1}{25}\cos\dfrac{5\pi}{3}x + \cdots\right)$

2. $\dfrac{2}{3}+\dfrac{4}{\pi^2}\Big(\cos\pi x-\dfrac{1}{4}\cos 2\pi x$

$+\dfrac{1}{9}\cos 3\pi x-\cdots\Big)$

3. $\dfrac{\pi}{2}+2\Big[\sin x+\dfrac{\sin 3x}{3}+\dfrac{\sin 5x}{5}+\cdots\Big]$

4. $\dfrac{2}{\pi}-\dfrac{4}{\pi}\Big(\dfrac{1}{3\times 1}\cos 2x$

$+\dfrac{1}{5\times 3}\cos 4x+\cdots\Big)$

5. $\dfrac{1}{2}+\dfrac{2}{\pi}\Big(\cos x-\dfrac{1}{3}\cos 3x$

$+\dfrac{1}{5}\cos 5x-\dfrac{1}{7}\cos 7x\cdots\Big)$

6. $\dfrac{\pi}{2}-\dfrac{4}{\pi}\Big(\cos x+\dfrac{1}{9}\cos 3x$

$+\dfrac{1}{25}\cos 5x+\cdots\Big)$; $\dfrac{\pi^2}{8}$

7. $\dfrac{1}{4}-\dfrac{2}{\pi^2}\Big[\cos\pi x+\dfrac{\cos 3\pi x}{9}+\dfrac{\cos 5\pi x}{25}$

$+\cdots\Big]+\dfrac{1}{\pi}\Big[\sin\pi x-\dfrac{\sin 2\pi x}{2}+\dfrac{\sin 3\pi x}{3}$

$-\sin 4\pi x+\cdots\Big]$, $\dfrac{\pi^2}{8}$

8. (a) $\dfrac{1}{\pi}+\dfrac{\sin x}{2}-\dfrac{2}{\pi}\Big[\dfrac{\cos 2x}{1\cdot 3}+\dfrac{\cos 4x}{3\cdot 5}$

$+\dfrac{\cos 6x}{5\cdot 7}+\cdots\Big]$

(b) $\dfrac{1}{2}$ （代 $x=0$）

(c) $\dfrac{\pi-2}{4}$ （代 $x=\dfrac{\pi}{2}$）

9. (a) $\dfrac{3}{2}+\dfrac{6}{\pi}\Big(\sin\dfrac{\pi x}{5}+\dfrac{1}{3}\sin\dfrac{3\pi x}{5}$

$+\dfrac{1}{5}\sin\dfrac{5\pi x}{5}+\cdots\Big)$

(b) $\dfrac{\pi}{4}$ （代 $x=\dfrac{5}{2}$）

11. $\dfrac{4}{\pi}\Big(\sin\pi x+\dfrac{1}{3}\sin 3\pi x+\dfrac{1}{5}\sin 5\pi x$

$+\cdots\Big)$

12. $\dfrac{8}{\pi^3}\Big(\sin\pi x+\dfrac{\sin 3\pi x}{27}+\dfrac{\sin 5\pi x}{125}$

$+\cdots\Big)=\dfrac{8}{\pi^3}\sum\limits_{n=1}^{\infty}\dfrac{\sin(2n-1)\pi x}{(2n-1)^3}$

5.3

1. $f(x)=\dfrac{2}{\pi}\displaystyle\int_0^{\infty}\Big[\dfrac{-a\omega\cos a\omega+\sin a\omega}{\omega^2}\Big]$

$\sin\omega\, d\omega$

6.1

1. $x_1=2+4t-5s$, $x_2=t$,

$x_3=-1-2s$, $x_4=s$; $s,t\in R$

2. $x_1=t+1$, $x_2=-2t+4$,

$x_3=t$; $t\in R$

3. $x_1=\dfrac{19}{7}$, $x_2=\dfrac{16}{7}$, $x_3=\dfrac{12}{7}$

6.2

1. $\begin{bmatrix}-3 & -2\\ 0 & 1\end{bmatrix}$; $\begin{bmatrix}1 & 0 & -2\\ -1 & 0 & 2\\ 1 & 1 & -3\end{bmatrix}$

3. $\begin{bmatrix}-8 & -7\\ 7 & 5\end{bmatrix}$

4. (1) $\dfrac{1}{2}\begin{bmatrix} 2 & 1 \\ 0 & 1 \end{bmatrix}$ (2) $-\dfrac{1}{13}\begin{bmatrix} 1 & -5 \\ -2 & -3 \end{bmatrix}$

(3) $\begin{bmatrix} 0 & \dfrac{1}{2} & 0 \\ 1 & 0 & 0 \\ 0 & 0 & \dfrac{1}{3} \end{bmatrix}$ (4) $\begin{bmatrix} 2 & 0 & 1 \\ 4 & 1 & \dfrac{1}{2} \\ -2 & 0 & 0 \end{bmatrix}$

5. $A = \dfrac{1}{2}\begin{bmatrix} 12 & 10 & 7 \\ 10 & 4 & -2 \\ 7 & -2 & 18 \end{bmatrix}$

$+ \dfrac{1}{2}\begin{bmatrix} 0 & 0 & -1 \\ 0 & 0 & 0 \\ 1 & 0 & 0 \end{bmatrix}$

6.3

1. $x = -2$，$y = 0$，$z = 1$

2. $x_1 = 1$，$x_2 = -1$，$x_3 = 2$

3. 18

4. 2

5. 2

6. 0

7. $2x + 9x^2 - 8x^3$

6.4

1. (1) $\lambda_1 = 5$，$x_1 = \begin{bmatrix} 2 \\ 1 \end{bmatrix}$；$\lambda_2 = -2$；

$x_2 = \begin{bmatrix} 1 \\ -3 \end{bmatrix}$

(2) $\lambda_1 = 10$，$x_1 = \begin{bmatrix} 2 \\ 1 \end{bmatrix}$；$\lambda_2 = -10$；

$x_2 = \begin{bmatrix} -1 \\ 2 \end{bmatrix}$

2. (1) $\lambda_1 = -1$，$x_1 = \begin{bmatrix} 1 \\ 0 \\ 1 \end{bmatrix}$；$\lambda_2 = 2$；

$x_2 = \begin{bmatrix} 1 \\ 3 \\ 1 \end{bmatrix}$；$\lambda_3 = 1$；$x_3 = \begin{bmatrix} 3 \\ 2 \\ 1 \end{bmatrix}$；

$\begin{bmatrix} -1 & 1 & -2 \\ -1 & 0 & 1 \\ 0 & 1 & -3 \end{bmatrix}$

(2) $\lambda_1 = -1$，$x_1 = \begin{bmatrix} 0 \\ 1 \\ -1 \end{bmatrix}$；

$\lambda_2 = \lambda_3 = 1$；$x = \begin{bmatrix} 1 \\ 0 \\ 0 \end{bmatrix}$，$\begin{bmatrix} 0 \\ 1 \\ 1 \end{bmatrix}$；$I$

(3) $\lambda_1 = 4$，$x_1 = \begin{bmatrix} 1 \\ 0 \\ 1 \end{bmatrix}$；$\lambda_2 = \lambda_3 = 2$；

$x = \begin{bmatrix} 1 \\ 0 \\ -1 \end{bmatrix}$，$\begin{bmatrix} 0 \\ 1 \\ 0 \end{bmatrix}$；$C$

(4) $\lambda_1 = 1$，$x_1 = \begin{bmatrix} 1 \\ 1 \\ 0 \end{bmatrix}$；$\lambda_2 = 2$；

$x_2 = \begin{bmatrix} 0 \\ 1 \\ -1 \end{bmatrix}$；$\lambda_3 = 3$；$x_3 = \begin{bmatrix} 1 \\ -1 \\ 1 \end{bmatrix}$；

$$\begin{bmatrix} 4 & -2 & -2 \\ -1 & 3 & 0 \\ 1 & -1 & 2 \end{bmatrix}$$

4. 相同。

5. a, b, c

6.5

1. (a) 可，$P = \begin{bmatrix} 1 & 2 \\ 1 & -3 \end{bmatrix}$

(b) 可，$P = \begin{bmatrix} 1 & 1 \\ 0 & 1 \end{bmatrix}$

(c) 不可對角化　(d) I_2

2. (a) 不可對角化

(b) 可，$P = \begin{bmatrix} -1 & 0 & 1 \\ 1 & -1 & 1 \\ 0 & 1 & 1 \end{bmatrix}$

(c) 可，$P = \begin{bmatrix} 1 & 2 & 1 \\ 1 & -1 & 0 \\ 1 & 0 & -1 \end{bmatrix}$

3. (a) $\dfrac{1}{2} \begin{pmatrix} 3e^{3t}-e^{5t} & -e^{3t}+e^{5t} \\ 3e^{3t}-3e^{5t} & -e^{3t}+5e^{5t} \end{pmatrix}$

(b) $\dfrac{1}{7} \begin{bmatrix} 3e^{5t}+4e^{-2t} & 3e^{5t}-3e^{-2t} \\ 4(e^{5t}-e^{-2t}) & 4e^{5t}+3e^{-2t} \end{bmatrix}$

6.6

1. $\begin{bmatrix} x \\ y \end{bmatrix} = c_1 \begin{bmatrix} 2 \\ 1 \end{bmatrix} e^{2t} + c_2 \begin{bmatrix} 1 \\ 2 \end{bmatrix} e^{-t}$

2. $\begin{bmatrix} x \\ y \end{bmatrix} = c_1 \begin{bmatrix} 1 \\ \frac{2}{3} \end{bmatrix} e^{t} + c_2 \begin{bmatrix} 1 \\ -1 \end{bmatrix} e^{-4t}$

3. $\begin{bmatrix} x \\ y \end{bmatrix} = c_1 \begin{bmatrix} 1 \\ 1 \end{bmatrix} e^{-4t} + c_2 \begin{bmatrix} 2 \\ 1 \end{bmatrix} e^{-3t}$

4. $\begin{bmatrix} x \\ y \end{bmatrix} = c_1 \begin{bmatrix} 3 \\ -1 \end{bmatrix} e^{2t} + c_2 \begin{bmatrix} 1 \\ 1 \end{bmatrix} e^{6t}$

5. $\begin{bmatrix} x \\ y \\ z \end{bmatrix} = c_1 \begin{bmatrix} 1 \\ 1 \\ 0 \end{bmatrix} e^{-t} + c_2 \begin{bmatrix} -1 \\ 0 \\ 1 \end{bmatrix} e^{-t}$

$+ c_3 \begin{bmatrix} 1 \\ -1 \\ 1 \end{bmatrix} e^{5t}$

7.1

1. (1) $\sqrt{14}$　(2) $\sqrt{14}$　(3) $2\sqrt{5}$

2. (1) $\dfrac{1}{\sqrt{14}} [1, -2, 3] - \dfrac{1}{\sqrt{14}} [-1, 2, 3]$

(2) $\dfrac{1}{\sqrt{14}} [1, -3, -2]$

3. $\overrightarrow{MN} = [-2, 4]$，$\overrightarrow{NM} = [2, -4]$

7.2

1. (1) 0　(2) -5

2. $\dfrac{1}{2} \sqrt{107}$

3. (1) $2i + j + 6k$　(2) $i + 26j + 19k$

4. (1) $\dfrac{2}{3}\pi$　(2) $\dfrac{\pi}{6}$

7. $\dfrac{1}{\sqrt{3}}(i-j+k)$

9. 0

7.3

1. (1) $4x-2y+5z+11=0$

(2) $3x+y+2z+3=0$

(3) $x+y+z+1=0$

(4) $x-6y+3z+2=0$

(5) $\dfrac{x}{a}+\dfrac{y}{b}+\dfrac{z}{c}=1$

2. $(11,-12,-12)$

3. (1) $x=1+2t$，

$y=-2+2t$，$z=1+4t$，$t\in R$

(2) $x=2-\dfrac{3}{7}t$，$y=-1+\dfrac{5}{7}t$，

$z=t$，$t\in R$

(3) $x=1$，$y=-2+5t$，

$z=3+t$，$t\in R$

(4) $x=1+t$，$y=1+t$，$z=2-2t$，

$t\in R$

4. $10x-17y+z=-25$

5. L 平行 E

6. $x+7y+3z-11=0$

7.4

1. (a) 1　(b) $[\cos t, -\sin t, 2t]$

(c) $\sqrt{1+4t^2}$　(d) $\sqrt{5}$

(e) $[0,-2,-1]$

2. $-4i-8j$

3. $4i-2j$

4. (a) $(1-\cos 1)i+(\sin 1)j+\dfrac{1}{3}k$

(b) $(4\cos 1-4)i+(-4\sin 1+2\cos 1)j$

$-k$

7.5

1. $i+11j+3k$

2. 0

3. $(1+y)i+(x-1)j+2zk$

6. -8；$2i+4k$

7. (1) $-\dfrac{48}{5}$　(2) $\sqrt{409}$

8. $\dfrac{10}{\sqrt{14}}$

9. $\dfrac{4}{7}$

10. (1) $2\sqrt{3}\ x-3y-3z=6$

(2) $21x+y+12z=52$

(3) $4x-11y-z=24$

11. (a) 2　(b) 0　(c) 0

7.6

1. (1) $\kappa=\dfrac{1}{7\sqrt{7}}$，$\rho=7\sqrt{7}$

(2) $\kappa=1$，$\rho=1$

(3) $\kappa=\dfrac{1}{2\sqrt{2}}$，$\rho=2\sqrt{2}$

(4) $\kappa = 3\sqrt{2}$, $\rho = \dfrac{1}{3\sqrt{2}}$

(5) $\kappa = \dfrac{3}{4\sqrt{2}}$, $\rho = \dfrac{4\sqrt{2}}{3}$

2. $\left(\dfrac{\sqrt{2}}{2}, \dfrac{-\ln 2}{2} \right)$

3. 0

5. $v = 6i + 6j + 3k$, $a = 6i + 12j$

6. $v = -j + 2k$, $a = -i$,

$T = -\dfrac{1}{\sqrt{5}}j + \dfrac{2}{\sqrt{5}}k$, $N = -i$,

$B = \dfrac{2}{\sqrt{5}}j - \dfrac{1}{\sqrt{5}}k$

7.7

1. $\dfrac{2}{3}$

2. (1) 2 (2) -4π

3. $\dfrac{1}{3}$

4. $\dfrac{1}{3}$

5. 32

6. $\dfrac{\pi}{4}$

7. 5

8. 2

9. $-\dfrac{1}{2} + \dfrac{13}{12}\pi$

7.8

2. （提示：C 之圖形為 ）

3. 4π

4. 0

5. 0

6. $-\dfrac{1}{12}$

8. 40π

9. 2π

10. (1) 0 (2) 0

7.9

1. 0

2. $\sqrt{3}$

3. $\dfrac{\sqrt{3}}{6}$

4. 1

5. 9π

6. $2\sqrt{3}\pi$

7. $2\pi a \ln \dfrac{a}{b}$

7.10

1. 0

2. 0

3. 6

4. 4π

5. 36π

6. (a) 8 (b) 24 (c) 0

7. 76π

8.1

1. (a) $-\dfrac{1}{2}+\dfrac{\sqrt{3}}{2}i$ (b) $-4(1+i)$

   (c) $2^{-11}(-1+\sqrt{3}i)$

2. (a) $z=2\left\{\cos\left(\dfrac{(2k+1)\pi}{5}\right)\right.$

   $\left.+i\sin\left(\dfrac{(2k+1)\pi}{5}\right)\right\}$, $k=0,\ 1,\ 2,$
   $3, 4$

   (b) $\sqrt[5]{2}\left(\cos\left(\dfrac{\pi}{15}+\dfrac{2k}{5}\pi\right)+i\sin\left(\dfrac{\pi}{15}\right.\right.$
   $\left.\left.+\dfrac{2k}{5}\pi\right)\right)$

4. (a) $2\operatorname{cis}\dfrac{\pi}{6}$ (b) $\sqrt{2}\operatorname{cis}\dfrac{5}{4}\pi$

   (c) $3\operatorname{cis}0$ (d) $3\operatorname{cis}\dfrac{3}{2}\pi$

   (e) $4\operatorname{cis}\dfrac{5}{3}\pi$

10. $\dfrac{\pi}{4}$

12. 1

13. (a) $y=1$ 之直線   (b)$xy=\dfrac{1}{2}$

    (c) $x^2+y^2\le 1$

(a)
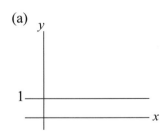

(b)
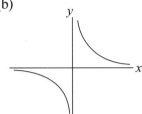

(c)
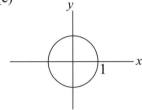

14. 拋物線 $y^2=4x$

15. 僅 (f) 成立。

8.2

1. (a) $u=x^3-3xy^2$, $v=3x^2y-y^3$

   (b) $u=\dfrac{x^2+y^2+x}{(1+x)^2+y^2}$, $v=\dfrac{y}{(1+x)^2+y^2}$

   (c) $u=\dfrac{x}{x^2+y^2}$, $v=\dfrac{y}{x^2+y^2}$

2. $u=\dfrac{1}{2}\ln(x^2+y^2)$, $v=\tan^{-1}\dfrac{y}{x}$

3. $u^2+2v=1$

4. $v=-2u-3$

5. $|w|=3$

6. (1) z^3 (2) $\dfrac{1}{z}$

7. $u^2 + (v + \frac{1}{4})^2 = \frac{1}{16}$

8. $v = \frac{1}{32} u^2 - 8$

8.3

1. 否

2. 否

3. 是

4. 否

5. 不可解析。

9. $v = x + c$

10. (a) 是　(b) $\frac{-y}{x^2 + y^2} + c$

11. (b) $3x^2 y - y^3 + c$

12. (a) $4z(1 + z^2)$　(b) 0　(c) $2z + \bar{z}$

　(d) $\frac{2}{(1-z)^2}$，$z \neq 1$，$z = 1$

8.4

7.(c) $\frac{2\sin\theta}{5 - 4\cos\theta}$

8. $\ln 2 + i(\frac{1}{3} + 2k)\pi i, k = 0, \pm 1, \pm 2...$

9. (a) $e^{-(\frac{\pi}{4} + 2k\pi)} \{\cos(\ln\sqrt{2}) + i\sin(\ln\sqrt{2})\}$

　(b) $\cos(\ln 3) + i\sin(\ln 3)$

　(c) $e^{\frac{3}{2}\pi + 2k\pi}$

　(d) $\sqrt{2} e^{\frac{\pi}{4}} \left[\cos\left(\frac{\pi}{4} - \ln\sqrt{2}\right) + i\sin\left(\frac{\pi}{4} - \ln\sqrt{2}\right) \right]$

(e) $\cos(\pi \ln 2) + i\sin(\pi \ln 2)$

(f) $\left(\frac{4}{3} + 2k\right)\pi i$，$k = 0$，$\pm 1$，$\pm 2 \cdots$

10. (a) $i \sin h(2)$

　(b) $\sin(1)\cos h(2) + i\cos(1)\sin h(2)$

　(c) $\cos(\ln\sqrt{2})\cos h\left(\frac{\pi}{4} + 2k\pi\right)$
　　$- i\sin(\ln\sqrt{2})\sin h\left(\frac{\pi}{4} + 2k\pi\right)$

　(d) $e^{\sin(2)\cos h(1)}[\cos(\cos(2)\sin h(1))$
　　$- i(\cos(2)\sin h(1))]$

8.5

1. $-2\pi i/e$

2. $2\pi i(1 - e^{-1})$

3. 0

4. πi

5. $\frac{\pi}{2} i$

6. $\frac{2\pi i}{m - n}(f(m) - f(n))$

7. $2\pi i(e^2 - 1)$

8. $2\pi i(e^2 - 3)$

9. $2\pi i$

10. 0

11. $1 + \frac{i}{3}$

12. $\frac{1}{2}(1 + i)$

13. $\frac{1}{2} + i$

14. $\cos h\pi - \pi \sin h\pi - 1$

15. $2i \sin h\pi$

16. $-(1+i)$

8.6

1. (1) $-\dfrac{1}{3} - \dfrac{1}{9}z - \dfrac{1}{27}z^2 - \dfrac{1}{81}z^3 - \cdots$

(2) $-\left(z^{-1} + 3z^{-2} + 9z^{-3} + 27z^{-4} + \cdots\right)$

2. $-\dfrac{i}{2}\left[\dfrac{1}{z-i} + \dfrac{i}{2} - \dfrac{1}{4}(z-i) - \cdots\right]$

3. (1) $\dfrac{1}{z^2} - \dfrac{1}{z^3} + \dfrac{1}{z^4} - \dfrac{1}{z^5} + \dfrac{1}{z^6} \cdots$

(2) $\dfrac{1}{(z+1)^2} + \dfrac{1}{(z+1)^3} + \dfrac{1}{(z+1)^4} + \cdots$

4. (1) $-\dfrac{2}{3} - \dfrac{5}{9}z - \dfrac{14}{27}z^2 - \cdots$

(2) $\cdots \dfrac{1}{2z^3} + \dfrac{1}{2z^2} + \dfrac{1}{2z} - \dfrac{1}{6} - \dfrac{z}{18}$

$- \dfrac{z^2}{54} - \cdots$

(3) $\dfrac{1}{z} + \dfrac{2}{z^2} + \dfrac{5}{z^3} + \cdots$

5. $e\left[\dfrac{1}{(z-1)^2} + \dfrac{1}{z-1} + \dfrac{1}{2} + \dfrac{(z-1)}{6} + \cdots\right]$

6.(a) $f(z) = \dfrac{-1}{2z}\left(1 + \dfrac{1}{z} + \dfrac{1}{z^2} + \dfrac{1}{z^3} + \cdots\right)$

$- \dfrac{1}{6}\left(1 + \dfrac{z}{3} + \dfrac{z^2}{9} + \dfrac{z^3}{27} + \cdots\right)$

(b) $f(z) = \dfrac{-1}{2z}\left(1 + \dfrac{1}{z} + \dfrac{1}{z^2} + \cdots\right)$

$+ \dfrac{1}{2z}\left(1 + \dfrac{3}{z} + \dfrac{9}{z^2} + \cdots\right)$

8.7

1. $\text{Res}(1) = \dfrac{e}{2}$, $\text{Res}(-1) = \dfrac{1}{2e}$

2. $\text{Res}(0) = 1$

3. $\text{Res}(1) = \dfrac{e}{16}$, $\text{Res}(-3) = -\dfrac{5}{16}e^{-3}$

4. $-\dfrac{1}{6}$

5. $\text{Res}(0) = 1$

6. $\text{Res}(0) = \dfrac{1}{2}$

7. $\text{Res}(-1) = -6$

8. $\text{Res}(0) = e$

9. (a) -2π (b) 2π

10. $-\dfrac{1}{2}$, $-\pi i$

11. $\dfrac{\pi i}{12} \sin \dfrac{1}{2}$

12. $4\pi i$

13. (a) $\dfrac{7\pi}{2}i$, (b) 0

14. $-2\pi i$

8.8

1. $\dfrac{\pi}{12}$

2. $\dfrac{\pi}{2}$

3. π

4. $\dfrac{\pi}{2}$

5. $\dfrac{2}{\sqrt{3}}\pi$

6. $\dfrac{\pi}{2\sqrt{2}}$

7. $\dfrac{\pi}{3e^3}$

8. $\dfrac{\pi}{2e}$

9. $\dfrac{2\sqrt{3}}{3}\pi$

10. $\dfrac{2\sqrt{3}}{3}\pi$

11. $\dfrac{2}{\sqrt{3}}\pi$

12. $e^{-2t}\left(\cos 4t - \dfrac{1}{2}\sin 4t\right)$

13. $e^t + 2te^t + \dfrac{1}{2}\,t^2 e^t$

14. $\cos at$

國家圖書館出版品預行編目資料

基礎工程數學／黃學亮編著. －－初版.－－
臺北市：五南, 2009.08
　面；　公分
ISBN 978-957-11-5585-2 (平裝)

1.工程數學

440.11　　　　　　　　　98003561

5BD1

基礎工程數學

編　　　者 ─ 黃學亮(305.2)

發 行 人 ─ 楊榮川

總 編 輯 ─ 龐君豪

主　　　編 ─ 穆文娟

責任編輯 ─ 蔡曉雯

文字編輯 ─ 林秋芬

封面設計 ─ 簡愷立

出 版 者 ─ 五南圖書出版股份有限公司

地　　　址：106台北市大安區和平東路二段339號4樓

電　　　話：(02)2705-5066　　傳　　　真：(02)2706-6100

網　　　址：http://www.wunan.com.tw

電子郵件：wunan@wunan.com.tw

劃撥帳號：01068953

戶　　　名：五南圖書出版股份有限公司

台中市駐區辦公室/台中市中區中山路6號

電　　　話：(04)2223-0891　　傳　　　真：(04)2223-3549

高雄市駐區辦公室/高雄市新興區中山一路290號

電　　　話：(07)2358-702　　傳　　　真：(07)2350-236

法律顧問　元貞聯合法律事務所　張澤平律師

出版日期　２００９年８月初版一刷

定　　　價　新臺幣５００元